普通高等教育“十一五”部委级规划教材(本科)

胶体与界面化学

张玉亭　吕彤　编著

中国纺织出版社

内容提要

本书阐述了胶体和表面的基本概念，讨论了胶体分散体系的动力、光散射、带电界面的性质、絮凝稳定性和流变性质，并阐述了涉及液体表面和气—固与液—固界面的吸附、润湿和渗透等表面化学知识。内容深入浅出、系统全面，并具有教学与自学兼顾的特点，将理论知识和具体实例有机结合，使其针对性、适用性和实用性较强。

本书可作为化学工程、应用化学、纺织工程和轻化工程专业的胶体与界面化学课程的教科书，也可作为具备大学化学知识的有关人员的自学教材，还可供从事膜工业、日用化工、纺织工程等专业的工程技术人员和科研人员参考。

图书在版编目(CIP)数据

胶体与界面化学/张玉亭，吕彤编著. —北京：中国纺织出版社，2008.11 (2021.9 重印)

普通高等教育“十一五”部委级规划教材. 本科

ISBN 978-7-5064-5309-7

Ⅰ.胶… Ⅱ.①张…②吕… Ⅲ.①胶体化学—高等学校—教材②表面化学—高等学校—教材 Ⅳ.O648 O647.11

中国版本图书馆 CIP 数据核字(2008)第 148165 号

策划编辑：朱萍萍　　责任编辑：阮慧宁　　特约编辑：范雨昕

责任校对：余静雯　　责任设计：李　然　　责任印制：何　建

中国纺织出版社出版发行

地址：北京市朝阳区百子湾东里 A407 号楼　邮政编码：100124

邮购电话：010—67004422　传真：010—87155801

http://www.c-textilep.com

中国纺织出版社天猫旗舰店

官方微博 http://weibo.com/2119887771

北京虎彩文化传播有限公司印刷　各地新华书店经销

2008 年 11 月第 1 版　2021 年 9 月第 7 次印刷

开本：787×1092　1/16　印张：19.75

字数：421 千字　定价：45.00 元

出版者的话

全面推进素质教育，着力培养基础扎实、知识面宽、能力强、素质高的人才，已成为当今本科教育的主题。教材建设作为教学的重要组成部分，如何适应新形势下我国教学改革要求，与时俱进，编写出高质量的教材，在人才培养中发挥作用，成为院校和出版人共同努力的目标。2005 年 1 月，教育部颁发了教高[2005]1 号文件“教育部关于印发《关于进一步加强高等学校本科教学工作的若干意见》”(以下简称《意见》)，明确指出我国本科教学工作要着眼于国家现代化建设和人的全面发展需要，着力提高大学生的学习能力、实践能力和创新能力。《意见》提出要推进课程改革，不断优化学科专业结构，加强新设置专业建设和管理，把拓宽专业口径与灵活设置专业方向有机结合。要继续推进课程体系、教学内容、教学方法和手段的改革，构建新的课程结构，加大选修课程开设比例，积极推进弹性学习制度建设。要切实改变课堂讲授所占学时过多的状况，为学生提供更多的自主学习的时间和空间。大力加强实践教学，切实提高大学生的实践能力。区别不同学科对实践教学的要求，合理制定实践教学方案，完善实践教学体系。《意见》强调要加强教材建设，大力锤炼精品教材，并把精品教材作为教材选用的主要目标。对发展迅速和应用性强的课程，要不断更新教材内容，积极开发新教材，并使高质量的新版教材成为教材选用的主体。

随着《意见》出台，教育部组织制定了普通高等教育“十一五”国家级教材规划，并于 2006 年 8 月 10 日正式下发了教材规划，确定了 9716 种“十一五”国家级教材规划选题，我社共有 103 种教材被纳入国家级教材规划。在此基础上，中国纺织服装教育学会与我社共同组织各院校制定出“十一五”部委级教材规划。为在“十一五”期间切实做好国家级及部委级本科教材的出版工作，我社主动进行了教材创新型模式的深入策划，力求使教材出版与教学改革和课程建设发展相适应，充分体现教材的适用性、科学性、系统性和新颖性，使教材内容具有以下三个特点：

(1)围绕一个核心——育人目标。根据教育规律和课程设置特点，从提高学生分析问题、解决问题的能力入手，教材附有课程设置指导，并于章后附有复习指导及形式多样的思考题等，提高教材的可读性，增加学生学习兴趣和自学能力，提升学生科技素养和人文素养。

(2)突出一个环节——实践环节。教材出版突出应用性学科的特点，注重理论与生产实践的结合，有针对性地设置教材内容，增加实践、实验内容。

(3)实现一个立体——多媒体教材资源包。充分利用现代教育技术手段,将授课知识点制作成教学课件,以直观的形式、丰富的表达充分展现教学内容。

教材出版是教育发展中的重要组成部分,为出版高质量的教材,出版社严格甄选作者,组织专家评审,并对出版全过程进行过程跟踪,及时了解教材编写进度、编写质量,力求做到作者权威,编辑专业,审读严格,精品出版。我们愿与院校一起,共同探讨、完善教材出版,不断推出精品教材,以适应我国高等教育的发展要求。

中国纺织出版社
教材出版中心

前言

本书是为化学工程、轻化工程、应用化学和纺织工程专业编写的教科书，脱胎于1984年编写的胶体与表面化学讲义，并经三次易稿。

胶体与界面化学这门学科理论性强，实验方法独特，而且发展迅速，因此在编写过程中注意到以下几点：第一，力求由浅及深，系统全面；第二，强调基本概念；第三，不刻意回避重要理论公式的严密推导（不包括纯数学过程），有些公式的推导以小体字给出，以满足和方便那些喜爱深入探究的读者；第四，在编写本书时特别注意与物理化学课程的衔接，为学习本课程的学生能够顺利接受相关新知识搭建桥梁；最后，还介绍了一些领域的发展前沿，以期对从事相关学科工作的读者能有所借鉴和帮助。

本书第一章介绍了胶体和界面化学及相关的基本概念；第二章、第三章、第七章、第八章、第九章分别讨论了胶体的动力（沉降、扩散及其平衡）、光学（光散射）、带电界面性质、絮凝稳定性和流变性质。第四章、第五章和第六章分别涉及了液体表面、气—固界面和液—固界面发生的吸附和润湿等表面化学内容。最后一章介绍了包括乳状液、泡沫及其他应用广泛、实用性强的分散体系。本教材按照书中部分带“*”章节的取舍，可在45～60学时内完成。为了帮助读者更深入地复习和理解所学基本理论知识，每章后面都附有复习指导和思考题并给出参考答案。

本书在编写过程中参阅了 P. C. Hiemenz 著《Principle of Colloid and Surface Chemistry》，R. D. Vold 和 M. J. Vold 著《Colloid and Interface Chemistry》，S. Voyosky著《Colloid Chemistry》，赵国玺编著的《表面活性剂物理化学》，周祖康、顾惕人和马季铭编著的《胶体化学基础》和沈钟与王果庭编著的《胶体与表面化学》以及附于书后的大量参考文献。

本书在编写过程中得到吴赞敏教授、顾振亚教授和杜启云教授的热情帮助并为本书提供了许多具体内容，在这里一并表示衷心感谢。

鉴于编者水平有限和时间仓促，书中错误和缺欠在所难免，诚心祈望读者和专家不吝指正，我们将感激不尽。

编者

2008年4月

课程设置指导

课程名称 胶体与界面化学

适用专业 精细化工、化学工程、应用化学、轻化工程和纺织工程

总 学 时 45~60

课程性质 本课程是上述专业的专业理论课程,是必修课

课程目的

1. 掌握胶体与界面化学的基础知识,为专业课打下理论基础。

2. 胶体与界面化学有特殊的理论和实验方法。通过实验不但可以巩固理论知识,锻炼学生的动手能力,而且还能培养学生观察现象、分析数据、找出规律的严谨的科学作风。

课程教学基本要求 教学环节包括课堂教学、现场演示、实验教学、作业和考试。通过各教学环节既教会学生理论知识又培养实验技巧和分析总结现象,进而应用所学知识解决问题的能力。

1. 课堂教学

根据不同专业的要求,书中星号(*)部分的取舍,适当决定教学时数。理论课程必须强调基本概念,无论是公式推导、现场演示还是实验均为巩固基本概念。教学须深入浅出并以发生在学生身边的具体实例为桥梁使其顺利掌握,这就是启发式教学。书后还给出了必要的参考书,特别是相关英语书。为了帮助学生阅读英文参考书,课堂教学中需给出英文词汇。每个理论需讲明发展过程及最新前沿成果,特别强调发展的基本思路。

2. 实验教学

实验三次,可在本课程中进行,也可放在专业实验课中。

3. 演示教学

集中1学时在实验室向学生们演示离心机、均匀粒子、黏度计和电泳仪的操作以及表面压的产生原理。

4. 作业

按照授课内容选择每章课文后面所给出的习题, 每2个学时以2~3题为宜。

5. 考试

采用笔试方式,题型包括填空题、问答题、综合题和计算题。其中综合

题的内容涵盖数章内容。分数分配：基本概念题占70%，提高题占20%，难题占10%。

教学学时分配

章　数	讲　授　内　容	学时分配(＊)
一	基本概念	4(～6)
二	胶体分散体系的动力性质	5
三	胶体分散体系的光学性质	4(～6)
四	气—液与液—液界面	7(～8)
五	气—固界面	6(～7)
六	液—固界面	6
七	带电界面	4(～5)
八	胶体分散体系的稳定性	5
九	胶体分散体系的流变性质	3
十	乳状液与泡沫及其他分散体系	5(～7)

(＊)括号内数值考虑到带星号部分内容

目录

第一章 基本概念

胶体与表面化学在物理化学课程中作为表面现象和胶体化学两章进行阐述，大家对其已经有了初步了解。目前，胶体与界面科学已形成一门几乎涉及各个领域、用途十分广泛、具有独特理论和研究方法的学科，并逐渐从物理化学中分离出来。

第一节 胶体与表面

一、胶体与胶体分散体系

与对其他物质和现象的认识一样，尽管早在 19 世纪 60 年代以前人们就认识到有些“胶体溶液”与其他溶液的物理化学性质不同，但对于分散体系，尤其是胶体分散体系本质的认识还是逐渐深入的。一些著名的胶体化学家用毕生精力去研究和认识胶体化学，但直至 20 世纪 80 年代，仍然有些问题尚未搞清[1]。

早在 19 世纪 40 年代，意大利科学家 Francesco Selmi 就注意到有些溶液，如蛋清溶液、天然纤维素溶液、$Al(OH)_3$“溶液”等，与一般所说的溶液(即真溶液或低分子分散体系，如一般的无机酸、碱、盐溶液)在性质上存在明显不同。例如，这种溶液强烈地散射光，加入少量不会与体系发生化学反应的电解质会引起物质的沉淀(其实就是絮凝现象)等。他把这种溶液称为假溶液(pseudosolution)，并总结出这类假溶液的特殊性质。到 19 世纪 60 年代，英国科学家 Thomas Graham 系统研究了这种假溶液的特殊性质，并提出应将物质分为两类，即晶体(crystal)和胶体(colloid)。前者的溶液(如无机酸、碱、盐溶液)都能透过羊皮纸(即半透膜)，蒸发后留下晶体颗粒。后者(如 Al_2O_3 溶液、蛋清溶液)不能通过羊皮纸，它们呈现出黏胶性，希腊文“Kolla”即英文的“glue like substance”(黏性物质)，并演化为“colloid”，中文译为胶体。尽管“胶体”这个词目前依然沿用，但其具体内容已全然不同。Thomas Graham 的划分方法并没有说出本质问题，如 NaCl 水溶液能透过羊皮纸，而在有机介质中的“溶液”就不能透过羊皮纸，那么 NaCl 是晶体，还是胶体?

目前人们科学地将颗粒直径在 $10^{-6}\sim10^{-9}$m(这是 IUPAC 即国际纯粹与应用化学联合会的最新划分，以前这个范围曾为$10^{-7}\sim10^{-9}$m)的物质(不管其聚集状态是气态、液态还是固态)称为胶体。胶体是高分散度的物质，它不是由单个分子而是由无数分子组成的聚集体。胶体与其所分散在其中的介质组成分散体系，介质可以是气体、液体和固体，并与胶体颗粒间存在相界面，因此它还是高分散的多相的分散体系。这一点与溶液大为不同，溶液一般是以分子或离子的形式存在于介质中，其间不存在相界面，是均相分散体系。胶体分散体系一般是两个组分以上的多组分体系，不过也存在极罕见的单组分胶体分散体系，这类分散体系是液体，但由于分子的热运动而出现涨落(fluctuation，就是在体系中的一个足够小的体积中，某些参数与其平均值发生自发偏差的现象)，一些分子会在液体内部聚集成较大的聚集体，这种分散体系称为类胶体分散体系。类胶体(iso-colloid)是均匀胶体粒子生成的第一步——均相成核的起因。胶体分散体系对光具有散射作用及慢扩散性、较低的渗透压、不透过半透膜、在电场中可迁移即电泳、聚集不稳定性等性质。因此我们似乎可以说，胶体化学是研究多相、多组分、高分散体系的性质和过程的科学。

聚合物或大分子量物质，如蛋白质、纤维素以及各种天然的和人工合成的聚合物，其尺寸也在胶体范围，并具有胶体的某些性质，如慢扩散性、不透过半透膜、电泳等，因此过去也把它们作为胶体与界面化学的讲解内容。但由于其迅速的发展，已形成一个庞大的大分子家族，而作为一个独立的学科去研究，不过它的某些理论和研究方法确系胶体的理论和研究方法。

二、表面和界面

表面和界面均为相与相之间的交界面，但两者也有区别。表面(surface)是指凝聚相与真空、空气或其蒸气间的交界面；而界面(interface)是指凝聚相与其他相间的交界面。这种区别对于表面张力问题尤为重要，如水的表面张力是水的表面与空气或其蒸汽的交界面间的张力，25℃时约为 72.8×10^{-3} N/m；而界面张力值取决于相邻相的物质，如水和苯的界面张力为 35×10^{-3} N/m，而水与汞的界面张力为 375×10^{-3} N/m。

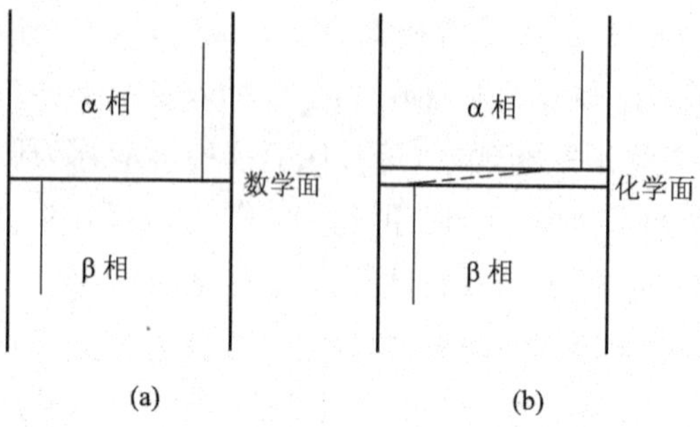

图1－1　数学概念的面与化学概念的面的示意

另一个需要强调的是这里所说的“面”是指相边界上的、化学概念上的，而非数学概念上的面。数学概念上的面只有面积而无厚度，而化学概念上的面是有一定厚度的，起码有几个分子大小的厚度[图 1－1(b)]，否则，如图 1－1(a)所示在分界面上相的性质(如密度、浓度等)发生突变是不可思议的，而应当如图 1－1(b)所示，在此面的窄小区域内，相的性质逐渐变化才是可以理解的。但在描述它时，由于其厚度值与两相本体尺寸比较可忽略不计，才视其厚度近似为零。

(一)比表面能

随物质分散程度的增加，其表面积和比表面积均要增加。物质的细分过程需要外界做功，并以表面能的形式储存于表面之上，因此物质表面分子较内部分子有更高的能量，这个差值称为表面过剩自由能或表面能。

对于液体表面上的过剩自由能，我们也可以从分子间力的角度分析。图 1－2 所示是液体分子的受力情况。液体分子间存在短程范德华力，表面处液体分子与邻近相气体分子间也存在这种力。但是由于液体的密度远大于气体的密度，因此液—液分子间作用力远大于气—液分子间作用力，使液体表面层分子的受力情况不同于液体内部分子。液体内部分子受到周围同类分子的吸引，各方向受力是均衡的，因此合力为零。表面层的分子却是不平衡的，合力指向液体内部。这个不平衡力趋于将表面层分子拉入液体内部，从而使其表面积减小，或者说液体表面有一个向内的紧缩力。对于具有相同体积的物体的表面积，以球形为最小，这就是液滴或气泡的形状为球形的原因。相反，若将内部分子拉到表面就需克服这个不平衡力而做功，因此表面分子较内部分子有较高的能量，这个差值就是表面(过剩自由)能。在恒温、恒压和恒组成时，可逆地增加表面积所做的表面功 δW_R 等于表面自由能的增量 dG：

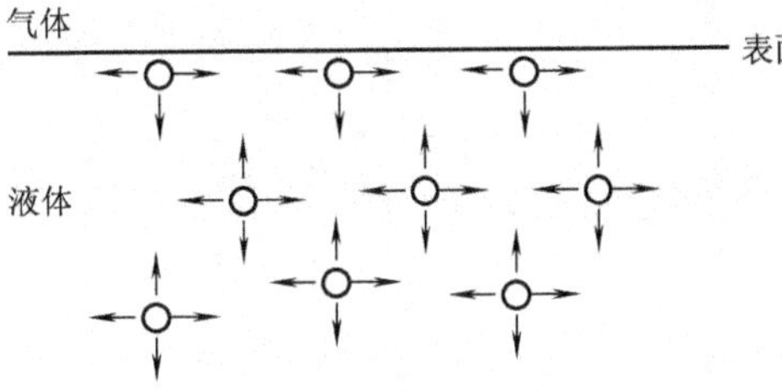

图 1－2　液体分子的受力情况

$$dG = \delta W_R \tag{1-1}$$

显然，表面积(A)增加越多，所消耗的功也越多，表面能增量越大，故：

$$dG = \delta W_R \propto dA$$

写成等式：

$$dG = \gamma \cdot dA$$

$$\gamma = \left(\frac{\partial G}{\partial A}\right)_{T,P,n} \tag{1-2}$$

比例系数 γ 称为比表面过剩自由能或比表面能，它的物理意义是在恒温(T)、恒压(P)和恒组成(n)时，每增加单位表面积所引起的表面能增量。其单位是 J/m^2 或 N/m。

式(1－2)也可从物理化学的热力学基本关系式中推导出来。自由能增量为：

$$dG = VdP - SdT + \sum \mu_i dn_i + \delta W_R \tag{1-3}$$

式中，δW_R 为除体积功以外的其他可逆功(在这里是表面功)；S 为该体系的熵；μ_i 为该体系中某组分的含量；V 为液体体积。

对于宏观体系，因其比表面值太小，δW_R 可忽略，但对于胶体分散体系，表面功是不容忽略的，因此式(1－3)写成：

$$dG = VdP - SdT + \sum \mu_i dn_i + \gamma dA$$

在 $dP = 0$、$dT = 0$ 和 $dn_i = 0$ 时，有：

$$dG = \gamma dA \qquad \left(\frac{\partial G}{\partial A}\right)_{T,P,n} = \gamma$$

在 $dT = 0$、$dP = 0$ 和恒组成条件下，自发过程的 $dG < 0$，由于比表面能 γ 总为正值，故自发过程只能是表面积减少的过程，即 $dA < 0$。对于一定体积的液体而言，只有球形的表面积最小，任何其他形状的液滴变为球形液滴均是表面积减小的过程，即自发过程，这正是从能量角度分析水滴、汞滴是球形的原因。

(二)表面张力

以上我们从能量角度讨论了 γ，下面从力的角度分析其物理意义。关于力的概念实验很多,如在铁丝圆框之中有松散的封闭的线圈,将其蘸上肥皂膜,当用烧热的铁丝将封闭线圈中的膜刺破时,发现封闭线圈立即紧绷起来成为圆环形,仿佛四周有均匀的力拉动这个线圈似的(图 1－3)。

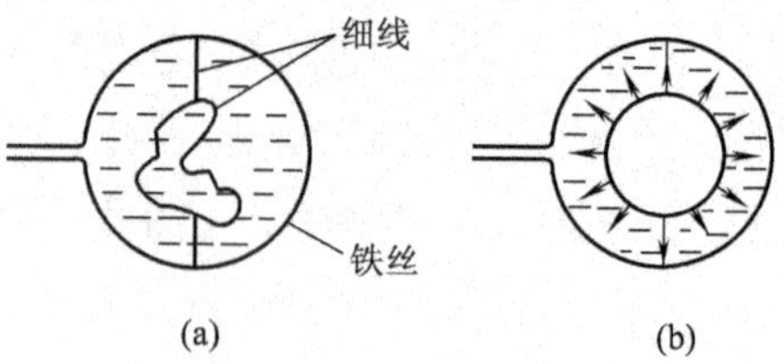

图 1－3　显示表面张力存在的实验

图 1－4 示出一个用金属丝弯成的矩形框架,其中一个边是可滑动的,且认为滑动时不存在任何阻力。将其蘸取肥皂液形成具有前后两个表面的膜。当我们去掉下面的力 F 时,滑动边就因液膜的收缩拉回一个距离 Δx (以减少表面能)。这个回缩力与 F 大小相等而方向相反。现在假定加上力 F,滑动边往下移动距离 Δx 。在此过程中,表面积的增量为 $2l \cdot \Delta x$ (2 表示液膜有两个表面,l 表示矩形框的宽度)。环境对体系做功为 $F \cdot \Delta x$,这个功等于表面能增量:

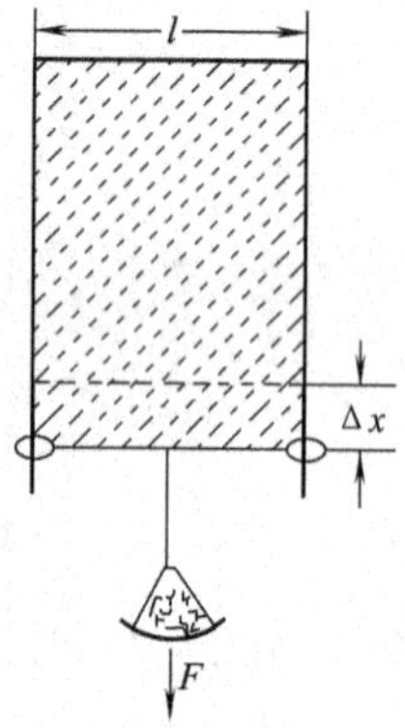

图 1－4　矩形框上肥皂膜及移动边上拉动力

$$F \cdot \Delta x = (2l \cdot \Delta x)\gamma$$

即:
$$\gamma = \frac{F}{2l} \tag{1-4}$$

这样比表面能又有了新的定义——表面张力,即垂直作用在单位边长且与液面相切的力,这个力力图使液面收缩。由定义可知,其单位为 N/m。

有关表面张力的数据,可以从一般的化学手册中查到,但在查阅时以下几点必须予以关注,因为许多因素均会影响表面张力的数值。

(1)务必区分表面张力与界面张力。表面能是因为相中分子间作用力与两相间分子作用力的差别或者说是两相分子间力的差别而产生的。尽管我们前面所讲的是液体与空气或其蒸气的表面,若邻近相不是气相而是另外一个不互溶液体,如果分子间作用力差值越大,则界面张力值越大。表 1－1 列出了一些常见液体的表面张力及其与水的界面张力值。由于界面张力衡量了分子间力的大小,因此可从界面张力的大小来评估不同液体分子间力的大小。

表 1－1　一些液体的表面张力 γ 和其与水的界面张力 γ_{tw} (20℃)

液体	γ(10^{-3}N/m)	γ_{tw}(10^{-3}N/m)	液体	γ(10^{-3}N/m)	γ_{tw}(10^{-3}N/m)
水	72.75		乙醇	22.3	
苯	28.86	35.0	正辛醇	27.5	8.5
四氯化碳	26.8	45.1	正己醇	18.4	51.1
乙酸	27.6		正辛烷	21.8	50.8
丙酮	23.7		汞	4.85	375.0

注　空格代表两液互溶无界面,因此也无界面张力。

(2)务必注意温度的影响。一般情况下温度的增加会使物体膨胀，分子间距增大，分子间力会降低，因此必然导致 γ 的变化。就表面张力而言，由于气—液分子间力可忽略，因此温度的增加，必使 γ 减小。当达到临界温度时，此时气—液不分，分界面消失，也就不存在表面或界面张力了。描述 γ 和 T 的经验关系式很多，其中较令人满意的是拉姆齐—谢尔德(Ramsay - Shield)经验式：

$$\gamma(Mx/\rho)^{\frac{2}{3}} = k(T_c - T - 6) \tag{1-5}$$

式中，M 为液体摩尔质量；ρ 为密度；x 为液体分子缔合度；T_c 为临界温度；k 为经验常数。

(3)压力和体系运动情况等其他因素对 γ 的影响。这些影响因素的规律性较差，原因也十分复杂。如气相压力的增加，会使气体分子间距减小，从而使液面不平衡力减小；压力增加会使气体分子溶入液体，也会增加气体在液体中的吸附量，其结果通常是 γ 降低。

(4)尽管表面张力和界面张力是从气—液和液—液界面中讲到的，其实任何界面和表面，包括固体表面，固—液界面均存在界面张力。而且由于固体中分子间作用力远大于液体分子间作用力，因此固体的界面张力要大得多。

最后要强调的是，γ 的两个物理概念即比表面能和表面张力是一个实质(从单位可看出)的两个方面，前者从能量出发，后者从力出发，以便更方便地解释问题。如解释液膜问题用力方便，而解释液面收缩趋势从能量角度分析更方便，但这绝不意味着前者不能用能量分析，后者不能用力分析。

三、胶体与表面的联系桥梁

从上述胶体与表面或界面的基本概念分析，两者似乎是互不关联的。其实不然，问题的关键在于胶体的大小在 $10^{-6} \sim 10^{-9}$ m，这样尺寸的物质表面有很大的表面能，因此表面张力就是联系二者的桥梁。

在宏观体系中，由于体系的表面积和比表面积很小，其表面能也很小，与体系的能量相比可忽略。但随颗粒因分散而变小，表面积越来越大，表面功(即表面能)就不容忽视了。

总之，我们在强调分界面时，讲的是相界面；而在讲一簇粒子组成的体系时，则强调胶体。联系两者的桥梁是表面(或界面)张力。

四、胶体与表面化学的应用

由于胶体与表面化学独特的研究内容和理论以及特殊的实验手段，使其应用范围扩大到各个领域。

下面列出胶体与表面化学在科学和技术中的一些应用：

(1)分析化学：吸附指示剂、离子交换、浊度法、沉淀过滤性能、凝胶色谱。

(2)物理化学：成核过程，过冷、过热、过饱和等亚稳状态。

(3)生物化学和分子生物学：电泳、渗透与唐南(Donnan)平衡、病毒、核酸、蛋白质及血液学。

(4)环保科学:气溶胶、烟雾、烟尘、泡沫及污水处理。

(5)材料科学:粉末冶金、合金、陶瓷、特种纤维以及目前应用前景广阔的纳米材料。

(6)化工生产:催化剂、染料、颜料、洗涤剂、吸附剂、润滑剂。

(7)石油科学、地质学和土壤科学:石油工业中的三次采油、乳化、土壤保墒、矿物浮选。

(8)日用消费品:牛奶、乳制品、豆浆、啤酒、日用化妆品、装饰用品。

第二节 分散体系

世界上几乎不存在绝对纯净的物质,总是一种或几种物质分散于另一种物质中,形成分散体系。

一、分散体系的分类及其特性比较

分散体系由分散相和分散介质组成。被分散的物质称为分散相(dispersed phase),介质叫分散介质(dispersion medium)。前者为不连续相,后者为连续相。表 1-2 给出了一些分散体系及其分散相和分散介质。

表 1-2 一些分散体系举例

分散体系	分散相	分散介质
烟尘	固体颗粒	空气
血液	红、白血球,血小板	血浆
原油	水	石油
生金粒	铜、银	金
牛奶	动物蛋白、脂肪	水

分散体系的分散程度的量度,既可用分散相的粒子大小 d 表示,又可以用 $1/d$,即分散度 D 表示,还有一种方法就是用比表面积 A_{sp} 表示。所谓比表面积,就是单位体积 V(或单位质量 m)物质所具有的表面积 A:

$$A_{sp}=\frac{A}{V} \quad 或 \quad A_{sp}=\frac{A}{m}=\frac{A}{\rho V} \tag{1-6}$$

式中,ρ 是物质的密度。

正方体和球体的 A_{sp} 表达式最简单。

正方体:
$$A_{sp}=\frac{A}{V}=\frac{6l^2}{l^3}=\frac{6}{l} \quad 或 \quad A_{sp}=\frac{6}{l\rho} \tag{1-7}$$

球体:
$$A_{sp}=\frac{A}{V}=\frac{4\pi R^2}{\frac{4}{3}\pi R^3}=\frac{3}{R} \quad 或 \quad A_{sp}=\frac{3}{\rho R} \tag{1-8}$$

式中,l 为正方体的边长;R 为球体的半径。

分散体系的分类原则是按分散相的尺寸 d 的大小划分。若分散相粒子直径或当量直径 $<10^{-9}$ m,称为低分子分散体系;若 $>10^{-6}$ m,称为粗分散体系;那些分散相粒子处于 $10^{-6}\sim10^{-9}$ m 的分散体系称为胶体分散体系。由于大分子量物质也处在胶体分散相尺寸范围内,故聚合物也是胶体。

分散体系的许多性质均与分散相的大小或分散度有关。表 1-3 列出了分散体系的一些性质比较。表中所列性质的差异基本上取决于分散相粒子的大小及其亲水性能。

表 1－3　分散体系的一些性质比较

类　型	分散相尺寸(m)	分散相状态	举　例	性质比较				
				均相或多相	热力学稳定性	扩散速度	透过半透膜情况	形成何种溶液
低分子分散体系	$<10^{-9}$	原子、分子、离子	溶液	均相	稳定	快	透过	真溶液
高分子分散体系	$10^{-6}\sim10^{-9}$	大分子	聚合物溶液	均相	稳定	慢	不透过	真溶液
胶体分散体系	$10^{-6}\sim10^{-9}$	胶粒	溶胶	多相	不稳定	慢	不透过	气、液或固溶胶
粗分散体系	$>10^{-6}$	粗粒	乳状液 悬浮液	多相	不稳定	慢	不透过	乳状液 悬浮液

1. 低分子分散体系　如可溶性酸、碱、盐溶液，由于分散相为分子、原子或离子，不能独立成相，因此是单相且热力学稳定体系，在介质中扩散较快，分布均匀，能透过半透膜，可形成真溶液。

2. 高分子分散体系　尽管分子尺寸范围在$10^{-6}\sim10^{-9}$ m，但分子的亲水性极强，水化作用大，使其与水的折射率几乎无差别，故不能单独成相，溶液属于热力学稳定性体系，粒子不易扩散，也不能透过半透膜，但因其具有极强的溶剂化作用，而形成真溶液。

3. 胶体分散体系　分散相粒子较大，且不易水化，自成一相而形成多相体系，粒子表面能很高，极有聚集成絮凝体的趋势而发生聚沉，故热力学稳定性差，粒子不能透过半透膜，在非重力场方向上扩散速率也很慢。

4. 粗分散体系　如分散在河水中的泥沙，粒径大于10^{-6} m，自成一相且粒径和组成不同，为多相多分散体系，粒子太大在重力场中极易沉降，故热力学稳定性很差，在非重力场方向上扩散速率也极慢，也不能透过半透膜。

应当指出，尽管分散体系的许多性质取决于分散相粒子的大小或分散度，但绝非唯一因素。还必须考虑分散相与分散介质的性质，分散相与分散介质、分散相之间的相互作用以及界面的作用。

二、胶体分散体系的分类

胶体分散体系的分类方法很多，但每一种分类方法均有其片面性，以下介绍几种分类方法。其中前两种方法应用最普遍，后两种方法也在文献中可见。

(一)按分散相和分散介质物质的状态分类

由于分散相与分散介质均会有气、液、固三相，故应有九种，但是不同气体的混合形成均匀的气体分子混合物，故实际有如表 1－4 所列的八种。这是一种最广为接受的分类法。

本教材主要的讲解内容以固体分散在液体介质中，尤其是水中的液溶胶(简称溶胶)为对象，其他的胶体分散体系简略介绍。

表 1－4　按分散相与分散介质聚集状态分类的胶体分散体系

分散介质	分散相	名　　称	举　　例
气(g)	l	气溶胶(aerosol)	云、雾
	s		烟尘
液(l)	g	液溶胶(hydro sols)	泡沫
	l		乳状液(牛奶、豆浆)
	s		溶胶
固(s)	g	固溶胶(solid sols)	固体泡沫
	l		珍珠
	s		合金、有色玻璃

(二)按分散相与分散介质的相互作用分类

这种分类法只适用于分散介质为液体(主要是水)的胶体分散体系,按分散相与介质的亲和力划分,如表 1－5 所示。需要指出,亲液与憎液是相对而言的。大分子物质固然与水的亲和力很大,但如 Fe_2O_3、Al_2O_3、CdS 也是与水有一定亲和能力的,否则不会分散到水中。另外,亲液与憎液也可以相互转变,如十分干净的玻璃是亲液的,但上面涂敷石蜡后便成为憎液的了。

表 1－5　按分散相与分散介质的相互作用分类

名　　称	性质比较		举　　例
	亲和力大小	沉降时带介质的情况	
亲液溶胶	大	√	高分子溶液
憎液溶胶	小	×	溶胶

还有一类物质,如日常所用的肥皂和洗衣粉等,这类物质的分子由两部分组成,一端是亲油的烷基、芳烷基等,而另一端是亲水基,如羧基、磺酸基等,这样的物质称为两亲物质。

(三)按分散程度分类

粒径>0.2μm 光学显微镜可见的最小颗粒为微粒子。而粒径<0.2μm 显微镜不可见者为超微粒子,其粒径为 5～200nm(即 0.005～0.2μm),称显微粒子,而粒径<5nm,超级显微镜也不可见的粒子称为次微粒子。

如果分散相粒子形状、大小和化学组成、晶体结构完全一样的为单分散体系或均分散体系,否则为多分散体系。

(四)按分散相粒子间作用分类

按此分类法,可分为自由分散体系和内聚分散体系。

1. 自由分散体系　在此类分散体系中,分散相粒子的浓度很低,粒子间距很大,分散相粒子间作用力很小,故彼此独立,不形成三维网络结构,粒子可进行布朗运动和重力沉降等独立运动。这类体系(如稀溶胶、稀悬浊液和稀乳状液等)具有流动性及其他液体所具有的性质。

2. 内聚分散体系　在此类分散相浓度很大的分散体系中,因分散相粒子间具有较大作用力而形成三维网络结构，粒子不能独立运动，只能在网络点(类似晶格点)附近振动。特定条件下的大分子溶液、不规则形状(尤其是针状和片状)粒子的浓溶胶和悬浊液等均属于这类体系，往往具有固体的某些性质，如弹性等。

三、小粒子表面的重要性

随物质的细化，其表面积迅速增大，比表面积也增大，表面能的增加使其与体系的能量相比达到不容忽视的地步。例如，假设有边长为 1m 的立方体物质，随逐次分割，其边长缩小为 1/10，分割的结果使得一些物理量发生了变化，这些数据列于表 1－6 中。如果此物质为水，那么第 7 次分割后，其总表面积为 $A=n\cdot A_n=10^{21}\times6\times10^{-14}=6\times10^{7}\,m^2$，查 25℃ 时水的表面张力或比表面能 $\gamma=72.8\times10^{-3}$ N/m，则表面能增量 $\Delta G=\Delta A\gamma=4368$ kJ，显然，如此大的表面能与体系能量相比是不容忽视的。

表 1－6 1m³ 的物质被分割后一些物理量的变化

分割次数	边长(m)	立方体数目	每个立方体体积(m^3)	每个立方体表面积(m^2)	总表面积(m^2)	比表面积 A_{sp}(m^{-1})
0	1	1	1	6	6	6
1	10^{-1}	10^{3}	10^{-3}	6×10^{-2}	6×10^{1}	6×10^{1}
2	10^{-2}	10^{6}	10^{-6}	6×10^{-4}	6×10^{2}	6×10^{2}
⋮	⋮	⋮	⋮	⋮	⋮	⋮
7	10^{-7}	10^{21}	10^{-21}	6×10^{-14}	6×10^{7}	6×10^{7}
8	10^{-8}	10^{24}	10^{-24}	6×10^{-16}	6×10^{8}	6×10^{8}
9	10^{-9}	10^{27}	10^{-27}	6×10^{-18}	6×10^{9}	6×10^{9}
10	10^{-10}	10^{30}	10^{-30}	6×10^{-20}	6×10^{10}	6×10^{10}

这里还有一个问题需要说明，就胶体化学而言，在第 10 次分割时，立方体的边长只为 10^{-10} m，即 0.1nm，已达分子水平，此时已无相而言，也就无所谓相界面和表面张力了。就是说此时的微观体系再应用宏观体系的某些性质(如这里用的表面张力)就错误了。另外，此时的分割用常规的机械分割方法来分割分子的概念也是错误的。

总之，因为半径小到胶体粒子的水平，其表面能与体系的自由能相比不可忽略，从而引起体系一些性质的变化，这就是小粒子表面重要性的体现。

第三节 分散相粒子的形态特征

一、粒子形状及描述方法

粒子的形状各式各样：有的规则，如球形、棒状、立方体形、四面体形和椭球形等；有的却很不规则，很难用某种形状来描述。在各种形状中，数学上最容易处理的是球形粒子，因为只要知

道其半径 R 便可很容易求出其体积、表面积、比表面积，若再知其密度，则也可方便地求出其质量。那么，绝大多数不规则粒子，应如何描述呢？

（一）单参数法

即把所有的粒子视为球体，并用当量球的直径来描述。求当量球直径方法有以下两种。

1. 平分面积直径法 取每个粒子的投影（放大）图，平分每个投影面积的线段长即为马丁(Martin)直径。平分面积的直线方向是可任意选定的，但为避免主观误差，所有粒子必须选取同一方向，如图 1－5 所示。

2. 面积比较法 在显微镜中有一系列大小规范化的圆圈，将其与待测粒子进行比较，当其中某个圆圈的面积近似等于那个粒子的投影面积，则这个圆圈的直径就是这个粒子的当量球直径，如图 1－6 所示。此法又称圆标线法、标板规范法。

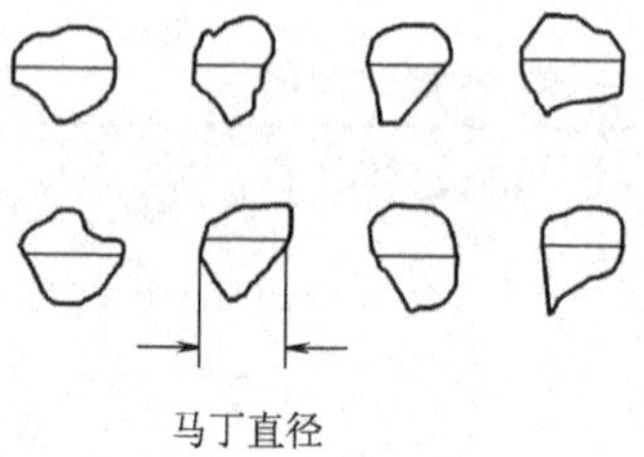

图 1－5 平分面积直径法

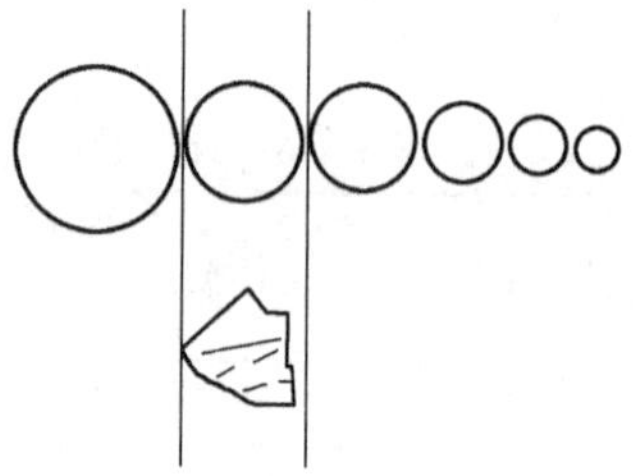

图 1－6 面积比较法

（二）双参数法

用当量球直径一个参数描述非球形粒子是很粗略的，如棒状粒子视为球形，显然十分勉强。若用两个参数描述更为合理，尤其对如图 1－7 所示的长椭球形、扁椭球形、棒状和平盘形粒子，用两个半径参数 a 和 b 描述十分准确：$a=b$ 为球形，$a>b$ 为长椭球形（如橄榄球），$a<b$ 为扁椭球形（如铁饼），$a\gg b$ 为棒状（如圆柱体），$a\ll b$ 为平盘形（如食用饼）。

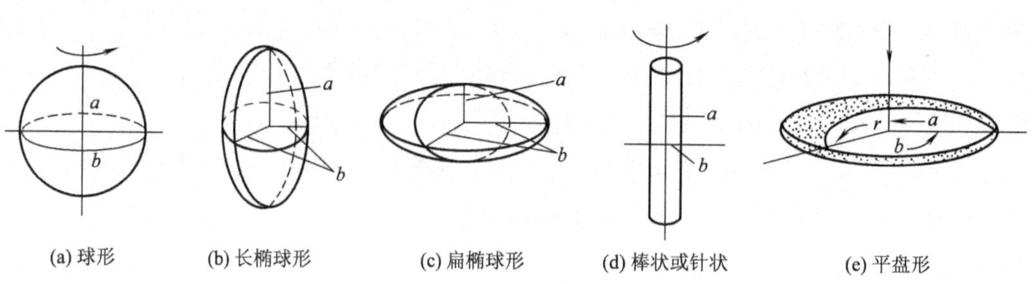

图 1－7 双参数法

（三）多参数法

参数越多，描述粒子形状越准确，但从实验角度和数学处理角度分析越发困难。在描述粒子形状和大小时，有一种形状很特别，那就是团状粒子。那些长链大分子由于具有很强的柔韧性，在溶液中由于剧烈的热碰撞而不能伸展开来，从而形成无规线团(random coil)，如图

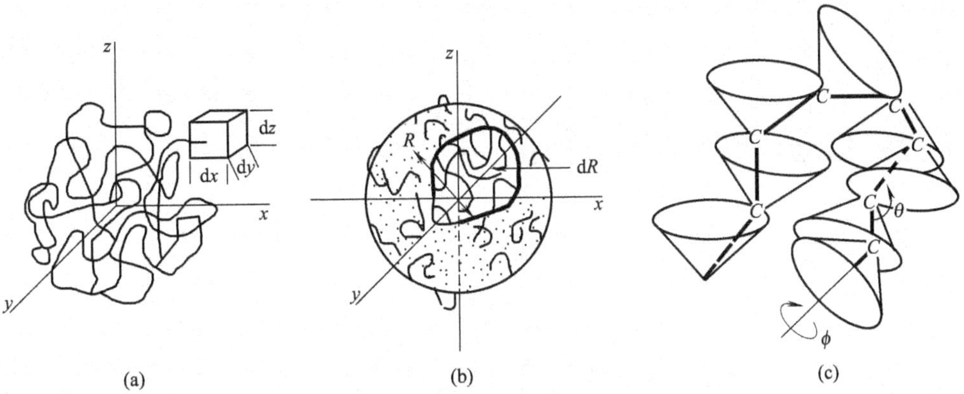

图 1－8　线型大分子形成的无规线团的当量半径

1－8 所示。我们可以用线团的半径来描述大分子的伸展程度。大分子在溶液中的伸展情况主要取决于其溶剂化程度：如果溶剂化作用越大，大分子越伸展，则 R 越大，伸展极限为一长棒；反之线团缠得越紧，R 越小。其数学模型有两种：一种是令线团一端在坐标原点，另一端在体积元 $\mathrm{d}x\mathrm{d}y\mathrm{d}z$ 中[图 1－8(a)]；另一种是线团一端在原点，另一端在 $4\pi R^2\mathrm{d}R$ 的体积元中[图 1－8(b)]。需要指出，长链大分子尽管有很强的柔顺性，但是由于大分子的立体结构(四面体键角 $\theta=109°$)，溶剂化作用以及不包容体积的存在，使这种"任意缠绕"受到限制，如图 1－8(c)所示。

二、多分散性

从分散相粒子的均匀性考虑，可将分散体系分类为单(或均)分散体系和多分散体系。若分散相粒子的化学组成、晶体结构、形状和大小完全一致，则为单分散体系，否则为多分散体系。粒子的化学组成、晶体结构及形状的一致性是易于实现的，但尺寸大小完全一致几乎不可能，所谓均分散只能说是粒子的尺寸大小相差不多。这个"相差不多"的科学术语是粒子尺寸分布曲线的肩值很狭窄，或者说绝大多数粒子尺寸分布在很狭小的数量区域内。

粒子尺寸分布曲线是应用统计平均方法得到的。从数学方法上求粒子的当量直径的平均值(数均直径)很容易，先用前面介绍的方法分别测出≥400 个粒子的当量直径，其数均直径 $\overline{d}$ 为：

$$\overline{d}=\frac{\sum n_i d_i}{\sum n_i} \tag{1-9}$$

式中，n_i 是第 i 级分的粒子数目，也是这个平均值的加权因子；d_i 是第 i 级分中的粒子级标直径。

为了画出尺寸分布曲线，首先将这 400 个数据按大小分成 10～20 个级。如这 400 个粒子的直径为 0～1.2μm，则不妨将其分成 12 级，每级级差为 0.1μm，级标数据是这一级分中粒径的中间值，这样就得到表 1－7 的统计数据。

表 1－7　400 个粒子尺寸分布的统计数据

分级范围(μm)	级标 d_i (μm)	粒子数 n_i (个)	占总粒子数之分数 f_i	$d \leqslant d_i$ 的粒子总数 $\sum n_i$
$0 \leqslant d < 0.1$	0.05	7	0.018	7
$0.1 \leqslant d < 0.2$	0.15	15	0.038	22
$0.2 \leqslant d < 0.3$	0.25	18	0.045	40
$0.3 \leqslant d < 0.4$	0.35	28	0.070	68
$0.4 \leqslant d < 0.5$	0.45	32	0.080	100
$0.5 \leqslant d < 0.6$	0.55	70	0.170	170
$0.6 \leqslant d < 0.7$	0.65	65	0.165	235
$0.7 \leqslant d < 0.8$	0.75	59	0.148	294
$0.8 \leqslant d < 0.9$	0.85	45	0.113	339
$0.9 \leqslant d < 1.0$	0.95	38	0.095	377
$1.0 \leqslant d < 1.1$	1.05	19	0.048	396
$1.1 \leqslant d < 1.2$	1.15	4	0.010	400

所谓分布曲线就是 $d_i \sim n_i$ 或 $d_i \sim f_i$ 图，f_i 是第 i 个级分中粒子数占总粒子数的分数。如果这些粒子划分的级数较少，如上例中只分成 12 级，则会得到如图 1－9(a)所示的矩形图，将每个矩形上边中点即级标处连接成线就得到了尺寸分布曲线。如果级数很多，则每个矩形的上边就会缩短以至呈一点，这些点的连接是更准确一些的粒子尺寸分布曲线，如图 1－9(b)所示，亦称粒子尺寸分布的频率曲线，而矩形图(其上沿为台阶型折线)是一种方便的近似表示法。

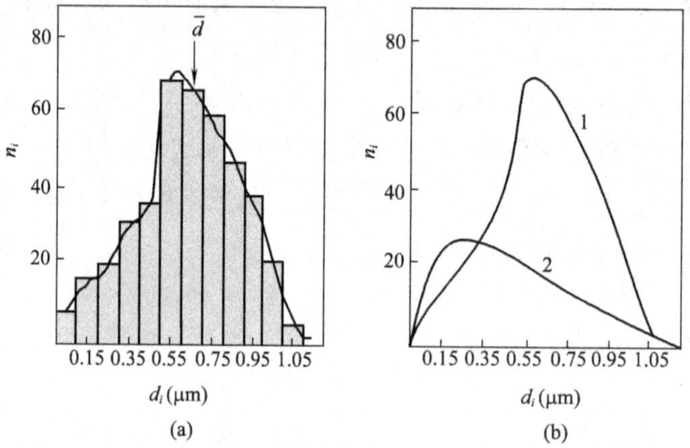

图 1－9　粒子尺寸分布曲线

分散体系的均匀性可以从粒子尺寸分布曲线的肩值大小来识别。所谓肩值是指曲线峰值一半时曲线的宽度，显然肩值越小，曲线越瘦长，表明粒子主要分布在一更狭小的尺寸范围内，粒子尺寸分布越均匀，如图 1－9(b)中曲线 1；相反，曲线越矮宽，如曲线 2，粒子尺寸分布在一较宽的范围内，说明粒子均匀性越差。

*应用统计方法人工绘出粒子分布曲线十分费时费力，一个熟练的科学工作者从拍摄所制取粒子的电镜底片、放大照片到随机选出400个以上的粒子，再到统计出粒子尺寸分布数据，最后绘出分布曲线，至少需要4天。随着科技的发展，各种粒子尺寸分布测定仪的出现将工作时间缩短到3h以内。这里介绍库尔特(Coulter)计数仪，它是让分散体系通过一个由电极对所组成的狭缝，仪器所测定的是通过电极间流体的电导值。这种测量仪所测定的分布曲线是以粒子体积为权重的。在这种测量仪中，分散介质通常用传导性介质，如一定浓度的NaCl或$NaNO_3$水溶液，如果分散粒子是不导电的，那么通过狭缝时，所产生的电导变化量恰为这个粒子体积(当量球)的介质的电导值。测量仪通常与计算机联合，就可以自动给出粒子尺寸分布曲线。为了提高精度或所测量电导变化量的数值，减小狭缝间距是可行的，但是偶然介入的灰尘颗粒往往会引起一定麻烦，故缝隙间距通常$>10\mu m$。另一个要注意的问题是两个粒子可能会同时进入，因此实测的数据是一个组合大粒子的结果，从而引起误差，而且这种误差正比于粒子浓度的平方。实践和理论均已证明，对于这种误差，可以通过以下基于$30\mu m$狭缝和50mL分散体系测量液而得出如下的公式进行修正，式中N_1为真实粒子数，N_2为实验粒子数：

$$N_1 = N_2 - 1.5\times10^6 N_1^2$$

三、平均值

描述粒子大小的物理量，一个是粒子的直径(或当量直径)，另一个是与其相关的粒子质量和摩尔质量。由于粒子的多分散性，便出现"平均值"这个概念。在胶体与表面化学中，描述平均值的方式很多，表1－8给出几个常见的平均值及其定义。这里仅介绍最常用的数量平均值和重量平均值。

表1－8 胶体与表面化学中几种常见的平均值及其定义

名 称	符 号	定义式	所平均的量	加权因子
数 均	$\overline{d}$(及$\overline{M}_n$)	$\frac{\sum n_i d_i}{\sum n_i}\left(\frac{\sum n_i M_i}{\sum n_i}\right)$	直径(分子量)	级分占的数目
重 均	$\overline{M}_w$	$\frac{\sum W_i M_i}{\sum W_i}$	分子量	级分占的重量
围绕圆点的二阶矩	$\overline{d^2}$	$\frac{\sum n_i d_i^2}{\sum n_i}$	直径的平方	级分占的数目
表面平均	$\overline{d_s}$	$(\overline{d^2})^{\frac{1}{2}}$	直径的平方	级分占的数目
围绕圆点的三阶矩	$\overline{d^3}$	$\frac{\sum n_i d_i^3}{\sum n_i}$	直径的三次方	级分占的数目
体积平均	$\overline{d_v}$	$(\overline{d^3})^{\frac{1}{3}}$	直径的三次方	级分占的数目

(一)平均直径

数均直径定义为[同式(1－9)]：

$$\overline{d}=\frac{\sum n_i d_i}{\sum n_i}$$

由于$\sum n_i$为粒子总数n(固定值)，$f_i=\dfrac{n_i}{\sum n_i}$为第$i$级分中粒子数目在整个粒子数目中所占的比例，故上式也可写为：

$$\overline{d}=\sum f_i d_i \tag{1-10}$$

既然求的是平均值，那么每个粒子的直径d_i总与$\overline{d}$存在偏差，这种偏差对于$n=\sum n_i$的所有粒子而言，有正偏差($d_i>\overline{d}$)和负偏差($d_i<\overline{d}$)，还可能存在零偏差($d_i=\overline{d}$)，但是总偏差绝不能采用数均偏差，即：

$$\sigma\neq\frac{\sum n_i(d_i-\overline{d})}{\sum n_i}$$

否则因正、负偏差同时存在而使偏差的数量平均值互相抵消而变小，甚至为零。如一组数据：1，2，3，4，5，6，7，8，9，其平均值为5，数均偏差为0；另一组数据：5，5，5，5，5，5，5，5，5，其平均值也为5，数均偏差还是0，但是直观可知第二组数据要均匀得多，误差确实为零。第一组数据很不均匀，偏差绝不会为零，显然用数均偏差是不正确的。

正确的求标准偏差的方法是采用均方根值：

$$\sigma=\left[\frac{\sum n_i(d_i-\overline{d})^2}{\sum n_i-1}\right]^{\frac{1}{2}}\approx\left[\frac{\sum n_i(d_i-\overline{d})^2}{\sum n_i}\right]^{\frac{1}{2}}=\left[\sum f_i(d_i-\overline{d})^2\right]^{\frac{1}{2}} \tag{1-11}$$

显然采取上述先取平方，后平均，最后开方的方法就避免了正负偏差有可能互相抵消的弊端。在数学上有更简单的近似公式：

$$\sigma\approx(\overline{d^2}-\overline{d}^2)^{\frac{1}{2}} \tag{1-12}$$

有了平均直径和直径的偏差后，粒子直径可表示为：

$$d=\overline{d}\pm\sigma \tag{1-13}$$

粒子平均直径最常用的是数均直径，除此之外尚有面均直径和体均直径，其定义式分别为：

面均直径 $$\overline{d_s}=\left[\frac{\sum n_i d_i^2}{\sum n_i}\right]^{\frac{1}{2}}=\left(\sum f_i d_i^2\right)^{\frac{1}{2}}=(\overline{d^2})^{\frac{1}{2}} \tag{1-14}$$

体均直径 $$\overline{d_v}=\left[\frac{\sum n_i d_i^3}{\sum n_i}\right]^{\frac{1}{3}}=\left(\sum f_i d_i^3\right)^{\frac{1}{3}}=(\overline{d^3})^{\frac{1}{3}} \tag{1-15}$$

式中，$\overline{d^2}$与$\overline{d^3}$分别称为围绕圆点的二阶矩和三阶矩(表1-8)。

(二)平均分子量

粒子的分子量既有数均值$\overline{M}_n$，也有重均值$\overline{M}_w$，其不同之处在于有不同的平均加权因子。

1. 数均分子量$\overline{M}_n$ 数均分子量定义式：

$$\overline{M}_n=\frac{\sum n_i M_i}{\sum n_i}=\sum f_i M_i \tag{1-16}$$

式中，n_i是按照分子量的大小划分的第i级分中的粒子数量；M_i是第i级分中粒子的级标分子量；f_i 是第 i 级分内粒子数目占总粒子数的比例。

2. 重均分子量$\overline{M}_w$　重均分子量定义式：

$$\overline{M}_w=\frac{\sum W_iM_i}{\sum W_i}=\frac{\sum n_iM_i\cdot M_i}{\sum n_iM_i}=\frac{\sum n_iM_i^2}{\sum n_iM_i} \tag{1-17}$$

式中，n_i 是第 i 级分中粒子的数量；M_i 是第 i 级分中粒子的级标分子量；W_i 为第 i 级分中粒子的总重量。

实践与理论均可证明：

$$\frac{\overline{M}_w}{\overline{M}_n}\geqslant 1 \tag{1-18}$$

即用数均和重均两种方法求出的平均分子量是不相等的，除非这个体系是均分散体系。显然$\overline{M}_w/\overline{M}_n$ 与 1 的差值越大，标志这个体系越不均匀。

不同的实验方法可求出不同的 $\overline{M}$ 值，用光散射实验数据求出的是$\overline{M}_w$，而用渗透压方法求出的是$\overline{M}_n$，这将在以后的有关章节中讲述。

3. Z 均分子量　用沉降平衡方法得到的是 Z 均分子量，其定义式是：

$$\overline{M}_z=\frac{\sum W_iM_i^2}{\sum W_iM_i}=\frac{\sum n_iM_i^3}{\sum n_iM_i^2} \tag{1-19}$$

对于均分散体系，$\overline{M}_z=\overline{M}_w=\overline{M}_n$；对于多分散体系，$\overline{M}_z>\overline{M}_w>\overline{M}_n$。至此，我们已讲过三种方法可以判断体系的多分散性：

(1)作尺寸分布曲线，视曲线肩值大小判断(肩值越小越均匀)。

(2)求 $\overline{d}$ 及σ，由 σ 大小判断(一般而言$\frac{\sigma}{\overline{d}}\leqslant 15\%$为均匀)。

(3)分别用不同实验方法求出$\overline{M}_w$ 和$\overline{M}_n$，求$\overline{M}_w/\overline{M}_n$，由此值与 1 的差值判断(比值越接近 1 越均匀)。

第四节　胶体分散体系的一般制备方法和净化

胶体分散体系中，分散相粒子的尺寸为$10^{-9}\sim10^{-6}$ m，故其制备途径无外乎两类：大颗粒的粉碎——分散法和小粒子(分子、原子和离子)的聚合——凝聚法。

一、分散法

(一)机械分散

1. 球磨机　球形研磨体(钢球和玛瑙球等)在随旋转筒体转动时，因重力作用而下落，利用其下落的冲击动能使被研磨的物质破碎。球磨机仅能使粒子粉碎至 2μm，且有可能使研磨球体的碎屑也混入成品中。

2. 胶体磨　在固定的壳体内有一个可快速旋转的圆盘，由于圆盘与壳体内腔不同心，因此两者间的间隙是不等的，最小的间隙为 5μm 左右，如图 1－10 所示物料在间隙中受到冲击（圆盘边缘带有冲击锤）和研磨作用而粉碎。为防止被粉碎的颗粒因极高的表面能而聚集，通常加入少量表面活性剂溶液。用胶体磨可使被粉碎粒子的粒径达 1μm 以上。此法因加入表面活性剂溶液，而使颗粒受到污染。

3. 气流粉碎机 压缩空气流从与粉碎室呈一定夹角的气嘴喷入粉碎室，形成强旋转气流，在另外的气嘴中喷入被高压气体带入的被粉碎物，在气流作用下，物料因物料间以及物料与器壁间的碰撞、剪切和摩擦作用而粉碎。此法成品粒子可达微米数量级，而且可连续生产。大粒子由于离心力大而被抛向边缘，继续粉碎，小粒子因离心力小而被集中收集在中间布袋中。与其他机械分散法比较，其另一优点是成品粒子几乎不被污染。

（二）电弧法

最原始的 Au、Ag、Pt、Pd 等金属的水溶胶就是用电弧法制备的。如图 1－11 所示，调节两连接直流高压电源的电极间距而产生电弧，电弧使金属电极端气化，并在冷水中冷凝成金属胶粒。因此，可以说电弧分散法是分散与凝聚相结合的方法。

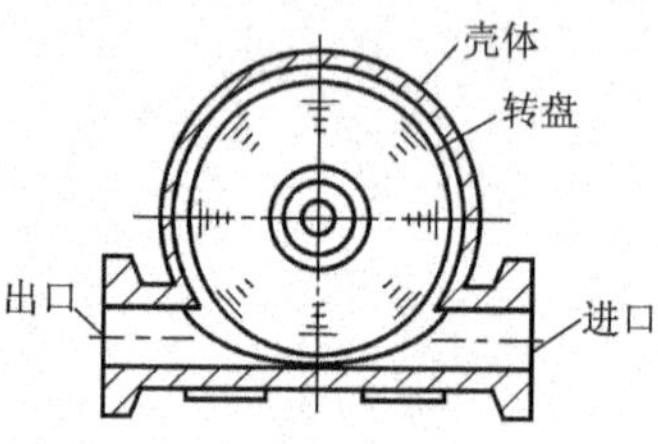

图 1－10 胶体磨示意图

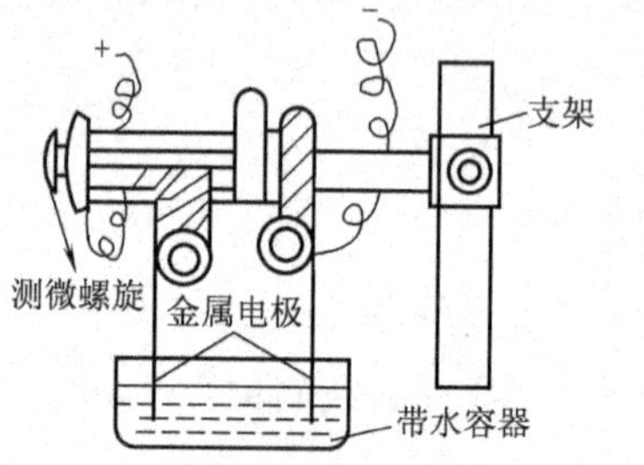

图 1－11 电弧法制备胶体示意图

（三）超声波法

此法特别适用于乳状液的制备，也可用于分散相颗粒在介质中的均匀分散。超声波的频率大于 2000Hz，其强烈的振动频率和集中的高能量使分散相和分散介质充分均匀地混合。应用此法只是将装有分散相和分散介质（通常用水和油）的容器放入超声波场中得以分散，因此体系不会受到任何污染。

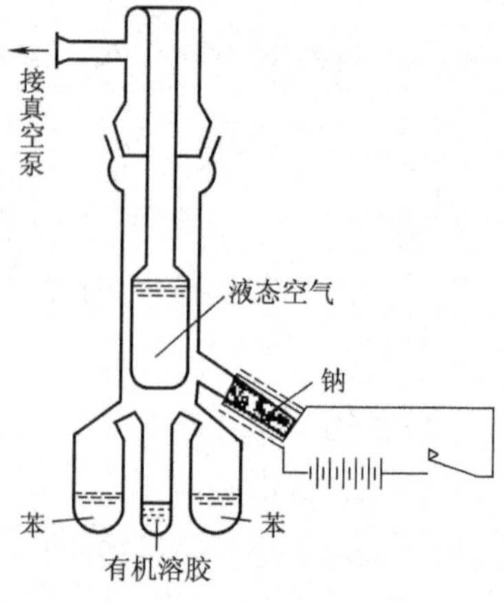

图 1－12 蒸气凝聚法制备钠颗粒分散在苯中的分散体系

二、凝聚法

（一）物理凝聚法

该法是将蒸气状态或溶解状态的分子或离子大小的物质通过凝聚而得到胶体尺寸的颗粒。

1. 蒸气凝聚法 图 1－12 所示为应用蒸气凝聚法制备碱金属（如 Na）分散在有机溶剂（如苯）中的有机介质溶

胶示意图。先将分散相物质钠和分散介质苯加热汽化，汽化后的混合气体在内含液态空气的管外壁液化和凝固，形成胶体大小的钠分散在固体苯中的固溶胶。若将液态空气移去则固溶胶的分散介质熔化，滴入装有有机溶胶的管子中成为金属钠颗粒分散在液态苯中的有机介质溶胶。

2. 溶液过饱和法 应用冷却方法或改变溶剂组成的方法，使饱和或接近饱和的溶液过饱和或者说使溶质的溶解度降低，而凝聚成溶胶。

(1)冷却的方法。如将硫的乙醇溶液以液态空气冷却，则析出胶体大小的硫分散于乙醇介质中。

(2)改变溶剂组成的方法。如将水加入到硫的乙醇饱和溶液中，由于硫在水中溶解度低而析出，成为淡黄色混浊硫溶胶。

(二)化学凝聚法

此方法是利用溶液中的化学反应，使不溶性生成物以胶体的形式沉析出来。为了实现沉析产物颗粒具有胶体尺寸和一定的均匀性，必须仔细控制适宜的反应条件，如反应物浓度、溶剂种类、反应温度及时间、pH 值等，其关键是控制溶液的过饱和度。关于沉析过程的机理，我们将在下一节中详细讨论。化学凝聚法有如下几种。

1. 一般沉淀反应 将能够生成沉淀物质的两溶液如 $AgNO_3$ 和 KCl 稀溶液混合搅拌，生成 AgCl 沉淀，使一种反应组分适当过量而成为稳定剂，制得较稳定的分别带不同电荷的 AgCl 溶胶。应用此法制得的胶体颗粒均匀性极差。

$$(m+n)AgNO_3(\text{过量})+(m+n)KCl \longrightarrow [AgCl]_m \cdot nAg^+ + (m+n)KNO_3 + nCl^-$$

$$(m+n)AgNO_3+(m+n)KCl(\text{过量}) \longrightarrow [AgCl]_m \cdot nCl^- + (m+n)KNO_3 + nAg^+$$

2. 络合物高温分解法 铁、钴、镍等离子与 EDTA、TEA 等形成络合物在常温下很稳定，但在高温(>250℃)及强碱性条件下，络合物要分解，OH^- 逐渐取代原配位体，若溶液中存在氧化剂(如 H_2O_2 或溶解的 O_2)或还原剂(如 N_2H_4 或 $NaBH_4$)则会生成不同氧化状态的金属氧化物或金属单质，这些分散相大小在胶体范围内。

3. 升温强迫水解法 如将酸性低浓度的 $FeCl_3$ 水溶液，于 100℃ 时升温水解：

$$FeCl_3 + H_2O \begin{cases} \xrightarrow{\Delta} \alpha-Fe_2O_3 + HCl \\ \xrightarrow{\Delta} \beta-FeOOH + HCl \end{cases}$$

依 $FeCl_3$ 浓度、溶液 pH 值和所加入酸的种类不同，可生成棒状 $\beta-FeOOH$，球状、椭球形、立方体形 $\alpha-Fe_2O_3$ 均匀胶体粒子，如图 1－13 所示[2,3]。

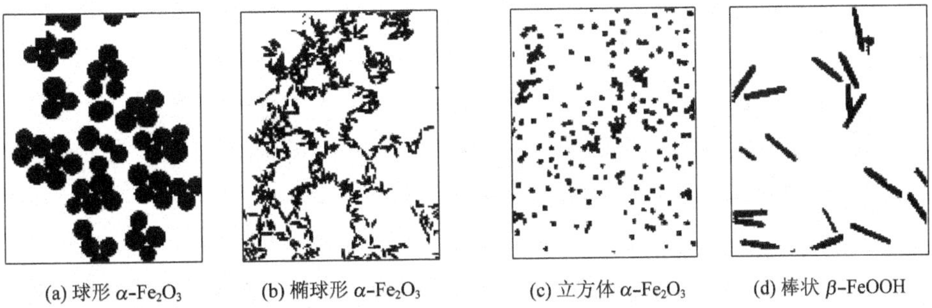

(a) 球形 α-Fe_2O_3　(b) 椭球形 α-Fe_2O_3　(c) 立方体 α-Fe_2O_3　(d) 棒状 β-FeOOH

图 1－13 氯化铁酸性溶液升温水解制备胶体粒子的电镜照片

制备胶体粒子的化学方法除了上面介绍的以外，还有利用气溶胶、乳状液和微乳状液等方法，感兴趣的读者可参阅有关文献[4-7]。

三、溶胶的净化

经化学方法所制得的溶胶，其中含有大量的除分散相以外的反应产物。而且分散相粒子因其巨大的表面能而吸附许多离子、原子或分子，按照溶液和反应条件的不同，这些吸附离子可能是正离子、负离子或 H^+ 和 OH^- 离子。这些物质的存在有可能影响其应用或者可能对其后的吸附、动电现象和稳定性实验产生有害作用，为此，有必要对溶胶进行净化。

（一）离心清洗

分散体系中的分散相粒子在离心场的作用下沉积于离心管底部，而含有各种杂质离子和分子的分散介质处于离心管上部。弃去上层清液，沉淀粒子再用纯介质借助于机械振荡或机械搅拌以及超声波使两者充分分散混合，这一过程为再分散过程，此过程也是粒子所吸附的离子和分子解吸的过程。然后再用离心机分离，再分散，如此反复几次，即将分散相粒子表面吸附的杂质离子和分子清洗干净。

（二）渗析与电渗析

一般分析滤纸的孔径大于 10μm，因此用滤纸过滤的方法，并不能阻留住胶粒。而半透膜(semi-permiable membrane)具有阻止胶粒和大分子通过，却不能阻止离子、小分子通过的功能，因此可利用半透膜对溶胶进行清洗。图 1－14(a)为对溶胶渗析(dialysis)清洗的装置。在半透膜袋内装有溶胶，并不断搅拌，以加速小分子的渗析。袋外的水或不断更换或为流动的，以加大杂质离子渗透的浓度梯度。如果袋内压力高于袋外压力，也会加速渗析，此为超滤(superfiltration)。如果在半透膜两边加上电场，则会加速带电离子的电迁移，如图 1－14(b)所示，则为电渗析。需要指出，在渗析净化溶胶的过程中，由于膜两边存在渗透压使溶剂进入溶胶当中，造成溶胶稀释，因此渗析后的溶胶通常要经过离心分离，将多余的分散介质弃去，从而得到浓溶胶或纯胶粒。

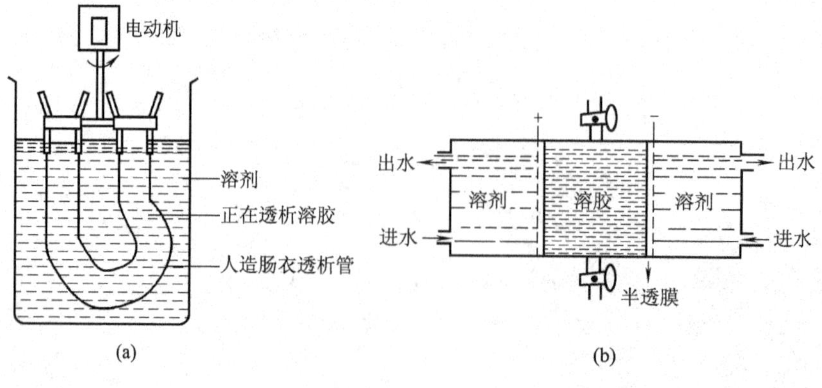

图 1－14　胶体粒子(a)渗析和(b)电渗析净化示意图

*第五节 沉析过程与均匀胶体粒子的制备

沉析过程可以用图 1－15 所示的方块图表示[8]，大致按成核过程→成长过程→陈化过程这样的连续过程进行。成核过程发生在过饱和溶液中，成核可分为均相成核和多相成核，这是一个新相生成的过程；成长过程是在已生成的结晶核的基础上继续长大的过程，与此同时，由于溶液仍处于过饱和状态，故仍有可能发生所谓的“二次成核过程”。是否发生二次成核过程不但取决于溶液的过饱和度，还与成核率和成长速率间的比率有关。但是从生成均分散体系的观点考虑，自然不希望发生二次成核过程，否则无异于所生成粒子的尺寸分布范围变大。

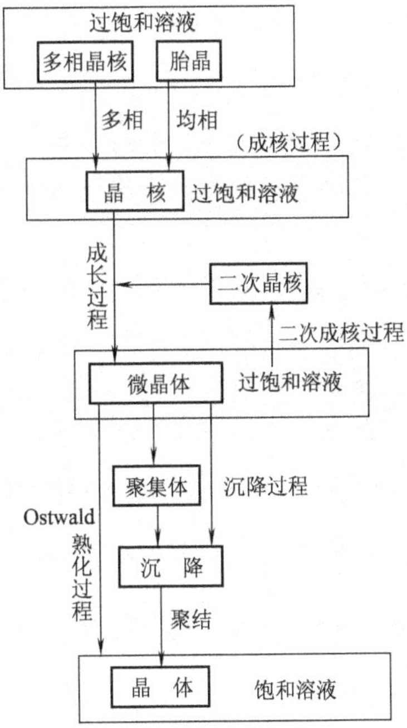

图 1－15 沉析过程示意图

其后是陈化过程，此过程包括已成长的微晶粒中较大颗粒在重力场作用下的直接沉降，或数个微晶粒聚集在一起形成的絮凝体的聚沉作用，以及经由奥斯特瓦尔德(Ostwald)熟化过程而形成最终的沉析产物。

一、过饱和溶液

过饱和溶液(super-satuated solution)是发生沉析过程的必要条件和过程的推动力。像一切自发过程一样，必须有推动力存在，如扩散过程的推动力是浓度差，传热过程的推动力是温度差，结晶过程的推动力是自由能差即溶液的过饱和度。我们可以把结晶过程表示为：

$$\text{A(溶液)} \rightleftharpoons \text{A(晶体)}$$

此过程的自由能变化可用范特霍夫(van't Hoff)等温方程来描述：

$$\Delta G = -RT\ln K_a + RT\ln J_a = -RT\ln\frac{1}{a_e} + RT\ln\frac{1}{a} \approx RT\ln\frac{c_e}{c} \qquad (1-20)$$

式中，K_a 为以活度表示的平衡常数，而 J_a 是尚未平衡时的活度熵；a 和 c 分别为 A 物质的活度和浓度，下标 e 表示平衡状态。式(1－20)还可以表示为：

$$\Delta G = RT\ln\left(1 - \frac{c - c_e}{c}\right) = RT\ln\left(1 - \frac{\Delta c}{c}\right) \qquad (1-21)$$

在 $\Delta c \ll c$ 时，自然对数按级数展开并只保留第一项得：

$$\Delta G = -RT\frac{\Delta c}{c} \qquad (1-22)$$

由式(1－22)可知，只有在 $\Delta c > 0$ 时，$\Delta G < 0$，结晶才是自发过程，我们将 $\Delta c = c - c_e$ 即沉析组分的即时浓度与其平衡浓度之差称为溶液的过饱和度。Δc 的大小决定了 ΔG 的大小或过程

进行的趋势，因此可以说溶液的过饱和度是沉析过程发生的推动力。

历史上，最先认识到过饱和现象的是 Fahrenheit 在 1714 年研究结冰现象时发现的。20 世纪初 Von Weimarn 对微溶固体的沉析现象研究中发现，沉析过程分两步进行，这就是成核过程和晶核的成长过程，而且溶液的过饱和度决定了成核速率 v_1 和成长速率 v_2 的大小：

$$v_1 = k(c_0 - c_e)/c_e \tag{1-23}$$

$$v_2 = DA(c - c_e)/\delta \tag{1-24}$$

式中，c_0、c 和 c_e 分别为沉析组分的初始、即时与平衡浓度。c 是随沉析的进行而变化的，c 是时间 t 的函数，因此可表示为 c_t。D 是扩散系数，δ 为一层结晶的厚度，A 为成长中晶体的表面积。常数 k 与物质本性以及实验条件等因素有关。

使溶液过饱和的方法分为物理方法和化学方法。物理方法包括：改变温度，降低溶质的溶解度即饱和浓度 c_e；加热使部分溶剂挥发提高 c 值，然后降温；改变溶剂组成旨在降低溶质的 c_e 值等。化学方法是加入反应物，改变环境条件使发生化学反应。

过饱和度的大小不但决定了成核速率和晶核数目的多少，而且也决定了成长速率的大小。但从生成单分散体系或均匀胶体粒子这一目的出发，为了形成高分散度的胶体粒子，应当有较高的过饱和度以保证足够多的处于胶体大小的粒子生成。但是过饱和度有一定限度，即在第一批核生成之后，维持母液于较低的过饱和度，以确保其后的晶核成长速率大于成核速率，亦即沉析组分的生成速率不大于核成长所消耗的速率，从而避免二次成核过程的发生。为此必须仔细控制实验条件：反应物浓度、陈化温度和时间、溶剂组成、pH 值等。例如，均匀球形 CdS 粒子是在含有 $Cd(NO_3)_2$、HNO_3 和硫代乙酰胺的溶液中，于 26℃ 经 16h 陈化而得到的。在酸性溶液中，硫代乙酰胺发生如下水解反应：

$$CH_3—CS—NH_2 + H_2O \longrightarrow CH_3—CO—NH_2 + H_2S$$

水解产物 H_2S 与 Cd^{2+} 生成沉析产物 CdS，此沉析组分只能在已成核的基础上加入晶核而成长。然而水解反应在室温下进行得如此之慢，使 H_2S 的浓度不至于过高而发生二次成核的可能。实验还发现硫代乙酰胺必须分两批加入方有均分散溶胶生成，否则若一次足量加入硫代乙酰胺，由于水解速率随浓度增加而增大，则溶液中 H_2S 浓度过高，产物 CdS 浓度增加过快，有二次成核现象发生，所生成的胶粒不仅极不均匀，而且许多粒子会在器壁生成而形成半球形粒子。图 1－16 所示为 CdS 均匀粒子和多次成核多分散粒子的电镜照片[9]。

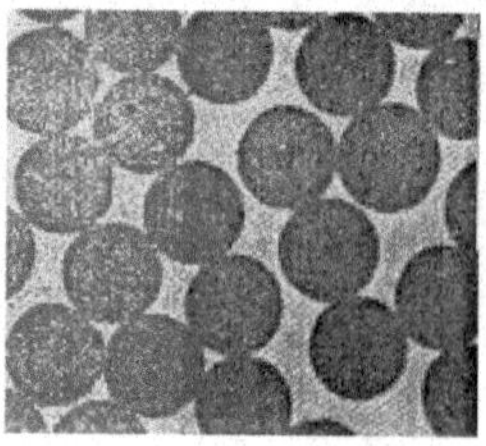
(a) 分批加入硫代乙酰胺

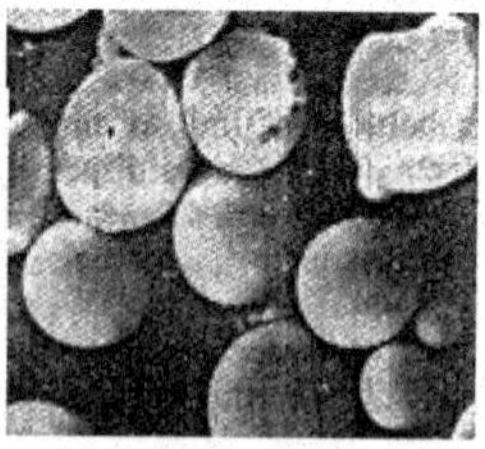
(b) 一次足量加入硫代乙酰胺

图 1－16　CdS 胶体粒子电镜照片

二、成核过程

在本章第二节中小粒子界面的重要性讲及随物质分散程度的加大，微小粒子的表面能对于体系的吉布斯(Gibbs)自由能的贡献大至不容忽视的程度，并因此引起体系的某些宏观性质的变化，其中之一就是微小晶体的溶解度比具有同样化学组成的大晶体大，亦即小晶体与溶液的平衡浓度要比大晶体的相应的平衡浓度大，而且这种差别要随小晶体尺寸的减小而增大。Ostwald－Freundlich 方程描述了小晶体的当量半径 r 与其溶解度 c_r 间的关系：

$$\ln\frac{c_r}{c_e}=\frac{2\gamma_{ls}\cdot M}{RT\rho\cdot r} \tag{1-25}$$

式中，M 和 ρ 分别为沉析物质的分子量和密度；γ_{ls} 为固—液界面张力。

(一)临界晶核的形成

成核过程(nucleation)的 Gibbs 自由能的变化包括两部分：一部分是化学反应生成晶核的自由能变化 ΔG_V(其中包括体积变化项)；另一部分是表面自由能变化 ΔG_A，因此成核过程 Gibbs 自由能的变化 ΔG_n 可表示为：

$$\Delta G_n=\Delta G_V+\Delta G_A \tag{1-26}$$

若认为生成核的当量球半径为 r，则上式变为：

$$\Delta G_n=\frac{4}{3}\pi r^3\Delta G_V+4\pi r^2\gamma_{ls} \tag{1-27}$$

式中，γ_{ls} 为液—固间界面张力；ΔG_V 是生成单位体积晶核的自由能变化量。在恒温恒压条件下，$\Delta G_A>0$ 而 $\Delta G_V<0$。由式(1－27)可知，ΔG_n 是随 r 的变化而变化的，这种变化关系示于图1－17。由图可知，当 $r<r_c$ 时，$\frac{d(\Delta G_n)}{dr}>0$，亦即随晶核的长大 $\Delta r>0$，$\Delta G_n>0$，这显然是非自发过程，也就是说此时不能形成稳定的晶核；相反在 $r>r_c$ 时，亦即随晶核的长大 $\Delta r>0$，$\Delta G_n<0$，这是自发过程，能够形成稳定的晶核，因此 r_c 是形成稳定晶核的最小半径，也称为临界晶核尺寸。由于在 r_c 处，ΔG_n 具有峰值，故有：

$$\left[\frac{d(\Delta G_n)}{dr}\right]_{r=r_c}=0$$

$$8\pi\cdot r_c\cdot\gamma_{ls}+\frac{12}{3}\pi\cdot r_c{}^2\cdot\Delta G_V=0$$

从而求出：

$$r_c=\frac{2\gamma_{ls}}{\Delta G_V} \tag{1-28}$$

则均相成核活化能为：

$$\Delta G_c=\frac{16\pi\cdot\gamma_{ls}{}^3}{3(\Delta G_n)^2}=\frac{4\pi\gamma_c{}^2\cdot\gamma_{ls}}{3} \tag{1-29}$$

由式(1－28)可知，临界晶核尺寸取决于 γ_{ls} 和 ΔG_V，这两项均与成核物质本性有关，对于由复分解沉淀反应所形成的离子性固体，ΔG_V 可表示为：

$$\Delta G_V=\frac{RT}{V_m}\cdot\ln\left(\frac{K_{sp}}{K_{sp}^0}\right)^{\frac{1}{1+y}} \tag{1-30}$$

式中，V_m 为物质的摩尔体积；K_{sp} 和 K_{sp}^0 为难溶盐 A_xB_y 的过饱和溶液和饱和溶液的离子积。将式(1－28)和式(1－30)结合起来分析可知，临界晶核尺寸与过饱和浓度和表面张力有关，这一结论也可以从式(1－25)中得到。将式(1－25)整理而得：

$$r=\frac{2M\gamma_{ls}}{RT\rho\ln(c_r/c_e)}$$

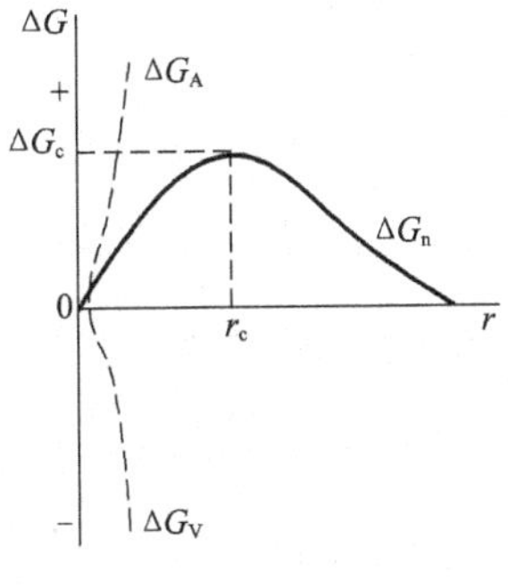

图1－17　ΔG_n 随晶核半径 r 变化曲线

分析此式可知，对于一个过饱和度(c_r-c_e)的溶液，必有

一个尺寸为 r 的晶核与之对应。对大于这个尺寸的晶核，溶液是过饱和的，它会继续长大，即能形成稳定的晶核；相反，对小于这个尺寸的晶核，溶液是不饱和的，它要溶解，即不能形成稳定的晶核。

从动力学角度分析，图 1－17 所示的峰值 ΔG_c 相当于成核过程的活化能，只有半径大于 r_c 的晶核才能继续长大，否则就会溶解。成核过程中毕竟要从分子大小或者分子簇开始，那么根据此式必然要求溶液具有极高的过饱和度，否则成核过程便不可能。然而，实验表明，只要溶液具有一定的过饱和度就会发生析晶现象，这必须从成核的机理分析。

（二）均相成核过程

在过饱和溶液中，由于热力学涨落的原因，溶液的浓度从微观分析不是均匀的，沉淀组分是处在不定时、不定点的集中和分散之中，那些集中的地方就是称作胎晶(embryoes)的具有类晶体结构的准临界组合体，而且在热力学涨落过程中，这些胎晶就可能达到成核的临界尺寸，这样其进一步长大的概率就大于其重新溶解的概率而形成晶核。

成核速率 v_1 可表示为：

$$v_1 = n_c \cdot \omega \tag{1-31}$$

式中，n_c 是单位体积中有 N 个成核物质分子中的超过临界晶核的聚集体数目，这些聚集体有足够的能量超过由式(1－29)所决定的活化能，故：

$$n_c = N\exp\left(-\frac{\Delta G_c}{kT}\right) \tag{1-32}$$

式(1－31)中的 ω 是单位时间达到临界晶核的原子数目，它是由扩散过程所决定的，因此：

$$\omega = \beta\exp\left(-\frac{\Delta G_d}{kT}\right) \tag{1-33}$$

式中，$\beta = a \cdot \nu_o$，a 为界面上一个原子在胎晶方向的振动频率，ν_o 为原子振动频率，且 $\nu_o = \frac{kT}{h}$，h 为普朗克(Planck)常量；k 为波尔兹曼常数，而 ΔG_d 相当于扩散过程的活化能。将式(1－32)和式(1－33)代入式(1－31)中得：

$$v_1 = N\exp\left(-\frac{\Delta G_c}{kT}\right) \cdot \beta\exp\left(-\frac{\Delta G_d}{kT}\right) = N\beta\exp\left(-\frac{\Delta G_c + \Delta G_d}{kT}\right) \tag{1-34}$$

式(1－34)说明，成核需要克服的活化能为($\Delta G_c + \Delta G_d$)，其中 ΔG_c 与物质本性和温度及过程有关，而 ΔG_d 与过程无关，一般情况下 $\Delta G_d \ll \Delta G_c$。

（三）多相成核

在均分散体系的制备过程中，一个十分关键的实验步骤是将实验器皿小心地清洗，并用多次蒸馏水配制反应溶液，还要将溶液用微孔滤膜过滤，以去除可能含有的粒子性杂质。事实上，就是经过上述的净化手续，每毫升溶液中依然含有多于 100 个杂质性颗粒。这些杂质性颗粒在成核过程中起到了诱发剂或“种子”的作用，降低了成核过程的活化能，从而使成核过程发生在过饱和度不太大的溶液中(与均相成核比较)。杂质基体上的凹陷、边角、台阶等部位由于有更高的能量和与晶格更大的接触面积而更有利于成核。多相成核数目与所使用的化学药品、蒸馏水及其净化程度有关，因此实验的重现性较差。有人为改善重现性而一再净化溶液，结果事与愿违，每次所得到的结晶数目出入很大。这也从另一方面证明了多相成核过程确实与溶液中所含杂质颗粒的数目有关。从生成均分散溶胶观点出发，必须实现均相成核过程并控制完全相同的实验条件和程序。

多相成核速率 v_1^h 的形式与式(1-34)表示的均相成核速率 v_1 在形式上一样，所不同的是 ΔG_c 以多相成核活化能 ΔG_c^h 代替：

$$v_1^h = N\beta\exp\left(-\frac{\Delta G_c^h + \Delta G_d}{kT}\right) \tag{1-35}$$

由于 $\Delta G_c^h < \Delta G_c$，故 $v_1^h > v_1$。

ΔG_c^h 与 ΔG_c 的关系可以通过如下理论模型进行分析。图 1-18 所示为在杂质基体 s 上形成了一个半径为 R 的球台形的核 N，它与固面 s 的交界面的圆半径为 r，晶核 N 的形成过程实际上是 l—N 和 N—s 界面取代 s—l 界面的过程。在此晶核的形成过程中既有界面能变化 ΔG_s，又有体积能变化 ΔG_V，故成核过程能量的变化为：

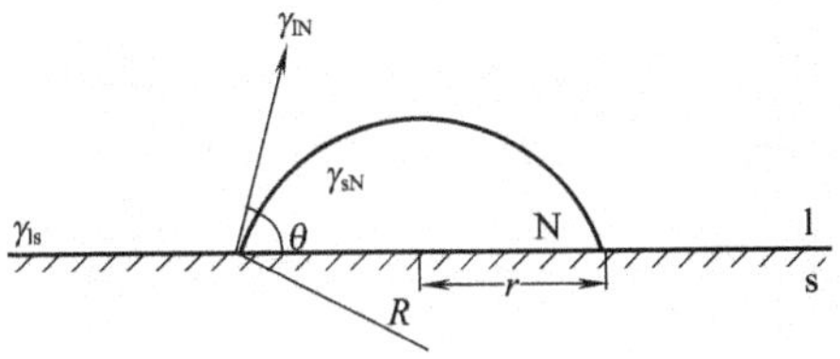

图 1-18　球台形晶核 N 在杂质 s 上生成

$$\Delta G^h = \Delta G_s + V\Delta G_V \tag{1-36}$$

其中界面能变化为：

$$\Delta G_s = \gamma_{lN} \cdot A_{lN} + \pi r^2 \gamma_{Ns} - \pi r^2 \gamma_{ls}$$

又知：

$$\cos\theta = \frac{\gamma_{ls} - \gamma_{sN}}{\gamma_{lN}}$$

故：

$$\Delta G_s = \gamma_{lN} \cdot A_{lN} - \pi r^2 \gamma_{lN} \cos\theta$$

于是，式(1-36)变为：

$$\Delta G^h = \gamma_{lN} \cdot A_{lN} - \pi \cdot r^2 \cos\theta \cdot \gamma_{lN} + V \cdot \Delta G_V \tag{1-37}$$

由于：

球台面积　　$A_{lN} = 2\pi R^2(1-\cos\theta)$

球台体积　　$V = \pi R^3\left(\frac{2-3\cos\theta+\cos^3\theta}{3}\right)$

这样式(1-37)可写为：

$$\Delta G^h = \pi(2-3\cos\theta+\cos^3\theta)\left(R^2\gamma_{lN} + \frac{R^3 + \Delta G_V}{3}\right) \tag{1-38}$$

曲线 ΔG^h—R 也有峰值，由 $\frac{d(\Delta G^h)}{dR}=0$ 求出多相成核的临界半径：

$$R_c = -\frac{2\gamma_{lN}}{\Delta G_V} \tag{1-39}$$

这一结果与均相成核临界半径表达式(1-28)是一致的，将式(1-39)代入式(1-38)即可求出多相成核活化能：

$$\Delta G^h = \frac{16\pi\gamma_{lN}^3}{3\Delta G_V^2}\left[\frac{(2+\cos\theta)(1-\cos\theta)^2}{4}\right] = \frac{16\pi \cdot \gamma_{lN}^3}{3\Delta G_V^2} \cdot f(\theta) \tag{1-40}$$

将其与均相成核活化能式(1-29)比较多出了一项：

$$f(\theta) = \frac{(2+\cos\theta)(1-\cos\theta)^2}{4} \tag{1-41}$$

分析式(1－40)和式(1－41)可知：

(1)若晶核物质完全湿润杂质基体，即 $\theta=0°$，则 $f(\theta)=0$，$\Delta G_c^h=0$，即无能峰存在，多相成核十分容易。

(2)若晶核湿润杂质基体，$\theta\leqslant 90°$，则 $f(\theta)\leqslant\frac{1}{2}$，$\Delta G_c^h\leqslant\frac{1}{2}\Delta G_c$，即成核活化能降低一半。

(3)若晶核完全不湿润杂质基体，$\theta=180°$，则 $f(\theta)=1$，$\Delta G_c^h=\Delta G_c$，即多相与均相成核活化能相同。

总之，随基体与晶核湿润程度的提高或 θ 减小，两者间的界面能降低，有利于新核的形成，或者说与均相成核比较需要较低的过饱和浓度。

三、成长过程

沉析组分(分子、原子或离子)靠扩散或对流传递至晶核或晶体表面，先是在表面吸附，沿二维空间位移，找到适宜的位置，插入晶格中而完成晶体的成长过程(growth)。在这一系列串联过程中，除扩散和对流以外，其他步骤统称为表面过程。

沉析组分总是一层接一层地在晶体表面成长的，其成长机理大体分为以下几种：

(1)单核层成长，即每一层总是以一个新的表面晶核为起点，然后蔓延开来形成一个新层，在此新层没有完成之前不会有另外的表面核形成。

(2)多核层成长，即每一层均以几个表面核为起点，然后蔓延开来并互相搭接形成一个新的表面层，在此新的表面层未完成之前，会有新的表面核在此尚未完成的新表面层上形成，也就是说，晶体表面总是被几个表面核遮盖。

(3)在晶体表面的粗糙、缺损以及边角处，由于这些部位具有较高的表面能，使晶体可在比上述两种成长过程低得多的过饱和溶液中成长。

正因为成长过程是串联过程，则其动力学速率便取决于其中的控制性步骤，即过程中进行最慢的一步，因此便有扩散控制、对流控制和表面控制的速率公式。对于扩散控制的成长过程，有如下简单的速率方程：

$$v_2=\frac{\mathrm{d}l}{\mathrm{d}t}=\frac{DV_m(c-c_e)}{l}=D\frac{M}{\rho l}(c-c_e) \tag{1-42}$$

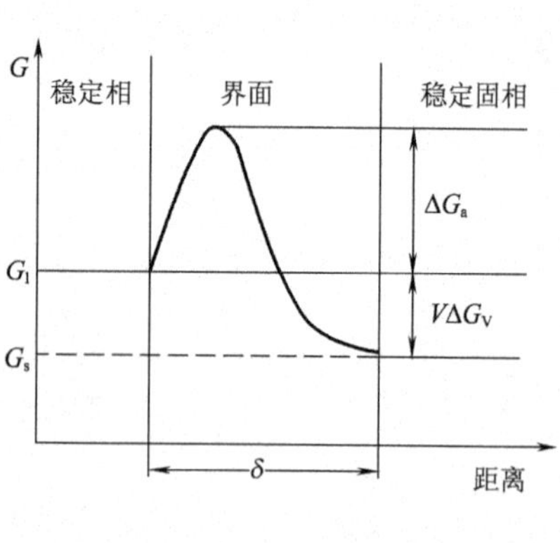

图 1－19　晶体表面和内部能量分布

式中，v_2 是粒子的线性增长速率；l 是粒子的线性尺寸；V_m 是物质摩尔体积；M 是摩尔质量；ρ 是物质的密度；$(c-c_e)$是溶液的过饱和度；D 是扩散系数。实际上$(c-c_e)/l$ 为浓度梯度。

我们也可以从分子水平上分析这一过程。沉淀组分处于液体中，晶体中以及表面处的能量状态是不同的，其能量分布如图 1－19 所示，G_l 和 G_s 分别为液体和固体稳定状态的自由能，由于液体分子较固体分子处于更自由的状态，故 $G_l>G_s$。在厚度为 δ 的界面层处分子的能量最高，因此无论分子从液相至固相或从固相至液相，必须分别克服 ΔG_a 和（$\Delta G_a+V\Delta G_V$）的活化能。因此单位时间迁移的分子数：

从液相至固相：

$$\left(\frac{dn}{dt}\right)_{l\to s}=N_s\nu_o\exp\left(-\frac{\Delta G_a}{kT}\right) \tag{1-43}$$

式中，N_s 为界面处分子数；ν_o 为分子跃迁频率。

从固相至液相：

$$\left(\frac{dn}{dt}\right)_{s\to l}=N_s\nu_o\exp\left(-\frac{\Delta G_a+V\Delta G_V}{kT}\right) \tag{1-44}$$

式中，V 为分子体积；ΔG_a 为分子由液态至固态的自由能变化；ΔG_V 为分子由固态至液态的自由能变化。

这样由液相至固相，净迁移速率为：

$$\frac{dn}{dt}=\left(\frac{dn}{dt}\right)_{l\to s}-\left(\frac{dn}{dt}\right)_{s\to l}=N_s\nu_o\exp\left(-\frac{\Delta G_a}{kT}\right)\left[1-\exp\left(-\frac{V\Delta G_V}{kT}\right)\right] \tag{1-45}$$

晶体的线性增长速率为：

$$v_2=\frac{\text{单位时间迁移分子数}}{\text{界面层分子数}}\times\text{界面层厚度}$$

故有：

$$v_2=\frac{\frac{dn}{dt}}{N_s}\cdot\delta=\delta\nu_o\exp\left(-\frac{\Delta G_a}{kT}\right)\left[1-\exp\left(-\frac{V\Delta G_V}{kT}\right)\right] \tag{1-46}$$

四、陈化过程

沉析过程中所产生的微晶体具有极高的表面能，因此是热力学不稳定体系，其自发的变化过程应是其表面积或比表面减少的过程，这一过程称为陈化或老化(ageing)。陈化方式包括：

(1)初始晶体的再结晶或溶解再结晶使具有较大比表面的形状，如针状、板状或枝晶状的粒子，转化成为更紧凑的形状，如比表面最小的球形粒子。

(2)初始生成的小粒子互相聚集，然后再生成大粒子，此过程称絮凝或聚沉。

(3)Ostwald 熟化(或老化)过程。由式(1－25)可知，对应某一过饱和浓度 c_r，便有一个临界半径 r_c 与之对应。在一个不同大小粒子组成的多分散体系中，随着时间的延长(或陈化时间的延长)，那么小于这个临界尺寸的粒子，由于溶液相对于它们不饱和而溶解，而大于临界尺寸的粒子都在不断地长大，这一过程就称为 Ostwald 熟化过程。从热力学的观点分析，溶液中最终只能存在最大的那类粒子群。图 1－20 示出在熟化过程中溶液浓度 c，以及不同粒子半径 r 随时间 t 的变化情况，其中 $r_1>r_2>r_3>r_4$。

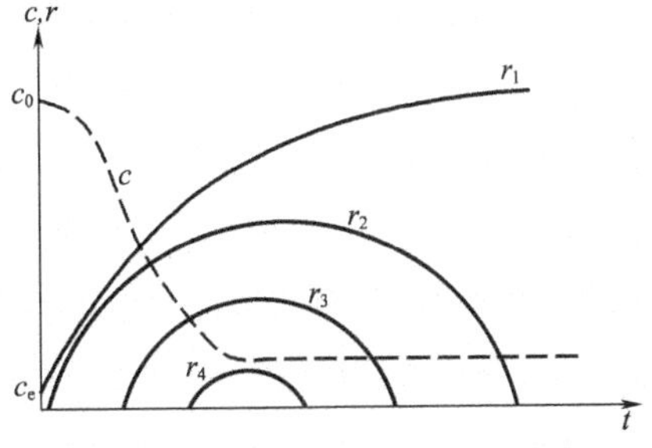

图 1－20 在 Ostwald 熟化过程中溶液浓度 c 和不同粒子的粒径 r 随时间的变化情况

复习指导

1. 胶体是分散相颗粒尺寸在10^{-6}～10^{-9}m的分散体系。表面(或界面)是不同相间的分界面,两者的联系桥梁是存在于分界面处的张力γ或紧缩力。物质的性质包括本体性质和表面性质,宏观物体表面能量与本体能量相比完全可以忽略不计,因此表面性质并不影响物体性质;然而,随着物体被粉碎,表面积和表面能迅速增大($\Delta G_s=\gamma\Delta A$),当达到胶体范围时,表面能达到甚至超过本体能量,此时物质性质发生剧烈变化,出现如过饱和、过冷和过热等一系列亚稳状态。

2. 胶体分散体系通常是多分散的,即分散相粒子的大小、形状、化学组成和晶形不尽相同,所以表示其大小和质量等必然用平均的概念。平均质量主要有数均分子量$\overline{M}_n$和重均分子量$\overline{M}_w$,两者比值$\overline{M}_w/\overline{M}_n\geqslant1$,比值与1的偏差越大,则体系越呈现多分散性。

3. 胶体分散体系中分散相粒子的尺寸为10^{-9}～10^{-6}m,处于粗分散相(大颗粒)与低分子分散相(分子、原子和离子)之间,因此制备胶体的途径有两种:一是将大颗粒通过机械、超声波和电弧手段粉碎——分散法;二是通过物理和化学手段将分子、原子和离子聚合——凝聚法。

*4. 沉析过程可以简单地表示为:成核→成长→陈化过程。沉析过程的推动力或者必要条件是溶液的过饱和,适当的过饱和度促使这一过程自发进行。成核过程包括均相成核与多相成核,前者起源于溶液内部存在的热力学涨落中的称为胎晶的准临界组合体,后者以溶液中存在的粒子性杂质为种子,这些都极大地降低了成核过程的活化能。从生成均匀胶体粒子的机理分析,控制均相成核与控制溶液适当的过饱和度,保证一次成核并使一次成核后成长速率大于成核速率或者说沉析组分的生成速率不大于核成长的消耗速率,从而不会发生二次成核。

思考题

1. 测得某城市上空尘埃的比表面为5.61m^2/g,试求粒子半径。已知组成均匀粒子的物质密度为2.2×10^3kg/m^3。(答:2.43×10^{-7}m)

2. 若将一个立方体等分成1000个小立方体,求:①小立方体表面积比原来小几倍;②小立方体总表面积较原来的大多少倍。(答:①99倍;②9倍)

3. 25℃时,将半径为10^{-3}m的水滴分散成半径为10^{-6}m的小水滴,求比表面增大多少倍?表面能增大多少?完成该过程环境至少对体系做多少功?(答:1000倍,9.15×10^{-4}J,9.15×10^{-4}J)

4. 半径为1nm的金(ρ=19.3×10^3 kg/m^3)粒子重多少克?(答:8.08×10^{-20}g)

5. 制得金溶胶,每毫升含胶粒1mg,已知金的密度ρ=19.3×10^3kg/m^3,若胶粒为半径是10^{-8}m的均匀球形粒子,求:①每毫升溶胶中含有金粒子的数目;②每毫升溶胶所含粒子的总面积;③每个金粒子含有的金原子数。(答:①1.237×10^3;②1.554×10^{-2} m^2/mL;③2.47×10^5原子/粒子)

6. A和B两种球形粒子的单分散体系具有相同的质量浓度,两种球形粒子有相同的密度。A体系的$\overline{M}_n$是B体系的2倍,求A和B两体系的总表面积比。(答:1∶0.794)

7. 由半径比为 1∶2∶3 的三种等量球形粒子组成的分散体系，若最小球的粒子重为 100，求该体系的数均分子量$\overline{M}_n$ 为多少？重均分子量$\overline{M}_w$ 是多少？（答：$\overline{M}_n=1200$，$\overline{M}_w=2206$）

8. 经光散射和渗透压实验测知某分散体系的重均分子量和数均分子量分别是 1.53×10^5 和 1.00×10^5，若该分散体系由等量的两种大小的粒子组成，求其粒子的摩尔质量分别为多少。（答：1.7×10^5 与 0.3×10^5）

9. 相对分子质量是 20000 的聚苯乙烯溶于苯形成溶液 A，相对分子质量是 60000 的聚苯乙烯溶于甲苯形成溶液 B。现将浓度为 1% 的 A 和 B 溶液等体积混合，求该混合液的$\overline{M}_n$ 和$\overline{M}_w$。（答：$\overline{M}_n=30000$，$\overline{M}_w=40000$）

第二章　胶体分散体系的动力性质

本章主要讨论胶体粒子在介质中的沉降、扩散及其平衡。沉降是在重力场或离心场作用下发生的，而扩散是在浓度梯度作用下出现的。对胶体分散体系而言，介质中的粒子运动行为是这两种作用的结果，只不过凭直觉，大粒子较小粒子易于沉降而不易扩散，或者说沉降趋势远大于扩散趋势。例如将一把泥土撒于足够长的装有水的量筒之中并搅拌均匀，过一段时间后我们发现泥土中所含大砂粒已沉入筒底，而越往上粒子越小，最上面较清透，但总存在这么一定大小的粒子，其扩散作用与沉降作用会有那么一个时刻达到平衡，这就是沉降平衡。

第一节　重力场作用下的沉降

一、沉降

一个任意形状、体积为 V、质量为 m、密度为 ρ_2 的粒子，处于密度为 ρ_1 的介质中。作用在粒子上的力有重力($F_g=V\rho_2 g$)和浮力($F_b=Vg\rho_1$)。如图 2－1 所示，这两个力方向相反，故粒子所受净力 F 为这两者之差：

$$F=F_g-F_b=V(\rho_2-\rho_1)g \tag{2-1}$$

粒子运动方向取决于 ρ_1 和 ρ_2 的大小。若 $\rho_1>\rho_2$，则粒子上浮，部分浮出水平面；若 $\rho_1=\rho_2$，则粒子可静止于介质中任一部位；若 $\rho_1<\rho_2$，则粒子会向下加速运动即沉降(sedimentation)。由于现在讨论沉降问题，故我们认为 $\rho_1<\rho_2$，那么粒子在向下运动净力的作用下，要不断加速下沉，但随粒子向下运动速率的增大，与运动速率 v 相伴而生的流体摩擦阻力也增大，且成正比，即：

$$F_v\propto v$$

或

$$F_v=f\cdot v \tag{2-2}$$

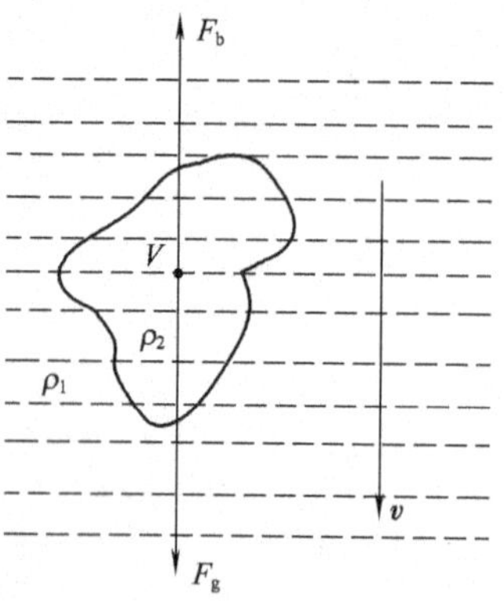

图 2－1　密度为 ρ_2 的粒子在密度为 ρ_1 的液体中的受力情况

式中，比例系数 f 称为粒子在给定介质中的阻力因子(friction factor)，单位是 kg/s。随着粒子沉降速率的增大，沉降阻力也不断增大，当沉降力等于沉降阻力时，沉降粒子受力平衡，运动速率不再增大，而达到稳定的运动(沉降)状态，即：

$$F=F_v$$

$$V(\rho_2-\rho_1)g=f\cdot v$$

$$m\left(1-\frac{\rho_1}{\rho_2}\right)g=f\cdot v \tag{2-3}$$

$$v=\frac{m}{f}\left(1-\frac{\rho_1}{\rho_2}\right)g \tag{2-4}$$

$$\frac{m}{f}=\frac{v}{\left(1-\frac{\rho_1}{\rho_2}\right)g} \tag{2-5}$$

关于沉降问题，有三点应予以特别注意：

(1)在 $F=F_v$ 时，粒子受力平衡，以恒定速率下沉，这个速率就是式(2－4)所表达的稳定速率 v。

(2)沉降稳定速率与粒子的形状无关，只取决于 m 及 f、ρ_2、ρ_1 的大小。

(3)m 和 ρ_2 分别为未溶剂化的干粒子的质量和密度。

二、斯托克斯(Stokes)公式

Stokes 假定半径为 r 的刚性小球在液体介质中沉降，等价于球粒静止而液体以相等速率逆向运动。当液体流动状态为层流(即流速慢且稳定不形成扰动)时，再假定分散体系的浓度(即单位体积中分散相粒子的数量)极低，亦即粒子彼此间的距离很大，以至粒子间无作用力存在，这样 Stokes 得出了运动阻力 F_v 的公式：

$$F_v=6\pi\eta rv \tag{2-6}$$

式中，η 为液体黏度。对照式(2－2)得：

$$f=6\pi\eta r \tag{2-7}$$

显然式(2－6)仅是式(2－2)的特例，即粒子为球形。由 Stokes 公式可知，F_v 正比于 v、r 和 η。

将式(2－3)和式(2－7)结合起来得到：

$$V(\rho_2-\rho_1)g=6\pi\eta rv$$

$$\frac{4}{3}\pi r^3(\rho_2-\rho_1)g=6\pi\eta rv$$

从而得出如下一些公式：

$$v=\frac{2r^2(\rho_2-\rho_1)g}{9\eta} \tag{2-8}$$

$$r=\left[\frac{9\eta v}{2(\rho_2-\rho_1)g}\right]^{\frac{1}{2}} \tag{2-8a}$$

$$m=\frac{4}{3}\pi r^3\rho_2=\frac{4}{3}\pi\rho_2\left[\frac{9\eta v}{2(\rho_2-\rho_1)g}\right]^{\frac{3}{2}} \tag{2-8b}$$

$$f=6\pi\eta r=6\pi\eta\left[\frac{9\eta v}{2(\rho_2-\rho_1)g}\right]^{\frac{1}{2}} \tag{2-8c}$$

由式(2－8)可知：

(1)$v\propto r^2$，即粒子越大，稳定沉降速率越大。

(2)$v\propto(\rho_2-\rho_1)$，即密度越大的粒子沉降越快。

(3)$v\propto\frac{1}{\eta}$，介质黏度越大，粒子沉降越慢。

(4)如能测定降球速率 v,则按此式可求黏度,这正是降球式黏度计的工作原理。

另外,由式(2－8c)可知,如果知道液体的黏度 η,测知球粒半径 r,就可求得 f。相反,若已知 η,测知粒子的沉降速率 v 就可由式(2－8a)求出粒子半径。

必须强调,应用式(2－8)至式(2－8c)时,务必注意仅适用于分散相为均匀球形粒子的分散体系。

三、阻力因子比$\frac{f}{f_0}$

从定义式 $F_v=f\cdot v$ 可知,影响沉降阻力的因素有两个:一个是粒子沉降速率 v,另一个是阻力因子 f。由式(2－4)可知,在 ρ_2 与 ρ_1 为定值时,v 的大小取决于 m/f 的值,如果粒子是溶剂化的,粒子的下沉速度必然因溶剂化层的影响而降低,在式(2－4)中,粒子质量 m 未变,v 下降,则 f 增加。如果粒子溶剂化后的阻力因子为 f,而未溶剂化干粒子的阻力因子为 f_0,则必然有 $f\geqslant f_0$,因此,$\frac{f}{f_0}\geqslant 1$,比值越大,则分散相溶剂化程度越高。

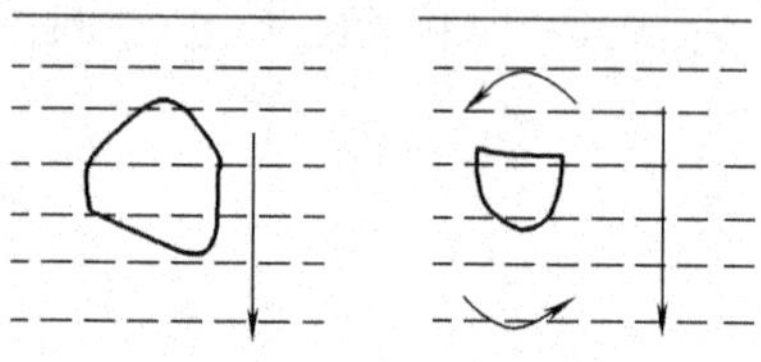

图 2－2　粒子在液体中的运动状态

影响沉降阻力的另一个因素是粒子的不对称性(非球性)。如果粒子很大,则粒子在沉降过程中应按流体力学上最小阻力的方向下沉。但对于胶体范围的粒子而言,其方向是随机的,即粒子处于随时滚动之中,如图 2－2所示,这样可以想象有一个球形表面包围了这个粒子,显然包围球的半径 r 要大于原粒子的当量半径 r_0,由于:

$$f=6\pi\eta r \quad f_0=6\pi\eta r_0$$

因 $r>r_0$,故 $f>f_0$,或$\frac{f}{f_0}\geqslant 1$,显然粒子的不对称性(非球性)越大,则$\frac{f}{f_0}$亦越大,球形粒子的阻力因子比值为 1。

总之,阻力因子比$\frac{f}{f_0}$既衡量了粒子的水化程度,又衡量了粒子的不对称性。图 2－3 所示为蛋白质在水中的分散体系的$\frac{f}{f_0}$随分散相的不对称性和溶剂化作用的变化[12]。图中纵坐标$\frac{a}{b}$表示粒子不对称性:$\frac{a}{b}=1$ 为球体;$\frac{a}{b}\neq 1$ 表明不对称,而且与 1 相差越远,不对称性越大,从图中可见相应的阻力因子比值也增加。横坐标表明蛋白质的水化度,随水化度增加,$\frac{f}{f_0}$也增加。根据上述分析,实验的$\frac{f}{f_0}$值实际包括单纯溶剂化作用$\left(\frac{f}{f_0}\right)_{溶剂化}$和单纯非球性$\left(\frac{f}{f_0}\right)_{非球性}$两部分,且

$$\left(\frac{f}{f_0}\right)_{实验}=\left(\frac{f}{f_0}\right)_{溶剂化}\cdot\left(\frac{f}{f_0}\right)_{非球性} \tag{2-9}$$

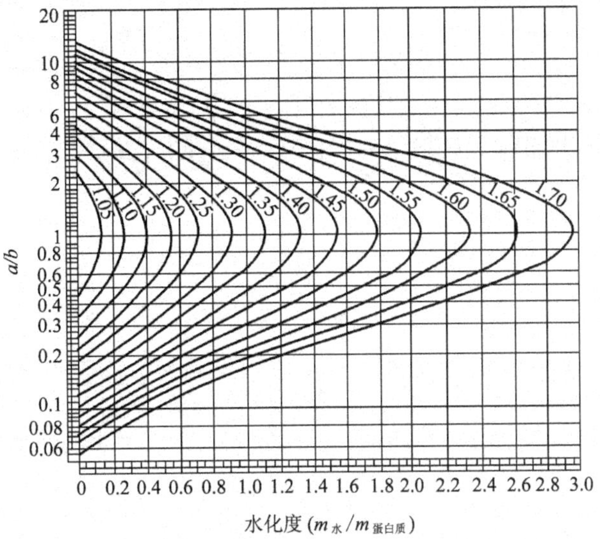

图 2－3　蛋白质—水分散体系的 f/f_0 随水化程度和不对称性的变化

四、沉降实验

研究沉降问题的简单仪器有两类，即沉降天平和魏格纳(Wigner)沉降仪，下面简单介绍它们的工作原理。

(一)沉降天平(重量法)

图 2－4 是沉降天平的示意图。在量筒中放入被测的混合均匀的分散体系，量筒中很薄的小玻璃盘与扭力天平相连，它距液面的高度为 h。随测量时间的延长，粒子逐渐落于小容器中，则扭力天平所增加的质量 m 就是时间为 t 的沉降量，可以用 m—t 图表示。

(二)Wigner 沉降仪(密度法)

如图 2－5 所示，Wigner 沉降仪由粗细两管组成，中间有旋钮。左边粗管放入分散体系，右边细管放入介质，由于两者存在密度差，故欲平衡必然存在一个液面高度差 h。但随时间的推移，左边粒子的沉降使其上方液体密度降低，因此平衡液面差 h 降低，h 的变化代表了沉降量变

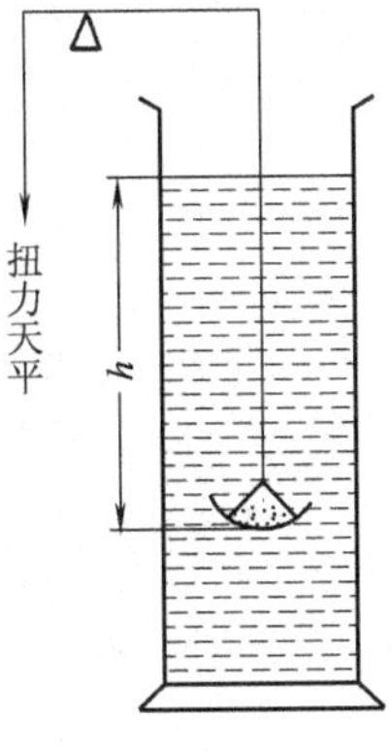

图 2－4　沉降天平示意图

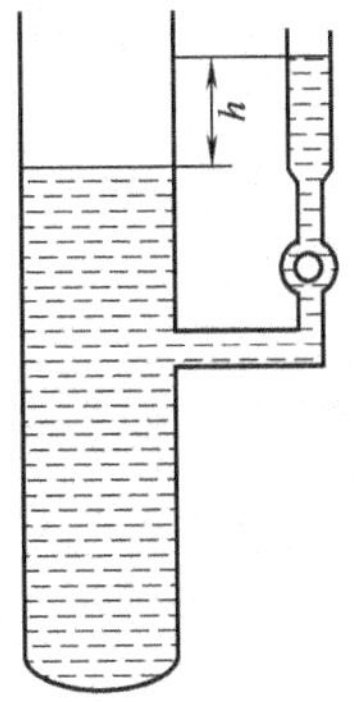

图 2－5　Wigner 沉降仪示意图

化。由实验数据可绘出 h—t 图。

对于单分散体系的沉降问题研究要简单得多,因为此体系中分散相粒子的形状、大小和组成是相同的,故沉降也是同步的。在这样的沉降过程中,分散体系与已沉降完分散相粒子的介质之间明显的界面会不断下移。如果在时间间隔 Δt 中,下移距离为 Δh,那么粒子沉降速率 v 可表示为:

$$v=\frac{\Delta h}{\Delta t} \tag{2-10}$$

然而,对于多分散体系就复杂多了,因为不同大小的粒子沉降速率是不同的,因此沉降层与介质层的界限不是分明的,而是发散的,故不能应用$\frac{\Delta h}{\Delta t}$来确定粒子的迁移速率。用沉降天平所得到的沉降物质量是累积速率所决定的累积沉降量,如图 2－6 所示。图中横坐标时间轴中的 $t_1,t_2,t_3,\cdots$分别为对应粒子半径为 $r_1,r_2,r_3,\cdots$的沉降时间,因此对应的沉降量,如(m_2-m_1)应为半径为 $r_1\sim r_2$ 这部分粒子的沉降量。因此就有了另一种作图方法:横坐标为粒子半径,纵坐标为$\frac{m'}{\Delta r}$,如图 2－7 所示。每一个 Δr 间隔全可绘成一个矩形,矩形的面积为$\frac{m'}{\Delta r}\cdot\Delta r=m'$,连接每个矩形上边的中点连线就是粒子尺寸的分布曲线。这样我们就有了另一种作分散相粒子尺寸分布曲线的方法。

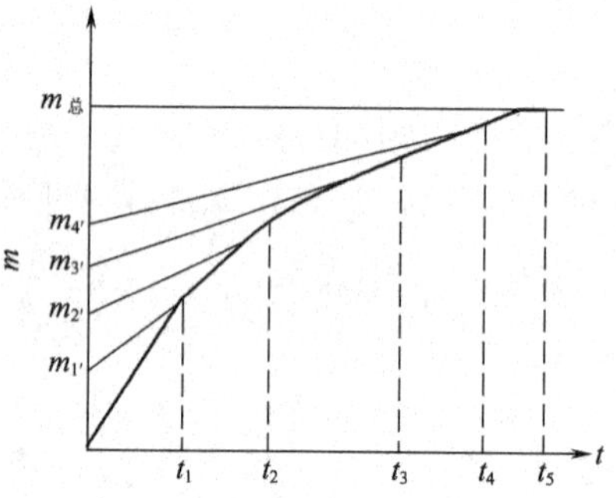

图 2－6　多分散体系沉降曲线

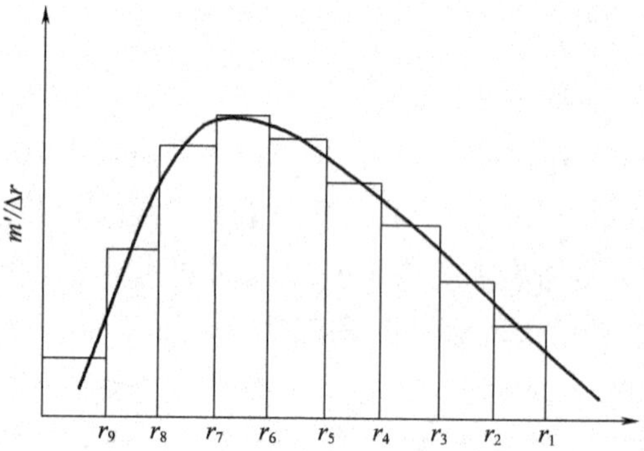

图 2－7　多分散体系粒子分布曲线

现在我们解释图 2－6 中为什么对应 $t_1,t_2,\cdots$的完全沉降粒子的沉降量分别为 m_1',m_2',…,而非测量数据 $m_1,m_2,\cdots$。实际上,在每个测量时间 t 的沉降量 m 由两部分组成,一是对应时间 t 的半径大于或等于 r 的沉降完全的那部分粒子的质量 m',这部分粒子在时间 t 内肯定会沉降下来,只是有先有后,那些较大粒子或靠近沉降容器较近的粒子沉降时间要短,因此较早到达,但是那些较小的粒子或离容器较远的粒子于后期到达;还有另一部分是尚未沉降完全的沉降粒子的沉降量$(m-m')$,这些粒子的半径小于 r,如果它们离容器很近也被沉入其中,那些离容器远的粒子尚未沉进容器,故称是尚未沉降完全但已沉降入容器的沉降量$(m-m')$。在这段沉降时间内,可以认为第二部分沉降量为 $t\cdot\frac{\mathrm{d}m}{\mathrm{d}t}$(因为沉降速度是恒定的），故有：

$$m=m'+t\cdot\frac{\mathrm{d}m}{\mathrm{d}t} \tag{2-11}$$

从图 2－8 可以看到，对应 t 的曲线点切线 $m'n'$ 与纵坐标上交于 m'，而曲线上的点对应的纵坐标为 m，而 $t\cdot\frac{\mathrm{d}m}{\mathrm{d}t}$ 恰为 $m-m'$，这一结果与式(2－11)是完全吻合的。这就完全证实了我们前面所说的，对应沉降时间 $t_1,t_2,t_3,\cdots$ 的沉降量 $m_1',m_2',m_3',\cdots$ 是曲线上对应点的切线与纵坐标的交点。

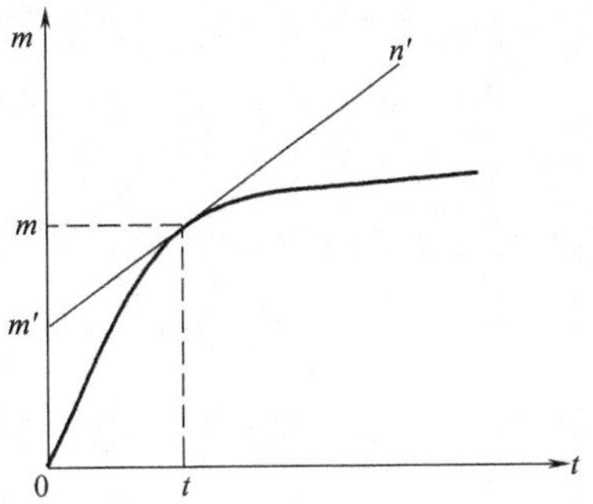

图 2－8　沉降曲线数据分析图

第二节　扩　散

一、随机运动——布朗运动

1826 年，英国科学家布朗(R. Brown)在显微镜下观测分散于水中的花粉时，发现花粉颗粒在水中做上下左右无规则的运动。尽管 Brown 并不能解释此现象，但他发现这种现象与外来作用无关，只随温度上升而运动加剧。这一现象在当时尚不能正确解释，其根本原因是那时还没有确立物质是由分子和原子所组成这样的物质结构学说的基本概念。直至 1888 年由古依(Gouy)和 1900 年由埃克纳(Exner)分别提出分散介质的热运动观点，才揭示了布朗运动(Brownian motion)的本质。此观点后为爱因斯坦(Einstein)和斯莫鲁霍夫斯基(Smoluchowski)理论所证实，并为佩兰(Perrin)的实验所支持。这种观点认为细小粒子在介质中的这种运动完全是被动运动，即它们运动的能量源于介质分子的随机运动对它们的碰撞。

宏观上，液体的密度或溶液的浓度是处处相等的或是分布均匀的。而从分子水平上分析，仍处于热力学的涨落之中。热力学涨落理论是 1902 年由 Gibbs 创立的，涨落现象可遍布于任何科学领域。

按照分子运动理论，介质分子是随时随处运动的，这种随机运动的结果，就是在不定时间、不定地点有介质分子过于集中或过于稀疏的情况发生，亦即液体中局部位置的浓度和密度是随时随地变化的，尽管从时间和地点的统计平均结果来看浓度和密度应当是时时处处相等的常数。如果液体中有颗粒存在，则液体局部密度的变化会施加于粒子表面以连续变化的压力，这就是粒子之所以能运动的能量来源。如果粒子足够小，那么粒子从不同方向所受到的压力不同，或者说介质分子对其碰撞次数和能量不同，于是得到间断的脉冲能量，使粒子沿几乎任意的复杂轨迹运动，这就是布朗运动。

如果粒子足够大，则它从各个方向的冲击就有可能达到平衡，而使其不能运动，一般当粒径≥0.5μm 时，就观测不到布朗运动了。实验还发现对于小粒子而言，除了做平动外，有时还处于旋转运动之中。

二、扩散和菲克(Fick)定律

从热力学上讲，在忽略重力等外力影响时，一个平衡相的组成和密度从宏观上应当处处相等，因为在这种状态时体系的熵处于最大值——热力学稳定状态。如果由于某种原因，在已知浓度的溶液或分散体系中，加入溶质或溶胶，或者是添加介质，而使其浓度分配不均，那么溶质分子或分散相粒子就会因布朗运动由高浓度区域向低浓度区域迁移(migration)，这种现象称为扩散(diffusion)。图2－9所示为浓度为 c_2 和 $c_1=c_2-\mathrm{d}c$ 的液体被厚度为 $\mathrm{d}x$ 的多孔塞隔离的情况，由于 $c_2>c_1$，则溶质(或分散相)就会从左室透过多孔塞向右方迁移。若 m 为流经截面积为 A 的物质的质量，则 m/A 的时间变化率定义为流量 J：

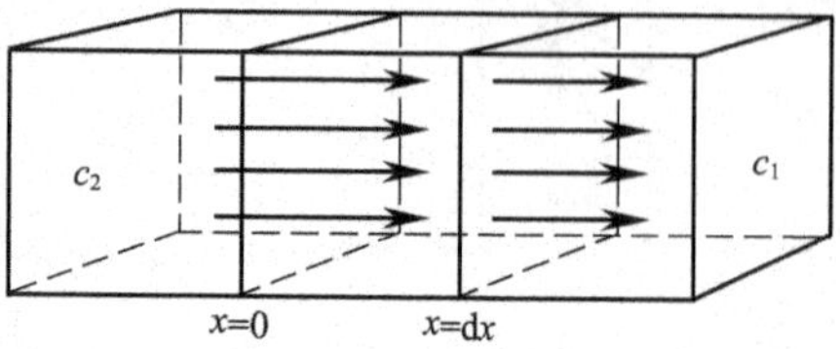

图 2－9　局部区域浓度差引起扩散

$$J=\frac{\mathrm{d}(m/A)}{\mathrm{d}t} \tag{2-12}$$

即流量为单位时间流过单位面积的物质的质量。显然 J 与浓度梯度 $\mathrm{d}c/\mathrm{d}x$ 有如下关系：

$$J\propto\frac{\mathrm{d}c}{\mathrm{d}x}$$

$$J=-D\frac{\mathrm{d}c}{\mathrm{d}x} \tag{2-13}$$

这就是 Fick 第一扩散定律，比例系数 D 为溶质(或分散相)在给定介质中的扩散系数(diffusion coefficient)，单位是 m^2/s，负号的加入是因为迁移是由高浓度区向低浓度区，即$\frac{\mathrm{d}c}{\mathrm{d}x}<0$，以使 J 为正值。将式(2－13)进一步变化，即可得到描述指定点浓度的时间变化率的 Fick 第二扩散定律：

$$\frac{\mathrm{d}c}{\mathrm{d}t}=D\frac{\mathrm{d}^2c}{\mathrm{d}x^2} \tag{2-14}$$

式(2－14)是个微分方程，其解代表体系的浓度与时间和地点的函数关系。这个解取决于边界条件和 D 值(是否为常量)，因此可作为实验测定 D 值方法的基础。然而，应用这个方程解 D 很麻烦，而通过统计研究就容易多了。实验表明，对于小分子，D 的数量级为$10^{-5}\,m^2/s$，而胶体粒子 D 的数量级为$10^{-7}\,m^2/s$。

三、爱因斯坦—布朗位移方程

所谓布朗位移，是指溶液中某粒子在所测时间间隔 t 内指定方向上的位移$\overline{\Delta}$，需要指出 $\overline{\Delta}$ 与粒子在这段时间所走过路程的总长度或者说轨迹是两回事，后者较前者大许多倍(图 2－10)。按照分子运动论的学说，介质分子对于分散相粒子的碰撞频率数量级为

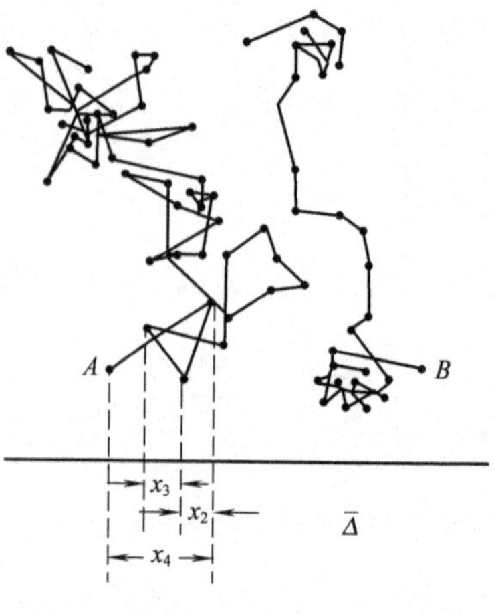

图 2－10　微粒子在介质中随机运动示意图

$10^{20}s^{-1}$，因此实验人员无法跟踪粒子的所有运动轨迹，而只能是在时间间隔 t 内的位置移动的距离即位移 $\overline{\Delta}$。

描述 $\overline{\Delta}$ 的方程可直接由随机运动的统计学求出，也可以由 Fick 定律推出，我们采取后一种更直观的方法。在图 2－11 中，$c_1>c_2$，若令垂直于单位截面 AB 的平均位移在 t 时间内为 $\overline{\Delta}$，由于粒子会由左至右，也可由右至左通过单位截面 AB，则净量为：

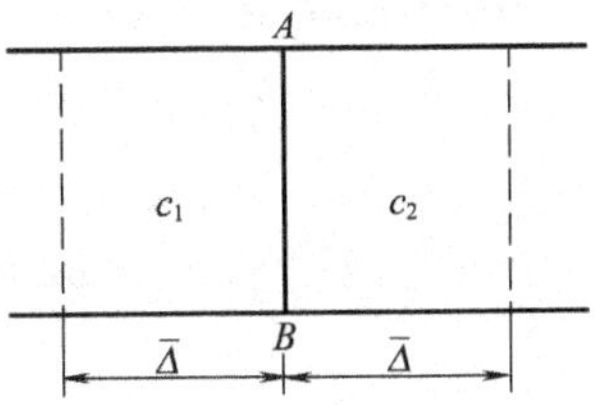

图 2－11 微粒子在介质中布朗平均位移

$$m=\frac{(c_1-c_2)\overline{\Delta}}{2}=\frac{(c_1-c_2)\overline{\Delta}^2}{2\overline{\Delta}} \tag{2-15}$$

由于 $\overline{\Delta}$ 很小，可以认为 $\frac{c_1-c_2}{\overline{\Delta}}=-\frac{dc}{dx}$

则有：
$$m=-\frac{1}{2}\frac{dc}{dx}\overline{\Delta}^2$$

对照 Fick 第一定律 $m=-D\cdot\frac{dc}{dx}\cdot t$，那么：

$$-\frac{1}{2}\frac{dc}{dx}\overline{\Delta}^2=-D\cdot\frac{dc}{dx}\cdot t$$

$$\overline{\Delta}=\sqrt{2Dt} \tag{2-16}$$

此式便是爱因斯坦—布朗平均位移公式。如果用实验方法测知在时间 t 内的粒子平均位移 $\overline{\Delta}$，则此式也不失为实验测定扩散系数 D 的简便方法。从式(2－16)可知，粒子的平均布朗位移由 D 和 t 决定，因此在体系固定后(即 D 固定)，布朗位移 $\overline{\Delta}$ 是随所测时间间隔而变化的。

将式(2－16)整理得 $\overline{\Delta}^2/t=2D$ 为常量，那么布朗运动的平均速率 $\frac{\overline{\Delta}}{t}=\frac{2D}{\overline{\Delta}}$，即布朗运动的平均速率反比于平均位移，即平均位移越大，则平均位移速率越低；相反平均位移越小，平均位移速率越高。

四、扩散系数 D 与阻力因子 f 的关系

驱使粒子扩散的力 F_D，可以用化学势 μ_i 的梯度表示，即：

$$F_D=-\frac{1}{N_A}\frac{d\mu_i}{dx}$$

由于 μ_i 是摩尔量，故对于一个粒子应除以阿伏伽德罗常数 N_A，而：

$$\mu_i=\mu_i^{\ominus}+RT\ln a_i=\mu_i^{\ominus}+RT\ln c_i\gamma_i$$

因为所讨论体系浓度很低，可以认为活度系数 $\gamma_i=1$，代入上式得：

$$F_D=-\frac{1}{N_A}\frac{RT\mathrm{d}\ln c_i}{dx_i}=\frac{-RT}{N_A}\frac{1}{c_i}\frac{dc_i}{dx_i}=\frac{-kT}{c_i}\frac{dc_i}{dx_i}$$

式中，$k=\frac{R}{N_A}$ 为波尔兹曼(Boltzman)常数。在稳定条件下，扩散力应等于黏滞阻力 $F_v=fv$，并省去下标 i，则有：

$$\frac{-kT}{c}\frac{dc}{dx}=fv \quad 和 \quad v=\frac{-kT}{fc}\frac{dc}{dx}$$

物质通过一横截面的流量等于其浓度与扩散速度 v 的乘积：

$$J=vc=\frac{-kT}{f}\frac{dc}{dx}$$

对照 Fick 第一扩散定律则有简单关系：

$$D=\frac{kT}{f}\left(=\frac{RT}{N_A f}\right) \tag{2-17}$$

以及：

$$\frac{f}{f_0}=\frac{RT/D}{RT/D_0}=\frac{D_0}{D} \tag{2-18}$$

与 f/f_0 一样，D_0/D 也反映了粒子的不对称性和水化度，式中 D_0 是球形未溶剂化粒子的扩散系数。

有了简单的 $D=\frac{kT}{f}$ 关系式后，再返回至第一节中所讨论的公式(2-3)，求解粒子的质量 m 就方便多了。沉降研究求出的是 $\frac{m}{f}$，现在通过爱因斯坦—布朗位移实验可求出 D，再由 $f=\frac{kT}{D}$ 求出 f，那么就可计算出粒子的质量 m。

另一个值得提及的是将爱因斯坦—布朗位移方程与 Stokes 公式结合起来的结果：

$$\overline{\Delta}=\sqrt{2Dt}=\sqrt{2\cdot\frac{kT}{f}t}=\sqrt{\frac{2RT}{N_A\cdot 6\pi\eta r}t}$$

则：

$$N_A=\frac{2RT\cdot t}{6\pi\eta r\cdot\overline{\Delta}^2} \tag{2-19}$$

Perrin 及其同事利用较为均匀的藤黄粉所做的布朗位移测定实验，并利用上述公式所得到的阿伏伽德罗常数(Avogadro Constant)为 $5.5\times10^{23}\sim8\times10^{23}$。这一结果不但证实了爱因斯坦—布朗位移方程，也给当时的分子运动论以直接的证明，从而为分子运动论上升为理论，并为推动物理和化学的发展起了重要作用。

同样我们也可通过爱因斯坦—布朗位移实验求出粒子半径 r 及质量 m。由式(2-19)重新整理得：

$$r=\frac{2RT\cdot t}{6\pi\eta\cdot N_A\cdot\overline{\Delta}^2} \tag{2-19a}$$

$$m=\frac{4\pi}{3}r^3\cdot\rho_2 \tag{2-19b}$$

及：

$$M=m\cdot N_A=\frac{4}{3}\pi r^3\cdot\rho_2\cdot N_A \tag{2-19c}$$

第三节　离心场中的沉降

研究在重力场(gravity field)中的沉降问题，对粒子的大小范围有极大的限制，即大于胶体粒子的上限。否则由式(2-5)可知，由于 $v\propto r^2$，粒子太小则沉降速率太小，便会因扩散问题而干扰沉降实验结果。但式(2-4)也告诉我们，沉降速率 $v\propto g$，如果能加大沉降加速度 a(重力

场中为 g)，便可将沉降研究的粒子尺寸范围极大地扩大，即研究尺寸更小的粒子。而利用离心机、超速离心机使研究沉降粒子的尺寸范围更为广阔。

基础物理学的知识告诉我们，运动半径为 x 而角速度为 ω 的物体，其径向加速度为 $\omega^2 x$。在单位时间内的旋转次数即转数为 n(单位为 s^{-1})的离心场中，其径向加速度为 $(2\pi n)^2 x$。由此可知，若加大 n 值，即可获取很大的加速度，几倍、几十倍甚至百倍的重力加速度，为此离心机的加速度通常可表示为重力加速度 g 的倍数。

一、离心机

离心机种类很多，但基本工作原理是一致的。转子箱中的铝质或钛质转动转子是由可控速度的电动机驱动的，在转子中有对称分布的沉降池，以上是所有离心机均具备的。对于超速离心机，由于转子旋转速度非常大，导致与空气摩擦生热而使所测样品的温度发生变化并影响转子的寿命，因此转子箱要抽成真空，并有恒温控制系统。此外为防止高速旋转的转子飞出伤人，转子箱为钢制的装甲体(图 2－12)。

那么粒子的运动速度在离心机中如何测定呢？在超速离心机中有一个重要的部分，即在操作时能够进行观测的光学系统——休仑(Schlieren)光学系统，其原理是 Schlieren 折射法。如果光通过某一液体，Schlieren 效应与折射率的位置变化率即折射率梯度有关(而与折射率大小无关)。转子的样品池中，在离心场作用下，粒子要迁移，因此界面要移动，于是折射率发生变化，反映在 Schlieren 光学效应的水平基线上便有一个随时间而移动的峰，此峰的移动速度就是粒子在离心场中的沉降速度。利用折射率梯度而测定粒子迁移速度的仪器为 Schlieren 折射仪。

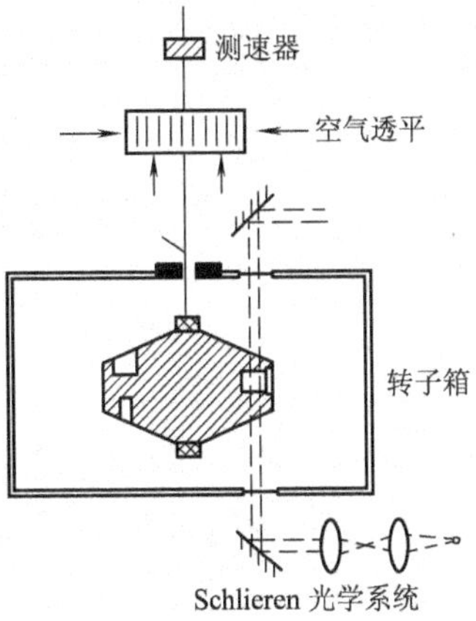

图 2－12　气动超速离心机结构示意图

二、沉降系数与沉降速度

离心场(centrifugal field)中粒子的沉降速率与重力场的分析完全一样，只不过重力加速度 g 被离心加速度 a ($a=\omega^2 \cdot x$)取代，于是有：

$$m\left(1-\frac{\rho_1}{\rho_2}\right)\omega^2 x=f\frac{\mathrm{d}x}{\mathrm{d}t} \tag{2-20}$$

或

$$\frac{m}{f}\left(1-\frac{\rho_1}{\rho_2}\right)=\frac{\frac{\mathrm{d}x}{\mathrm{d}t}}{\omega^2 x}=S \tag{2-21}$$

式(2－21)所定义的 $S=\dfrac{\frac{\mathrm{d}x}{\mathrm{d}t}}{\omega^2 x}$ 称为沉降系数。它的意义是单位离心加速度下的沉降速率，其单位

是 s。在实际应用中，定义10^{-13} s 为 1 个斯韦德贝里(Svedberg)[1]，符号为 S。显然沉降系数 S 值越大，说明在同样离心加速度情况下，沉降速率越大，即沉降能力越强。

将 S 在边界值 x_1 和 x_2 间积分，即可求出沉降系数：

$$\omega^2 \cdot S\int_{t_1}^{t_2} \mathrm{d}t = \int_{x_1}^{x_2} \frac{\mathrm{d}t}{\mathrm{d}x}$$

$$S=\frac{\ln \dfrac{x_2}{x_1}}{\omega^2(t_2-t_1)} \tag{2-22}$$

由式(2－20)及 $D=\dfrac{kT}{f}$，可得沉降速度：

$$\frac{\mathrm{d}x}{\mathrm{d}t}=\frac{mD\left(1-\dfrac{\rho_1}{\rho_2}\right)\omega^2 \cdot x}{kT}=\frac{MD\left(1-\dfrac{\rho_1}{\rho_2}\right)\omega^2 \cdot x}{RT} \tag{2-23}$$

从而求出粒子的摩尔质量：

$$M=\frac{RTS}{D\left(1-\dfrac{\rho_1}{\rho_2}\right)}=\frac{RT\ln\left(\dfrac{x_2}{x_1}\right)}{D\left(1-\dfrac{\rho_1}{\rho_2}\right)(t_2-t_1)\omega^2} \tag{2-24}$$

第四节　沉降与扩散间的平衡

一、沉降与扩散

在分散体系中，沉降与扩散是两个相反的过程。前者使分散相粒子趋于集中，后者却使之均匀分散。这两种趋势随着时间的推移而变化，两者趋势的大小既取决于粒子尺寸，也取决于沉降加速度，即体系所处的场是重力场还是离心场。由公式(2－18)可知沉降速率 v 既正比于 r^2 又正比于加速度 a，显然对于 r 大的粒子和沉降加速场 a 大的环境以沉降为主。实验表明：即便是离心场，对于胶体粒子，当离心加速度≥$10^5 g$ 时可不考虑扩散问题；而离心场加速度为 $10^4 g$ 时需要考虑扩散与沉降平衡的问题。例如，向图 2－13 所示的量筒中放入均匀分散的溶胶，分散粒子在体系中是均匀分布的，即图 2－13(a)所示情况。在静置过程中，由于粒子要沉降，就出现了图 2－13(b)所示的由上至下，粒子浓度越来越大的情况。与此同时，随着粒子在量筒中浓度梯度的形成，也必然发生粒子由高浓区向低浓区扩散的反过程，即粒子趋于由下向上运动，但此时沉降速率大于扩散速率，因此从表观上看总的结果仍

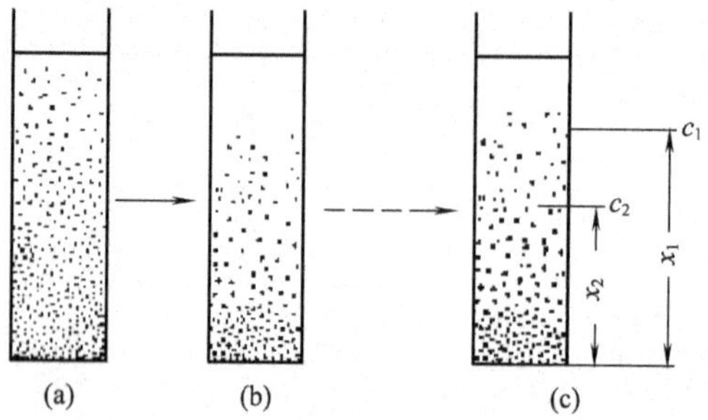

图 2－13　均分散体系的沉降与扩散

[1] 斯韦德贝里(Svedberg)为离心机的发明者和使用先驱。

然是粒子向下迁移。随着时间的推移及扩散速率的不断提高，最终形成如图 2－13(c)所示的平衡状态，此时粒子不再运动，这是从表观上分析的结果，实际上是上下运动趋势相等的结果。就如同化学平衡一样，当达到平衡时，反应物与生成物浓度不再变化，而实际上正、逆两反应仍都在进行，只是两速率大小相等方向相反而已。

以上是定性分析沉降与扩散两过程随时间的变化及最终平衡的问题，现在我们定量地分析这种变化过程。图 2－14 示出的$-x$ 方向是重力场或离心场的方向，而$+x$ 方向是扩散的方向，现在来看一看通过截面积为 A 的扩散流量 J_d 和沉降流量 J_s。按照流通量 J 的定义式(2－12)则有：

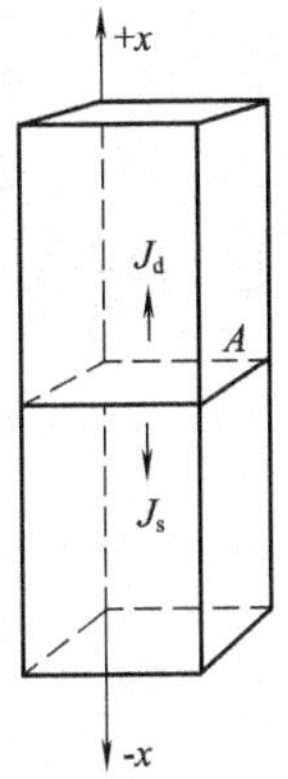

图 2－14　粒子通过截面积为 A 的扩散流量与沉降流量分析图

$$J_d=-D\frac{dc}{dx}\qquad J_s=\frac{d\left(\frac{m}{A}\right)}{dt}=\frac{d\left(c\frac{V}{A}\right)}{dt}=c\cdot\frac{dx}{dt}$$

式中，c 为粒子的质量浓度；V 为溶胶体积。则有：

$$\frac{J_s}{J_d}=\frac{c\frac{dx}{dt}}{-D\frac{dc}{dx}}$$

将式(2－4)和式(2－17)代入上式得：

$$\frac{J_s}{J_d}=\frac{c\cdot\frac{m}{f}\left(\frac{\rho_2-\rho_1}{\rho_2}\right)g}{-\frac{kT}{f}\frac{dc}{dx}}=\frac{V(\rho_2-\rho_1)g\cdot c}{-kT\frac{dc}{dx}}\qquad(2-25)$$

按照这个公式分析量筒中均分散溶胶，得出这样的结果：

(1)在刚开始时，不存在浓度梯度，即$\frac{dc}{dx}=0$，故 $J_s\gg J_d$，以沉降为主。

(2)随着沉降的发生，$\frac{dc}{dx}$增加，而 c 降低，$\frac{J_s}{J_d}$ 减小，直至$\frac{J_s}{J_d}=1$，达平衡状态。

(3)如果开始的状态是将干粒子放于筒底，上面小心缓缓地加入分散介质，此时 $J_s=0$，而 J_d 却很大，以扩散为主，但随着扩散的发生，$\frac{dc}{dx}$降低，而相反的沉降过程也要发生，直至$\frac{J_s}{J_d}=1$，也达到平衡状态。

二、沉降平衡

(一)发生在重力场中的沉降平衡

$$-D\frac{dc}{dx}=c\cdot\frac{m}{f}\left(1-\frac{\rho_1}{\rho_2}\right)g$$

$$-\frac{dc}{c}=\frac{m}{kT}\left(1-\frac{\rho_1}{\rho_2}\right)g\,dx$$

由图 2－13 可知，在 x 分别为 x_1 和 x_2 时，粒子的质量浓度分别为 c_1 和 c_2，以此为积分限对上式积分得：

$$-\ln\left(\frac{c_2}{c_1}\right)=\frac{m}{kT}\left(1-\frac{\rho_1}{\rho_2}\right)(x_2-x_1)g \tag{2-26}$$

（二）发生在离心场中的沉降平衡

$$-D\frac{\mathrm{d}c}{\mathrm{d}x}=c\cdot\frac{m}{f}\left(1-\frac{\rho_1}{\rho_2}\right)\omega^2 x$$

同样，分别以 x_1 和 x_2，c_1 和 c_2 为积分限，对上式进行积分得：

$$\ln\left(\frac{c_2}{c_1}\right)=-\frac{m}{2kT}\left(1-\frac{\rho_1}{\rho_2}\right)\omega^2(x_2^2-x_1^2) \tag{2-27}$$

从式(2－26)和式(2－27)可以看到，通过沉降平衡实验可求出粒子摩尔质量 M 或粒子的质量 m；而通过沉降实验，由式(2－3)和式(2－20)求出$\frac{m}{f}$，这样由 m 和$\frac{m}{f}$即可计算阻力因子 f。沉降平衡与沉降分析实验应用相同的仪器，但它们是截然不同的实验，沉降实验中的粒子仍在以恒定的速率$\frac{\mathrm{d}x}{\mathrm{d}t}$在沉降，而在沉降平衡实验中粒子处于平衡状态，其沉降速率为零。这两个实验组合对蛋白质研究很有意义。由蛋白质的质量 m 和密度 ρ_2 很容易计算出蛋白质分子的当量球半径 r_0，由 $f_0=6\pi\eta r_0$ 可计算出 f_0。再由实验求出的 f 值，计算出$\frac{f}{f_0}$，并由此查阅蛋白质分子的轴比$\frac{a}{b}$—水化度—$\frac{f}{f_0}$图，查出对应该$\frac{f}{f_0}$值的粒子的特征值(即轴比和水化度)。

另外，由式(2－26)可导出另一个很重要的公式。若讨论的问题是气体分子而非悬浮粒子，那么可以用压力比代替浓度比，再由空气中空气分子的介质就是真空，故 $\rho_1=0$，则式(2－26)变为：

$$\ln\left(\frac{p_2}{p_1}\right)=-\frac{mg(x_2-x_1)}{kT}=-\frac{Mg(x_2-x_1)}{RT} \tag{2-28}$$

这就是大气压力 p 随高度 h(即式中 x)变化的 Perrin 公式。

（三）多分散体系的沉降平衡

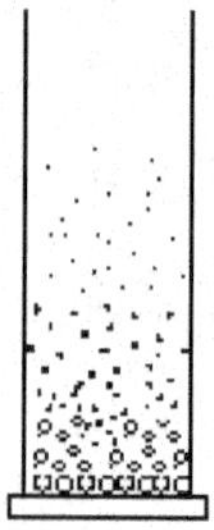

图 2－15　多分散体系的沉降平衡

当我们把一些泥土(由不同大小的颗粒组成)与水充分搅拌均匀形成多分散的悬浊液，并倒入足够长的大量筒中放置一定时间，就会形成如图 2－15 所示的大粒子在下而小粒子在上的依次分布状态。从式(2－4)很容易得出这种分布状态的结论，因为粒子质量越大，其沉降速度越快，并最先沉于量筒底部。由式(2－25)分析$\frac{J_s}{J_d}\propto m$，对于大粒子，$J_s\gg J_d$，以沉降为主，对于极小的粒子 $J_s\ll J_d$，以扩散为主，只有处于适中尺寸的粒子才存在明显的沉降平衡问题。有人曾用三种不同直径的银溶胶，通过显微镜观测到下表列出的结果。比较布朗运动与沉降作用数据可知，$r<0.1\mu$m 的微小银粒子，布朗作用明显强于沉降作用，以扩散为主，因此粒子在体系中基本是均匀分布的；而 $r>10\mu$m 的银粒子，布朗作用明显弱于沉降作用，以沉降为主，粒子基本沉降于容器底部。只有处于中间状态的粒子两个作用才可相互匹敌。

银颗粒在 1s 内的运动距离

粒子直径(μm)	0.1	1	10
布朗位移(μm)	10.0	3.1	4.0
沉降距离(μm)	0.0676	6.76	676.0

除了粒子尺寸之外，实验手段也影响平衡的发生，如在离心场中由于沉降速率的加大，发生平衡的粒子尺寸范围向小粒径偏移；而在重力场中，粒子尺寸范围向大粒径偏移。需要指出的是，不管粒子尺寸多大或多小，沉降与扩散两种趋势全存在，只不过由于粒子过大或过小两种趋势的力度不同而已。

最后要强调，沉降与沉降平衡是两个概念，前者指在重力场或离心场中，粒子沉降力与黏滞阻力达到平衡，此时粒子以恒定速度 v 下沉的现象；而沉降平衡是当沉降与扩散达平衡时的现象，此时从宏观上分析沉降与扩散不再进行，粒子的表观运动速度为零。

第五节　渗透压

在物理化学中我们学过稀溶液的依数性(collegative properties)，即蒸气压降低，沸点升高，凝固点下降和产生渗透压。所谓依数性，是指这些特性与溶质的本性(性质、形状、组成等)无关，而与溶剂的本性和溶质的粒子数目有关。讨论依数性的前提是溶液很稀，溶质不挥发且不离解，这些结果可以用如下公式表明。

蒸气压降低：

$$\Delta p = p_1^0 \cdot x_2 \tag{2-29}$$

式中，p_1^0 为同温度下纯溶剂的饱和蒸气压；x_2 为溶质的摩尔分数。

沸点上升：

$$\Delta T_b = \frac{R(T_b^0)^2}{\Delta H_v^0} \cdot x_2 = K_b \cdot m_2 \tag{2-30}$$

冰点下降：

$$\Delta T_f = -\frac{R(T_f^0)^2 \cdot m_2}{\Delta H_f^0 \cdot \dfrac{1000}{M}} = K_f \cdot m_2 \tag{2-31}$$

产生的渗透压：

$$\pi V_1 = n_2 RT \tag{2-32}$$

上述式中，下标 2 代表溶质，1 代表溶剂，b 代表沸腾(boil)，f 代表凝结(freeze)，v 代表蒸发(vaperate)。

我们通常利用上述性质来测定不离解物质的摩尔质量，但对于包括大分子在内的胶体粒子而言，除渗透压以外，其他依数性均不能担此重任。下面举例说明这个问题。

假定有 1g 相对分子质量为 50000 的大分子，溶于 100mL 水中，在 20℃时：

冰点下降值：

$$\Delta T_f = \frac{K_f c}{M} = \frac{1.86 \times 10^{-2}}{50000 \times 10^{-2}} = 0.000037\text{K}$$

渗透压值：

$$\pi = \frac{n_2 RT}{V_1} = \frac{\dfrac{1}{50000} \times 8.314 \times 293}{100 \times 10^{-6}} = 487\text{Pa} \approx 5\text{cmH}_2\text{O}$$

冰点下降的数值太小，以致很难由实验精确测出，这是由贝克曼温度计的测量精度决定的，此外若溶液中含有极微量(如 1mg)低分子量的杂质，那么由杂质所引起的冰点下降数值远大于大分子的数值，使实验结果产生荒谬的误导性的结果。蒸气压降低和沸点升高也有与冰点下降同样的问题。相反渗透压实验却能给出相对较大的数值。另外渗透压实验中有一个半透膜，它能允许低分子物质通过，却不允许大分子和胶体物质通过，从而把可溶性杂质所引起的误差降低至可忽略的程度。这个例子给我们这样的启示：渗透压方法是测定包括大分子在内的胶体物质的量的最可靠和最灵敏的方法之一。除此之外，渗透压问题的讨论也为光散射和单分子层问题提供了一些信息。然而，对于憎液溶胶，由于是热力学的不稳定体系，随时间的推移会发生絮凝，从而导致与渗透压直接相关的粒子数量的变化，因此渗透压实验方法不适于研究憎液溶胶，而特别适用于大分子溶液性质的研究。

一、理想溶液的渗透压

在恒温和恒压的条件下，相平衡的条件是：

$$\mu_i^\alpha = \mu_i^\beta = \mu_i^\gamma = \cdots \tag{2-33}$$

即组分 i 在 $\alpha,\beta,\gamma,\cdots$ 各平衡相中具有相同的化学位。这一公式对于各相和各组分的性质没有任何限定，它不仅可以用于气—液、液—液、液—固和气—固相平衡中，也适用于图 2－16 所示的溶液和纯溶剂被一个半透膜所隔开的平衡体系中，半透膜是渗透压问题的核心，以后还要详细讨论。

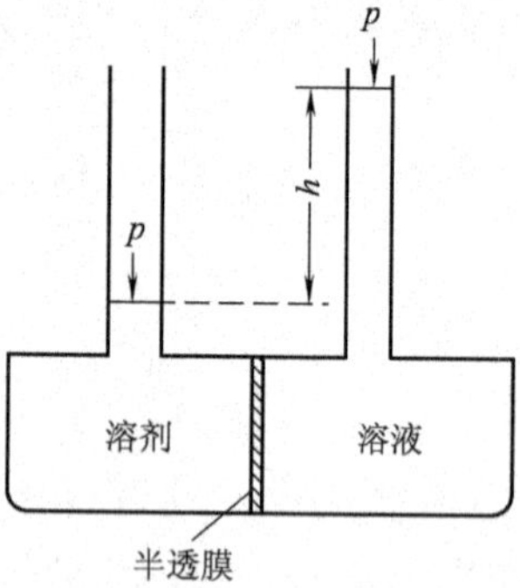

图 2－16 产生渗透压装置示意图

按照拉乌尔(Raoult)定律，溶液中溶剂的蒸气压 p_1 小于纯溶剂的蒸气压 p_1^0，即 $p_1 = p_1^0 x_1$，而化学位 $\mu_1 = \mu_1^\ominus + RT\ln x_1$。左室为纯溶剂($x_1 = 1$)，故左室的化学位为 $\mu_1^\ominus$；右室 $x_1 < 1$，故 $\mu_1 < \mu_1^\ominus$，因此溶剂便由左室向右室迁移，直至右室液柱上升高度为 h 时，膜两边方达平衡；另一种方法是开始时在右室中加压力(也是由液柱高度形式表示)，则这个静压头就平衡了溶剂由左室向右室迁移的趋势，我们将这个静压头称为渗透压，并用 π 表示，$\pi = \rho_1 gh$。这样溶剂(以下标 1 表示)的平衡条件为：

$$\mu_{1左} = \mu_{1右}$$

$$\mu_1 = \mu_1^\ominus + RT\ln a_1 + \int_{p_1^0}^{p_1^0+\pi} \mathrm{d}G$$

而 $\mathrm{d}G = \sum \mu_i \mathrm{d}n_i + V\mathrm{d}p - S\mathrm{d}T = V\mathrm{d}p$ (恒温和恒组成时)，则上式变为：

$$\mu_1 = \mu_1^\ominus + RT\ln a_1 + \int_{p_1^0}^{p_1^0+\pi} V_{\mathrm{m1}}\,\mathrm{d}p$$

如果认为作为凝聚相的溶剂是不可压缩的，即 V_{m1} 为常数，则上式的积分结果为：

$$\ln a_1 = -\frac{\pi V_{\mathrm{m1}}}{RT} \tag{2-34}$$

考虑到溶剂的化学位，则有：

$$\mu_1 = \mu_1^\ominus + RT\ln a_1 = \mu_1^\ominus - \pi V_{\mathrm{m1}} \tag{2-35}$$

这就是渗透压与化学位的关系式。

式(2－34)是 a_1 与 π 的基本关系式，是通用式，因为没对溶液作任何规定。如果溶液是理想的，以摩尔分数 x_1 代替 a_1，另考虑到 x_2 很小(稀溶液)，将 $\ln a_1$ 按级数展开并只保留一项得 $\ln a_1 \approx - x_2$，那么：

$$-x_2=-\frac{\pi V_{m1}}{RT}$$

$$\frac{n_2}{n_1+n_2}\approx\frac{n_2}{n_1}=\frac{\pi V_{m1}}{RT}$$

$$n_2=\frac{\pi n_1 V_{m1}}{RT}=\frac{\pi V_1}{RT}$$

$$\pi V_1=n_2RT$$

$$\pi=CRT \tag{2-36}$$

这就是理想溶液渗透压公式，是以其发现人 van't Hoff 的名字命名的公式，式中 C 是物质的量浓度。这个公式在形式上与理想气体状态方程很相似。关于渗透压公式的应用，有以下几点必须搞清：

(1)此公式仅应用于理想溶液和稀溶液，这可以从通用式(2－34)～式(2－36)推导中的假设可知。

(2)尽管公式出自于原始假设：在半透膜两边，一边为纯溶剂，另一边为稀溶液，公式依然可以应用于膜两边均为稀溶液的情况。只要膜两边溶液浓度不等，那么两边溶剂的化学位就不等，因此也存在渗透压。若两边浓度分别为 C_1 和 C_2，则有：

$$\pi=(C_2-C_1)RT$$

(3) 渗透压实验对溶质的相对分子质量 M_2 有一定要求。将式(2－36)进行整理可得：

$$\pi=\frac{n_2RT}{V_1}=\frac{m_2RT}{M_2V_1} \qquad \pi\propto\frac{1}{M_2}$$

可知：溶质的相对分子质量越大，渗透压越小，测量精度越低，故 M_2 不能太大，一般 $M\leqslant10^6$；从实验角度上分析 M_2 也不能太小，否则会出现膜的透过性问题，因此通常要求 $M\geqslant10^4$。

(4)对于强电解质，由于电解质完全电离而使溶液中的"数"增大，那么渗透压数值相应增大，因此式(2－36)须修正为：

$$\pi=\nu_iCRT \tag{2-36a}$$

式中，ν_i 是电解质分子所电离出的离子数。

渗透压是稀溶液的依数性之一，即与溶液中溶质的粒子数目有关。因此式(2－36)仅适用于那些非离解性的分子(如糖)，对弱电解质和高分子物质则不适用。图 2－17 所示为糖、弱电解质和大分子化合物的 π—C 关系。在低浓度范围内，糖(曲线 1)、弱电解质(曲线 2)和聚合物(曲线 3)三者 π—C 关系基本符合理想溶液关系式(2－36)，但随浓度增加，弱电解质的离解度反而降低，从而溶液中的分子和离子的数量不是按比例增加而是相对减小，故曲线呈向下弯的趋势。对于大分子，由于分子(指线型大分子)的柔

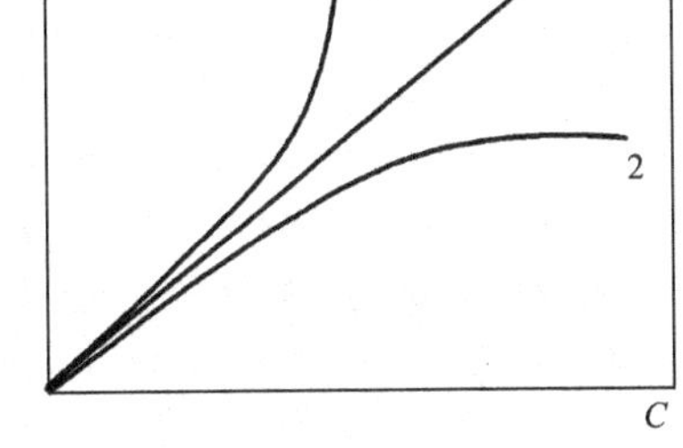

图 2－17 糖、弱电解质和大分子化合物的 π—C 关系

1—不离解分子 2—弱电解质 3—大分子聚合物

性，其行为宛如几个短分子一样，此时所体现的数量不再是大分子的分子数，而是作为动力学单位的链段数，故 π—C 曲线呈向上弯的趋势。因此，有必要给出非理想溶液的 π—C 关系式。

二、非理想溶液的渗透压

非理想溶液渗透压的公式推导有两种办法：一种是从通用式(2－34)开始，将非理想溶液的活度 a_2 代入公式，但此法化学与数学障碍过大；另一种方法受理想气体的状态方程修正为真实气体的维里(Virial)方程的启发，我们把幂级数 $\ln(1-x_2)$ 展开时，保留几个高次项，并在每项前加一系数。之所以加系数，是因为将 a 换成 x 就有理想的意思了，为克服这一障碍才加入系数，这样便有：

$$\frac{V_{m1}}{RT}=B_1'x_2+\frac{B_2'}{2}x_2^2+\cdots$$

考虑到在 $x_2\rightarrow 0$ 时，上式可以还原为式(2－36)，则 $B_1'=1$，另外对于稀溶液 $x_2\approx\frac{c_2V_{m1}}{M_2}$，其中 c 为溶液的质量浓度。代入上式得：

$$\pi\frac{V_{m1}}{RT}=\frac{V_{m1}}{M}c+\frac{B_2'}{2}\left(\frac{V_{m1}}{M}\right)^2c^2+\cdots$$

$$\pi=cRT\left(\frac{1}{M}+B_2c+B_3c^2+\cdots\right)$$

略去高次项后，即可得到非理想溶液的渗透压公式：

$$\pi=cRT\left(\frac{1}{M}+Bc\right) \tag{2-37}$$

式中，B 称为第二维里系数，它反映了溶液的非理想行为。在真实气体 Virial 方程中，$B=b-\frac{a}{RT}$，这里 a 和 b 分别代表分子间力和气体分子本身的体积修正项。真实溶液方程中的 B 也反映了分子大小及分子间引力作用(包括大分子链段间，大分子与溶剂分子间的相互作用)所引起的真实溶液与理想溶液间的偏差来源。对理想溶液，由于 $B=0$，则式(2－37)可以还原为理想溶液的渗透压公式(2－36)。由式(2－37)可知，以$\frac{\pi}{cRT}$对 c 作图，必为直线，且斜率$=B$，截距$=\frac{1}{M_2}$。图 2－18 示出了这种直线关系，其中图 2－18(a)是不同相对分子质量的醋酸纤维素在丙酮溶液中的情况[13]。它们具有相同的斜率，即 B 值相同，说明它们在丙酮溶液中具有相同的真实行为，但截距不同，说明它们有不同的相对分子质量。图 2－18(b) 是相同溶质硝化纤维溶于丙酮、甲醇和硝基苯三种不同溶剂中的情况[14]。三根直线有相同的截距是因为同一种溶质的相对分子质量一样，但不同的斜率，且出现负斜率(硝基苯溶剂)，说明同一溶质在不同溶剂中的真实行为是不同的。影响 B 值的因素很多，如分子间作用力，在真实气体中只有气体分子间力，而在溶液中分子间力就复杂多了，不仅存在溶质—溶质分子间力，还存在溶质—溶剂、溶剂—溶剂分子间力。从分子大小考虑胶体分散体系中分散相粒子在$10^{-6}\sim10^{-9}$ m，比气体分子大得多。就大分子溶液而言，分子间力可以从溶剂的能力分析。对于良溶剂，大分子与溶剂间作用力很大，则大分子更趋于伸展的状态，此时大分子的链段间以斥力为主，则 B 值为正。对于不良溶剂，大分子与溶剂分子间力很小，则大分子更趋于团缩状态，此时大分子的链段间以引力为主，B 值为负。当 $B=0$，此时大分子链段间的引力与斥力达平衡，大分子溶液表现出理想溶液的行为。

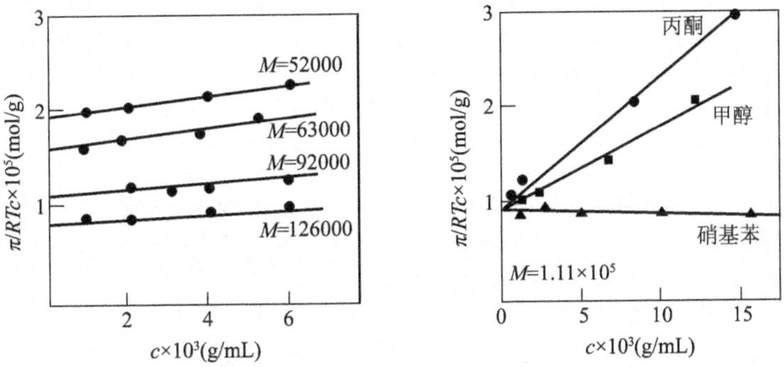

(a) 不同相对分子质量醋酸纤维素的丙酮溶液

(b) 硝化纤维与不同溶剂组成的溶液

图 2－18　两种试样的 $\frac{\pi}{RTc}$—c 图

影响 B 值的因素除了上述的溶剂本性以外，还有温度。温度的改变会使 B 值变化，甚至改变正负。我们将使 $B=0$ 的温度称为 θ 温度，此时的溶液称为 θ 溶液。必须强调指出，尽管在 θ 温度的 θ 溶液中，溶液的 B 值为零，溶液的行为符合理想行为，但是溶液绝非理想溶液，它只是斥力因素与引力因素达平衡的一种状态，而不符合理想溶液中不存在任何作用力且在任何浓度和温度下均符合拉乌尔(Raoult)定律的定义。

三、数均分子量 $\overline{M}_n$

在第一章讲述平均值时就提及，用渗透压测定方法计算出的相对分子质量 $\overline{M}$ 为数均分子量 $\overline{M}_n$，现在可以加以证明。

对于多分散体系，渗透压实验的测量结果可以表示为 $\pi_{实}=\frac{c_{实}RT}{\overline{M}}$，这里要说明，按照式(2－37) $\pi=cRT\left(\frac{1}{M}+Bc\right)$ 或 $\frac{\pi}{cRT}=\frac{1}{M}+Bc$，在作 $\frac{\pi}{cRT}$—c 图时，外推至 $c_{实}=0$ 的结果，即截距为零，才有 $\pi_{实}=\frac{c_{实}RT}{\overline{M}}$，式中 $\pi_{实}$ 和 $c_{实}$ 分别为多分散体系的实验所测定的总的渗透压和总浓度。对于多分散体系 $\pi_{实}$ 和 $c_{实}$ 为各组分 i 的相应值的加和，故：

$$c_{实}=\sum c_i \quad 和 \quad \pi_{实}=\sum \pi_i=\sum \frac{c_iRT}{M_i}$$

因此有：

$$\pi_{实}=\sum \pi_i=RT\sum \frac{c_i}{M_i} \quad 和 \quad \pi_{实}=\frac{c_{实}RT}{\overline{M}}=RT\frac{\sum c_i}{\overline{M}}$$

将上面两式联立得：

$$RT\sum \frac{c_i}{M_i}=RT\frac{\sum c_i}{\overline{M}}$$

$$\overline{M}=\frac{\sum c_i}{\sum \frac{c_i}{M_i}}=\frac{\sum \frac{n_iM_i}{V}}{\sum \frac{\frac{n_iM_i}{V}}{M_i}}=\frac{n_iM_i}{\sum n_i}=\overline{M}_n$$

这正是数均分子量的表达式。另外通过这个问题的讨论也使我们更加深刻地认识到依数性确实与溶质(或分散相)的“数量”有关的重要特性。

四、渗透压实验

图2－19给出了渗透压实验的简单装置。一端连有毛细管用于显示渗透压数据。另一端开口较粗且装有支撑板和膜的内管，被封闭在含纯溶剂的外管之中，内管中放入待测溶液。整个装置再放入恒温水浴内。实验本身并不困难，但有些实际问题应予注意。

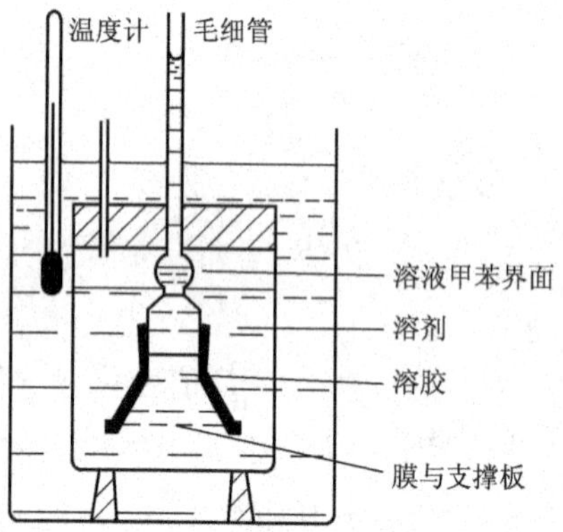

图2－19　渗透压实验的简单装置

1. 适当的溶剂　溶剂必须充分地尽可能多地溶解溶质以产生足够大的渗透压。渗透压实验是在不同的溶液浓度下测量不同的渗透压，然后按式(2－38)作 $\frac{\pi}{cRT}$—c 图，并外延至 $c=0$ 处，即由直线的截距求出 M，从而避免了溶液非理想性的影响。另外溶液的黏度要尽可能的低，以减少平衡所需的时间。

2. 避免污染　污染主要源于溶剂和分散相本身。按照依数性原理，π 与溶液中所含的粒子数目有关，杂质的存在尤其是低分子量杂质，哪怕极其微量，也会使粒子数目发生剧烈变化，因为这些低分子量粒子(可能是分子或离子)也可能被半透膜所阻挡而产生远比被测物质本身的渗透压更大的渗透压，从而使 $\overline{M}_n$ 的测定产生极大的偏差。

3. 合适的半透膜　半透膜是渗透压实验的关键部件。至今尚不能实现一种半透膜能应用于任意组合的一对化学物质。但对于包括大分子物质在内的分散体系，分散介质能通过而分散相不能透过的半透膜还是比较容易找到的。半透膜的作用机理目前有很多种假说：

(1)半透膜的筛网作用。即其孔径的大小决定了小分子及离子的通过而阻挡大分子和其他分散相的通过。

(2)膜具有选择性的溶解能力，即膜能溶解溶剂而不能溶解溶质，因此能透过溶剂而不能透过溶质。

(3)若粒子及大分子是带电的，而膜的带电性便能排斥一种带特定电荷的粒子和大分子。

除了作为允许溶剂透过而不允许分散相粒子透过的这种半透性之外，对于半透膜还有如下要求：

(1)膜足够薄以尽快地建立渗透平衡。

(2)膜要有足够的强度以承受膜两边所存在的压力差，为此一般紧靠膜处有一多孔的支撑板。

(3)整张膜上不允许存在孔径过大的漏洞。

(4)膜通常会展示出具有“不对称压”趋势，即膜两边均为溶剂时，也存在压力差，因此在渗透压实验数据中必须剔除这种额外压力的影响，方法是渗透压实验前先用纯溶剂测出这个压力，这类实验通常称为空白实验。

(5)工业应用的膜需要有高的介质通量，还需要能制成片状或中空纤维状以扩大膜面积。

(6)价格便宜。

4. 恒温实验　整个实验在恒温下进行，因此实验的内外管放在大的恒温水浴之中。这是因为渗透平衡及公式(2－36)和公式(2－37)是在恒温条件下推出的。

5. 适宜的毛细管内径　毛细管内径不能太粗，否则随溶剂的渗入会改变内管溶液的浓度进而改变 π 值；从另一方面说，内径又不能太细，否则会对温度过分敏感，另外还要将因毛细作用而引起的毛细上升的高度值从实验数据中剔除。

6. 渗透平衡的建立　由渗透压公式的推导可知，最终是渗透平衡状态，当膜两边的化学位相等时，两边的渗透速率相等，表观上渗透不再进行。这可能是个很慢的过程，为解决这一问题，采用了所谓“趋近平衡法”。即在毛细管中预先放入溶剂，使其高度值为 h_0，液柱压力或许大于或许小于 π 值，然后测定在不同时间高度 h 的变化，会发现高度总是趋于一个平衡值，这个平衡值就是渗透压 π，如图 2－20 所示。

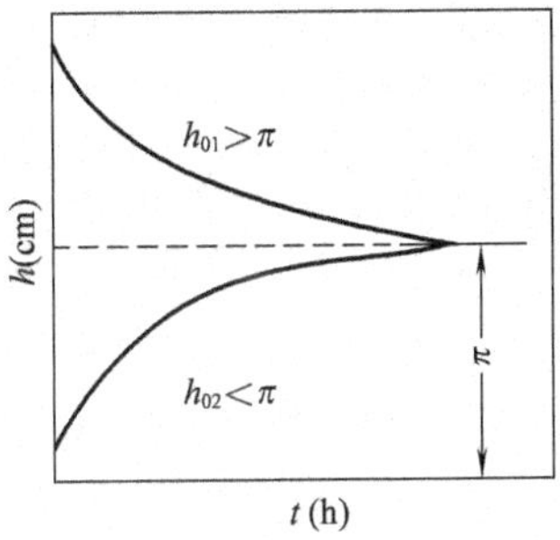

图 2－20　渗透压实验的趋于平衡

第六节　唐南平衡

如图 2－21 所示的半透膜能通过低分子电解质(如 NaCl)，而不透过大分子 P。若右室放入浓度为 b 的 NaCl 水溶液，左室放入浓度为 C 的大分子水溶液，两边的体积相等。那么，由于 NaCl 的透过性，平衡后膜两边的 NaCl 浓度均为 $b/2$，而大分子物质仍然停留在左室；同样若开始时是大分子和 NaCl 同在左室，平衡后也会出现两室低分子电解质平均分配的情况。那么按照依数性原理，膜两边所展示的渗透压值必然为：

$$\pi=\left[\left(C+\frac{b}{2}\right)-\frac{b}{2}\right]RT=CRT$$

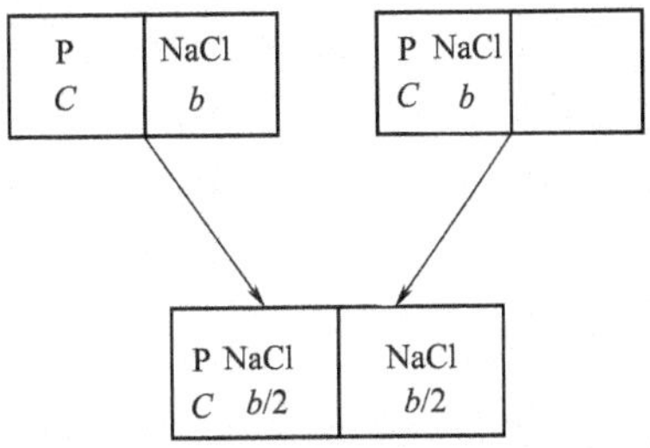

图 2－21　大分子不带电时的渗透平衡

以上这种情况仅适用于作为分散相的大分子不带电的情况，即大分子为非极性分子，或者极性大分子处于等电点 iep(iso-electrical point)时。如果大分子是带电的，低分子电解质还会在膜两边平均分配吗？这就是唐南(Donnan)平衡所要研究的问题。

一、聚合电解质

大分子带电源于大分子上可离解性官能团的离解，带电大分子或是正离子或是负离子，因此又称这样的大分子为聚合电解质。按照聚合电解质在溶液中电离出的大分子离子的种类而做如下分类[15]。

1. 阴离子型 这类大分子含有—COOH或—OSO_3H这样的酸基团。前者如阿拉伯胶、海藻酸盐和可溶性淀粉，后者如琼脂。它们在溶液中电离出带负电的大分子离子：

$$PCOOH \longrightarrow PCOO^- + H^+ \qquad POSO_3H \longrightarrow POSO_3^- + H^+$$

2. 阳离子型 含有—NH_3OH这样的碱基团的大分子，天然界中不存在这种物质，均为人工合成物，它们在溶液中可电离出带正电荷的大分子离子：

$$PNH_3OH \longrightarrow PNH_3^+ + OH^-$$

3. 两性型 大分子既含酸基团又含碱基团，如天然的蛋白质、人工合成化合物(如丙烯酸和乙烯基吡啶的共聚物、谷氨酸与赖氨酸的共聚物等)。这种聚合电解质在溶液中离解出的大分子离子的电性取决于溶液中所含离子，尤其是H^+和OH^-浓度。如组成蛋白质的氨基酸，其分子式为NH_2—R—COOH。在酸性介质中，如在HCl溶液中，过量的H^+会抑制羧酸基团的离子化，而促进氨基的离子化：

$$NH_2—R—COOH + H^+ \longrightarrow NH_3^+—R—COOH$$

此时大分子离子带正电，在电场中向阴极迁移。相反若在碱性介质中，如在NaOH溶液中，过量的OH^-会抑制碱基团的离子化：

$$NH_2—R—COOH + OH^- \longrightarrow NH_2—R—COO^- + H_2O$$

此时大分子离子带负电，在电场中向阳极迁移。

如果在某个pH值时，酸基团与碱基团电离的程度相等(此时pH值不一定为7，其大小取决于酸与碱基团的本性)，此时蛋白质分子是不带电的，我们将此状态称为等电点。在电场中，蛋白质分子不会因静电作用向任何电极迁移。憎液溶胶也有等电点，如将$FeCl_3$稀溶液经100℃陈化24h得到粒径为(0.10±0.01)μm的$\alpha-Fe_2O_3$的等电点pI=6.8；在pH>pI溶液中胶粒带负电，相反在pH<pI溶液中胶粒带正电，胶粒的电荷量随pH值而变化。

Gibbs和Donnan发现，半透膜能透过低分子量电解质离子而不透过带电的大分子量电解质离子，如果膜的一边为大分子量离子溶液，另一边为低分子量离子，或者含大分子量离子一边也含有低分子量离子，尽管低分子量物质可以自由通过半透膜，但是平衡后，两边的低分子量物质离子浓度是不相等的，造成这一现象的根本原因是溶液的电中性所决定的。

二、南唐(Donnan)平衡

如果把带电大分子(聚合电解质)任意写为Na_zP(即假定大分子离子带负电，带正电大分子电解质情况类似)，它在溶液中电离情况是：

$$Na_zP \Longleftrightarrow zNa^+ + P^{z-}$$

若电解质浓度为C，则Na^+和P^{z-}的浓度分别为zC和C，如图2-22所示，我们把它放在膜的左室，当然Na^+可透过半透膜而P^{z-}不能透过。右室放入浓度为b的NaCl，它会完全电离，电

离后的 Na^+ 和 Cl^- 浓度均为 b，Na^+ 和 Cl^- 会自由通过半透膜。

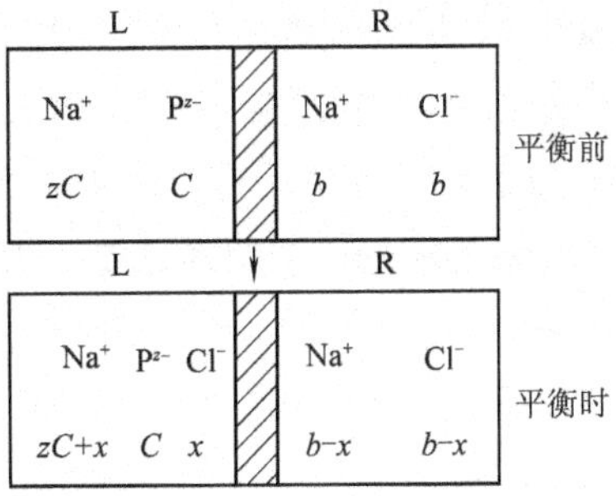

图 2－22　Donnan 平衡

由于膜两边溶液电中性的要求，右室的 Na^+ 和 Cl^- 必以相等的速率向左室迁移，否则膜两边会产生电场遏制迁移速度过快的那种离子通过，而最终依然是等量迁移，当然随左室 Na^+ 和 Cl^- 浓度的提高也会以相反的方向即由左向右迁移，而且随时间的延长，这两种迁移速率达到平衡，即相等为止，在宏观上不再迁移。

由右向左通过半透膜的速率　　$v_{右}=k\,[Na^+]_{右}\cdot[Cl^-]_{右}$

由左向右通过半透膜的速率　　$v_{左}=k\,[Na^+]_{左}\cdot[Cl^-]_{左}$

平衡时 $v_{右}=v_{左}$，则有：

$$k\cdot[Na^+]_{e右}\cdot[Cl^-]_{e右}=k[Na^+]_{e左}\cdot[Cl^-]_{e左}$$

$$[Na^+]_{e右}\cdot[Cl^-]_{e右}=[Na^+]_{e左}\cdot[Cl^-]_{e左} \tag{2-38}$$

式中，k 为反应速率常数，下标 e 表示平衡状态。式(2－38)就是 Donnan 平衡的表达式，更严格更通用的表达式为：

$$a_{me}^{\alpha}\cdot a_{xe}^{\alpha}=a_{me}^{\beta}\cdot a_{xe}^{\beta} \tag{2-39}$$

此式表明，平衡之后，膜两边 α 和 β 相中的离子的活度积相等而不是活度相等，这就是 Donnan 平衡，它是由溶液电中性决定的。

如果我们将浓度数据代入 Donnan 平衡公式就会求出净迁移量 x：

$$x\cdot(zC+x)=(b-x)(b-x)$$

$$x=\frac{b^2}{zC+2b} \tag{2-40}$$

这是迁移量 x 的一般表达式，按照低分子电解质的浓度 b 的大小有两种极端情况需要讨论：

(1)若电解质浓度极低，即 $C\gg b$，则：

$$x=\frac{b^2}{zC}$$

或

$$\frac{x}{b}=\frac{b}{zC}\ll 1 \tag{2-41}$$

这个比例说明 x 远小于 b，即当电解质浓度很低时，其迁移量可忽略。

(2)若电解质浓度极高，即 $b\gg C$，则：

$$x=\frac{b^2}{2b}=\frac{b}{2} \tag{2-42}$$

说明电解质迁移平衡时，在膜两边是平均分配的。由这两种极端情况可知：在一般电解质浓度时，其平衡迁移量为 $0\sim\frac{b}{2}$。

三、几种情况下的渗透压

由式(2－40)可知，由于带电大分子的存在使低分子电解质在膜两边不是均匀分配的，而且迁移

量 x 不仅与低分子物质浓度 b 有关，还与大分子的浓度 C 以及大分子的价数 z 有关。因此，作为依数性的渗透压 π 不再只是 C 的函数，还与低分子电解质在膜两边的数量差有关，也可以说低分子电解质在膜两边的不均匀分配产生了一个附加渗透压。现在我们分析如下几种情况的渗透压。

1. 不带电大分子的渗透压 大分子不带电有两种情况，或是不能电离的非极性大分子或是处于等电点状态的聚合电解质。此时不论存不存在低分子电解质，按照依数性对渗透压作出贡献的仅是大分子，因为即使存在低分子物质它在膜两边也会平均分配，不存在数量差，若大分子的物质的量浓度为 C，则：

$$\pi_1 = CRT \qquad (2-43)$$

2. 带电大分子且不存在低分子量电解质 此时对渗透压作出贡献的总浓度为 $(z+1)C$，故渗透压为：

$$\pi_2 = (z+1)CRT \qquad (2-44)$$

显然 $\pi_2 > \pi_1$，而且随大分子离子的价数增大而差值增大。

3. 带电大分子且存在低分子电解质 这就是图 2－21 所示情况，此时大分子和膜两边低分子物质的量均对 π 作出贡献。膜两边数量总差值为：

$$\Delta C = [(zC+x)+C+x]_{左} - [(b-x)+(b-x)]_{右} = C+zC-2b+4x$$

将式(2－40)所示的 x 代入上式得：

$$\Delta C = \frac{zC^2+2bC+z^2C^2}{zC+2b}$$

故渗透压数值为：

$$\pi_3 = \Delta C \cdot RT = \left(\frac{zC^2+2bC+z^2C^2}{zC+2b}\right)RT \qquad (2-45)$$

这就是带电粒子且存在低分子量电解质渗透压的通式，它有两个极端情况值得注意：

(1)若 $b \ll zC$，即盐浓度低至可忽略，即不存在低分子量电解质时：

$$\pi_3 = \frac{zC^2+z^2C^2}{zC}RT = (z+1)CRT = \pi_2$$

(2)若 $b \gg zC$，即含有大量(称为淹没量)低分子电解质时：

$$\pi_3 = \frac{2bC}{2b}RT = CRT = \pi_1$$

显然 π_3 处于 π_1 和 π_2 之间，即 $\pi_1 \leqslant \pi_3 \leqslant \pi_2$。

由上述分析可知，低分子电解质的存在会严重影响渗透压数值，要想正确测定渗透压，进而求出大分子或胶粒的摩尔质量，必须消除低分子电解质在膜两边的分配不平均或 Donnan 平衡作用的影响，其方法是：

(1)让大分子或胶粒处于等电点状态，此时测量值为 π_1。

(2)加入大量低分子电解质使所测的 $\pi_3 = \pi_1$。

这两种方法中，以后者更易于实现，因为第一种方法粒子处于等电点是最不稳定的状态，是极易聚集的状态，除非是非极性的大分子。

因此，在研究具有可离解基团的大分子(即大分子电解质)的渗透压问题时，必须首先考虑 Donnan 平衡问题。下面我们利用 Donnan 平衡理论讨论图 2－23 所示的蛋白质溶液的渗透压 π 与溶液 pH 值的关系。曲线极小值对应的 pH 值近似为 6，此值正是其等电点，故此时 $\pi = \pi_1$，即仅为大分子的渗透压。当加入酸时，如加入 HCl，溶液 pH 值降低。开始时，盐酸电离出 H^+ 和 Cl^- 并发生反应：

$$NH_2—R—COOH + HCl \longrightarrow NH_3^+—R—COOH + Cl^-$$

溶质数量增加，则溶液的渗透压增加，直至所有的—NH_2 变成 $^+NH_3$—，达到最高 π 值，此时 $\pi = \pi_2 = (z+1)CRT$。当进一步加酸时，它会抑制蛋白质离解，π 值又会降低，如果电解质(HCl)加入过量时，π 值会降至最低点 $\pi = \pi_1$。加入过量碱也会发生类似情况，因此 π—pH 曲线为马鞍形。

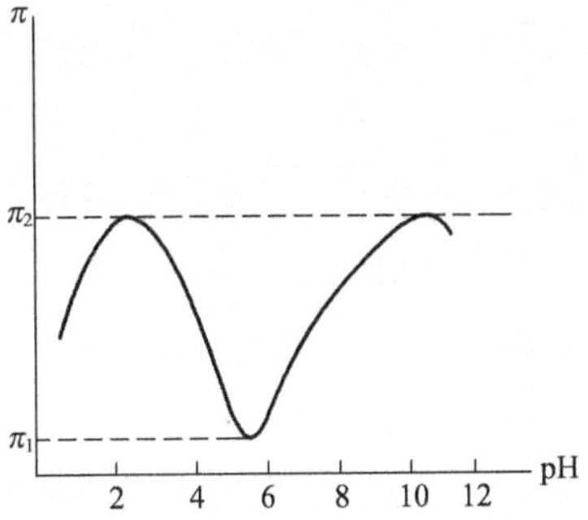

图 2－23 蛋白质的渗透压随溶液 pH 值的变化曲线

最后必须强调指出，Donnan 平衡是带电大分子电荷效应的表现，其实质是当存在扩散性极差的带电大分子时，会使扩散性极强的小离子呈现一种分布或分配形式和规律，而不管是否存在半透膜。明胶吸水的膨胀量与 pH 值关系就是一个例子。

第七节 渗透作用的实际应用

利用渗透压实验可以求大分子的摩尔质量，这是我们已讲述的。除此之外，渗透作用还有其他应用，其中不乏一些具有大规模工业化的生产前景。

一、渗析作用

在第一章讲述胶体分散体系的制备，尤其用化学方法制备的胶体分散体系，由于化学平衡的关系，溶液中会存在一些未反应组分和产物组分，这些低分子量物质，包括分子和离子很容易被吸附在具有巨大比表面的胶粒上；另外高聚物的制备过程中也会存在一些未反应单体、聚合反应引发剂等。这些杂质的存在往往对于胶体物质的后续应用十分有害。如杂质会干扰渗透压实验，也会干扰胶粒的吸附、催化作用。因此对胶体物质的净化十分必要，净化方法之一就是利用渗析作用。

渗析的方法是将分散体系装入具有半透膜作用的袋子中(如玻璃纸袋)，并将袋子浸入纯溶剂中，由于低分子量物质可以自由通过半透膜，而胶体物质不能。则随渗析时间的推移，分散体系中低分子量物质会不断减少，当然要随时注意更新渗析袋外的溶剂，用流动的溶剂效果会更好。如果加上电场，则离子性杂质的迁移速度会更快，称为电渗析。

应当注意的是，伴随渗析作用，在半透膜两边还存在渗透压，溶剂因此渗透进入分散体系而使之稀释。因此渗析净化后的分散体系，还需用离心分离方法使之浓缩。

二、反渗透

(一)反渗透理论

在解释渗透压时曾讲及，溶剂会从纯溶剂一方向溶液一方迁移，是因为溶剂在半透膜两边存在化学位差，直至溶液一方附加压力等于渗透压 π 即达到渗透平衡。相反，如果加于溶液一方的压力 $p>\pi$，则溶液一方溶剂的化学位反而大于纯溶剂一方的化学位，此时，溶剂会从溶液一方通过半透膜迁移向纯溶剂一方，这一过程就称为反渗透(reverse osmosis)或超滤(superfitration)。

可溶性溶质往往是强电解质，强电解质的完全水解使依数性的"数"剧增，此时 van't Hoff 公式变为：

$$\pi=\nu_i C_i RT \tag{2-46}$$

式中，C_i 是溶质摩尔浓度；ν_i是可离解溶质生成的离子数(如 NaCl $\nu_i=2$，Na_2CO_3 $\nu_i=3$)。如果溶液浓度较大，则有相应的修正公式[16]：

$$\pi=\omega\nu_i C_i RT \tag{2-47}$$

式中的修正项 ω 称为等渗系数，该系数可以由溶液的蒸气压降低或溶液的凝固点下降值估算。

另一个值得注意的问题是，尽管我们在引入渗透压概念时为了方便起见，半透膜的一方为溶液而另一方为纯溶剂，然而，在实际操作中，膜两边实际都是溶液。按照化学位与浓度的关系式，只要膜两边的溶液浓度不等，则化学位便不等，溶剂就会从低浓度溶液一方向高浓度一方迁移。此时渗透压的表达式为：

$$\pi=\omega\nu_i(C_i^{\alpha}-C_i^{\beta})RT \tag{2-48}$$

式中，α 和 β 分别表示膜两边的相。

(二)半透膜材料

1. 醋酸纤维素 醋酸纤维素(CA)膜是由二醋酸纤维素与三醋酸纤维素的铸膜液和两者混合物浇铸而成，是早期研制成功的制膜材料。这种膜的化学稳定性差，运转期间易发生水解，还容易发生生物侵蚀，但最大优点在于来源广泛而且价格低廉。

2. 芳香聚酰胺 不对称芳香聚酰胺(aramid)最先制成中空纤维形式的膜，极大提高了膜渗透面积。与 CA 膜比较，芳香聚酰胺膜化学稳定性高而且不受生物侵蚀。这类膜的缺欠是使用中易氯化降解，因此渗透液必须进行预先的脱氯工序。

3. 复合膜 复合膜的特点是化学稳定性高。膜材料大多是聚酰胺类，以及基于聚次乙基亚胺、哌嗪和全芳香族结构的材料。所谓复合就是在一多孔支撑体上的一超薄层(微米厚)微孔栅层。

4. 无机膜[17,18] 反渗透无机膜，特别是分离烃混合物的无机膜一直是反渗透膜的重要研究领域。研究发现，在控制和减小孔径方面，无机膜与聚合物膜非常相似。Zeltner 和 Anderson 制备出分散相为 TiO_2 的溶胶，水化粒子直径约为 3nm 。以此制备的干胶孔径小于1.0nm，经 250℃灼烧后，孔径小于 1.5nm 。据报道，这类膜在某些方面的应用初见成效，棉籽糖的反渗透分离率为 28%。

(三)反渗透的应用

目前反渗透技术在国内外的发展十分迅速，应用越来越广泛，几乎遍及医药卫生、电子、化工、环保等一系列生产领域中。反渗透最初只应用于海水淡化、污水处理及饮用水的净化上。

目前，由于不同性能、孔隙和孔率的中空纤维的成功研制，使超滤效率和速率得到极大提高，除了获得高纯净水应用于医药制备和电工、化工生产领域之外，人们还利用超滤膜对特殊分子量的大分子物质截留的原理而应用于保健药品和保健食品的提纯以及血液透析等。

复习指导

1. 沉降是在重力场或离心场中分散相粒子的沉降力与运动中的黏滞阻力间达平衡后的状态，此时粒子以恒定速率沉降，沉降使分散相趋于集中。扩散的动力源于分散体系中分散相的浓度梯度，扩散使分散相趋于发散。沉降平衡是指沉降与扩散达平衡时的状态，此时从宏观上沉降与扩散不再进行，粒子的表观运动速率为零。

2. 渗透的动力源于化学位差，因此只要半透膜两边溶液或分散体系存在浓度差，便存在渗透压。尽管扩散与渗透均因物质化学位差而从高浓度区向低浓度区迁移，但是行为主体不同：前者是溶质或分散相，而后者为溶剂或分散介质。

3. 理想溶液的渗透压公式中的 C 是摩尔浓度，即单位体积溶液中溶质的物质的量；而非理想溶液的渗透压公式中的 c 是质量浓度，即单位体积溶液中溶质的质量。当溶液浓度很低，即为稀溶液时，非理想溶液的渗透压公式可还原为理想溶液的渗透压公式。

4. 应用渗透压方法测定的相对分子质量是数均分子量 $\overline{M}_n$。

5. Donnan 平衡是在带电大分子存在时，半透膜两边电解质活度积相等，这是由溶液的电中性所决定的。聚合电解质的带电量和电解质的浓度对渗透压数值影响巨大：聚合电解质不带电时，$\pi_1=CRT$；聚合电解质带电且不存在低分子量电解质时，$\pi_2=(z+1)CRT$；聚合电解质带电且低分子量电解质浓度极低时，$\pi_3\approx\pi_2$，若低分子电解质浓度极高时，$\pi_3\approx\pi_1$。

思考题

1. 设球形粒子在水中的沉降速率为 1.0×10^{-2} m/s，求具有半径为其 10 倍的同样物质的球形粒子在水中的沉降速率为多少？（答：1.0m/s）

2. 试计算在 25℃时，分散在水中的半径为 1.0×10^{-7} m 的球形粒子在 1min 内沿指定轴线方向布朗运动的平均位移。已知 25℃时水的黏度为 8.9×10^{-4} kg/(s·m)。（答：1.72×10^{-5} m）

3. 磷酯胆碱胶团是球形粒子，其摩尔质量为 9.7kg/mol，假设组成胶团的这一类化合物的密度为 1.018kg/m^3，求粒子半径及其在 20℃水中的扩散系数。（答：半径 $R=1.557\times10^{-9}$ m，$D=1.377\times10^{-10}$ m^2/s）

4. 球蛋白稀溶液在 20℃时的沉降系数 S 和扩散系数 D 分别为 2.04×10^{-13} s 和 1.13×10^{-10} m^2/s。粒子比体积为 0.741×10^{-3} m^3/kg，溶液密度 ρ 为 1.0×10^{-3} kg/m^3。求①摩尔质量，②球蛋白的阻力因子比 f/f_0，并估计可能的形状。（答：①$M=16.91$kg/mol；②$f/f_0=1/1.1$，近似球形）

5. 浓度恒为 100kg/m^3 的食糖溶液通过厚度为 3.0×10^{-3} m、半径为 2.0×10^{-2} m 的烧结玻璃向纯水一边扩散，求扩散 100kg 食糖需多长时间？设烧结玻璃的有效扩散面积只有 25%，食糖水溶液的扩散系数 $D=4.7\times10^{-10}$ m^2/s。（答：56.39h）

6. 离心沉降平衡法得出某物质相对分子质量为 1.0×10^6，而用渗透压法得出 $M=1.5\times10^5$。由此结果可以得出下列哪种结论：①相对分子质量约为 1.25×10^5；②体系是单分散的；③体系是多分散的；④ ①～③都不正确。（答：③是正确答案）

7. 密度为 4.3×10^3kg/m^3 的球形粒子在 20℃时扩散距离（布朗位移）等于它在密度为 1.0×10^3kg/m^3、黏度为 6.0×10^{-4}Pa·s 的介质中 24h 沉降距离的 1%。求该球粒半径的大小。（答：2.34×10^{-7}m）

8. 测得 25℃聚丁烯溶于苯所组成的溶液渗透压数据为：

c(kg/dm^3)	5.0	10.0	15.0	20.0
$\pi\times10^2$(m 溶液)	1.03	2.10	3.22	4.39

已知在各种情况下溶液密度均为 880kg/m^3，求摩尔质量。（答：$M=1.436\times10^5$kg/mol）

9. 测得 25℃聚异丙烯酯溶液的渗透压数据为：

π(Pa)	136.5	241.6	412.4	640.3
c(kg/m^3)	4.7	6.91	10.05	18.6

①作 π/c—c 图，求 $(\pi/c)_0$ 值；②求体系的 M 和 B 值。（答：①$(\pi/c)_0=2.00$m；②$M=1.264\times10^2$kg/mol，$B=8.4\times10^{-4}$）

10. 浓度为 10mol/m^3 胶体电解质（$Na_{15}R$）水溶液放在半透膜一边，另一边放入浓度为 50mol/m^3 同体积的 NaCl 水溶液，当建立 Donnan 平衡后，求：①有多少 NaCl 扩散至胶体电解质一边？②膜两边溶液的离子浓度各是多少？③渗透压是多少？（答：①10mol/m^3；②胶体电解质一方：[R^{z-}]＝10mol/m^3，[Na^+]＝160mol/m^3，[Cl^-]＝10mol/m^3；NaCl 溶液一方：[Na^+]＝[Cl^-]＝40 mol/m^3；③$\pi=2.478$Pa）

11. 测得 25℃聚苯乙烯分别溶于二氯杂环己烷和氯苯中形成溶液的渗透压数据如下：

氯苯	$c\times10^3$(kg/dm^3)	0.282	0.468	0.498	0.616	0.953	1.638	2.770
	π/c(m)	2.90	3.20	3.49	3.49	4.05	5.28	7.75
二氯杂环己烷	$c\times10^3$(kg/dm^3)	0.502	0.691	0.983	1.007	1.416	1.976	2.094
	π/c(m)	3.08	3.13	3.42	3.33	3.89	4.24	7.29

试计算聚苯乙烯摩尔质量 M 和两溶液中的 B 值。（答：$M=1.153\times10^6$kg/mol，氯苯溶液中 $B=7.87\times10^{-9}$，二氯杂环己烷中 $B=4.91\times10^{-9}$）

第三章 胶体分散体系的光学性质

分散体系的光学性质是其高分散性和多相性的反映。本章所要讨论的光散射行为是胶体有别于其他分散体系的特有性质，研究其光散射性质有助于理解胶体分散体系的其他性质，如布朗运动、扩散、沉降、动电现象和絮凝等，还可以得到有关粒子的大小、形状、结构和质量等信息。

目前光散射已发展成为一个重要的学科分支，尤其随高速运算的电子计算机的应用，为复杂的光散射计算开辟了广阔的空间，因此近四十年来，这方面的理论和实验发展颇为迅速[19]。

第一节 廷德耳效应

一、廷德耳(Tyndall)效应

当一束光线照射到分散体系时，会观测到如下现象：

(1)光透过分散体系。透射光(transmmitted light)强度记为 I_t。

(2)光被分散体系吸收，只有当光波频率等于物质的固有频率时，才发生吸收。当光的能量被分散体系所吸收时，这部分能量转变为不可逆转的热能。吸收光(absorbed light)强度记为 I_a。

(3)光被分散相所反射。反射光(reflected light)强度记为 I_r。

(4)光被分散相所散射，散射光(scattering light) 强度记为 I_s。

因此，入射光(incident light)强度 I_0 与上述几个分量的关系为：

$$I_0 = I_t + I_a + I_s + I_r \tag{3-1}$$

各个分量的大小与分散体系的性质有关，其中最主要的是分散相的分散度。透射光是具有分子或离子这样高分散度的透明体系的特征，如气体、纯溶剂、低分子溶液。如果分散相的尺寸大于入射光的波长 λ，如悬浊液、乳状液这样的分散体系会发生光反射作用；相反，若分散相粒子尺寸小于入射光波长 λ，则光会绕过粒子向各个方向传播，这就是光的散射作用。胶体分散体系的分散相大小在 $10^{-6} \sim 10^{-9}$ m，小于光波波长，因此会发生光散射现象，并成为胶体分散体系有别于其他分散体系的主要光学特征。

如图 3－1 所示，可见光照射到胶体分散体系时，在垂直于入射光的方向可观测到的淡蓝色的乳光就是散射光，而在与入射光相对的方向可观测到淡红色的透射光。

需要指出，散射光在胶体粒子周围的各个方向上全可以存在，如果一个方向上的散射光强度为 i_s，那么总散射光强度等于三维所有角度散射光强度之和或积分：

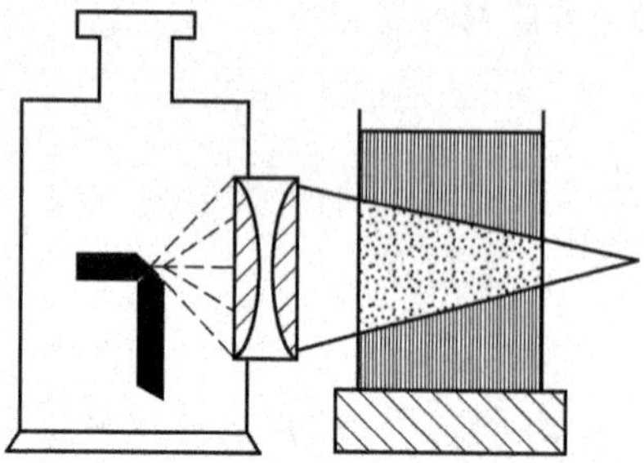

图 3-1 Tyndall 效应实验示意图

$$I_s = \sum_{\theta} i_s \qquad (3-2)$$

由于低分子分散体系和胶体分散体系不存在光反射 I_r，因此式(3-1)变为：

$$I_0 = I_t + I_s + I_a \qquad (3-3)$$

对于胶体分散体系，I_a 较小，故：

$$I_0 \doteq I_t + I_s \qquad (3-4)$$

对于低分子分散体系，I_s 极小，则：

$$I_0 \doteq I_t + I_a \qquad (3-5)$$

在分析化学中，一般分光光度计测定的是 I_t/I_0，而光吸收 ε 的定义为：

$$\varepsilon = -\ln \frac{I_t}{I_0} \qquad (3-6)$$

对于低分子分散体系，将式(3-5)代入式(3-6)得：

$$\varepsilon = -\ln \frac{I_0 - I_a}{I_0} = -\ln\left(1 - \frac{I_a}{I_0}\right) \approx \frac{I_a}{I_0} \qquad (3-7)$$

这就是光吸收的定义式，亦即对低分子分散体系而言入射光的减弱是因为光的吸收。在上式的推导中，将对数项展开成级数并只保留第一项表明 $I_a \ll I_0$。

对于胶体分散体系，将式(3-4)代入式(3-6)并重复上面的数学推导，则有：

$$\varepsilon = -\ln \frac{I_0 - I_s}{I_0} = -\ln\left(1 - \frac{I_s}{I_0}\right) \approx \frac{I_s}{I_0} = \tau \qquad (3-8)$$

式(3-8)表明，在胶体分散体系中，光的减弱并非是因为吸收而是因为光散射(也称为假吸收)，因此我们将 $\varepsilon = I_s/I_0$ 给以新的名称——浊度(turbidity)，用 τ 表示，它的大小表示光散射的强弱。必须强调，尽管 ε 和 τ 有相同的定义式[式(3-6)]，但在低分散体系中 ε 代表了光吸收的大小无散射存在；而在胶体分散体系中，ε(即 τ)表示了光散射的强弱，这可以分别由式(3-7)和式(3-8)的定义式表明。实际上胶体分散体系也有吸收存在，胶体分散体系的特殊颜色，如 $\alpha-Fe_2O_3$ 为橘红色、Cr_2O_3 为亮绿色等是因其对入射光中某个波长的光特殊吸收的结果，只是 $I_s \gg I_a$，才有式(3-8)的结果。有些分散体系如 $BaSO_4$、AgCl 颜色基本取决于光散射(假吸收)，因为在可见光区域内，光吸收量极低。

二、光散射的产生与光散射理论

(一) 光散射的产生

光是电磁波，其振动频率高达 10^{15} Hz，就光散射而言，主要是电场起作用。当入射光的电场接触到微粒时，会使组成微粒的分子转化为偶极子，由于光波电场是振动的，而使偶极子振动并向各个方向辐射出与入射光相同振动频率的诱导波，这就是散射光。

若粒子足够小，$d \ll \lambda$，那么可以把不具有光程差，不会相互发生干涉的分子的散射光加和起来。也就是说把这个小粒子作为一个点散射源处理。相反，如果粒子尽管小于入射光波长，但是粒子大到其上各部位(每个部位按一个散射中心处理)所产生的散射光波有足够的光程差而发生相互干涉时，则散射光强度因此而降低，这种干涉即为内干涉。如果不但粒子比较大，而且分散体系中分散相粒子的数量浓度也很大，亦即粒子间距足够小，则各个粒子间的散射光也会互相发生干涉而减弱，这就是外干涉。因此粒子散射光强度除了与固有因素如入射光波长等有关外，还与分散相粒子的大小和浓度有关。另一个影响因素是介质，其具体标志是粒子折射率 n 与介质折射率 n_0 的比值 n/n_0 。

(二)光散射理论

不同的光散射理论的根本区别在于是否考虑粒子内各散射中心散射光的内干涉、分散体系各个粒子散射光间的外干涉以及 n/n_0 的不同。本章将介绍最基本的三个光散射理论。

1. 瑞利(Rayleigh)光散射理论　该理论假定：

(1)组成粒子的分子间的光散射不发生内干涉，故粒子的光散射等于组成其所有分子光散射的加和。这个假定就限制了粒子的尺寸 $d \leqslant 0.05\lambda$，因此分子所散射的光几乎不存在光程差，即把粒子视为一个点散射源。

(2)组成溶胶的各个分散相粒子间也不存在外干涉，故溶胶的光散射等于分散相诸粒子光散射的加和。这种情况仅适用于分散体系的浓度很低，即粒子间距很大才不发生外干涉。

这两个基本假设的直接结果是不但限定了粒子的大小和浓度，还限定了分散相的折射率必须很低。

2. 德拜(Debye)光散射理论　在 Rayleigh 理论的基础上，粒子尺寸加大到 $0.1\lambda < d < \lambda$。粒子体积的加大，使组成粒子的分子所产生的散射光存在光程差，因此这些分子的散射光发生内干涉。为解决内干涉问题，Debye 引进了与粒子大小和形状有关的形状因子 $P(\theta)$。尽管该理论放宽了粒子尺寸范围，却对粒子的折射率要求更严格。

3. 米氏(Mie)光散射理论　此理论将粒子尺寸放宽到接近光波长的范围，并且将 n/n_0 范围放大到 $\gg 1$ 的范围。不过因为考虑到分散相与介质的折射率的差别，就要解粒子内外的 Maxwell 电磁方程，问题相当复杂，借助于计算机也只能解决一些特殊形状，如球形分散相粒子的光散射问题。

表 3－1 列出了不同光散射理论的应用条件。应当指出，可以用两个参数来表达这种应用条件，一个是反映粒子与波长相对大小的 $2\pi r/\lambda$，另一个是反映折射率大小的 n/n_0 。

表 3－1　几种光散射理论的应用条件[20]

光散射理论	适用条件	
	粒子特征尺寸(d)	$\frac{2\pi r}{\lambda}\left(\frac{n}{n_0}-1\right)$
Rayleigh 光散射理论	$\leqslant 0.05\lambda$	<0.3
Debye 光散射理论	$0.1\lambda < d < \lambda$	$\ll 1$
Mie 光散射理论	$\approx \lambda$	$\geqslant 1$

需要强调指出，正因为存在内干涉和外干涉，那么作为连续相的介质，由于其均匀性，则作为分子偶极子的散射光波长因彼此互相干涉而完全抵消，此时无光散射存在，这正是纯溶剂和

低分子溶液光散射强度几乎为零的原因。如果要有光散射产生，必须破坏介质的光学均匀性，如与分散介质折射率不同的分散相的存在，或是由于热力学涨落而使溶液不定时不定地点地出现浓度或密度涨落，从而出现折射率的局部涨落，这些均能引起光散射现象。

第二节　瑞利光散射理论

一、基本概念[11]

(一)电磁波

光具有二重性，即粒子性和波动性。在讨论光化学反应时，我们强调光子能量及其粒子性；而在讨论光散射问题时，我们强调其波动性。光波也是一种电磁波，只是其波长 λ、振动频率 ν 和振幅有其特定的范围。在胶体化学中所说的光在可见光的范围内，故称为光散射。

电磁波是由振动电场 $\vec{E}$ 和振动磁场 $\vec{H}$ 组成，这两个场是相互垂直的，并与电磁波传播方向$\vec{c}$垂直。光波在真空中的传播速度 c 为 3×10^8m/s，其值与波长无关，而且 $c=\lambda_0\nu$，λ_0 为在真空中的波长，ν 为频率。若介质的折射率为 n，则在介质中：

$$\frac{c}{n}=\frac{\lambda_0}{n}\cdot\nu$$

即：

$$v=\lambda\nu \tag{3-9}$$

这就是光波在介质中传播速度 v 的表达式。光波的振动频率 ν，不因介质的存在而改变。

在光散射问题中起作用的是振动电场 $\vec{E}$，其数学表达式是：

$$\vec{E}=\vec{E}_0\cos(\nu t-x/\lambda) \tag{3-10}$$

式中，$\vec{E}_0$ 为电场的最大振幅；λ 为入射光波长；ν 为入射光频率；x 为沿 x 轴的传播距离；t 为传播时间。若电场传播方向是 x 方向，那么 yz 面上的电场可分解为 y 和 z 分量：

$$\vec{E}_y=\vec{E}_{0y}\cos2\pi(\nu t-x/\lambda+\delta_y) \tag{3-11}$$

$$\vec{E}_z=\vec{E}_{0z}\cos2\pi(\nu t-x/\lambda+\delta_z) \tag{3-12}$$

其中 δ 项为相角。这两个方程说明，电场在 yz 面上的轨迹是个椭圆。若 $\delta_y-\delta_z=0$ 或 $a\pi$(a 为整数)则轨迹是条线，称为平板偏振；若 $\delta_y-\delta_z=b\cdot\frac{\pi}{2}$ (b 为整数)，则轨迹为圆，称为圆形偏振。在一般的光中，由于各种偏振全存在而互相抵消，故称“非偏振”。如果应用偏振光片，则可得到某一状态的偏振光。

(二)振动电荷

在电场中有一电荷，因受电场力的作用而加速运动，由于电场是振动的，因此电荷的加速运动是变化的。经典电磁学告诉我们，变速(方向和大小改变)运动的电荷也会发射电磁波。如图 3-2 所示，若电荷处于坐标原点处，那么距原点为 r(r 要大于引起振动的辐射波长)处的诱导电场强度为：

$$\vec{E}_{诱_i}=\frac{q\bar{a}_p\sin\varphi_z}{c^2\vec{r}} \tag{3-13}$$

式中，$\overline{a}_{\mathrm{p}}$ 为周期性变化的加速度。这时，振动电荷如同一个发射天线一样向外发射诱导电磁波。

(三)电场中的分子

如果电场 $\vec{E}$ 中存在一个分子，那么这个分子因电场 $\vec{E}$ 而被诱导成偶极子，产生诱导偶极矩 $\vec{\mu}$，这个偶极子也如同天线一样发射诱导电场。$\vec{\mu}$ 与 $\vec{E}$ 的关系为：

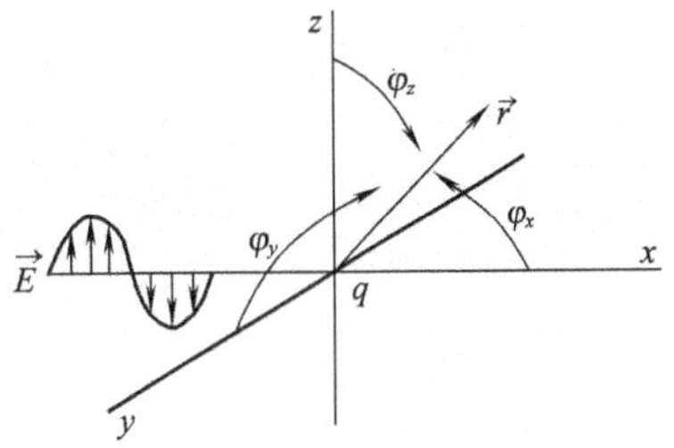

图 3－2　电场中的振动电荷

$$\vec{\mu}=\alpha\cdot\vec{E}$$

式中，α 为极化率。将式(3－10)代入上式并考虑到分子坐落于坐标原点，则得到：

$$\vec{\mu}=\alpha\cdot\vec{E}_0\cdot\cos2\pi\nu t \quad (3-14)$$

而偶极矩也等于电荷 q 与不重合的电荷中心间距 ξ 的乘积，于是：

$$q\cdot\xi=\alpha\cdot\vec{E}_0\cdot\cos2\pi\nu t$$

$$q=\alpha\cdot E_0 \quad (3-15)$$

则：

$$\xi=\cos2\pi\nu t \quad (3-15a)$$

这样就可以求出电荷周期变化的加速度：

$$\overline{a}_{\mathrm{p}}=\frac{\mathrm{d}^2\xi}{\mathrm{d}t^2}=4\pi^2\nu^2\cos2\pi\nu t \quad (3-16)$$

将式(3－15)和式(3－16)代入式(3－13)中，就可以得到诱导的偶极分子的诱导电场强度公式：

$$\vec{E}_{诱}=\frac{\alpha\vec{E}_0 4\pi^2\nu^2\cos(2\pi\nu t)\sin\varphi_z}{c^2 r} \quad (3-17)$$

对上式余弦项稍加变动就可以得到偶极分子的距离为 r 处诱导电场的通式：

$$\vec{E}_{诱}=\frac{4\pi^2\nu^2\alpha\vec{E}_0\cos2\pi(\nu t-r/\lambda)\sin\varphi_z}{c^2 r} \quad (3-18)$$

总之，胶体粒子之所以会发生光散射是因为作为余弦波动的入射光，会使分子诱导而成为偶极子，处于交变电场中的偶极子会向各个方向发射诱导电磁波，而且这个诱导电磁波的频率与入射光的频率是一致的，诱导电磁波就是散射光波。

二、瑞利(Rayleigh)理论——溶胶的光散射

了解上述基本概念后，我们便可清楚地认识光散射的产生，即入射光与分子相遇时，部分光(电磁波)被偶极分子所产生的诱导电磁场发射，其余的部分会透过。另外，光的透射量与散射量之和等于入射光量，是指光的强度而非电场或磁场强度，是指能量而言。而光的强度又定义为单位时间落在单位面积上的辐射量，即光强度之比等于能量之比，而光强度之比又正比于 $(\vec{E}_{诱})^2$，故有分子的散射光强度：

$$i\propto(\vec{E}_{诱})^2$$

将式(3－18)代入便有：

$$i\propto\frac{16\pi^4\nu^4\alpha^2\cdot\vec{E}_0^2\cos^2 2\pi(\nu t-r/\lambda)\sin\varphi_z}{c^4 r^2} \quad (3-19)$$

而入射光强度 $I_0 \propto \vec{E}_0^2 \cos^2 2\pi(\nu t - r/\lambda)$，这样就可以得到一个分子在一个角度 φ_z 上的散射光强度与入射光强度的比：

$$\frac{i_\nu}{I_{0\nu}}=\frac{16\pi^4\nu^4\alpha^2\sin^2\varphi_z}{c^4r^2} \tag{3-20}$$

式中，下标 ν 表示式(3－13)以后的表达式的垂直分量，因此光散射也有垂直偏振。同理也存在水平偏振部分：

$$\frac{i_\mathrm{h}}{I_{0\mathrm{h}}}=\frac{16\pi^4\nu^4\alpha^2\cdot\sin^2\varphi_z}{c^4r^2} \tag{3-21}$$

如果原入射光是“非偏振的”，即由等量的垂直和水平偏振光混合而成，则得到非偏振的散射光也由等量的水平和垂直偏振散射光组成。于是：

$$\frac{i}{I_{0\mathrm{u}}}=\frac{\frac{1}{2}(i_\mathrm{h}+i_\nu)}{I_{0\mathrm{u}}}=\frac{1}{2}\left(\frac{16\pi^4\nu^4\alpha^2}{c^4r^2}\right)(\sin^2\varphi_y+\sin^2\varphi_z) \tag{3-22}$$

式中，$I_{0\mathrm{u}}$的下标 0u 代表非偏振入射光。由于 $\sin^2\varphi_y+\sin^2\varphi_z=1+\cos^2\varphi_x$，则式(3－22)变为：

$$\frac{i}{I_{0\mathrm{u}}}=\frac{8\pi^4\nu^4\alpha^2}{c^4r^2}(1+\cos^2\varphi_x) \tag{3-23}$$

将 $c=\lambda_0\cdot\nu$ 代入式(3－23)得：

$$\frac{i}{I_{0\mathrm{u}}}=\frac{8\pi^4\alpha^2}{\lambda_0^4r^2}(1+\cos^2\varphi_x) \tag{3-24}$$

此式可分解为两部分：

$$\frac{i}{I_{0\mathrm{u}}}=\frac{8\pi^4\alpha^2}{\lambda_0^4r^2}+\frac{8\pi^4\alpha^2}{\lambda_0^4r^2}\cos^2\varphi_x \tag{3-24a}$$

在式(3－24a)中第一部分为 i_ν 贡献(轨迹是圆)，第二部分是 i_h 的贡献(轨迹是哑铃形)，这样来分析图 3－3 就十分清楚了。由此光散射空间分布图可以得出如下的结果：

(1)在 $\varphi_x=0$ 及 π 时，光的散射强度最大，而在$\varphi_x=\frac{\pi}{2}$时最小，仅是 $\varphi_x=0$ 及 π 时的一半。

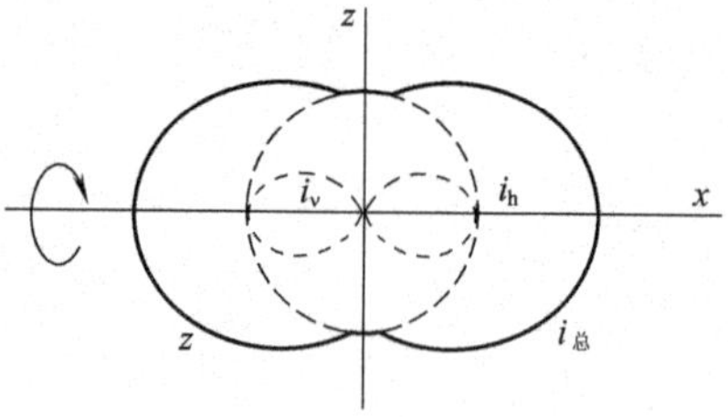

图 3－3　散射光强度的空间分布示意图

(2) $i(\theta)=i(\pi-\theta)$，即前向散射与后向散射相等。

(3) $\varphi_x=\frac{\pi}{2}$时，散射光全偏振，此时只有 i_ν 作贡献。在 $\varphi_x=0$ 或 π 时，散射光为非偏振的，其他角度的散射光为部分偏振的。

以上讨论的是一个分子的光散射情况，如果有一组分子组成一个散射中心，且这些分子的散射光不相互干扰，亦即这些分子相距很近，散射光无光程差，则这组分子的总光散射光强度 $i_\mathrm{s}=\sum i$。取单位体积，则其中所含分子数为：

$$\frac{nN_\mathrm{A}}{V}=\frac{\frac{m}{M}N_\mathrm{A}}{V}=\rho\frac{N_\mathrm{A}}{M} \tag{3-25}$$

于是得到单位体积粒子的光散射强度：

$$i_s=\frac{\rho\cdot N_A}{M}\cdot i \tag{3-25a}$$

那么单位体积的散射光强度 i_s 与 I_{0u} 比值为：

$$\frac{i_s}{I_{0u}}=\frac{8\pi^4\cdot N_A\cdot\rho\cdot\alpha^2}{r^2\cdot\lambda^4\cdot M}(1+\cos^2\varphi_x) \tag{3-25b}$$

对于不导电粒子，极化率 α 与折射率 n 有如下关系：

$$\alpha=\frac{3M}{4\pi N_A\rho}\left(\frac{n^2-1}{n^2+2}\right) \tag{3-26}$$

在 $n\approx1$ 时：$\frac{n^2-1}{n^2+2}\approx\frac{2}{3}(n-1)$，则上式可化简为：

$$\alpha\approx\frac{M}{2\pi\rho N_A}(n-1) \tag{3-26a}$$

将式(3－26a)代入式(3－25b)得：

$$\frac{i_s}{I_{0u}}\approx\frac{2\pi^2M}{r^2\lambda^4N_A\rho}(n-1)^2(1+\cos^2\varphi_x) \tag{3-27}$$

这就是 1871 年由 Rayleigh 导出的公式。要注意这个式子不考虑有 $n_0\neq1$ 的介质存在，实际上仅用于气溶胶中的分散性粒子或气体中分子的光散射，而且是单位体积的分散相粒子的光散射强度。

如果体系为溶胶，则不能不考虑介质折射的影响，介质的折射率 $n_0\neq1$，将式(3－26)代入式(3－25b)得：

$$\begin{aligned}\frac{i_s}{I_{0u}}&=\frac{8\pi^4N_A\rho}{r^2\lambda^4M}\left(\frac{3M}{4\pi N_A\rho}\right)^2\left(\frac{n^2-n_0^2}{n^2+2n_0^2}\right)^2(1+\cos^2\varphi_x)\\&=\frac{9\pi^2}{2r^2\lambda^4}\left(\frac{M}{N_A\rho}\right)\left(\frac{n^2-n_0^2}{n^2+2n_0^2}\right)^2(1+\cos^2\varphi_x)\\&=\frac{9\pi^2}{2\cdot r^2\cdot\lambda^4}V\cdot\left(\frac{n^2-n_0^2}{n^2+2n_0^2}\right)^2(1+\cos^2\theta)\end{aligned} \tag{3-28}$$

在此式子中，V 为每个粒子的体积，而 θ 为散射角，即观测点方向与入射光的夹角(图 3－4)。散射角 θ 不同于观测方向与偶极子的夹角，不过在这里我们令入射光方向以 x 轴方向射入，则 $\varphi_x=\theta$。式(3－28)仅是溶胶中单位体积粒子的光散射。如果要求单位体积溶胶的光散射，则必须用式(3－28)乘以粒子的体积 V 和单位体积粒子数 N。这就意味着粒子的体积不太大，因此不会引起内干涉；而且溶胶浓度很低，即不会引起外干涉，于是有：

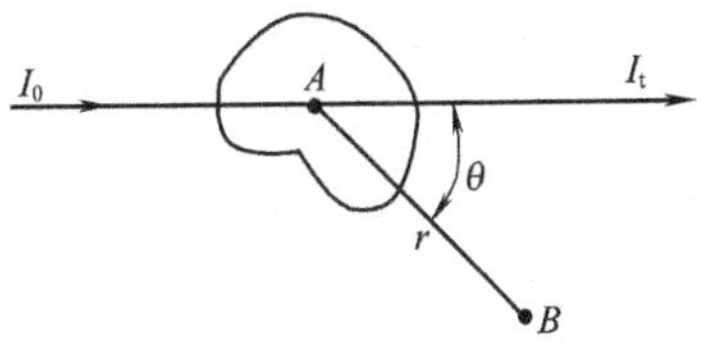

图 3－4　观测角定义示意

A—散射中心　B—观测点

$$\frac{i_{s(\theta)}}{I_{0u}}=\frac{9\pi^2V^2N}{2r^2\lambda^4}\left(\frac{n^2-n_0^2}{n^2+2n_0^2}\right)^2(1+\cos^2\theta) \tag{3-29}$$

这就是溶胶的光散射强度公式。由此式推导过程中的假设可知，Rayleigh 光散射理论适用于以下情况：

(1)粒子体积或粒径很小，实际上 $d\leqslant0.05\lambda$ 那样的粒子，这样才不考虑内干涉的影响，将其视为点散射源。

(2)溶胶的浓度很低，因此不发生粒子的散射光相互干涉的外干涉的影响。

(3)考虑了介质相对光折射率的影响。

由式(3－29)可以得到如下影响光散射因素的结论：

(1) i_s 正比于分散相的数量浓度 N。因此可由散射光强度的大小判断溶胶浓度的大小。需要指出的是式(3－29)的推导假定粒子间距很大，即浓度很低，避免粒子散射光外干涉问题，故将式(3－29)用于浓溶胶时要加以修正。

(2) i_s 正比于 V^2 或粒径 d^6。因此在一定范围内散射光强度随 V 或 d 的加大而增加。由于低分子分散体系分散相的体积很小，故 i_s 也很弱；但 d 也不能太大，否则粒径 d 大于光波波长 λ，则不会发生散射而发生反射。这种关系如图 3－5 所示，光散射强度最大部分恰好对应了胶体分散体系。因此可以由 i_s 的大小从低分子量分散体系、粗分散体系和胶体分散体系中将胶体分散体系区分出来。

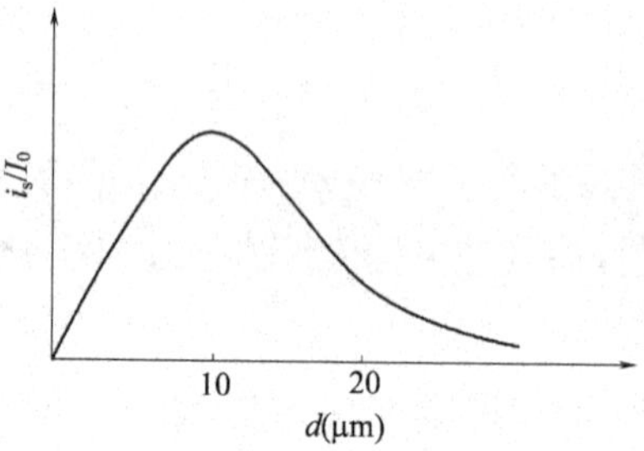

图 3－5　分散相尺寸与散射光强度的关系

(3) i_s 与入射光波长的四次方成反比。在可见光中，以蓝紫光波长最短，因此胶体体系所展示的乳光是暗蓝色的。而红光波长最长，散射能力极低但透射能力极强，因此 Tyndall 实验中的透射光为暗红色的。蔚蓝的天空和碧蓝色的大海就是散射光的结果，早霞和晚霞是透射的红光，交通信号灯之所以用红色，也是利用红色光透射性强的特性。

(4) i_s 正比于分散相与分散介质的折射率的差值。高分子溶液和纯溶剂的 i_s 几乎为零，就是因为折射率差值极小。借此，将高分子分散体系与胶体分散体系区分开来。

需要强调指出，式(3－27)和式(3－29)仅适用于不导电的分散相。对于导电粒子(如金属溶胶)与 λ^4 和 V^2 关系误差很大，这是因为在光波电磁场中，在导体内产生了交变电流，而电能又转移成热能之故。Mie 和 Gans 详细地研究了金属球形粒子的光散射行为，发现散射光强度并不随光波波长的减少而永远增加，还发现随 V 减少，散射光极大值向长波方向漂移(即红光)；V 增加，散射光极大值向短波方向漂移(即紫光)。

其次，Rayleigh 公式仅用于 $d\leqslant\frac{\lambda}{20}$ 的粒子，在处理这类小粒子时，认为它是个点散射源。如果粒子超出这一范围，那么粒子就由两个、三个或更多个点散射源组成，它们的散射光要相互干涉，Rayleigh 公式就不适用了。为了解决大粒子的光散射问题，才先后诞生了 Debye 理论和 Mie 理论。

Rayleigh 公式应用的最后一个条件就是溶胶的浓度很低，否则必须考虑外干涉。

三、涨落现象——大分子溶液的光散射

在 Rayleigh 公式的推导中，有一个重要假定，即每个分子的散射光是互不干涉的，这个假定对于密度很低或分子间距很大的气体可能是适宜的，而对于密度很大的液体而言，这种互相干涉可能使散射光互相抵消，则入射光线仍沿原路前行，且其强度不会减弱，即若介质是完全均

匀的，就无光散射行为。只有当介质的光学稳定性遭到破坏，如存在分散相粒子，或者因分子热运动的涨落现象使局部的密度、极化率或折射率发生了变化，由于这些部位的诱导偶极矩与其他介质部位不同，此时散射光就不会完全抵消。

正是基于这一设想，Smoluchovski（1908 年）和 Einstein（1910 年）提出了溶液和纯溶剂的光散射的涨落理论，才解决了溶液和纯溶剂的光散射问题。这一理论认为由于分子（介质和溶质分子）的热运动，使在某时某地溶液浓度或密度小于或大于总体值，从而破坏了体系的光学均匀性，才有了光散射值存在，也就是说产生光散射的必要条件是体系中存在光学不均匀性。

设有一个体积元 dV，其中的浓度涨落和极化率涨落分别为 δc 和 $\delta\alpha$，必须清楚的是 $\overline{\delta c}$ 和 $\overline{\delta\alpha}$ 均为零，因为涨落有正有负且机会均等。然而 $\overline{\delta\alpha^2}\neq 0$，这正是取方均值的意义。这样用 $\overline{\delta\alpha^2}$ 取代式（3－24）中 α^2，并用到达散射中心（即涨落处）的波长 λ 取代式（3－24）中真空中的波长 λ_0，得到：

$$\frac{i}{I_{0u}}=\frac{8\pi^4\,\overline{\delta\alpha^2}}{\lambda^4 r^2}(1+\cos^2\varphi_x) \tag{3-30}$$

经一系列取代后可以得到单位体积的光散射公式：

$$\frac{i_s}{I_{0u}}=\frac{2\pi^2\left(n\dfrac{dn}{dc}\right)^2 kTc}{r^2\lambda^4\left(\dfrac{\partial\pi}{\partial c}\right)_e}(1+\cos^2\varphi_x) \tag{3-31}$$

按式（2－37）渗透压公式 $\pi=RT\left(\dfrac{c}{M}+Bc^2\right)$ 则有：

$$\left(\frac{\partial\pi}{\partial c}\right)_e=RT\left(\frac{1}{M}+2Bc\right)$$

将此结果代入式（3－31）中，便有：

$$\frac{i_s}{I_{0u}}=\frac{2\pi^2\left(n\dfrac{dn}{dc}\right)^2 c}{N_A r^2\lambda^4\left(\dfrac{1}{M}+2Bc\right)}(1+\cos^2\varphi_x) \tag{3-32}$$

整理式（3－32）得：

$$\frac{i_s r^2}{I_{0u}(1+\cos^2\theta)}=\frac{2\pi^2\left(n\dfrac{dn}{dc}\right)^2 c}{N_A\lambda_0^4\left(\dfrac{1}{M}+2Bc\right)} \tag{3-32a}$$

令

$$R_\theta=\frac{i_s r^2}{I_{0u}(1+\cos^2\theta)} \tag{3-32b}$$

R_θ 称为 Rayleigh 比率。显然 R_θ 是与 θ（观测角，即水平面测量的 φ_x）、r（观测距离）无关的量[见式（3－32a）右方的量]，R_θ 在光散射实验中是十分重要的量。

再将一系列光学常数和数值常数合并为一个常数 K，则有：

$$K=\frac{2\pi^2\cdot n^2\left(\dfrac{dn}{dc}\right)^2}{N_A\cdot\lambda_0^4} \tag{3-33}$$

于是式（3－32）变为：

$$R_\theta=\frac{Kc}{\dfrac{1}{M}+2Bc}\quad 或\quad \frac{Kc}{R_\theta}=\frac{1}{M}+2Bc \tag{3-34}$$

若以 $\frac{Kc}{R_\theta}-c$ 作图，则为直线，而且：

$$直线斜率=2B \quad 直线截距=\frac{1}{M} \tag{3-35}$$

这一结果使我们联想起渗透压公式 $\frac{\pi}{RTc}-c$ 也为一直线且直线斜率$=B$，直线截距$=\frac{1}{M}$。对比可知：

(1)两者斜率相差一倍，光散射的斜率更大。

(2)对单分散体系，均可由截距求出相同的 M；但对于多分散体系，$\overline{M}$ 意义不同，渗透压结果为 $\overline{M}_n$；而光散射的结果是 $\overline{M}_w$。

第三节　光散射实验与重均分子量

一、光散射实验

无论是应用式(3-27)或式(3-29)求溶胶的光散射，还是用式(3-32)求大分子溶液的光散射量，均要测定 n 和 dn/dc 等光学数据。测量这些光学数据需使用差示折射仪等光学仪器，对于 dn/dc，还需测不同浓度 c 的折射率 n，作 $n-c$ 图，再作不同 c 时曲线的切线，才能求出对应于 c 的 dn/dc，这很容易引起较大的误差。目前实验测定光散射强度均使用光散射仪(light scattering photometer)，图 3-6 给出了光散射仪的工作原理示意图。

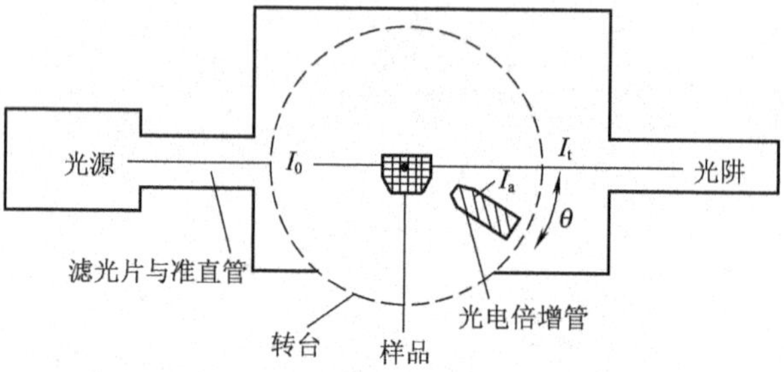

图 3-6　光散射仪的工作原理示意图

光散射仪在构造及原理上与分光光度计(spectrophotometer)很相似，只不过后者的光电放大接收器放在正对入射光的方向($\theta=0$)测定的是透射光强度，而前者的 θ 可在 0～360°变化，就是说光电放大接收器安放在以样品为固定中心的一个可旋转支臂上。

光源通常为汞蒸气灯，光线经绿色或蓝色滤光片得到波长为 436nm 或 546nm 的单色光。光线经仔细校准以使样品接受平行入射单色光。对需要偏振光的实验，还要在支撑架上安放偏振光片。测量室内壁必须涂黑，以防止所测散射角度(θ)以外其他角度的散射光经测量室内壁反复反射而进入光电接收器。还要求光电放大器十分灵敏，以放大和精确显示十分微弱的散射光，散射角由旋转活动转盘确定。另外在透射光到达的地方，要用吸收器(即光阱)吸收，防止透射光进入光电放大接收器中。

式(3－8)给出了浊度定义，式(3－2)给出了 i_s 与 I_s 的关系，结合这两式有：

$$\tau=\frac{I_s}{I_0}=\frac{\sum i_{s(\theta)}}{I_c}$$

式中，i_s 仅是某一点(取决于 θ 与 r)的光散射强度。上述求和式可以用积分取代，为此做如下数学处理。在图 3－7 中，取与水平方向呈 φ_x 角、半径为 r 的球面上一个面积元 dA，其面积为：

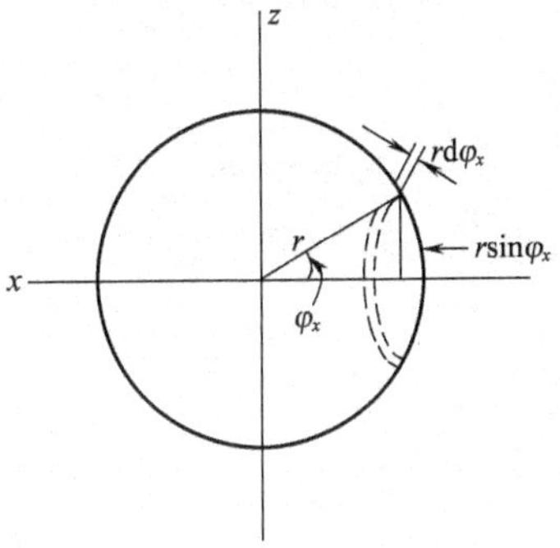

图 3－7　以积分取代三维和式的数学模型

$$\mathrm{d}A=(2\pi r\sin\varphi_x)(r\mathrm{d}\varphi_x)$$

这样总的散射强度比为：

$$\frac{I_s}{I_0}=\int_0^{\pi}\left(\frac{i_{s(\theta)}}{I_0}\right)2\pi r^2\sin\varphi_x\,\mathrm{d}x$$

将式(3－32)和式(3－34)代入上式得：

$$\frac{I_s}{I_0}=\int_0^{\pi}\frac{Kc(1+\cos^2\varphi_x)2\pi r^2\sin\varphi_x\mathrm{d}\varphi_x}{r^2\left(\frac{1}{M}+2Bc\right)}=\frac{16\pi Kc}{3\left(\frac{1}{M}+2Bc\right)}$$

若令：

$$H=\frac{16\pi}{3}K\left[=\frac{32\pi^3n^2(\mathrm{d}n/\mathrm{d}c)^2}{3N_A\cdot\lambda_0^4}\right]$$

那么：

$$\tau=\frac{Hc}{\left(\frac{1}{M}+2Bc\right)}\tag{3-36}$$

或

$$\frac{Hc}{\tau}=\frac{1}{M}+2Bc\tag{3-37}$$

式(3－37)在形式上与式(3－34)相同，亦即 R_θ 正比于 τ：

$$\frac{Hc}{\tau}=\frac{Kc}{R_\theta}=\frac{1}{M}+2Bc$$

故有：

$$\tau=R_\theta\cdot\frac{H}{K}=R_\theta\cdot\frac{16}{3}\pi\tag{3-38}$$

而浊度的定义与光吸收的定义式均为 $-\ln\frac{I_t}{I_0}$，光吸收和浊度一样均可用分光光度计测定，这正是光散射可以用光散射仪这种十分类似于分光光度计的仪器测定的原理。

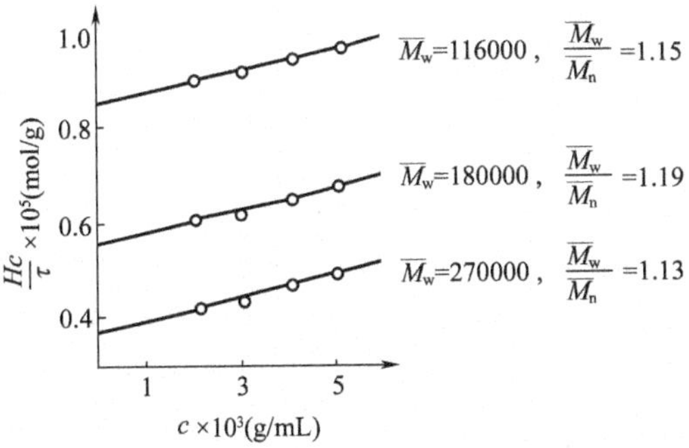

图 3－8　三种不同级分的聚苯乙烯的丁酮溶液的$\frac{Hc}{\tau}$—c 图

由式(3－37)可知，以 $\frac{Hc}{\tau}$—c 作图，必得一直线，且直线截距$=\frac{1}{M}$，直线斜率$=2B$。

图 3－8 所示为三种不同级分聚苯乙烯的丁酮溶液的 $\frac{Hc}{\tau}$—c 图[21]，三个截距值对应了三种不同的分子量，三条直线相互平行，说

明它们有相同的斜率，即相同的 B 值，亦即相同的非理想行为。

二、重均分子量

用渗透压法和光散射法均能测定大分子的平均分子量 $\overline{M}$，但光散射方法较渗透压方法方便。因为用光散射方法无需半透膜，且 τ 的测定无需体系平衡，而是在变化过程的体系中测定。然而用这两种方法求出的平均分子量却有不同的平均概念。前面一章已经证明，用渗透压法测定的平均分子量为数均分子量 $\overline{M}_n$；而用光散射法得到的是重均分子量 $\overline{M}_w$。这一点乍看似乎难以理解，因为从式(3－27)、式(3－28)及其后的推演中，均包括有渗透压项 $\pi=RT\left(\frac{c}{M}+Bc^2\right)$ 以及 $\left(\frac{\partial\pi}{\partial c}\right)_0=RT\left(\frac{1}{M}+2Bc\right)$，也就是说分子量是从渗透压项引入的，为何最终结果是 $\overline{M}_w$ 而非 $\overline{M}_n$？

对于均分散体系，$\overline{M}_w=\overline{M}_n$ 是必然的，但对多分散体系而言，用求截距法（即 $c=0$ 处）求 $\overline{M}$，则式(3－37)可写为：

$$\frac{Hc_{实}}{\tau_{实}}=\frac{1}{\overline{M}}$$

$$\overline{M}=\frac{\tau_{实}}{Hc_{实}}=\frac{\sum\tau_i}{H\sum c_i}=\frac{\sum HM_ic_i}{H\sum c_i} \tag{3-39}$$

而质量浓度 $c_i=\frac{n_iM_i}{V}$，代入上式得：

$$\overline{M}=\frac{H\sum M_in_iM_i/V}{H\sum\frac{n_iM_i}{V}}=\frac{\sum n_iM_iM_i}{\sum n_iM_i}=\frac{\sum W_iM_i}{\sum W_i}=\overline{M}_w$$

至此证明了上述结论，即光散射法求出的 $\overline{M}$ 为 $\overline{M}_w$。在第一章讲及 $\overline{M}_n$ 和 $\overline{M}_w$ 的不同在于两者加权因子不同：前者为级分中的粒子数目，后者为级分中的粒子重量。因此，分布中大粒子对重均分子量影响更大，而在 $\overline{M}_n$ 中分布最多级分的 n_i 影响更大。这就是 $\overline{M}_w\neq\overline{M}_n$ 且 $\overline{M}_w\geqslant\overline{M}_n$ 的原因。这些提示我们，对于同一分散体系，如果测得 $\overline{M}_w$ 与 $\overline{M}_n$ 有差异，便显示体系是多分散的，而且差异越大，分散体系越不均匀。

*第四节　德拜光散射理论

一、大粒子的光散射

Rayleigh 理论公式限用于下述情况：

(1)散射中心是各相同性的（各相异性会加大散射光量）、不导电的和非吸收性的。

(2)散射体有不太大的折射率[如式(3－27)前的折射率 α 近似]。

(3)粒子很小，一般 $d\leqslant0.05\lambda$ 方准确。

对于大粒子，Rayleigh 公式的近似性越来越差。这是因为对于大粒子再也不能用点散射源处理，而是有几个散射源，而且各散射源的散射光会发生内干涉，从而使实测的光散射强度除$\theta=0$以外的值小于式(3－28)的计算值。在介绍定量的描述大粒子光散射理论之前，先介绍粒子尺寸增大后所引起的与小粒子不同的现象。

(一)前向散射大于后向散射

对于分子、分子群和$d\leqslant 0.05\lambda$的小粒子，一个重要结论是$\tau_{(\theta)}=\tau_{(\pi-\theta)}$，即前向散射等于后向散射。这是因为可将粒子视为点散射源，不存在散射光的干涉。但对于大粒子，由于其上的几个点散射源的内干涉而使前向散射强度大于后向散射强度，图 3－9 所示情况完全可以解释这一结果。在散射角小的方向 1 观测(即前向散射方向)，从 A 和 B 两散射光源发出的散射波相位相近，出现相长干涉，而在方向 2 上即散射角大的方向(即后向散射方向)两散射波相位差加大而发生相消干涉。故前向散射强度大于后向散射强度。显然$\theta=0$的地方光程相同，不存在相位差，也不存在内干涉。因此内干涉的大小取决于粒子大小和形状，即由此所决定的散射源数量及其相互相位关系。

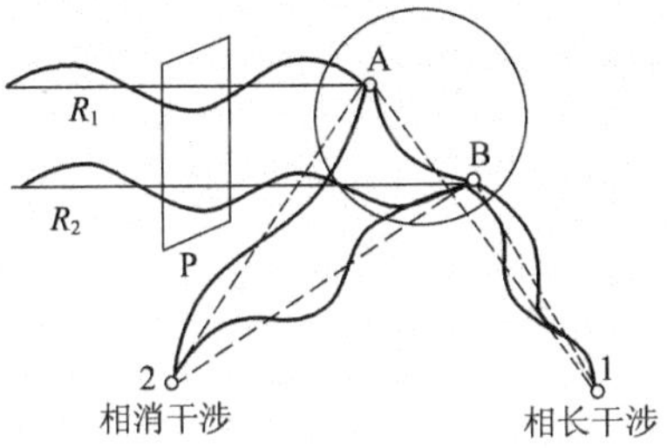

图 3－9 解释前向散射大于后向散射示意图

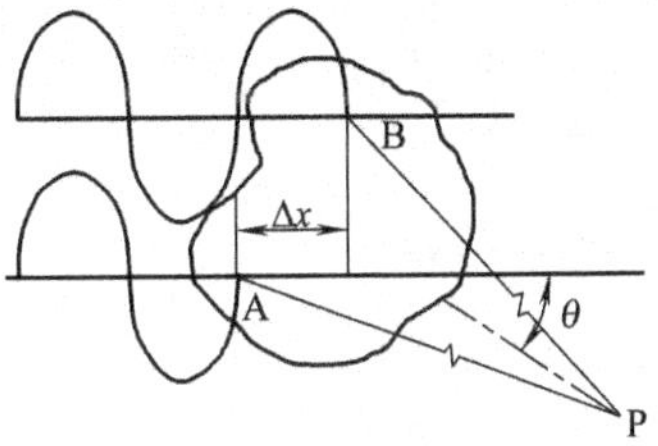

图 3－10 大粒子上不同部位散射源相互干涉示意图

(二) 散射光强度的角度分布上出现极大和极小

如果假定图 3－9 中 A、B 两个散射源位于球形粒子的两端，间距为$\lambda/4$。这时从$\theta=\pi$方向观测，来自两源的散射光程差为$\lambda/2$(B点多走$\frac{\lambda}{4}+\frac{\lambda}{4}$)，则相位差为$\pi$，结果完全相消。可以想象当粒子增大到$\lambda/2$时，在$\theta=\pi/2$处完全相长，因此随粒子增大会在中间角度上出现完全相消或完全相长，即散射光强度的角度分布上出现极大和极小。

二、德拜(Debye)理论

如果粒子尺寸与入射光波长λ有相同的数量级，那么从同一粒子上的不同部位(散射源)散射的波之间要互相干涉，如图 3－10 所示。为了能够修正这种光干涉，可以用修正因子$P(\theta)$乘以式(3－32b)所定义的 Rayleigh 比率。这个修正因子$P(\theta)$应满足如下条件：

(1)随粒子变小，即$\Delta x\ll\lambda$时，体系应满足 Rayleigh 公式，此时$P(\theta)\rightarrow 1$。

(2)修正因子应是观测角θ的函数，即$P(\theta)$。

(3)将式(3－34)两边除以$P(\theta)$，以修正无干涉的 Rayleigh 理论计算量i_s，并将式(3－32b)定义的R_θ代入得：

$$\frac{Kc}{\frac{i_s P(\theta) r^2}{I_{0u}(1+\cos^2\theta)}}=\frac{1}{P(\theta)}\left(\frac{1}{M}+2Bc\right) \tag{3-40}$$

(4)P 点(观测点)处实验测定的光散射强度 i_p 应等于$i_s \cdot P(\theta)$,这样实验的 Rayleigh 比率 $R_{(\theta)实}$ 遵从如下修正式:

$$\frac{Kc}{R_{(\theta)实}}=\frac{1}{P(\theta)}\left(\frac{1}{M}+2Bc\right) \tag{3-41}$$

那么如何求 $P(\theta)$呢? 通用的 $P(\theta)$表达式求解困难,因为粒子上的散射源不止两个,另外两散射源的距离表达式可能很复杂(不在一个平面上)。我们还是先考虑图 3－10 所示的最简单的情况,并返回到 Rayleigh 公式推导中去。

A、B 两散射源的诱导电场分别为:

$$\vec{E}_A=\vec{E}_0\cos 2\pi\nu t \quad \vec{E}_B=\vec{E}_0\cos 2\pi\left(\nu t-\frac{\Delta x}{\lambda}\right)$$

那么 P 点处的电场为:

$$\vec{E}_P=\vec{E}_A+\vec{E}_B=\vec{E}_0\left[\cos 2\pi\nu t+\cos 2\pi\left(\nu t-\frac{\Delta x}{\lambda}\right)\right]=\left(2\cos\frac{\pi\Delta x}{\lambda}\right)\vec{E}_0\cos 2\pi\left(\nu t-\frac{\Delta x}{\lambda}\right) \tag{3-42}$$

式(3－42)表示 P 点处电场的频率和波长并没改变,但振幅改变 $2\cos\frac{\pi\Delta x}{\lambda}$倍。光的强度正比于场强的平方,故:

有干涉时 :　$i_P \propto \left(2\cos\frac{\pi\Delta x}{\lambda}\right)^2 \vec{E}_0^2$

无干涉($\Delta x \to 0$)时:　$i_s \propto 2^2 \vec{E}_0^2$

这样:

$$\frac{i_P}{i_s}=\cos^2\frac{\pi\Delta x}{\lambda} \tag{3-43}$$

按照式(3－40)这种修正方式,$P(\theta)$必然等于 $\cos^2\frac{\pi\Delta x}{\lambda}$。

下面再讨论更一般的情况,即 A 和 B 两散射源不在同一平面内,Δx 可用下式表示:

$$\Delta x=2r\cos\varphi_x \cdot \sin\left(\frac{\theta}{2}\right) \tag{3-44}$$

在此式中 θ 仍为在水平面内测知的散射角,φ_x 如图 3－7 所定义的一样。由于我们关注的是所有可能的 φ_x 值,故在所有 φ_x 值内对式(3－43)积分得到:

$$\frac{i_P}{i_s}=1+\frac{\sin\left[\left(4\pi\frac{r}{\lambda}\right)\sin\left(\frac{\theta}{2}\right)\right]}{\left(4\pi\frac{r}{\lambda}\right)\sin\left(\frac{\theta}{2}\right)} \tag{3-45}$$

若定义:

$$S=\frac{4\pi}{\lambda}\sin\left(\frac{\theta}{2}\right) \tag{3-46}$$

则式(3－45)变为:

$$\frac{i_P}{i_s}=1+\frac{\sin(Sr)}{S \cdot r} \tag{3-47}$$

式(3－47)就是大粒子的两个散射源的散射内干涉修正量 $P(\theta)$。

现在我们要把它推广到 N 个散射源组成的粒子上去。如果认为 r_{ij} 是第 i 和第 j 个散射源的径间距,那么可以证明:

$$\frac{i_P}{i_s} \propto \sum_{i=1}^{N}\sum_{j=1}^{N}\frac{\sin(r_{ij}S)}{S\,r_{ij}} \tag{3-48}$$

为找出式(3-48)的比例系数，需考虑两种情况：当 $r_{ij}\to 0$ 时，则不存在干涉，那么 $P(\theta)\to 1$；当 $Sr_{ij}\to 0$ 时，$\frac{\sin(Sr_{ij})}{Sr_{ij}}\to 1$，那么 $\sum_{i=1}^{N}\sum_{j=1}^{N}\frac{\sin(Sr_{ij})}{Sr_{ij}}=N^2$，于是式(3-48)变为等式：

$$\frac{i_P}{i_s}=\frac{1}{N^2}\sum_{i=1}^{N}\sum_{j=1}^{N}\frac{\sin(r_{ij}S)}{S\,r_{ij}}=P(\theta) \tag{3-49}$$

这个公式是Debye在1936年给出的。实际上研究多原子分子的X射线衍射公式与式(3-49)相同，这就从一个侧面反映出电磁波与物质间的所有干涉情况均遵从一个数学定律——当λ与原子间距为相同数量级时就发生明显的干涉。λ约为0.1nm(1Å)的X射线可以用来研究原子间距数量级为Å的金属晶体，那么同样也可以用λ约为500nm(5000Å)的可见光来研究胶体分散体系。

修正因子 $P(\theta)$ 不但与粒子的大小和观测角度有关，而且也与粒子的形状有关，因此又称为形状因子。如下给出不同形状分散粒子的 $P(\theta)$ 值：

球形粒子：

$$P(\theta)=\left[\frac{3}{U^3}(\sin U-U\cos U)\right]^2 \tag{3-50}$$

式中，$U=2\alpha\sin\left(\frac{\theta}{2}\right)$，其中 $\alpha=\frac{2\pi r}{\lambda}$，$r$ 为粒子半径。

棒状粒子：

$$P(\theta)=\frac{1}{Z}\int_0^{2Z}\frac{\sin\omega}{\omega}\mathrm{d}\omega-\left(\frac{\sin Z}{Z}\right)^2 \tag{3-51}$$

式中，$\omega=h^2\cdot\frac{S^2}{b}=h^2\cdot\overline{R_g^2}$，$h=2\alpha\cdot\sin\left(\frac{\theta}{2}\right)$，$S$ 为线团状粒子(分子)的末端距，R_g 为旋转半径，$Z=\frac{2\pi L}{\lambda}\cdot\sin\left(\frac{\theta}{2}\right)$，$L$ 为棒长。

线团状粒子(线型大分子)：

$$P(\theta)=2\omega^2\cdot(e^{\omega}+\omega-1) \tag{3-52}$$

盘状粒子：

$$P(\theta)=\left(\frac{2}{x^2}\right)\left[1-\left(\frac{2}{x}\right)J_1(x)\right] \tag{3-53}$$

式中，$x=h\cdot r$，r 为盘状粒子的半径；$J_1(x)$ 为 x 的复杂函数。

几种不同形状粒子的 $P(\theta)$ 与粒子大小的关系如图3-11所示[22]，图中横坐标 d/λ 中的 d 为粒子的特性尺寸。从此图可得到如下结论：

(1)在 d/λ 很小时，如图中 $d/\lambda<0.05$ 时，$P(\theta)\approx 1$，亦即此时不存在粒子中散射中心的内干涉问题，粒子可以视为一个点散射源，而不管

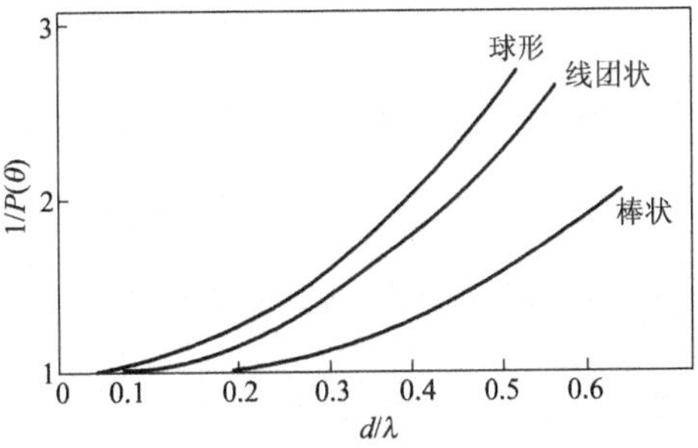

图3-11　修正因子 $P(\theta)$ 与粒子形状和大小的关系

粒子的形状如何，此时可按 Rayleigh 光散射理论处理。

(2)随粒子尺寸的增大，因内干涉加大而使 $P(\theta)$降低，但三条曲线的斜率并不相同，说明粒子尺寸对 $P(\theta)$的影响趋势因粒子形状不同而异。

Debye 的不对称法测定粒子的特性尺寸，就是利用大粒子的前向散射强度与后向散射强度不等这一不对称性原理。比较式(3－32)和式(3－40)可知：

$$i_\theta = P(\theta)\cdot R_\theta \cdot I_0\,\frac{1+\cos^2\theta}{r^2}$$

测定 θ 分别为 45°和 135°的 i_θ，则有：

$$i_{45^\circ} = P(45^\circ)\cdot R_{45^\circ}\cdot I_0\,\frac{1+\cos^2 45^\circ}{r^2} \quad 和 \quad i_{135^\circ} = P(135^\circ)\cdot R_{135^\circ}\cdot I_0\,\frac{1+\cos^2 135^\circ}{r^2}$$

由于 $\cos^2 45^\circ = \cos^2 135^\circ$，故上两式相比得：

$$\frac{i_{45^\circ}}{i_{135^\circ}} = \frac{P(45^\circ)}{P(135^\circ)} \tag{3-55}$$

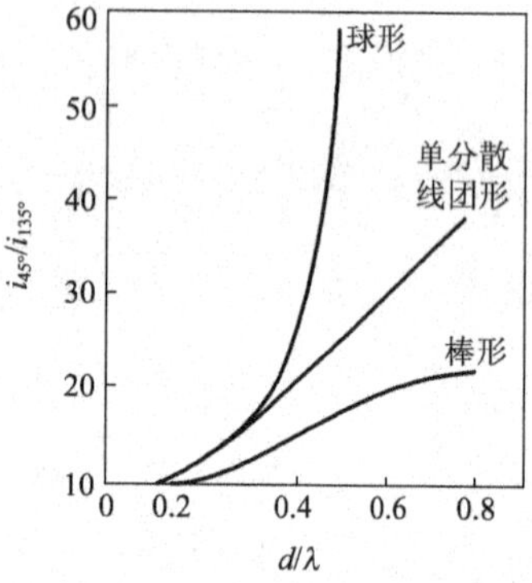

图 3－12　不对称比率与粒子形状和大小关系图

此式所定义的比率称为不对称比率(dissymmetry ratio)。图 3－12 示出不同形状粒子的 $i_{45^\circ}/i_{135^\circ}$—$d/\lambda$ 图[22]。那么通过测试角为 45°和 135°的散射光强度测量即可大致估算出粒子的特性尺寸 d。

三、齐姆图(Zimm plot)——Debye 理论的应用

欲具体应用式(3－49)，还需做进一步的数学处理。假若 S 很小，那么不管 r_{ij} 大小如何，$\sin(Sr_{ij})$可以展成幂级数，则式(3－49)变成：

$$P(\theta) = \frac{1}{N^2}\sum_{i=1}^{N}\sum_{j=1}^{N}\frac{\sin Sr_{ij}}{Sr_{ij}} = \frac{1}{N^2}\sum_{i=1}^{N}\sum_{j=1}^{N}\frac{Sr_{ij} - \frac{(Sr_{ij})^3}{3!} + \frac{(Sr_{ij})^5}{5!} + \cdots}{Sr_{ij}}$$

由于 S 很小，只保留级数前两项，则：

$$P(\theta) = \frac{1}{N^2}\sum_{i=1}^{N}\sum_{j=1}^{N}\left[1 - \frac{(Sr_{ij})^3}{6Sr_{ij}}\right] = 1 - \frac{S^2}{6N^2}\sum_{i=1}^{N}\sum_{j=1}^{N} r_{ij}^2$$

当 S 很小时上式可近似为：

$$\frac{1}{P(\theta)} \approx 1 + \frac{S^2}{6N^2}\sum_{i=1}^{N}\sum_{j=1}^{N} r_{ij}^2 \tag{3-56}$$

物理学可知具有各种几何形状的粒子的旋转半径：

$$R_g^2 = \frac{1}{2N^2}\sum_{i=1}^{N}\sum_{j=1}^{N} r_{ij}^2 \tag{3-57}$$

则式(3－56)变为：

$$\frac{1}{P(\theta)} = 1 + \frac{1}{3}R_g^2\cdot S^2 \tag{3-58}$$

由式(3－58)的推导过程可知，它只能用于 $S=\frac{4\pi}{\lambda}\sin\left(\frac{\theta}{2}\right)$ 很小，即 θ 很小的条件。若 θ 较大，则式(3－58)就欠准确了，也就是说 Debye 方程的参数范围大小与观测角 θ 有关。当然，若半径很小或 r_{ij} 很小，则式(3－58)仍很准确，这样观测角度范围可放宽；反之若要使粒子尺寸范围或

r_{ij}范围放宽就要求很小且很狭窄的观测角度范围。

将式(3－58)代入式(3－41)，并还原S值，那么：

$$\frac{Kc}{R_\theta}=\left(\frac{1}{M}+2Bc\right)\left[1+\frac{16\pi^2R_g^2}{3\lambda^2}\sin^2\left(\frac{\theta}{2}\right)\right] \tag{3-59}$$

Zimm图就是基于式(3－59)用作图法求取某些值，此式有几种极限情况：

(1)若$\theta=0$，则式(3－59)还原为式(3－34)，此时无内干涉存在。这种情况对应极小的观测角。

(2)若$c\to0$，此时$\frac{Kc}{R_\theta}\propto\sin^2\left(\frac{\theta}{2}\right)$。

(3)若$\theta=0$且$c\to0$，则$\frac{Kc}{R_\theta}=\frac{1}{M}$。

实际上由式(3－59)可知$i=f(\theta,c)$，通过改变θ和c用光散射以求出不同的i值(i无下标表明它既可适用于小粒子又适用于大粒子)。由i值计算i/I_0值，再由R_θ的定义式(3－32b)求出R_θ。然后作$\frac{Kc}{R_\theta}$—$\sin^2\left(\frac{\theta}{2}\right)+c$图，就得到Zimm图[11]。

做Zimm图时，选定不同的θ观测角，测不同c值的$\frac{Kc}{R_\theta}$或$\frac{Hc}{\tau}$，就在图中标出一系列实验点，然后将相同θ值的实验点连成线，相同c的实验点连成线(对超出理论范围的c或θ的实验点，直线部分会弯曲)。由式(3－59)的几种极限情况可知，在$c\to0$时各θ线的对应点必为横坐标的$\sin^2\left(\frac{\theta}{2}\right)$，从而求出$c$线；而在$\theta=0$时各$c$线为对应横坐标的$c$，从而求出$\theta_0$线。

现在再来分析图3－13：

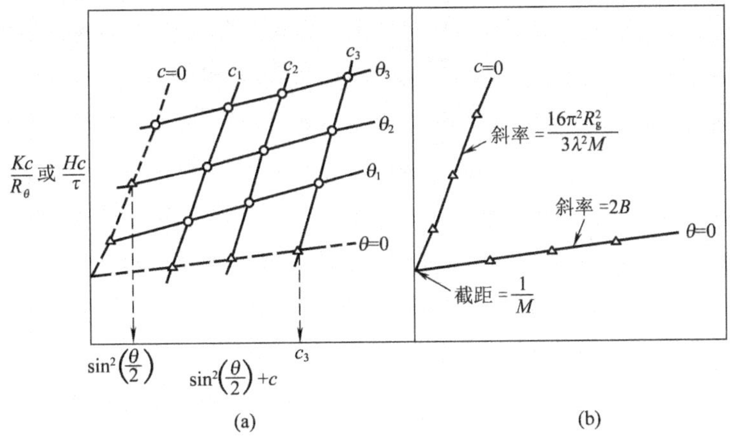

图3－13 Zimm图

(1)在$\theta=0$时，有$\frac{Kc}{R_\theta}=\frac{1}{M}+2Bc$，即$\theta_0$线的截距为$\frac{1}{M}$，斜率为$2B$，这一结果与Rayleigh式(3－34)一样，只不过，这里可用于$\theta\to0$的大粒子，如图3－13(b)所示。

(2)在$c=0$时，由式(3－59)可得：

$$\frac{Kc}{R_\theta}=\frac{1}{M}+\frac{16\pi^2R_g^2}{3\lambda^2M}\sin\left(\frac{\theta}{2}\right)$$

c_0 线的截距 $a=\frac{1}{M}$，斜率 $b=\frac{16\pi^2R_g^2}{3\lambda^2\cdot M}$，由此可求出旋转半径 R_g：

$$R_g^2=\frac{3\lambda^2}{16\pi^2}\left(\frac{b}{a}\right)_{c=0}$$

R_g^2 是衡量粒子形成形状和大小的重要参数。如下给出一些常见几何形状的 R_g^2 值：

半径为 R 的球： $R_g^2=\frac{3}{5}R^2$ (3－57a)

长度为 L，横截面半径为 r 的细棒：$R_g^2=\frac{L^2}{12}+\frac{r^2}{2}\approx\frac{L^2}{12}$ (3－57b)

均方末端距为 $\overline{r^2}$ 的无规线团： $R_g^2=\frac{\overline{r^2}}{6}$ (3－57c)

主轴长分别为 a 和 b 的椭球： $R_g^2=\frac{2a^2}{5}+\frac{b^2}{5}$ (3－57d)

*第五节　米氏光散射理论

Debye 理论对粒子尺寸较 Rayleigh 理论虽有放宽，但粒子仍需较小($d<0.1\lambda$)，但对折射率要求范围减至很小，另外两者皆用于非吸收粒子，那么有无可能将所有这些限制放得更宽呢？

对于大粒子光散射，有两个因素决定其光散射的大小，一是反映粒子尺寸和形状的参数 $x=\frac{2\pi\nu}{\lambda}$，实际上它决定了粒子的内干涉大小，另一个是粒子内外折射率比值 $m=n/n_0$。折射率是个复杂的问题，由于它决定粒子内外折射率的不同，因此就要解内外的 Maxwell 方程。目前只有球形和柱形粒子是可计算的，而球形粒子更是经常遇到的粒子。

当一束光通过厚度为 Δx 一层时，若此层为真空，即 $n=1$，则电场为：

$$\vec{E}_{n=1}=\vec{E}_0\cos2\pi(\nu t-\frac{x}{\lambda}) \tag{3-60}$$

若此层折射率为 n，则电场为：

$$\vec{E}_n=\vec{E}_0\cdot\cos2\pi\left[\nu(t+\Delta t)-\frac{x}{\lambda}\right]$$

式中，Δt 为物质对光的延迟作用，且：

$$\Delta t=t_n-t_0=\frac{\Delta x}{\frac{c}{n}}-\frac{\Delta x}{c}=(n-1)\frac{\Delta x}{c}$$

于是：

$$\vec{E}_n=\vec{E}_0\cos2\pi\left[\nu t+(n-1)\frac{\Delta x}{\lambda}-\frac{x}{\lambda}\right] \tag{3-61}$$

与 $\vec{E}_{n=1}$ 比较，电场在介质中的相位移为 $(n-1)\frac{\Delta x}{\lambda}$。

现在定义折射率为复数 $n=ik(i^2=-1)$。对于非吸收性粒子物质 $k=0$，吸收性物质 $k\neq0$。复数也可以表示为 $e^{i\theta}=\cos\theta+i\sin\theta$，实数部分为 $\cos\theta$，故式(3－60)和式(3－61)可以写成：

$$\vec{E}_{n=1}=\vec{E}_0\,\mathrm{Re}\,\exp\left[2\pi i\left(\nu t-\frac{x}{\lambda}\right)\right]$$

$$\vec{E}_n=\vec{E}_0\,\mathrm{Re}\,\exp\left\{2\pi i\left[\nu t+(n-1)\frac{\Delta x}{\lambda}-\frac{x}{\lambda}\right]\right\}$$

式中，Re 表明实数部分。对 $\vec{E}_n$ 可进一步写成：

$$\vec{E}_n=\vec{E}_0\,\mathrm{Re}\,\exp\left[2\pi i\left(\nu t-\frac{x}{\lambda}\right)\right]\cdot\exp\left[2\pi i(n-1)\frac{\Delta x}{\lambda}\right]=\vec{E}_{n=1}\exp\left[2\pi i(n-1)\frac{\Delta x}{\lambda}\right]$$

前面提及光强度正比于电场振幅平方之比，故：

$$\frac{I_n}{I_{n=1}}=\exp\left[4\pi i(n-1)\frac{\Delta x}{\lambda}\right]\tag{3-62}$$

前面讲的是折射率实数部分，若考虑复数，则：

$$\frac{I_n}{I_{n=1}}=\exp\left[4\pi i(nik-1)\frac{\Delta x}{\lambda}\right]=\exp\left[4\pi i(n-1)\frac{\Delta x}{\lambda}\right]\cdot\exp\left[-4\pi k\frac{\Delta x}{\lambda}\right]\tag{3-63}$$

比较式(3－62)和式(3－63)可知，式(3－63)中第一项为非吸收粒子的结果，而第二项为实数，它包括了折光率的虚数部分。

分析化学中，吸收而引起的光减弱表示为 $(I_t/I_0)_{吸}=\exp(-\varepsilon\Delta x)$，因光散射引起的光减弱(假吸收)表示为 $(I_t/I_0)_{散}=\exp(-\tau\Delta x)$，那么因散射和吸收引起的光减弱为：

$$\frac{I_t}{I_0}=\exp[-(\varepsilon+\tau)\Delta x]$$

一般文献中将 ε 和 τ 分解为多个因子的乘积：

$$\varepsilon=N\cdot\pi R^2\cdot Q_{吸}=NS_{吸}\ (S_{吸}\text{为吸收截面})$$

$$\tau=N\cdot\pi R^2\cdot Q_{散}=NS_{散}\ (S_{散}\text{为散射界面})$$

式中，N 为单位体积中分散粒子数目；R 为粒子半径；Q 为有效因子；πR^2 为分散粒子几何截面，但不能单纯理解为球的截面积，它衡量了粒子对入射光透过的阻挡能力。

对球形粒子，Maxwell 方程的解可用有效因子 Q 表示。对非散射粒子 $Q_{散}=0$，对非吸收粒子 $Q_{吸}=0$。而 Q 可用如下函数表示：

$$Q=f(\lambda,R,n,k,\theta)$$

而 $Q_{散}$ 与 $Q_{吸}$ 通常是尺寸参数 α 的函数：

$$\alpha=\frac{2\pi R}{\lambda}\tag{3-64}$$

故有：

$$Q=f(\alpha)\tag{3-65}$$

Q 是十分复杂的函数关系，就是计算机能解决的问题也不多，这是由于要放宽尺寸和折射率的限度必然用十分复杂的函数关系去处理。

那么尽量放宽折射率限制，若对粒子尺寸稍严格些(小于波长)，这样一种设想就是 1908 年由 Mie 所建立的理论的出发点，或者说理论的应用范围。Mie 将 Q 表示为 α 的幂级数，并仅保留前几项(这正是对粒子尺寸不能过分放宽的原因)：

$$Q_{吸}=A\alpha+B\alpha^3+C\alpha^4+\cdots$$

$$Q_{散}=D\alpha^4+\cdots\tag{3-66}$$

式中的 A、B、C、D 值列于表 3－2 中。式(3－66)忽略了大于 α^5 的高次项，就是说粒子足够小。

比较式(3-66)和表3-2所列数据可得出如下结论：

(1)$Q_{散}$和$Q_{吸}$的α函数关系不一样(α为无量纲变量)。

表3-2 式(3-66)中系数A、B、C和D值[20]

系 数	内 容	$k=0$时
A	$\dfrac{24nk}{(n^2+k^2)^2+4(n^2-k^2)+4}$	0
B	$\dfrac{4nk}{15}+\dfrac{20nk}{3[4(n^2+k^2)^2+12(n^2-k^2)+9]^2}+\dfrac{4.8nk[7(n^2+k^2)^2+4(n^2-k^2-5)]^2}{[(n^2+k^2)^2+4(n^2-k^2)+4]^2}$	0
C	$\dfrac{-192n^2k^2}{[(n^2+k^2)^2+4(n^2-k^2)+4]^2}$	0
D	$\dfrac{\frac{8}{3}[(n^2+k^2)^2+n^2-k^2-2]^2+36n^2k^2}{[(n^2+k^2)^2+4(n^2-k^2)+4]^2}$	$\dfrac{\frac{8}{3}(n^2-1)^2}{(n^2+2)^2}$

(2)复数折射率指数中n和k均出现在$Q_{散}$和$Q_{吸}$式中。

(3)在$k=0$时，系数A、B、C均为零，而D可还原为Rayleigh公式中的有关折射率的常数。

(4)式(3-66)给出了均匀球分散体系的消光的全部波长依赖关系。

(5)消光的波长依赖性也就是分散体系的光谱。因此根据一般方程从理论上可以预测光谱。

为了计算$Q_{散}$和$Q_{吸}$必须考虑折射率的实部n和虚部k与λ的关系。图3-14(a)示出n和k与λ的关系[23](λ分别为空气和水中的值)。求出折光率后即可用来计算$S_{吸}$与$S_{散}$。图3-14(b)示出三种不同粒径(R)金粒子的$S_{吸}$与$S_{散}$与空气中波长λ的函数关系[23]，还给出了两种截面之和的$S_{消光}$。分析图3-14(b)可知，对R分别为0.02μm、0.05μm、0.07μm的金粒子最大消光值出现在光谱的红、绿和黄色区域中。那么，按照补色原理，它们显示的颜色分别为红、紫和蓝。因此，由Mie理论可解释溶胶颜色，进而由颜色判断粒径。

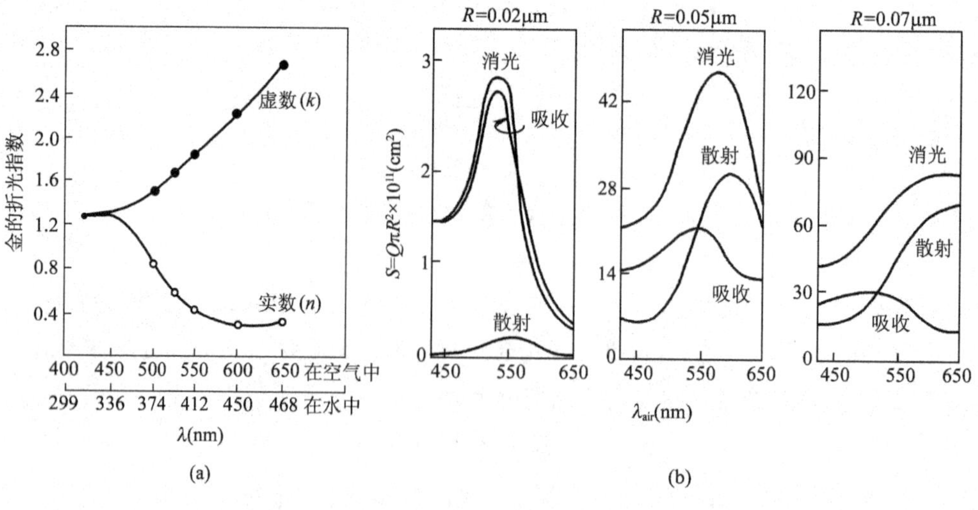

图3-14 三种不同粒径的球形胶体金的散射系数与光波长关系图

要强调的是，在求各种效应时，涉及 n 和 n_0。测定 Q 值时涉及的是照射在粒子上的光，它因介质 n_0 的影响而与真空中的不同。在计算 Q 值时要考虑这一效应，即决定消光作用的是比值 n/n_0。

第六节　显微观测

胶体粒子的大小在 10^{-9}～10^{-6} m 数量级，这是肉眼所不及的范围，只能借助于显微镜、超级显微镜和电子显微镜进行观测。

一、放大倍数与分辨率

衡量一个显微镜的性能有两个指标：一个是放大倍数（magnification），即观测图像与被观测物的尺寸比，在数值上等于目镜与物镜放大倍数的乘积；另一个指标是分辨率（resolving power）。前者决定了一个图像的大小，而后者决定了物体被详细分辨的量，而且是较前者更重要的指标。可以这样说，放大倍数的提高使我们看到微小物体，而分辨率决定我们能看清物体。

所谓分辨率或分辨极限，就是两个物体能够分辨得开的最小距离。人的眼睛或显微镜所接收到的是光照射到物体的边缘或突出部分的衍射光，这些衍射光所构成的图像就组成了有关这个物体的外貌，在人的脑海中形成成像信息。如果这些衍射光互相干涉而减弱或部分衍射光不能达到，则这些部位就不能在图像中出现。这就是为什么在远处只能看出人的外形，在近处才能看清面孔的原因。显然，从研究胶体粒子形状、大小和聚集状态考虑，分辨率是更重要的参数。

如图 3-15(a)所示，从针孔 S_1 和 S_2 发出的光应为半球波，到达 P 点所走过的距离分别为 S_1P 和 S_2P，前者比后者多走的距离为 $d\cdot\sin\theta$，如果 OS_1 大于波长，只有在 $d\sin\theta=m\cdot\lambda$ 时衍射方有加强到达透镜，其他更高级衍射光被丢掉，即：

$$d\sin\theta=\frac{\lambda_0}{n}$$

式中，λ_0 为真空中的波长；n 为介质折射率。

若将 S_1S_2 视为被观测物体，PP' 视为物镜的直径，由图 3-16(b)可知，为了在 P 点成像，S_1 发出的光比 S_2 发出的光多走距离 $d\sin\theta$，同样为了在 P' 点成像，S_2 发出的光比 S_1 发出的光多走距离 $d\sin\theta$，因此从物体不同部位发出的光为要与透镜相交并进而成像，所走过路程应为 $2d\sin\theta$。这样分辨率 d 定义为：

$$d=\frac{\lambda_0}{2n\sin\theta}=\frac{\lambda_0}{2(NA)} \tag{3-67}$$

式中，$NA(=n\sin\theta)$ 为镜头的数值孔径。这个式子说明，如果两点间距离小于 d，对于波长 $\lambda=\frac{\lambda_0}{n}$ 的光来讲，要想产生一级衍射 θ 值必须加大才行，因此也就不能被透镜 PP' 拦截，也就不能成

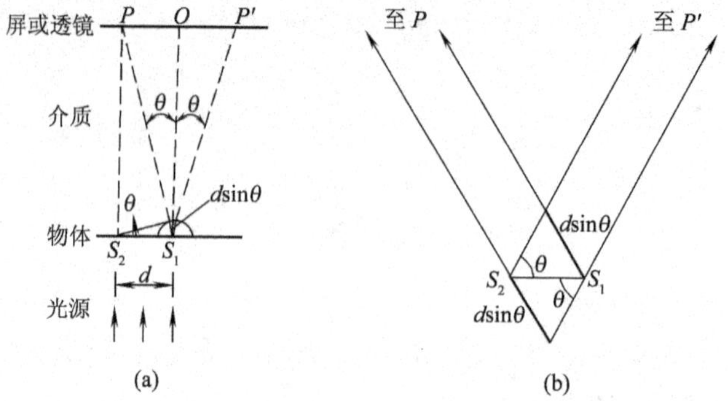

图 3-15　分辨率的几何关系与双光线经透镜成像示意图

像。所以，d 是能够分辨的最小距离，即分辨极限，或分辨率。从式(3-67)可知，要想缩小 d 的数值或提高分辨能力，途径如下：

(1)增大光锥角 2θ。方法是加大镜头直径及减少镜头与物体间距，然而镜头的设计限制了这些参数的变化范围。

(2)增大介质折射率 n_0。常在使用高倍放大倍数的物镜镜头时，要在物体与物镜镜头间加入折射率比空气大得多的浸油。

(3)减小入射光的波长 λ_0。一般光学显微镜均使用日光、灯光等可见光，如 $\lambda=500\text{nm}$，若 $2\theta=140°$，则 $d=1.42\times10^{-7}\text{m}$，这个值也就是胶体分散相的上限，再小则光学显微镜就无法分辨了。

二、亮场显微镜

普通的光学显微镜如图 3-16(a)所示。光源来自下方，进入物镜的除了被测物的衍射光之外，还有很强烈的透射光，因此对于衍射光有干涉减弱作用，再加上由式(3-67)所决定的分辨极限，在使用日光或灯光光源时，所观测的最小粒子为 0.2μm，即 200nm 之上粒子方可分辨。

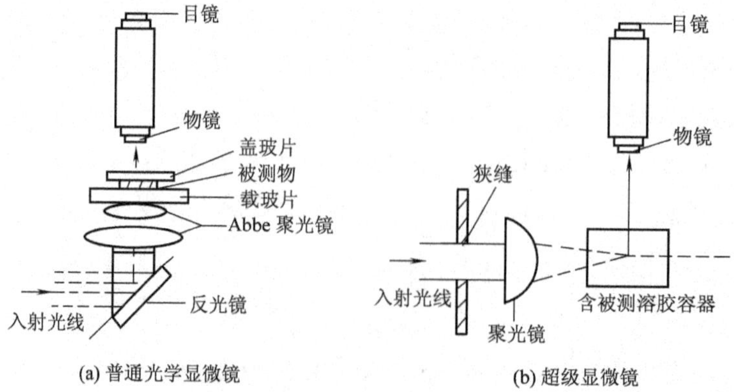

图 3-16　普通光学显微镜和超级显微镜示意图

即便是用单色紫外光，用拍照方法观测到的物体也不得<0.1μm。这些均是胶体分散相的上限，故普通光学显微镜不能用来观测胶体分散相粒子。另外，这种显微镜之所以称为亮场显微镜（bright field microscopy）是由于透射光的作用使背景一片明亮。

三、暗场显微镜——超级显微镜

为了克服普通光学显微镜透射光线的干扰，1903 年由西登托夫（Siedentopf）和席格蒙迪（Zsigmondy）提出由侧面给入射光线，而显微镜的物镜所接收的是被测物体散射光的超级显微镜。它的出现才使胶体粒子的存在得到证实，并促进了胶体化学的迅速发展。似乎可以这样说，超级显微镜[图 3-17(b)]是用普通光学显微镜观测 Tyndall 散射光。

需要指出的是，由于溶剂（或分散介质）光散射强度几乎为零，因此当无分散相粒子存在时，没有散射光进入显微镜，显微镜视场中一片黑暗，这正是称为暗场显微镜（dark field microscopy）的缘由。若有分散相存在，则在黑暗背景中有闪烁亮点，这个亮点就是粒子的散射光图像，其景如同夜空中闪烁的星星一样。亮点的亮度取决于粒子和介质的相对折射率、入射光强度以及暴露于入射光下的粒子表面面积。

应当强调，在超级显微镜中所观测到的不是物体本身而是其散射的光。但是我们仍然能通过亮点的强弱判定粒子大小，由其闪烁情况判断情况的对称性。如球形对称粒子，粒子处于每个方位的散射光是一致的，因此亮点不会闪烁；反之，粒子对称性越差，则其闪烁越剧烈。超级显微镜观测粒子的下限为 0.02μm，粒子太小则光散射强度太弱，亮点不易分辨。超级显微镜广泛用于分散相粒子形态、浓度、动电行为以及絮凝稳定性的研究中。正因为超级显微镜所观测的是分散相的散射光，按照式(3-25)和式(3-26)，为了保证 i_s 足够，分散体系必须满足如下条件：

(1)粒子的大小必须适中，超级显微镜特别满足于胶体分散体系的观测。

(2)分散相与分散介质的折射率差值$(n-n_0)$足够大。

(3)粒子的数量浓度不能太大，保证粒子的间距大于超级显微镜分辨率 d 值，否则亮点相互叠压，不能分解出单个粒子的散射光亮度。

应用图 3-16(b)所示狭缝式超级显微镜可以求出分散相粒子的当量直径 $\overline{d}$ 或当量半径 $\overline{r}$。具体方法是：先数出在某一体积中的亮点数，即求出粒子的数量浓度 N，若粒子的密度 ρ 和分散体系的质量浓度 c 为已知，则粒子体积为：

$$V=\frac{c}{\rho N}=\frac{4}{3}\pi r^3$$

则：

$$\overline{r}=\sqrt[3]{\frac{3c}{4\pi\rho N}} \tag{3-68}$$

在实验中，尽管可以通过稀释方法减少点数时间，但数粒子数或数亮点数仍十分烦琐。俄罗斯著名的化学家德尔亚津（B. V. Deryagin）设计了一种如图3-17所示的流动式超级显微镜[24,25]，使仪器自动点数成为可能，并以此为基础使其与计算机联合起来可自动测定粒径。让稀释后的溶胶或气溶胶在容器中的细管中流动，光从侧面射入。当粒子流

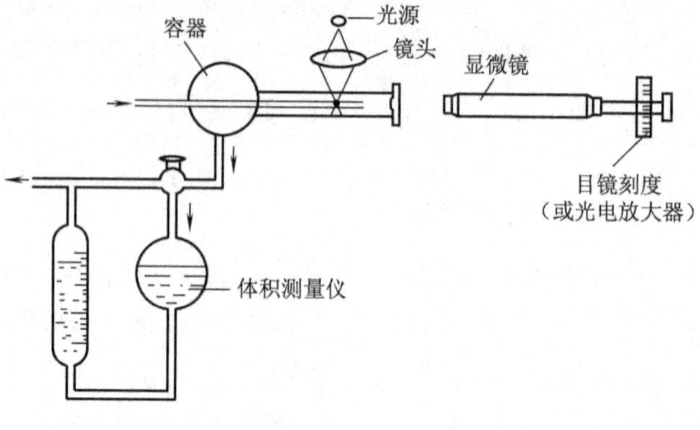

图 3－17　流动式超级显微镜示意图

过时产生光散射，便在显微镜中计数，气溶胶或溶胶的体积由体积计量器计量，也可以由输入一定体积的溶胶量计量。从而求出粒子的体积数量流量。如果用光电装置计量散射光的光脉冲数和强度，并将其与计算机联合，就可以统计出粒子的平均当量半径$\bar{r}$以及绘制出粒径的分布曲线[24]。

四、电子显微镜

前面讲过要提高分辨能力或降低分辨率 d 值，一种途径是减小 λ_0，但光学显微镜的玻璃镜头会将小于可见光波长的光完全吸收，故光学显微镜用减小 λ 改进分辨能力的途径是行不通的，于是就产生了具有高分辨能力且极大放大倍数的电子显微镜(electron microscope)。

光波具有波粒二重性，按德布罗意(Louis der Broglie)公式，光波的波长 λ 与其动量 mv 的关系为：

$$\lambda=\frac{h}{mv} \tag{3-69}$$

式中，h 为普朗克常数($6.626\times10^{-34}\,\mathrm{J\cdot s}$)；$m$ 和 v 分别为光粒子的质量和速度。显然，如能提高光粒子的运动速度便可极大地降低 λ 值。在电子显微镜中，通过电子枪加速并由起透镜作用的电场和磁场聚焦。其工作原理与光学显微镜完全一样。图 3－18 为光学显微镜与电子显微镜的比较，需指出的是，尽管电子显微镜中通过加速电子运动速度可以得到小于 0.1nm 的 λ 值，但实践证明，随 λ 的减少，同样会使 NA 值(即 $2n\sin\theta$)降低，从而限制了电子显微镜的分辨率在 1nm 以上。

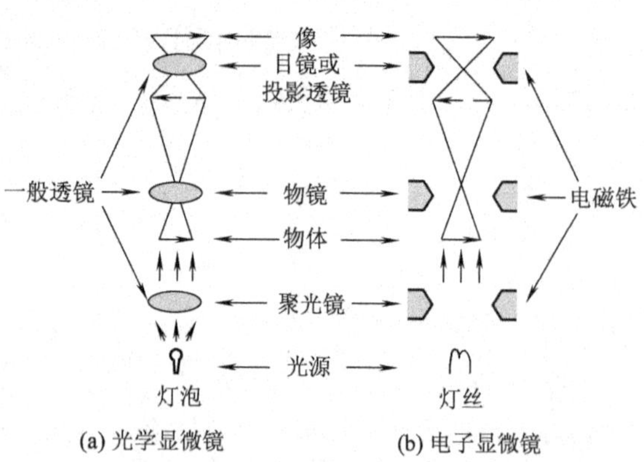

图 3－18　光学显微镜与透射电子显微镜比较示意图

以上介绍的是透射电子显微镜(TEM)，其影像或照片效果很像亮场显微镜，由于被照粒子阻碍电子通过使其在显

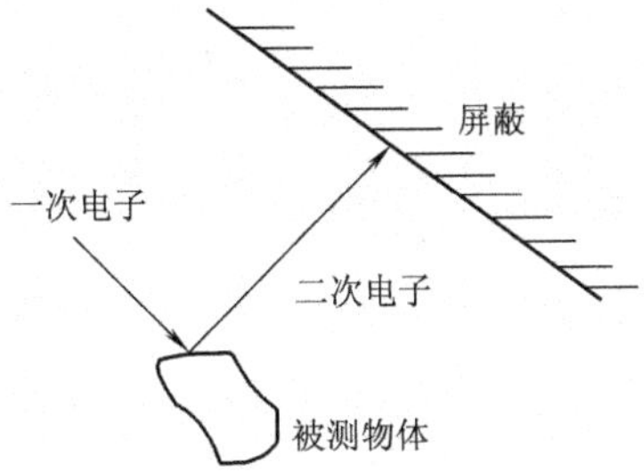

图 3-19 SEM 中样品表面金薄膜激发二次电子束示意图

示屏幕上或照片上出现黑色影像，而背景部分为无色明亮部分。TEM 粒子与背景有明显的反差，它只能显示被测物的轮廓而不能显示出被测物的表面细节，电镜照片无立体感可言。

还有一种称为扫描电子显微镜(SEM)，其电子发射、加速、聚焦原理与 TEM 无异，但其显示屏幕或照片上所接收的并非此一次发射的电子，而是如图 3-19 所示被测物接收一次电子打击，样品表面真空蒸镀的金(或是银，但银效果较差)薄膜被激发而发射的二次电子束，因此有物体的部分显示出亮点，如同电视屏幕一样通过电子束的扫描可显示出物体的全貌来。没有物体的地方无二次电子可达屏幕，故显黑色，这一点很像暗场显微镜。另外，由于物体表面凹凸不平，激发电子能量不同，亮点强度也不同，因此扫描电镜的放大物体立体感极强，充分显示出被测物的表面状态。

以上为两类电镜的原理，其使用方法及被测物样品的准备，请大家参阅有关专著。

复习指导

1. 光散射是胶体分散体系的重要标志。当入射光的电场接触到微粒子时，会使组成粒子的分子极化成偶极子，由于光波电场是振动的，而使偶极子振动并向各个方向辐射出与入射光相同振动频率的诱导波，这就是散射光。组成粒子的分子的散射光若存在明显的光程差，那么散射光因互相干涉而降低，这就是内干涉；如果粒子很小，分子的散射光不互相干涉，即不存在光程差，则粒子的散射光强度等于所有分子散射光强度的加和，可将粒子视为点散射源。倘若溶胶浓度极低，则各个粒子的散射光不发生相互的外干涉，那么溶胶的散射光强度等于所有粒子散射光强度的加和。

2. 光散射强度主要影响因素是粒子大小和分散相与分散介质折射率的差值。本章按照粒径大小 r 和反映分散相与分散介质折射率差值的 $\frac{2\pi r}{\lambda}\left(\frac{n}{n_0}-1\right)$，分别讲述了 Rayleigh 光散射理论、Debye 理论和 Mie 理论，其中 Rayleigh 光散射理论必须掌握。Rayleigh 光散射理论是最简单和基本的光散射理论，它既不考虑内干涉，也不考虑外干涉，因此仅应用于粒子极小和折射率极低的胶体分散体系。必须牢记由 Rayleigh 光散射公式所体现出来的溶胶光散射强度正比于分散相数量浓度 N、每个粒子体积 V^2、入射光波长 λ^{-4} 和分散相与分散介质折射率差值($n-n_0$)。并能够从低分子分散体系、大分子分散体系、粗分散体系和胶体分散体系中应用光学特性将胶体分散体系区分出来。

3. 大分子溶液的光散射用涨落理论解释。用光散射方法测定的分子量是 $\overline{M}_w$，对多分散体系 $\overline{M}_w > \overline{M}_n$，对均分散体系两者相等。因此，分别用渗透压和光散射方法测定同一分散体系的平均分子量，由两者的比值即可判定体系的分散性。

4. 放大倍数和分辨率是显微镜的两个重要参数，从研究胶体粒子的形态和分散体系的稳定性、聚集状态角度出发分辨率是更重要的参数。

思考题

1. 试用 Rayleigh 光散射理论解释早霞、晚霞、蓝天和碧海的形成原因。

2. 解释为何指示“停止”的信号灯用红色而不用绿色或黄色。

3. 现有三支装有外观完全一样的无色透明液体的试管，它们分别是 NaCl 水溶液、稀蛋清水溶液和浓度极小的 AgCl 溶胶。试用其光学性质的不同将 AgCl 溶胶区分出来。

4. 十二烷基硫酸钠在水溶液中超过一定浓度后则以胶束的形式出现，此时浊度与其浓度关系如下：

$c\times10^5$(g/cm³)	2.7	4.2	7.7	9.7	13.2	17.7	22.2
$\tau\times10^4$(cm⁻¹)	1.10	1.29	1.73	1.98	2.02	2.14	2.33

①求其胶团量(表观分子量)。已知 $H=3.99\times10^{-6}\,mol\cdot cm^2/g^2$；②设胶束为光散射中心，估算胶束中包括多少十二烷基硫酸钠分子。(答：①16.6kg/mol；②59 个)

5. 测得硝酸纤维素溶于醋酸所形成的溶液与不同折射角的 Kc/R_0 数值如下：

浓度 c(g/L)	$Kc/R_0\times10^7$		
	45°	32°	17°32′
0.88	69.8	49.0	33.0
0.64	66.0	45.5	29.4
0.43	62.8	42.1	25.9

用外推法求硝酸纤维素的平均分子量。(答：$M_1=2\times10^5$，$M_2=2.8\times10^5$，$M_3=5.1\times10^5$)

6. 使用 435.8nm 波长的光测得 30℃时聚苯乙烯的十氢化萘溶液在不同 c 和 θ 下的 $(R_\theta/K)\times10^3$ 数值如下：

θ(°)	$c\times10^3$(g/cm³)		
30	0.715	1.34	—
45	0.685	1.27	2.04
60	0.625	1.17	1.62
75	0.565	1.05	1.49
90	0.510	0.96	1.37
105	0.467	0.88	1.25

①绘出 Zimm 图；②求出聚合物的 M、B 及旋转半径 R_g。(答：$M=1.64\times10^6$，$R_g=0.745\times10^{-7}$ m，$B=0.667\times10^{-4}\,mol\cdot cm^3/g^2$)

第四章　液—气与液—液界面

本章将讲解三部分内容：在液—气与液—液表面或界面上的表面或界面张力所引起的界面性质；表面活性剂分子的特殊结构和其在界面上和溶液内部的特殊定位方式，并使界面性质和溶液性质发生明显的变化；一种液体在另一种液体上的铺展以及不溶性单分子膜。

第一节　弯曲界面现象

在第一章第一节中讲到，由于界面两边物质分子间作用力不同，界面处便存在界面张力。这种张力会使弯曲界面出现与平面不同的性质，这就是弯曲界面上的压力差和有异于平面的蒸气压。

一、弯曲液面上的压力差——拉普拉斯(Laplace)公式

由于表面张力 γ 的存在，液面总是弯曲的，存在一定大小的曲率半径，如曲率半径大于零的液滴，玻璃管中的凸弯液面，以及曲率半径为负的液体中气泡和凹弯液面等，即便是十分大的平液面，在与容器壁相接的部分也呈现弯曲状态，这些均是表面张力作用的结果，其具体表现就是弯曲液面上下存在压力差。描述这种压力差 Δp、表面张力 γ 和曲率半径 r 的关系式就是诞生于 1908 年的 Laplace 公式。

图 4－1 中曲面 $ABCD$ 是由相互垂直的平面截取的一个大曲面的一部分，其边长分别为 x 和 y，曲率半径为 r_1 和 r_2。当曲面向外扩张至边长分别为 $x+\mathrm{d}x$ 和 $y+\mathrm{d}y$ 的新曲面 $A'B'C'D'$，扩张距离为 $\mathrm{d}z$。此时，曲面表面积增量 $\mathrm{d}A$ 为：

$$\mathrm{d}A=A_{A'B'C'D'}-A_{ABCD}=(x+\mathrm{d}x)(y+\mathrm{d}y)-xy=x\mathrm{d}y+y\mathrm{d}x$$

此过程的表面自由能增量 $\mathrm{d}G^{\mathrm{S}}=\gamma\mathrm{d}A=\gamma(x\mathrm{d}y+y\mathrm{d}x)$，这个能量增量是由曲面上的压力差使表面外移所做的体积功补充的，故：

$$\delta W=\Delta p\mathrm{d}V=\Delta p xy\mathrm{d}z=\mathrm{d}G^{\mathrm{S}}$$

$$\Delta p\cdot xy\mathrm{d}z=\gamma(x\mathrm{d}y+y\mathrm{d}x)$$

$$\Delta p=\gamma\left(\frac{\mathrm{d}y}{y\mathrm{d}z}+\frac{\mathrm{d}x}{x\mathrm{d}z}\right)\qquad(4-1)$$

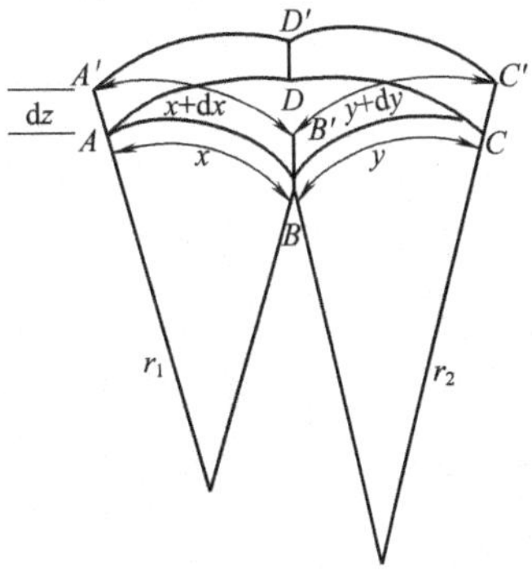

图 4－1　曲面 $ABCD$ 扩张至 $A'B'C'D'$

由三角形相似原理得到：　$\dfrac{x+\mathrm{d}x}{r_1+\mathrm{d}z}=\dfrac{x}{r_1}$　和　$\dfrac{y+\mathrm{d}y}{r_2+\mathrm{d}z}=\dfrac{y}{r_2}$

进一步简化为：
$$\frac{dx}{x\,dz}=\frac{1}{r_1} \quad 和 \quad \frac{dy}{y\,dz}=\frac{1}{r_2}$$
将此结果代入公式(4－1)得：
$$\Delta p=\gamma\left(\frac{1}{r_1}+\frac{1}{r_2}\right) \tag{4-2}$$
这就是著名的 Laplace 公式。此式有几种常见的特殊情况：

(1)平面：$r_1=r_2=\infty$，则 $\Delta p=0$，即平面液面上下不存在压力差。

(2)球面：$r_1=r_2=r$，则 $\Delta p=\frac{2\gamma}{r}$，这里必须注意曲率半径 r 的正负。凸液面如液滴和玻璃管中的凸弯液液面，$r>0$，故 $\Delta p=p_l-p_g>0$；凹液面，如液体中的气泡、玻璃管中的凹弯液液面，$r<0$，故 $\Delta p=p_l-p_g<0$；对肥皂泡，由于有内外两个表面，则 $\Delta p=\frac{4\gamma}{r}$。

(3)圆柱面：$r_1=\infty$，则 $\Delta p=\frac{\gamma}{r}$，其中 r 是柱面的圆形底面的半径。

需要指出，对于任意曲面，曲面上各个部位的曲率半径 r_1 和 r_2 是不同的，它们是曲面位置的函数，因此公式(4－2)的通用形式为：
$$\Delta p(z)=\gamma[r_1^{-1}(xyz)+r_2^{-1}(xyz)] \tag{4-3}$$
对于轴对称的表面，r_1 和 r_2 解析几何表达式分别是：
$$\frac{1}{r_1}=\frac{\frac{d^2z}{dx^2}}{\left[1+\left(\frac{dz}{dx}\right)^2\right]^{\frac{3}{2}}} \quad 和 \quad \frac{1}{r_2}=\frac{\frac{dz}{dx}}{x\left[1+\left(\frac{dz}{dx}\right)^2\right]^{\frac{1}{2}}} \tag{4-4}$$

应用弯曲液面上压力差 Δp 可以解释夹一薄水层的两块玻璃片难于垂直方向分开的现象。在图 4－2(a)中，液体水是可以完全润湿玻璃的，因此水形成的柱面是凹弯液面，那么：
$$\Delta p=p_l-p_g=\left|\frac{\gamma}{r}\right|<0 \qquad p_l=p_g-|\Delta p|=p_g-\left|\frac{\gamma}{r}\right|$$

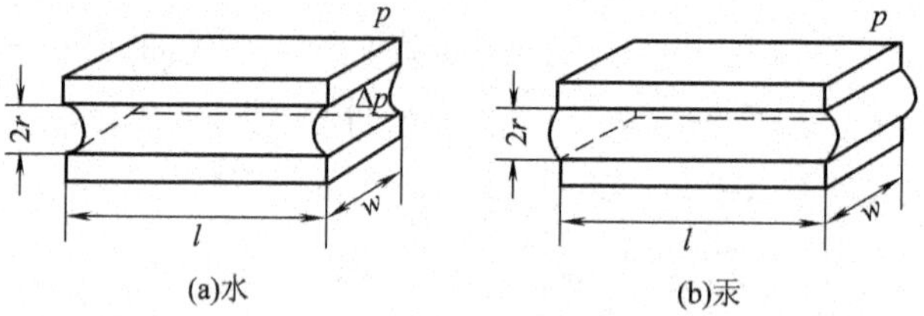

图 4－2　两玻璃片间夹有水和液体汞所形成的液面示意图

显然要打开两片玻璃，最小用力 $F_{min}=A\cdot\Delta p$，这里 A 是玻璃片的面积，这个力与玻璃片间的距离成反比；与此例相反，对于两玻璃片间不润湿玻璃的汞所形成的凸弯液面，见图 4－2(b)，则必须用很大的力才能将玻璃片中汞压扁，因为此时 $\Delta p>0$，这个力也与玻璃片间距成反比，所以若将汞完全从玻璃片间挤出是不可能的，因为间距为零时，力等于无穷大。

二、弯曲液面上的蒸气压——开尔文(Kelvin)公式

表面张力的存在除了使弯曲液面上存在压力差之外，另一个现象就是弯曲液面上的蒸气压

不同于平液面上的普通意义所讲的蒸气压。在图 4－3 所示的密封容器中有一个内装水的表面皿，涂覆一层石蜡的底面上有几个水滴，水滴的半径 $r_1<r_2<r_3<r_4$。维持恒温一定时间后，发现从最小半径的水滴开始逐渐消失，最后最大半径的水滴也消失。这一现象说明，对表面皿内的平面液体（曲率半径为∞）而言的饱和蒸气压 p^0 对于小水滴是不饱和的，因此水滴要蒸发，则容器内的蒸气压增加到 $p^0+\mathrm{d}p$，此压力对表面皿中液体是过饱和的，因而发生蒸气凝结。另外，从水滴消失的顺序可知，半径越小的液滴对应越大的蒸气压。

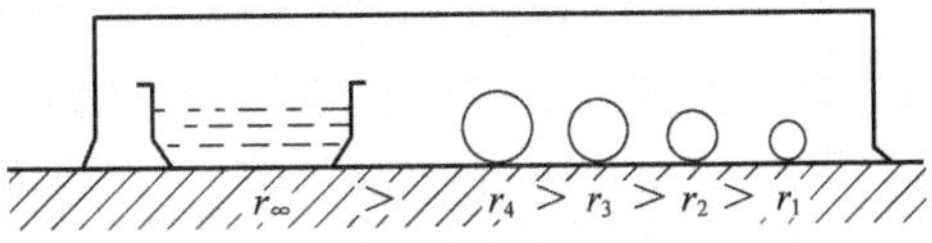

图 4－3　不同曲率半径的液滴对应不同蒸气压实验示意图

这一点并不难理解，对于液滴，由于其比表面及表面自由能的增加和弯曲液面的压力差，使水滴对应的蒸气压大于平液面的蒸气压。描述蒸气压与液面曲率半径的关系式就是著名的 Kelvin 公式。

设有一平液面，其蒸气压为 p^0，当然平液面上的压力差 $\Delta p=0$。若从中取出一半径为 r 的液滴，由于液滴内外的压力差为 Δp，那么平衡时压力应当为 $p^0+\Delta p=p_r$。如果液体是不可压缩的，且蒸气为理想气体，那么在压力从 $p^0\rightarrow p_r$ 的过程中，液体与气体的自由能变化 ΔG_l 和 ΔG_g 分别为：

$$\Delta G_\mathrm{l}=\int_{p^0}^{p_r} V_\mathrm{l}\cdot \mathrm{d}p=V_\mathrm{l}(p_r-p^0)=V_\mathrm{l}\cdot\frac{2\gamma}{r}\qquad \Delta G_\mathrm{l}=\int_{p^0}^{p_r} V_\mathrm{g}\cdot \mathrm{d}p=nRT\ln\frac{p_r}{p^0}$$

对于平衡过程：$\Delta G_\mathrm{l}=\Delta G_\mathrm{g}$，则有：

$$RT\ln\frac{p_r}{p^0}=V_\mathrm{l}\frac{2\gamma}{nr}=\frac{2M\gamma}{\rho r}=\frac{2\gamma V_\mathrm{m}}{r}\qquad(4-5)$$

式中，ρ 为液体密度；M 为摩尔质量；V_m 为摩尔体积。对于 Kelvin 公式（4－5）的应用有几点需要说明：

（1）对于凸液面，如液滴，$r>0$，那么 $p_r>p^0$，而且液滴半径越小，则对应的蒸气压 p_r 越高，这正是过饱和蒸气产生的根本原因。我们知道，在蒸气中产生的液滴，总是从十分微小的开始，因此其对应的 p_r 非常大，只有当 $p_r\gg p^0$ 时才会产生微小液滴。然而在现实生活中，不可能在 $p_r\rightarrow\infty$ 时才会有液滴出现，而在有限过饱和度时，即有液滴产生。这是因为在大气中总会存在灰尘粒子，若粒子半径为 r_a，那么在对应压力大于或等于 p_{r_a} 时，便以其为新相的种子，蒸气在种子上凝结而成液珠。人工降雨的原理正在于此，云层中本来就有一定的过饱和蒸汽，但尚不能形成雨滴，人工撒播的 AgI 小晶粒，就作为新相种子，蒸汽在其上凝结成大水滴并降落成为雨。

（2）对于平液面，由于 $\Delta p=0$，故 $p_r=p^0$，从式（4－5）可知，平液面 $r\rightarrow\infty$，则 $p_r=p^0$。

（3）对于凹液面，$r<0$，则 $p_r<p^0$，也就是说在凹液面上对应的蒸气压低于通常的蒸气压。精密仪器用多孔的硅胶作为干燥剂正是利用这一原理。由于水润湿硅胶，因此硅胶中视为毛细管的孔洞内的液面为凹液面，正因为 $p_r<p^0$，故在较低的水蒸气压力下，即可在毛细管中凝结，从而防止仪器中的水蒸气密度（即湿度）过大。

另外，为了防止液体的过热而暴沸，需要加入沸石或一端封闭的毛细管，因为沸石或毛细管中的气体也是新相种子，从而可防止气泡从无限小开始产生。

(4) Kelvin 公式还可以用于固体在溶液中的平衡浓度，即溶解度，此时应以活度 a 代替压力 p。对于具有分子式为 A_mB_n 的离子型化合物，活度与摩尔溶解度 S 的关系为：

$$a=(mS)^m\ (nS)^n$$

则固体半径为 r，溶解度为 S_r 对应的 Kelvin 公式为：

$$\frac{2M\gamma}{\rho \cdot r}=RT\ln\frac{a}{a_0}=(m+n)RT\ln\frac{S_r}{S_0} \tag{4-6}$$

式中，S_0 为大晶体的溶解度。式(4－6)可用来解释溶液过饱和而无结晶沉淀出现的现象。在第一章有关化学方法制备均匀胶体粒子中提及，溶液中粒子生成总要从无限小开始，由式(4－6)可知，这个 r 无限小的粒子对应了无限大的溶解度 S_r，因此要在溶液中生成沉淀，溶液必须有极大的过饱和度。在现实生活中，远在极大的过饱和度之前沉淀或结晶就会生成，这或是因为溶液中有作为杂质的极小的灰尘颗粒存在而发生多相成核，或溶液中因密度涨落而出现的胎晶发生均相成核。总之溶液中有新相种子存在，这个种子的 r_a 便对应了一定的 S_{r_a}，这样结晶或沉淀便可发生在有限的过饱和溶液中。

第二节　表面张力的测定

一、威廉米(Wilhelmy)板法(吊片法)

这是一种直观而简单的测试方法，是 Wilhelmy 在 1863 年创建的。图 4－4 给出了此法的示意图，在天平臂上悬挂一金属薄片，图 4－4(a)中薄片底部刚好与液面接触，因为存在表面张力，薄片受到向下的拉力，要使这个位置保持住，就必须在支撑点的另一端施加一个力，这个力等于薄片本身的重量再加上片底面所受向下的表面张力的余弦分力。如果在实验前已校出薄片重量因素了，那么多出的力 W 必等于表面张力的垂直分量：

$$W=2(l+l')\gamma \cdot \cos\theta \tag{4-7}$$

式中，l 为薄板宽度；l' 为薄板厚度；θ 为接触角[它是三相交界处，过三相点做 l—g 界面切线与 l—s 界面的交角，见图 4－4(a)]，由于试验中 l 约为20～30mm，而 l' 为 0.1～0.2mm，故 $l \gg l'$，那么：

$$W\approx 2l\gamma \cdot \cos\theta \tag{4-8}$$

实际上接触角 θ 是难以测定也难以测准的，为此通常用砂纸将薄片表面打磨粗糙的方法，使液体完全浸湿板面，此时 $\theta=0$(第六章将介绍其原因)，于是式(4－8)简化为：

$$\gamma=\frac{W}{2l} \tag{4-9}$$

此式为板法计算表面张力的基本公式。

有时，因为薄板底面与液面刚好接触不易控制，而采用如图 4－4(b)所示的将部分薄板插入液体中的方法，不过此时需考虑插入液体中薄板部分所受的浮力。

二、Du Noüy 环法

这是实验室中常用的测 γ 的方法。图 4－5 是环法测定表面张力的示意图，实际上从原理

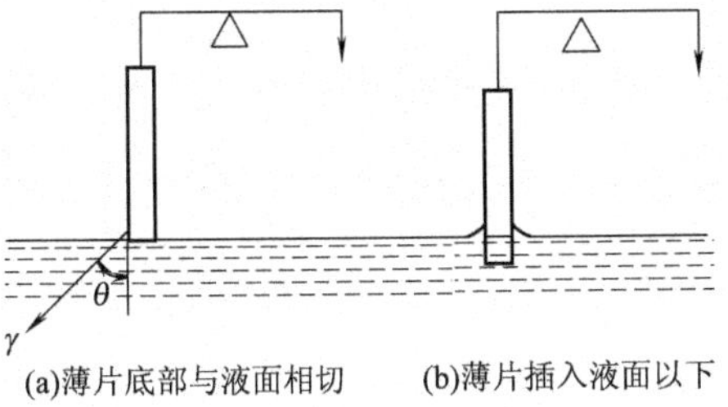

图 4－4　板法测定表面张力示意图

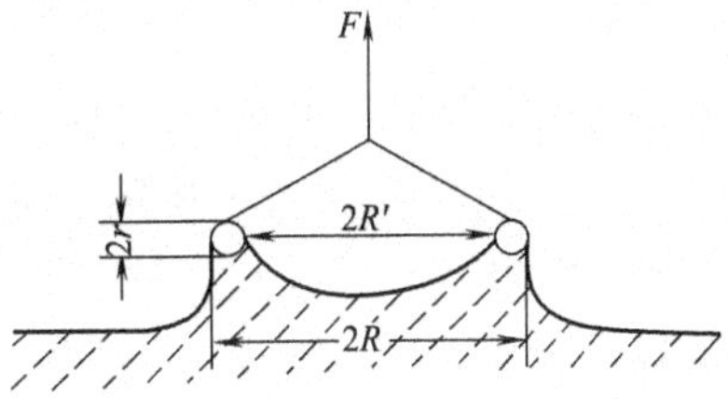

图 4－5　环法测定表面张力示意图

上讲是用环圈取代了板法中的吊片。此时除去环圈自身重量以外的拉力 W 应为环内外两边界的表面张力的总和：

$$W=2\pi R\gamma+2\pi R'\gamma=2\pi R\gamma+2\pi(R-2r)\gamma$$

式中，R 为环圈外半径；R' 为内半径。由于环圈的半径 R 远大于金属丝的半径 r，则：

$$W\approx 4\pi R\gamma$$

所以：

$$\gamma=\frac{W}{4\pi R} \tag{4-10}$$

实验发现，按照式(4－10)所计算的 γ 值存在较严重的误差，这是因为环圈被拉出水面时总是附有残留液体。为此 Harkins 和 Jordan 对式(4－10)加以修正：

$$\gamma=\frac{W}{4\pi R}\cdot F \tag{4-10a}$$

式中，F 为修正因子。实验表明，F 与 R/r 和 R^3/V 有关，V 为残留液体的体积，$V=\dfrac{W'}{\rho g}$，其中 W' 和 ρ 分别为滞留液体的质量和密度，g 为重力加速度。附录中表 1 列出了不同 R/r 和 R^3/V 的相应的 F 值。

三、最大气泡压力法

这个方法是在实验室中测表面张力的最常用且造价低廉的方法。将内半径为 R 的毛细管与待测液面刚刚接触，然后让毛细管内外有一个压力差(或通过毛细管内加压，或通过毛细管外减压)，那么毛细管尖端会有气泡产生，其最大压力即是按 Laplace 方程所表示的弯曲液面上的压力差：

$$p_{\max}=\Delta p=\frac{2\gamma}{R}$$

$$\gamma=p_{\max}\cdot\frac{R}{2} \tag{4-11}$$

式(4－11)是计算用最大气泡压力法测定的表面张力的绝对公式，条件是必须知道毛细管的准确内半径 R。如果不知道毛细管内半径的准确值，则采用相对方法：先测定已知表面张力 γ_1 液体(如水)的最大压力 p_1，然后仍用此毛细管测出待测液体的 $p_{\max}$，于是：

$$p_1=\frac{2\gamma_1}{R}\quad p_{\max}=\frac{2\gamma}{R}$$

两式相除得：

$$\gamma=\frac{p_{max}\gamma_1}{p_1} \tag{4-12}$$

此公式即是用最大气泡压力法计算表面张力的相对公式，此式排除了毛细管半径 R 值。在实验室中，通常采用易于控制的毛细管外减压法产生压力差，其装置如图 4－6 所示。U 形管压力差计两臂的液柱最大高度差 Δh_{max}（若使用直接显示压力 p 的仪器，则无需后面的变换，可直接应用相对公式）所决定的最大压力差 $p_{max}=\rho g\Delta h_{max}$，因此相对公式(4－12)可变为：

$$\gamma=\frac{\Delta h_{max}\gamma_1}{\Delta h_{1max}} \tag{4-13}$$

关于为何使 $p_{max}=\Delta p=\frac{2\gamma}{R}$，我们可以做如下讨论。图 4－7(a)示出一个放大的毛细管顶部图，在毛细管内外存在压力差时，便有气泡在逐渐长大，其长大顺序如图中所示出的 1、2、3 和 4。在所有这些气泡中，以半球形气泡 2 的曲率半径最小，且等于毛细管半径 R，因此气泡 2 对应的压力差为最大压力 p_{max}，且 $p_{max}=\Delta p=\frac{2\gamma}{R}$。压力差随气泡半径的变化示于图 4－7(b)中。

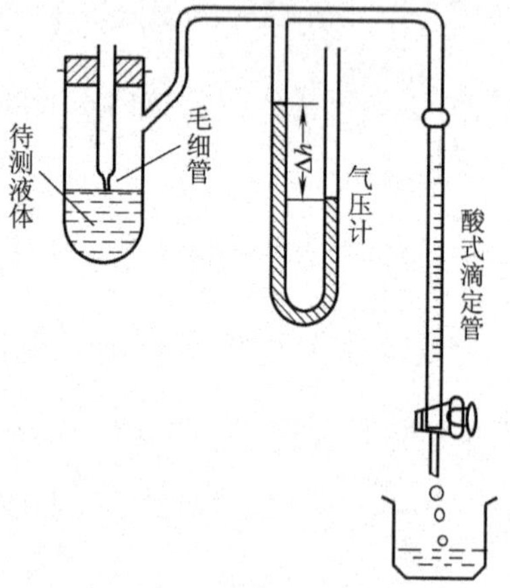

图 4－6　最大气泡压力法测表面张力的装置示意图

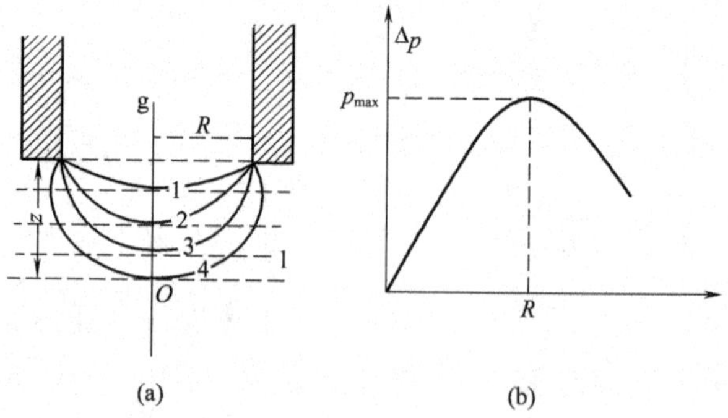

图 4－7　毛细管顶端所产生气泡及其对应压力变化图

四、滴重法（滴体积法）

当液体顺毛细管往下流动至底端时逐渐聚集成为液滴并长大，直至液滴的重量等于（和大于）毛细管端的表面张力时，液滴才会滴落，即：

$$2\pi R\gamma=W \tag{4-14}$$

式中，W 为一个液滴的质量；R 为毛细管尖端的半径，对可在尖端铺展开的液体，R 取尖端的外径，否则取毛细管内径。为了避免实验误差，可多取一些液滴，称其总质量 W_n，若液滴数为 n，那么 $W=W_n/n$ 。然而公式(4－14)运用起来存在极大的偏差，原因是：在液滴滴落前先形成很细的脖颈，然后从脖颈处断开，这样仅有一部分液滴滴落而仍有一部分又缩回，另外由于形成细颈而使表面张力方向与重力方向不在一条线上，与液滴重力方向相平衡的应是表面张力的垂直分量，所以必须对公式(4－14)加以修正。修正后的公式为：

$$\gamma=\frac{W}{2\pi Rf}=\frac{W}{R}F \qquad (4-15)$$

式中，f 为校正系数；$F=(2\pi f)^{-1}$ 称为校正因子。在实验过程中，测量液滴的体积较测质量更方便，由于：

$$W=mg=V\rho g$$

这样式(4－15)变为：

$$\gamma=\frac{V\rho g}{R}F \qquad (4-16)$$

式(4－16)就是滴体积法的基本公式。同样，为避免误差，可测 n 滴液滴总体积 V_n，则 $V=V_n/n$。实验表明校正因子 F 与 V/R^3 有关。附录中表 2 给出了不同 V/R^3 值所对应的 F 值。

五、毛细管法

如果液体润湿毛细管内壁，弯液面呈凹形，此时曲率半径 $r<0$，即液体内的压力小于气体的压力，则液体必上升一个高度 h，以平衡这个压力差，这个现象称为毛细上升，如图 4－8 所示。相反，若液体不湿润管壁，弯液面呈凸形，$p_{内}>p_{气}$，即 $\Delta p>0$，此时液体应下降一个高度以平衡这个压力差，这个现象称为毛细下降。

应当注意，图 4－8 所示的弯液面的曲率半径 r 一般不等于毛细管内径 R，除非弯液面是半球面，即接触角 $\theta=0$。那么在弯液面顶点 0 处应存在如下平衡：

$$(\Delta p)_0=\text{以 0 为顶点的液柱压强 } p_0$$

$$\frac{2\gamma}{r}=\Delta\rho\cdot g\cdot h$$

$$rh=\frac{2\gamma}{\Delta\rho\cdot g}=a^2 \qquad (4-17)$$

及：

$$\gamma=\frac{1}{2}\Delta\rho\cdot g\cdot r\cdot h \qquad (4-18)$$

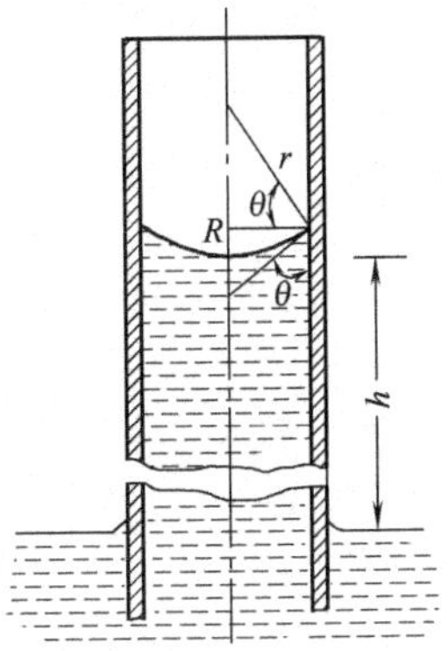

图 4－8　毛细现象示意图

式(4－17)中 a^2 为毛细管常数。由式(4－18)可知，只要测出毛细上升高度 h 及曲率半径 r，就可以准确地计算 γ 值，然而 r 是不容易测知的。

我们也可以从另一个角度分析毛细上升，那就是与弯液面相切的向上的表面张力将液体拉升一个高度 h，以液体重力平衡这个表面张力垂直分量，即：

$$2\pi R\gamma\cos\theta=(\pi R^2\cdot h)\Delta\rho\cdot g$$

则有：

$$Rh=\frac{2\gamma\cos\theta}{\Delta\rho g}\approx\frac{2\gamma}{\Delta\rho g}=a^2 \quad (\text{当 } \theta\approx 0 \text{ 时}) \qquad (4-19)$$

对比式(4－17)，可知 $Rh\approx rh$，则有：

$$\gamma\approx\frac{1}{2}\Delta\rho gRh \qquad (4-20)$$

式(4－20)是计算其表面张力γ的近似公式，条件是$\theta=0$即是弯液面是半球面，否则等式右边必须除以$\cos\theta$，即：

$$\gamma\approx\frac{1}{2\cos\theta}\Delta\rho gRh \tag{4－20a}$$

另外，即便是$\theta=0$，式(4－20)仍然不准确，因为我们在计算液柱质量时忽略了液柱顶端弯液面处冠状部分液体的质量，为此有如下修正公式：

$$\gamma\approx\frac{1}{2}\Delta\rho g\left(\frac{R}{3}+h\right)R \tag{4－20b}$$

当然，此修正式的应用条件依然是弯液面是半球面，对于很细的毛细管且管内十分干净时，这一点是能满足的。

在毛细管法测γ的实验中，h是较难测准的量，因为它是相对于大液面的相对高度。为避免之，可取两支半径分别为R_1和R_2的毛细管插于同样的液体中，管内液体上升高度分别为h_1和h_2，则：

$$\gamma=\frac{1}{2}\Delta\rho\cdot g\cdot h_1\cdot R_1=\frac{1}{2}\Delta\rho\cdot g\cdot h_2\cdot R_2$$

$$\gamma=\frac{(h_2-h_1)\Delta\rho gR_1R_2}{2(R_2-R_1)}=\frac{\Delta\rho gR_1R_2\Delta h}{2\Delta R} \tag{4－20c}$$

只要测出两毛细管上升高度差Δh，即可通过式(4－20c)计算γ值。

如果两支毛细管内径R_1和R_2为未知数，可以先用这两支毛细管插入已知γ_0的液体中测出Δh_0。再插入未知γ液中测出Δh，则：

$$\gamma=\frac{\Delta\rho\cdot\Delta h}{\Delta\rho\cdot\Delta h_0}\cdot\gamma_0 \tag{4－20d}$$

除了上述五种测定表面张力的方法外，还有滴外形法等，感兴趣的读者可阅读有关著作。

第三节　表面活性剂的分子结构与分类

一、表面活性与表面活性剂

在此之前我们所讲的表面张力皆为纯物质的表面张力。实验发现，当把溶质加入水中之后，溶液的表面张力会发生变化。这种变化不但与溶质的种类有关，也与其浓度有关。如图4－9所示，γ随溶质浓度C的变化大体分三类。第一类，如无机盐，无机酸、碱以及糖等，γ几乎不随C变化(如糖)或略有上升(这种γ的略升是因为电解质阳离子的作用)，见曲线1，这种物质因不会使γ降低(即不具有活性)而被称为表面惰性物质(surface inert materials)；第二类和第三类，γ均随C增大而减小，这两类物质被称为表面活性物质(surface active materials)。但这两类又不同，符合第二类的物质(如有机醇、有机酸和有机胺)，γ随C增加而逐渐降低(曲线2)。第三类物质(如

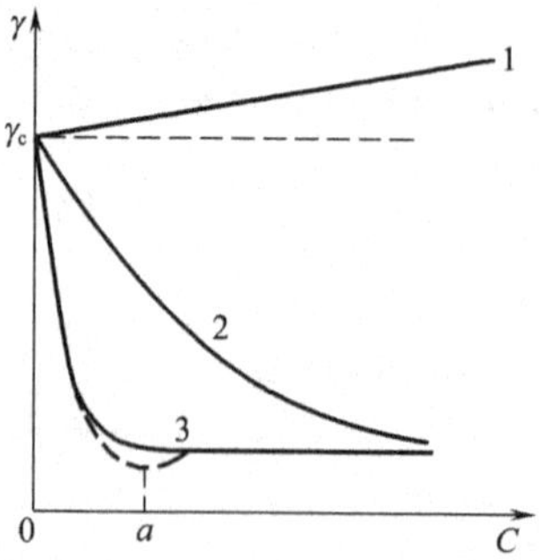

图4－9　溶液表面张力随溶质浓度的变化

肥皂、洗涤剂等），少量的加入会使表面张力急剧下降，而后 γ 几乎不随其浓度而变化（曲线 3），我们称这类物质为表面活性剂（surfactant）。在曲线 3 中有一处虚线表示的最低点，那是由于杂质作用的结果，如在表面活性剂十二烷基硫酸钠中含其制备原料现为杂质的十二烷醇时就会有最低点出现，这点将在表面吸附中介绍。

因此可以这样说，表面活性剂是这样一类物质，当溶液中含有很少量这类物质时，能极大地降低溶剂的表面（及界面）张力，改变体系的界面状态，从而产生润湿、乳化、起泡、增溶等一系列作用。

二、表面活性剂分子的结构

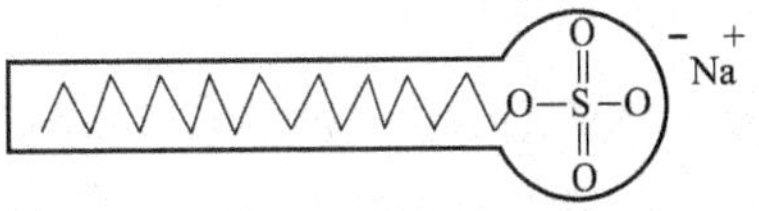

图 4 - 10　表面活性剂分子结构示意图

表面活性剂分子是两亲分子（amphipathic molecules），即分子的一端是易溶于水的极性的亲水性基团，而另一端是易溶于油的非极性的亲油性基团。如十二烷基硫酸钠，亲水基团是—SO_4Na 而憎水基团为—$(CH_2)_nCH_3$，如图 4 - 10 所示。通常，亲水基团称为亲水头（hydrophilic head），用“○”表示，而憎水基团称为憎水尾（hydrophobic tail），用“—”表示，因此表面活性剂分子可以表示为“—○”。至于那些聚氧乙烯类非离子表面活性剂如 RO$\leftarrow$$CH_2$—$CH_2$$\rightarrow_n$H，由于亲水头为聚氧乙烯基这样的长链基团，故表示为“——/\/\/\/\/”。

由于表面活性剂分子的特殊两亲结构而使其在溶剂（通常是水）中及液体表面表现出特殊的定位和排列方式。如图 4 - 11 所示，当表面活性剂的浓度不太高时，它们会在表面定向排列，方式是亲水头在溶液内，憎水尾因其疏水作用而甩于液面之上的气相中，这种排列方式称为表面活性剂分子的表面吸附。当表面活性剂的表面吸附完成后，若浓度继续增加，那么表面活性剂分子不得不进入溶液中。然而，憎水尾的疏水性在热力学上决定了其不稳定性，为了能够在溶液中稳定存在，则憎水尾自发地相互缔合而形成亲水头朝外憎水尾朝内的缔合体——胶团。

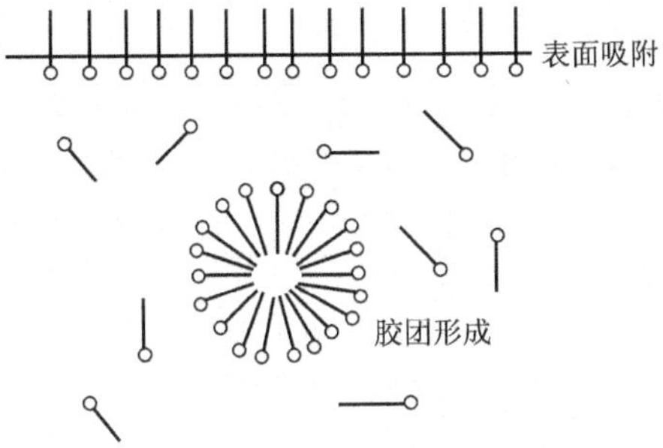

图 4 - 11　表面活性剂分子在溶液表面和内部的特殊定位和排列方式

三、表面活性剂的分类

表面活性剂的分类方法有以下几种：

（1）按表面活性剂在水溶液中能否解离及解离后所带电荷类型分类，包括以下几类。

①阴离子型表面活性剂：

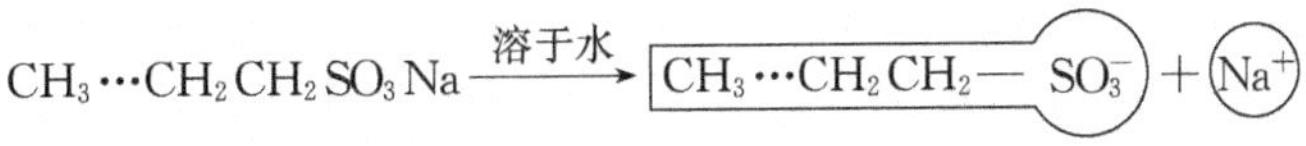

②阳离子型表面活性剂：

$$CH_3\cdots CH_2CH_2N(CH_3)_3Cl \xrightarrow{\text{溶于水}} \boxed{CH_3\cdots CH_2CH_2}-{}^{+}N(CH_3)_3 + Cl^-$$

③两性离子型表面活性剂：

$$CH_3\cdots CH_2CH_2-N(CH_3)_2CH_2COONa \xrightarrow{\text{溶于水}} \boxed{CH_3\cdots CH_2CH_2}-{}^{+}N(CH_3)_2-CH_2COO^-$$

④非离子型表面活性剂：

$$CH_3\cdots CH_2CH_2O(CH_2CH_2O)_nH \xrightarrow{\text{溶于水}} \boxed{CH_3\cdots CH_2CH_2CH_2}-O(CH_2CH_2O)_nH$$

(2)按表面活性剂在水和油中的溶解性分类，可分为：

①水溶性表面活性剂。

②油溶性表面活性剂。

(3)按相对分子质量分类，可分为：

①相对分子质量$>10^4$，高分子量表面活性剂。

②相对分子质量$=10^3\sim10^4$，中分子量表面活性剂。

③相对分子质量$=10^2\sim10^3$，低分子量表面活性剂。

目前常用的分类方法是第一种，即按表面活性剂在水溶液中能否解离及解离后所带电荷类型分类。

1. 阴离子型表面活性剂 常见阴离子型表面活性剂主要类型见表 4-1。

表 4-1 常见阴离子型表面活性剂的主要类型

分类		结构式	分类		结构式
磺酸盐类	烷基磺酸盐	RSO_3Na	硫酸酯盐	脂肪醇硫酸盐	$ROSO_3Na$
	烯基磺酸盐	$RCH=CH-CH_2SO_3Na$		脂肪醇醚硫酸盐	$RO(CH_2CH_2O)_nSO_3Na$
	烷基苯磺酸盐	$R-C_6H_4-SO_3Na$	羧酸盐	雷米邦 A	$RCONHR(CONHR)_nCOONa$
	高级脂肪酸酯 α-磺酸盐	$R-CH(SO_3Na)-C(=O)-OR$		肥皂	$C_{17}H_{35}COONa$
	琥珀酸酯磺酸盐	$NaO_3S-CH(C(=O)-OR)-CH_2-C(=O)-OR$	磷酸酯盐	脂肪醇磷酸酯盐	单酯：$(RO)(NaO)P(=O)(ONa)$；双酯：$(RO)_2P(=O)(ONa)$
	油酰胺甲基牛磺酸盐	$C_{17}H_{33}CON(CH_3)CH_2CH_2SO_3Na$			

2. 阳离子型表面活性剂 阳离子型表面活性剂的疏水基结构及疏水基和亲水基的连接方

式与阴离子表面活性剂很相似，但溶于水时，其亲水基呈正电荷。亲水基主要为碱性氮原子，也有磷、硫、碘等。表 4－2 给出阳离子型表面活性剂的主要类型。

表 4－2 阳离子型表面活性剂的主要类型

分类		结构式	分类		结构式
高级脂肪胺	伯胺型	$R—NH_2$	季铵盐型	胺氧化物	$R—N(CH_3)_2→O$
	仲胺型	R_1R_2NH		咪唑啉型	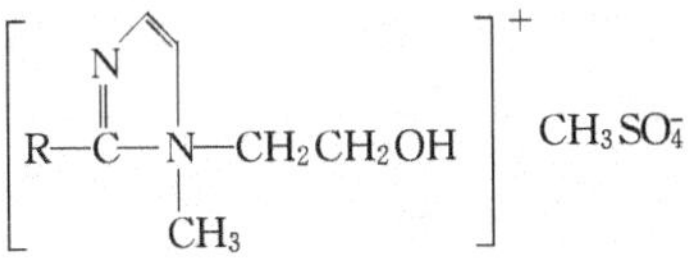
	叔胺型	$R_1—N(R_2)(R_3)$		苄基型	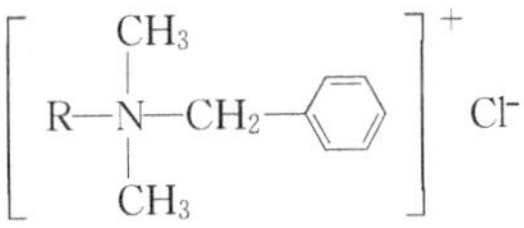
季铵盐型	烷基三甲基铵盐	$[R—N^+(CH_3)_3]X^-$			
	吡啶型	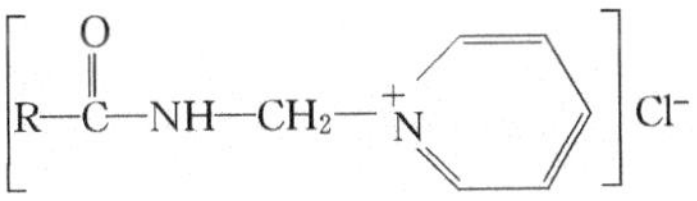			

3. 两性离子型表面活性剂 两性离子型表面活性剂是在同一分子中既含有阴离子亲水基又含有阳离子亲水基的表面活性剂。两性离子型表面活性剂有以下两种分类方法：

(1)按阴离子亲水基，可分为羧酸型(—COOH)、硫酸酯型($—OSO_3M$)、磺酸型($—SO_3M$)、磷酸酯型[$—OPO(OM)_2$]。

(2) 按整体化学结构分类见表 4－3。

表 4－3 两性离子型表面活性剂按整体化学结构分类

分类	结构式	分类	结构式
甜菜碱型	$R—N^+(CH_3)_2—CH_2COO^-$	β－氨基丙酸型	$RNHCH_2CH_2COOH$
咪唑啉型	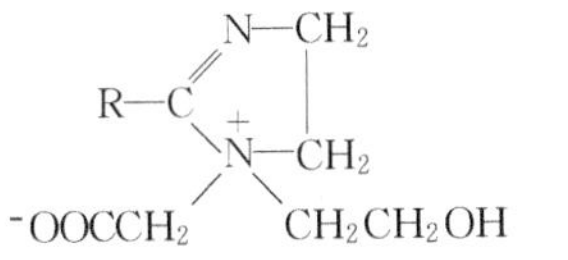	α－亚氨基型	$R—CH(NHR_1)COOH$

4. 非离子型表面活性剂(表 4－4) 非离子型表面活性剂在水溶液中不电离，其亲水基主要是由具有一定数量的含氧基团(一般为醚基和羟基)构成。非离子型表面活性剂可分为如下两大类。

表 4-4　非离子型表面活性剂分类

分类		结构式
聚乙二醇型	脂肪醇聚氧乙烯醚	$RO(CH_2CH_2O)_nH$
	烷基酚聚氧乙烯醚	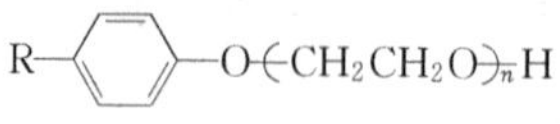
	脂肪酸聚氧乙烯酯	$RCOO(CH_2CH_2O)_nH$
	聚氧乙烯烷基胺	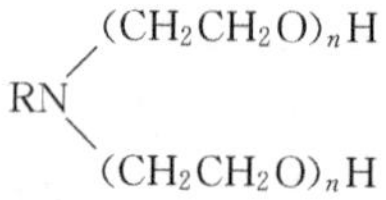
	烷醇酰胺聚氧乙烯醚	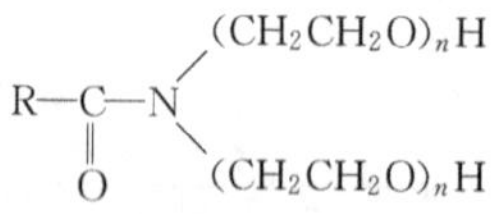
	多元醇脂肪酸酯环氧乙烷加成物	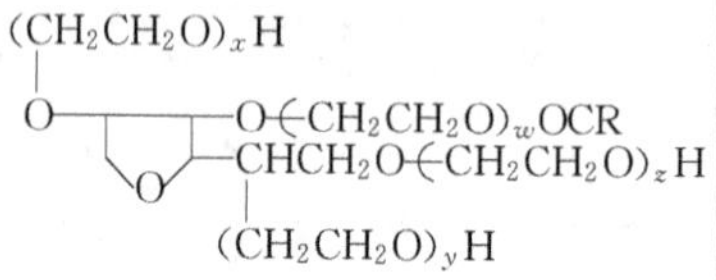
	聚丙二醇的环氧乙烷加成物(聚醚)	

分类		结构式
聚乙二醇型	冠醚	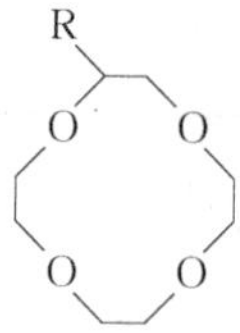
脂肪酸多元醇酯型	甘油脂肪酸酯	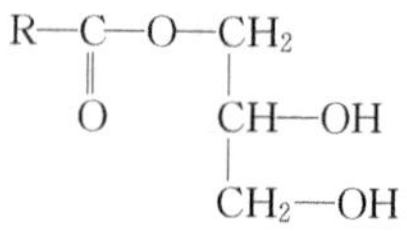
	季戊四醇脂肪酸酯	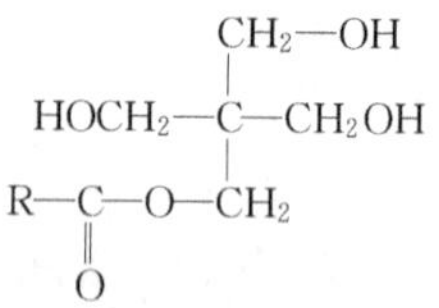
	山梨醇脂肪酸酯	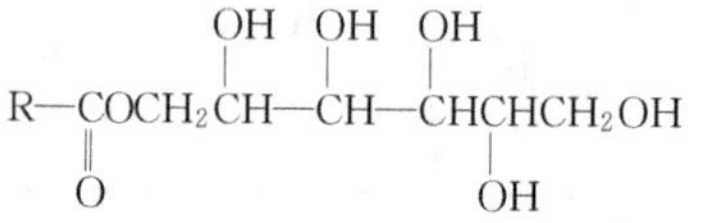
	失水山梨醇脂肪酸酯	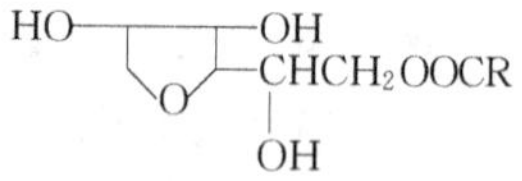

(1)聚乙二醇型非离子表面活性剂。聚乙二醇型非离子表面活性剂是用亲水基原料环氧乙烷与疏水基原料(如高级醇)进行加成反应而制得的。

此类表面活性剂的亲水基由醚键结合和羟基两者组成,但羟基只有靠近分子末端的一个,因此主要由醚键结合来发挥亲水性作用。疏水基上加成的环氧乙烷分子越多,醚基数就越多,亲水性也越大,也就越易溶于水。

(2)脂肪酸多元醇酯型非离子表面活性剂。此类表面活性剂的亲水基是多元醇与脂肪酸形成酯剩余的羟基,故水溶性差。

5. 高分子表面活性剂　高分子表面活性剂通常指相对分子质量大于 1000,具有表面活性的物质。广义上,凡是能够改善界面性能的大分子物质皆可称为高分子表面活性剂。

(1)天然的高分子及改性产物。淀粉、羧甲基淀粉、羟乙基淀粉、羟丙基淀粉、丙烯腈接枝淀粉、丙烯酸接枝淀粉以及羧甲基纤维素等均有强吸水作用,可用作吸水剂和胶体保护剂。阳离子淀粉可作为造纸中的施胶剂和污水处理中的絮凝剂。

(2)合成高分子表面活性剂。

①非离子型。如烷基酚聚氧乙烯醚甲醛缩合物:

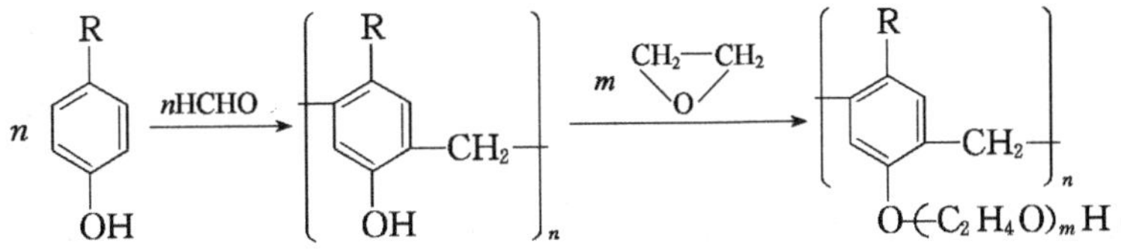

前面提到的聚醚型非离子表面活性剂也是一种相对分子质量较低的高分子表面活性剂。

②阴离子型。如将上述产物经硫酸化后，可得到阴离子型高分子表面活性剂——烷基酚聚氧乙烯醚甲醛缩合物硫酸盐。

③阳离子型。将聚 4(2)-乙烯吡啶用 $C_{12}H_{25}Br$ 季铵化，可得到阳离子型高分子表面活性剂。

季铵化后的产物比原来的高分子聚合物有更高的活性，在极稀的水溶液中就显示出对苯及十二烷有良好的增溶作用。

④两性离子型。如以 $C_{12}H_{25}Br$ 与聚乙烯亚胺的部分亚氨基作用后，再与 $ClCH_2COOH$ 反应，即得到具有高表面活性的两性高分子表面活性剂。

此外还有聚丙烯酸的钠盐、聚丙烯酰胺及聚季铵盐等。

第四节　表面活性剂溶液的性质与胶团结构

一、表面活性剂溶液的性质

表面活性剂溶液的许多性质会随表面活性剂浓度的增加而发生变化，除了已经讨论的表面张力之外，图 4－12 还给出了十二烷基硫酸钠水溶液的其他物理化学性质随浓度的变化情况。从这些性质随浓度的变化情况可以发现：在一个十分狭小的浓度区域内，所有这些性质均发生突然变化，亦即性质曲线在此处存在拐点。这种现象只有表面活性剂溶液才出现，而其他盐类不存在这一现象。这种溶液的表面性质（如表面张力、去污能力）和内部性质（如渗透压、光散射）随浓度变化的一致性为我们对表面活性剂分子结构和其在溶液中及其在界面处的状态提供了分析的基础。

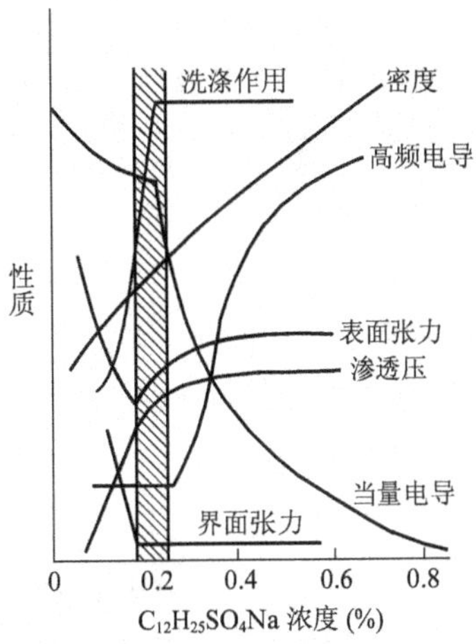

图 4－12　表面活性剂溶液性质随浓度的变化

二、胶团形成

解释表面活性剂溶液的物理化学性质随浓度的增加而出现突然变化的一般理论是：表面活性剂是两亲分子，它们会在溶液表面定向排列；而当浓度大于某临界值后，溶液表面已被表面活性剂分子所饱和，进入溶液中的表面活性剂分子由于其憎水尾的憎水性而互相聚集成的憎水基在内、亲水基朝外的胶体聚合体，这种聚合体作为一个整体表现是亲水的，因此可在溶液中稳定存在。这种结构就称为胶团或胶束(Micelle)，形成胶团的最低浓度称为临界胶团浓度 CMC(Critical Micelles Concentration)。胶团的大小在胶体范围之内，通常由 50～100 个表面活性剂分子有序聚集而成，在溶液中与作为单体的表面活性剂分子或离子处于平衡状态(见图 4－11)。

胶团结构的研究表明：胶团的内核即由表面活性剂分子的憎水基团组成的部分仿佛是一滴微小油滴有能力溶进油性憎液分子；胶团表面是由表面活性剂的极性头所组成，极性头还结合了一些水分子和异电离子，从而构成的双电层结构。当然对于非离子型表面活性剂所形成的胶团，外层不存在双电层，但是作为聚合物的极性头，会结合更多的水分子使表面层的厚度甚至大于内核的尺寸。

特别要指出，以上所讨论的胶团是在水溶液中形成的正胶团，若在有机溶剂中，由于表面活性剂分子亲水基的憎油作用，会形成憎水基朝外而亲水基朝内的逆胶团，胶团内核有能力溶进水分子。

有了关于胶团的概念之后，解释图 4－12 所示的溶液性质在 CMC 处发生突变就一目了然了。

1. 表面张力 γ —C 曲线 随表面活性剂浓度的增加，表面逐渐被表面活性剂分子占据，而使 γ 逐渐降低。但当浓度超过 CMC 后，溶液表面已被饱和，多出的表面活性剂分子只能进入溶液内部形成胶团，而表面状态不再变化，故 γ 恒定，曲线变为水平线，于是曲线在 CMC 处出现拐点。

2. 光散射强度 I_s—C 曲线 在 CMC 之前，溶液为真溶液，故其 I_s 值几乎为零，超过 CMC 后溶液中出现胶团且胶团大小及其数量随 C 增加而增加，故 I_s 陡增，在 CMC 处出现拐点。

3. 渗透压 π —C 曲线 在 CMC 之前，随浓度的增加，溶液中离解出的组分的浓度增加，对 π 的贡献“数目”增加，因而 π 增加。但当 $C>$CMC 以后形成胶团，而胶团的数目随浓度增加而增加的速率是极低的，也就是说对 π 的贡献“数目”增加速率变缓，于是 π —C 曲线在 CMC 处上升趋势会突然变缓。

4. 去污能力—C 曲线 表面活性剂浓度的增加会增大水在被洗涤物品上的润湿性能，降低 γ 值和增大在表面的吸附能力，这些均有利于去污，因此去污能力会随 C 的增加而增加。但当 $C>$CMC 后，表面活性剂只能进入溶液形成胶团，对于上述三种去污要素并无增加能力，因此去污能力会在 CMC 处发生增速变缓的趋势。当然胶团也具有增溶油污的能力，但它毕竟从洗涤去污的机理上讲不是重要因素(局部手洗和干洗除外)。

胶团的概念最早是由英国化学家麦克贝恩(J. W. McBain)于 1925 年提出的。现经研究发现，胶团的形状与表面活性剂的浓度有密切关系。一般规律是随表面活性剂浓度的增加，胶团由球状变为棒状最后为层状等结构(图 4－13)，这种变化趋势从热力学上有利于表面活性剂分子在溶液中更稳定存在[26]。当表面活性剂的浓度超过 CMC 不多时，胶团一般形状为球形。当表面活性剂浓度大于 10CMC 时，Debye 根据光散射的不对称性提出胶团的棒状结构，由于憎水

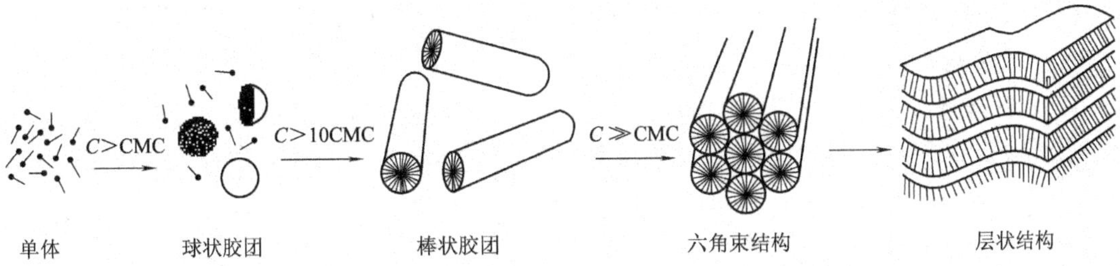

图 4-13 表面活性剂在溶液中形成的胶团结构示意图

尾与水的接触面积更小，使其具有更大的稳定性。当浓度再提高时，棒状胶团会聚成束状整体。如浓度很高时还会形成巨大层状结构。每个胶团中的分子或离子数 n 称为缔合度或聚集数，n 值在一定浓度范围内维持恒定值。n 值大小标志胶团的大小，其值可以通过渗透压法、离心沉降法或光散射法求出。用这些方法求出胶团的相对分子质量 $M_{胶团}$，再除以每个表面活性剂分子的相对分子质量 $M_{单体}$，即可算出 n 值。研究发现，聚集数 n 与 CMC 以及表面活性剂的结构(包括极性头和憎水尾的种类)间存在密切关系，但是却缺乏定量的统一关系式。定性地讲，低 CMC 值对应了大的聚集数；几乎所有的同系物聚集数随链长的增加而增大[27]；随盐浓度的增加，聚集数也增大[28]；经过去水化处理的一些非离子型表面活性剂随温度的增加聚集数增大[27]。表 4-5 给出了某些表面活性剂体现聚集数与 CMC、盐的浓度和表面活性剂分子结构关系的数据。

表 4-5 某些表面活性剂 CMC 值和聚集数 *n* 值[29,30]

表面活性剂	溶 液	CMC×10³(mol/L)	n
十烷基硫酸钠	水	130.3	50
十二烷基硫酸钠	水	8.10	80
	0.02mol/L NaCl	3.82	94
	0.10mol/L NaCl	1.39	112
	0.40mol/L NaCl	0.52	126
十烷基三甲基溴化铵	水	6.8	36
	0.013mol/L NaCl	6.34	38
十二烷基三甲基溴化铵	水	15.3	50
	0.013mol/L NaCl	10.7	56
十四烷基三甲基溴化铵	水	3.02	75
	0.013mol/L NaCl	1.80	96

三、临界胶团浓度(CMC)

(一)影响 CMC 的因素

CMC 是表面活性剂活性的量度。CMC 值低标志着达到表面饱和吸附所需表面活性剂浓度低，从而在较低的浓度下即能起到润湿、乳化、增溶、起泡作用，即表面活性强。影响 CMC 或表面活性的因素既包括外来因素，如有机和无机添加剂以及温度等，还包括内部因素，即表面活性剂本身的结构。

1. 表面活性剂的憎水尾长度的影响 一般来说表面活性剂的憎水部分碳氢链越长，CMC值越低，表面活性越强。对于碳原子数在8～16的碳氢链的离子型表面活性剂，憎水尾每增加一个碳原子，CMC值降低约1/2，对于非离子型表面活性剂，其CMC值降低约1/10。碳原子数m与CMC有如下经验公式：

$$\lg \mathrm{CMC}=A-Bm \tag{4-21}$$

式中，A和B为经验常数，可在有关手册中查到。对1—1型离子型表面活性剂，B值约为0.3，非离子型表面活性剂的B值约为0.5；A值与表面活性剂的极性有关，但变化无明显的规律。

2. 碳氢支链和极性基位置的影响 与相同碳原子数的直链化合物比较，支链化合物的CMC要大得多。一般讲极性基越靠近碳氢链中央，则CMC越大。这是由于极性基由端部移向中部相当于直链变支链，使直链越短的缘故。

3. 亲水基的影响 亲水基团的变化，对于离子型或非离子型表面活性剂的CMC的影响均不大。但应当指出，含有聚氧乙烯基的非离子型表面活性剂的表面活性要比离子型表面活性剂强得多，或CMC低得多。因为离子型表面活性剂分子带电极性头相互排斥而不易形成胶团，故CMC较非离子型表面活性剂大，或活性差。

4. 无机添加剂的影响 无机电解质的加入会使离子型表面活性剂的CMC降低。这是因为离子型表面活性剂在溶液中电离而带电，带相同电荷的表面活性剂离子因彼此相斥而不易形成胶团。当加入电解质后，电解质中的异电离子会压缩表面活性剂极性头部的双电层，减小双电层厚度，降低其排斥作用，从而有利于胶团的形成。表面活性剂的CMC与溶液中的异电离子(包括电解质电离的异电离子和表面活性剂电离的异电离子)总浓度C有如下关系：

$$\lg \mathrm{CMC}=a-b\lg C \tag{4-22}$$

式中，经验常数a和b与表面活性剂的种类和电解质中异电离子的种类和价数有关。其值可以通过作$\lg\mathrm{CMC}$—$\lg C$图由截距和斜率求出。

电解质的加入也会使非离子型表面活性剂的CMC略有降低，但其机理不同于离子型表面活性剂。对于前者，电解质的加入会增加溶液的离子强度，从而减少表面活性剂在溶液中的活度系数φ，φ与离子强度$I=\frac{1}{2}\sum C_i z_i^2$的关系为：

$$\lg\varphi_i=-Az_i^2\sqrt{I} \tag{4-23}$$

在确定的表面活性剂浓度时，φ减小会降低表面活性剂的活度，从而使CMC降低。

5. 有机添加剂的影响 长链有机醇、胺和含极性基的有机添加剂会使CMC降低，而且随添加剂链长的增加，对CMC影响加大，对同一添加剂，表面活性剂的链越长，受影响也越大。因为这种有机添加剂也会在表面形成定向吸附，从而占据表面位置，使表面活性剂在较低的浓度下(即较低CMC时)就达到了表面吸附的饱和。

6. 温度的影响 温度对表面活性剂的CMC和溶解度的影响如图4－14所示。当表面活性剂的浓度较低时，如图中a点，此时表面活性剂会全部溶于液体中成单个分子或离子，其浓度低于 CMC，因此无胶团存在，图中所示 ABC 以下的区域为离子(或分子)区域。随着表面活性剂浓度的提高，如图中 b、d 点，在低温范围内表面活性剂只有一部分溶解，另一部分不溶解仍以固体形式存在，但其溶解度随温度升高而增加，图中 AB 线即低温溶解度曲线，溶解度曲线在 B 点发生转折，所对应的温度称为克拉夫特(Krafft)温度 T_K，B 点称为 Krafft 点。溶解度之所以发生剧增是由于形成胶团，表面活性剂因此会大量溶入溶液中。溶解度曲线 ABD 以左的区域是溶解的表面活性剂分子或离子与未溶解的固体表面活性剂共存的区域。BC 线为 CMC 曲线，低于此线即浓度低于 CMC 的均处于分子或离子区域，而此线之上为表面活性剂分子和离子与胶团共存区即 DBC 线以右的区域。

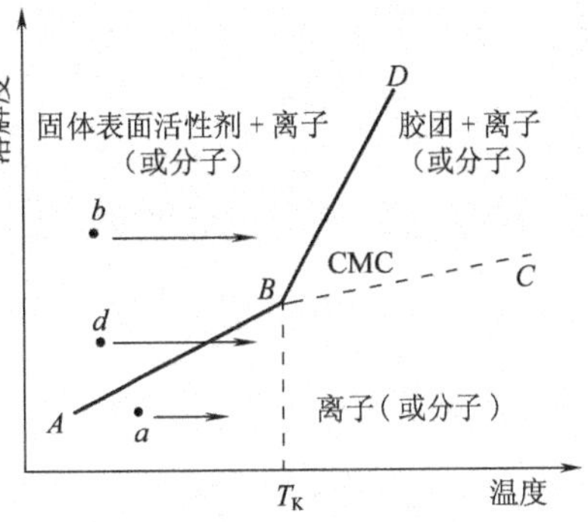

图 4－14　表面活性剂的溶解度

从 CMC 的走势可知，表面活性剂的 CMC 是随温度的增加而增加的。从图 4－14 中得出的另一个结论是，只有当温度大于 T_K 且浓度大于 CMC 时才有胶团产生。当温度低于 T_K 时，尽管表面活性剂的用量很大，但溶液中依然不存在胶团，原因是在较低温度时，由于溶解度的限制，多余的表面活性剂只能以未溶解的固体形式存在，没有足够量的表面活性剂溶入溶液，溶液浓度低于 CMC。

(二)CMC 的测定

由于表面活性剂溶液的物理性质在 CMC 处会发生突变，因此原则上讲测定表面活性剂溶液的物理性质(如表面张力、光散射强度、电导等)随浓度的变化，找出曲线的拐点所对应的浓度，即是 CMC。因所应用的测定方法不同以及表面活性剂纯度的影响，所得到的 CMC 可能不尽相同，但是所测 CMC 值限制在狭小的区域内是必然的(图 4－12)。最常用的测定 CMC 的方法有光散射法、表面张力法和电导法，这三种方法的测定结果十分准确。此外还有渗透压法、增溶作用法和染色法等。各种表面活性剂的 CMC 值可以从有关手册中查到。

四、增溶作用

所谓增溶(或加溶)(solubilization)作用是表面活性剂溶液对于不溶性或微溶性物质溶解能力突然增加的现象。图 4－15 给出微溶于水的 2－硝基二苯胺在月桂酸钾水溶液中溶解度随表面活性剂浓度增加而加大的情况。在表面活性剂浓度小于一定值时，2－硝基二苯胺的溶解度并没有明显的变化，只有当表面活性剂的浓度大于 CMC 时，物质的溶解度才发生显著变化，而且随表面活性剂浓度的增大而迅速增加。显然增溶作用与胶团的存在有关，或者说发生增溶作用的先决条件是存在胶团。按照同性相溶的原理，非极性的 2－硝基二苯胺必须“溶

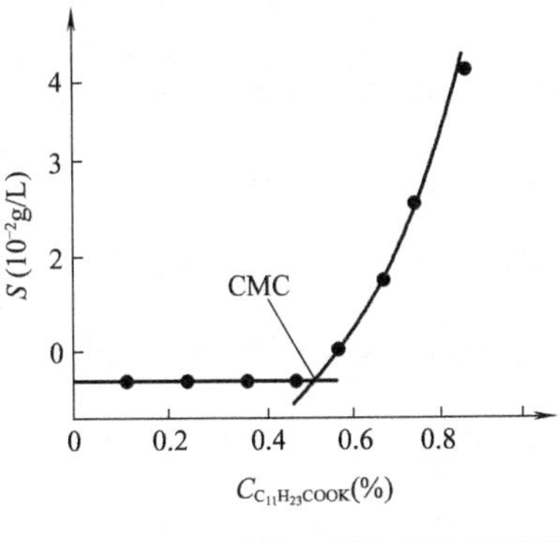

图 4－15　2－硝基二苯胺的溶解度随月桂酸钾浓度的变化

进”月桂酸钾胶团憎水尾的聚集处内，这样就很容易解释被增溶物溶解度随增溶剂（表面活性剂）浓度增大而增加的现象了，因为增溶剂浓度的增加会使胶团数目或（和）胶团体积增大，这些全为被增溶物的“溶入”提供了更多更大的空间。

实验发现，增溶作用在水溶液中以四种方式出现，而且增溶方式取决于被增溶物的化学性质。这些方式示于图 4－16 中[26,31,36]：

（1）若被增溶物为非极性分子，则被增溶于胶团的内核中，与表面活性剂的憎水尾所组成的“溶剂”相溶（图 4－16 中 a）。

（2）被增溶物为长链醇和胺这样的两亲分子，它们可定向于表面活性剂分子间形成的栅栏结构中。其极性头或处于胶团表面（图 4－16 中 b）或接近胶团表面（图 4－16 中 c）。

（3）若被增溶物在油和水中均不溶，如二甲基邻苯二甲酸酯，增溶后它们吸附在胶团表面，即胶团与溶剂的交界处（图 4－16 中 d）。

（4）第四种仅出现于非离子型表面活性剂形成的胶团，这种胶团是以碳氢链（憎水基）为内核，而以水化的聚氧乙烯基为外壳，对于酚类这样的被增溶物，因其与聚氧乙烯基有很强的亲和力而被溶进胶团的壳中（图 4－16 中 e）。

需要强调，增溶和乳化是完全不同的概念。乳化是一种液体（如油）在表面活性剂作用下，以液珠形式分散于另一不互溶液体（如水）而形成乳白色，热力学极不稳定的体系。实验证明，增溶后，被增溶物的蒸气压或化学位下降，因此使体系更稳定。再有，增溶不等于溶解，对于不溶性物质无需讨论，即便对微溶性物质，在低浓度范围内，溶解度也是逐渐增加的，而且与表面活性剂浓度无关，溶解度也会有一定限度。依数性实验表明，增溶作用后，依数性并无明显变化，说明被增溶物是成束的被增溶，而不是分散成分子或离子，或者说“数”并没有发生变化。这一结果也证明增溶作用是被增溶物增溶进胶团的结论。

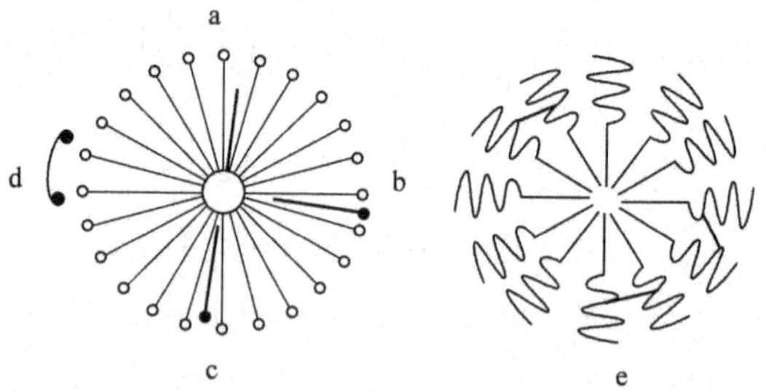

图 4－16　增溶作用的几种可能方式示意图

增溶作用在洗涤过程中可能会引起重要作用。一般在洗涤时，洗涤剂中表面活性剂浓度不大于 CMC，因此不会发生增溶作用。但在手洗衣物的个别部位时，局部表面活性剂浓度会大于 CMC，有大量胶团存在，此时增溶作用就十分重要了。在干洗过程中，表面活性剂在非水溶液中形成亲水基为内核的逆胶团，对污物有增溶作用，使洗涤过程有效进行。当然洗涤去除污垢的主要机理并非增溶，然而无疑增溶作用必然影响洗涤效果。

第五节　界面上的吸附现象

物质的浓度在界面（或表面）上发生变化的过程和现象称为吸附。表面活性剂分子在界面也会发生吸附，这是由其特殊的分子结构和在溶液表面特殊的定位排列方式所决定的。包括表面活性剂在内的溶质的表面吸附理论公式就是 Gibbs 在 1875 年用热力学方法导出的描述表面张力 γ、溶液浓度 C 和表面过剩量 Γ 间关系的吉布斯(Gibbs)吸附公式。

一、Gibbs 吸附公式

Gibbs 公式是从相平衡推导出来的吸附方程，这个公式的推导没有对相平衡体系有任何特定的要求，因此可应用于任何物质在任何界面或表面的吸附过程。由于 Gibbs 公式源于相平衡，故必须满足平衡条件，即 Gibbs 公式中的各个量之间是平衡量间的关系。

假定有 α 和 β 两相被界面 S 分开，这个体系的自由能可表示为：

$$G=G^{\alpha}+G^{\beta}+G^{S} \tag{4-24}$$

对于体相(即 α 和 β 相)：

$$G=U+pV-TS+\sum_i \mu_i n_i \tag{4-25}$$

式中，化学位 μ 是各组分 i 化学位的加和。对于表面，相当于面积 A 取代体积 V，表面张力 γ 取代压力 p，于是有：

$$G^{\alpha或\beta}=U^{\alpha或\beta}+pV^{\alpha或\beta}+TS^{\alpha或\beta}+\sum_{\alpha或\beta}\mu_i n_i \tag{4-26}$$

$$G^{S}=U^{S}+\gamma A-TS^{S}+\sum_{S}\mu_i n_i \tag{4-27}$$

将式(4－26)和式(4－27)代入式(4－24)并求全微分得：

$$dG=\sum_{\alpha\beta S}(dU+pdV+Vdp-TdS-SdT+\sum\mu_i dn_i+\sum n_i d\mu_i)+Ad\gamma+\gamma dA \tag{4-28}$$

按热力学第一定律，对一可逆过程：

$$dU=\delta Q_R+\delta W_R$$

$$\sum_{\alpha\beta S}dU=\sum_{\alpha\beta S}(\delta Q_R+\delta W_R)=\sum_{\alpha\beta S}(TdS-pdV+\delta W_R) \tag{4-29}$$

式中，δW_R 是除体积功以外的其他功。将式(4－29)代入式(4－28)中得：

$$dG=\sum_{\alpha\beta S}(Vdp-SdT+\sum\mu_i dn_i+\sum n_i d\mu_i+\delta W_R)+Ad\gamma+\gamma dA \tag{4-30}$$

在表面化学中 $\delta W_R=-\gamma dA$(表面功)，则式(4－30)简化为：

$$dG=\sum_{\alpha\beta S}(Vdp-SdT+\sum\mu_i dn_i+\sum n_i d\mu_i)+Ad\gamma \tag{4-31}$$

按照热力学基本公式，对于多组分体系有：

单相：

$$dG=Vdp-SdT+\sum_i\mu_i dn_i$$

多相：

$$dG=\sum_{\alpha\beta S}(Vdp-SdT+\sum\mu_i dn_i) \tag{4-32}$$

比较式(4－32)和式(4－31)得到：

$$\sum_{\alpha\beta S}(n_i d\mu_i)+Ad\gamma=0 \tag{4-33}$$

若只存在一相(α 或 β，因此不存在界面 S)，就会得到吉布斯—杜亥姆(Gibbs－Duhem)公式：

$$\sum n_i d\mu_i+Ad\gamma=0 \tag{4-34}$$

此式既可用于 α 相也可用于 β 相，代入式(4－33)得：

$$\sum n_i^S d\mu_i + Ad\gamma = 0 \quad (4-35)$$

这就是 Gibbs 吸附方程的一种表达形式，此式也可写为：

$$-d\gamma = \sum_i \frac{n_i^S}{A} d\mu_i = \sum_i \Gamma_i d\mu_i \quad (4-36)$$

式中，$\Gamma_i = \frac{n_i^S}{A}$称为 i 组分的表面过剩。为了弄清表面过剩的含义，首先必须清楚表面（或界面）的含义。相界面与数学上的面的意义是不同的，我们在第一章时曾提及，数学面是没有厚度的明显分界面，而实际的界面却是有厚度（尽管只有几个分子）的，如图 4－17 所示，在此区域中体系的性质（如密度、压力、浓度等）从 α 相变为 β 相的性质，亦就是说在此区域内即非 α 相性质又非 β 相的性质。因此我们称此区域为表面相。然而，在处理界面问题时仍不认为这个表面相有任何相体积，故我们在此区域中选取一个参照面，为方便起见，最好选定在此参照面上某一个组分的表面过剩量为零（即等于它在体相中的量），对于只有两个组分的体系，式（4－36）可写为：

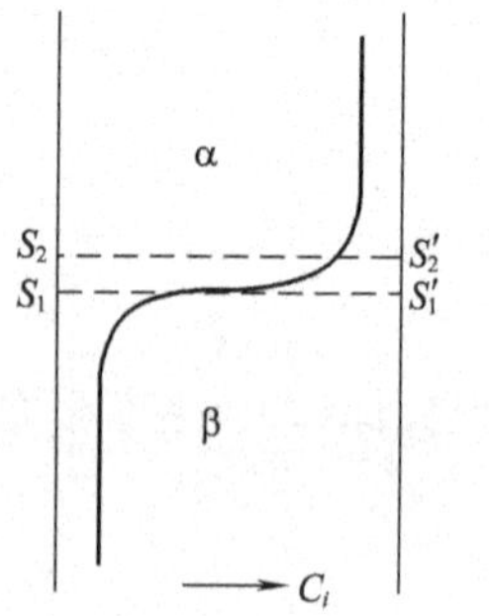

图 4－17　表面（或界面）示意图

$$-d\gamma = \Gamma_1 d\mu_1 + \Gamma_2 d\mu_2 \quad (4-37)$$

按惯例组分 1 代表溶剂，组分 2 代表溶质。为了简化式（4－37），这个参照面最好选在 Γ_1 或 Γ_2 为零处，但我们强调的是溶质的表面（或界面）吸附，自然选取 $\Gamma_1 = 0$ 处为参照面最合适。若溶剂浓度 C_1 和高度 h 的关系如图 4－18(a)所示，而且溶液横断面为单位面积，那么曲线以下的面积即是溶剂的量。由于分界面正好选在 $A_1 = A_2$ 的地方，因此在此面上 $\Gamma_1 = 0$，这个参照面也就决定了溶质的过剩量 $\Gamma_2^{(1)}$，也就是图 4－18(b)中的 $A_3 = \Gamma_2^{(1)}$。图 4－18(b)曲线的形状反映了溶质聚集在相界面上。

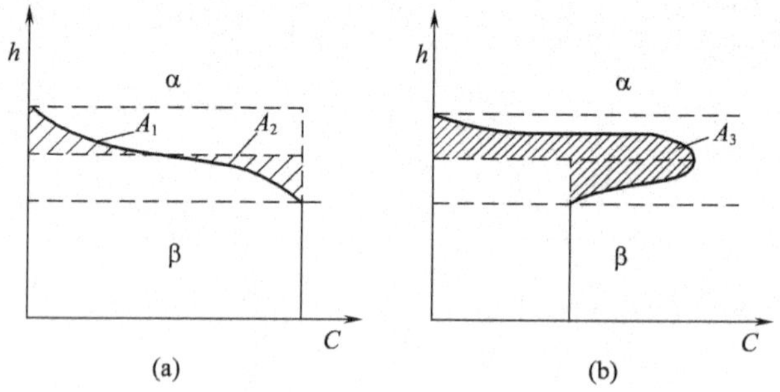

图 4－18　表面（或界面）域内参照面示意图

这样选定参照面后的式（4－37）变为：

$$-d\gamma = \Gamma_2^{(1)} d\mu_i \quad (4-38)$$

式中，$\Gamma_2^{(1)}$ 就是溶质 2 的表面过剩量，上标(1)表示参照面选在 $\Gamma_1 = 0$ 处。因此溶质 2 的表面过剩量 $\Gamma_2^{(1)}$ 等于其在表面的物质的量 n^S 与其在溶液本体浓度 n^b 的差值除以表面积 A，即：

$$\Gamma_2^{(1)} = \frac{n^S - n^b}{A} \quad (4-39)$$

式(4－38)是很重要的 Gibbs 吸附公式之一，它把表面过剩量 $\Gamma_2^{(1)}$ 与表面张力 γ 建立起关联，因此通过测 γ 似乎可求表面吸附量 $\Gamma_2^{(1)}$。不过要注意 Gibbs 方程基于相平衡，因此测 γ 的体系必须建立起平衡，但建立吸附平衡需要很长时间，这就是用热力学方法(如滴重法)不适于测定 γ 的原因。

但是式(4－38)仍不便于应用，需进一步推导。化学位与活度 a 的关系为：

$$\mu_2 = \mu_2^{\ominus} + RT\ln a_2$$

恒温时对上式全微分得： $d\mu_2 = RT d\ln a_2$

在浓度不高时，a 可用浓度 C 代替，则有：$d\mu_2 = RT d\ln C_2$

将此结果代入式(4－38)得到： $-d\gamma = \Gamma_2^{(1)}(RT d\ln C_2)_T$

$$\Gamma_2^{(1)} = -\frac{1}{RT}\left(\frac{d\gamma}{d\ln C_2}\right)_T = -\frac{C_2}{RT}\left(\frac{d\gamma}{dC_2}\right)_T \tag{4-40}$$

省去 C 的下标后得：

$$\Gamma = -\frac{C}{RT}\left(\frac{d\gamma}{dC}\right)_T \tag{4-40a}$$

这就是通常见到的 Gibbs 等温吸附方程的近似式。这里需要说明几点：

(1)此公式由相平衡推出，因此一切量是平衡量。

(2)此公式由相平衡推出，对具体相没有限制，因此可应用于任何界面。

(3)对于具体何种溶质无限制。

(4)此公式仅应用于 C 不大的体系，这从公式推导过程可以见到。

二、关于 Gibbs 公式应用的讨论

(一)应用 Gibbs 公式分析图 4－9 的几种曲线

(1)对表面惰性物质曲线 1。由于 $d\gamma/dC>0$，故 $\Gamma<0$，即表面浓度低于溶液本体浓度，$n^S-n^b<0$，为负吸附。简单的无机酸、碱和盐的这种浓度增加使 γ 增加是因为电解质的电离，离子与水分子形成水化离子，这实际上加大了体相分子间的作用力，而使界面分子间力不平衡力加大的结果。表面张力与电解质浓度 C 符合关系 $\gamma=\gamma^0+kC$，式中常数 k 与电解质离子价数有关，价数越高则 k 值越大。

(2)对表面活性物质曲线 2 和曲线 3。因 $d\gamma/dC<0$，故 $\Gamma>0$，即表面活性物质会在表面聚集，为正吸附，即 $n^S>n^b$，从而从理论上证明表面活性物质在表面的特殊定位聚集问题。

(3)对于曲线 3 还需详细说明，在开始阶段 $|d\gamma/dC|$ 很大，说明表面吸附强烈。而后 γ 不随 C 而变化，说明 Γ 值已达恒定，或者说已达饱和吸附量。但是绝不能从 $d\gamma/dC=0$ 得出 $\Gamma=0$ 的错误结论，因为式(4－40a)中的 C 是以分子或离子状态的浓度为基础的，而在浓度 $C>$CMC 之后，多加入的表面活性剂分子会以胶团形式存在于溶液内部，此时作为分子(或离子)状态的表面活性剂浓度(准确讲是活度)不再变化。那么如何解释曲线中出现的极小值，甚至在虚线的上升阶段所出现的负吸附现象呢？这是因为杂质存在的结果，如十二烷基硫酸钠中不可避免地混有其制备原料现为杂质的十二烷醇。在 CMC 之前，由于十二烷醇也会在表面吸附，因此使 γ 加剧下降，从而出现最低点；而一旦达到 CMC 之后，表面活性剂形成胶团，十二烷醇会增溶到

胶团中，并使其从表面解吸，于是 γ 又回升，这就是虚线的上升阶段（$d\gamma/dC>0$）。实验表明，若十二烷基硫酸钠十分纯净，则不会出现极小值部分。因此 γ—C 曲线上是否出现极小值常被用来判断是否存在杂质的依据，但是应当指出，有极小值证明存在杂质，但不存在极小值并不能判定没有杂质，因为没有极小值只是纯净的必要条件，但非充分条件。

（4）通过 γ—C 曲线，求斜率得 $d\gamma/dC$ 代入式（4－40a）即可求出溶质浓度为某一 C 值时的表面吸附量 Γ。同样，如果知道 γ 与 C 的函数关系，代入式（4－40a）也可以进行计算 Γ。实验发现，许多有机物稀水溶液 γ—C 的函数关系符合下式：

$$\frac{\gamma^0-\gamma}{\gamma^0}=b\ln\left(\frac{C}{a}+1\right) \tag{4-41}$$

这就是希什科夫斯基（Szyszkowski）经验公式，式中 γ^0 和 γ 分别为溶液浓度为 0 和 C 时的表面张力，b 和 a 均为经验常数，对同系物而言，b 近似为常数，a 因化合物不同而异，当 C 很小时，对数项展开并保留一项，则式（4－41）变为：

$$\gamma=\gamma^0-K\cdot C \tag{4-41a}$$

式（4－41a）说明在浓度很低时，γ—C 为直线关系。图 4－19 示出同系物甲酸、乙酸、丙酸和正丁酸的 γ—C 关系。由图中四条曲线可见，在低浓度范围内，γ—C 确实符合直线关系，但是直线的斜率不同，斜率值 $K=(\gamma^0-\gamma)/C$ 代表了该物质的表面活性，斜率值越大表示同样浓度物质加入使表面张力的降低值 $\gamma^0-\gamma$ 越多，因此其活性越大。对于同系物而言，如图 4－19 所示的脂肪酸同系物，每增加一个—CH_2—，其活性增加（即斜率绝对值增加）3 倍，这就是著名的特劳贝（Traube）规则。

（二）利用 Gibbs 方程由 γ— C 曲线求出吸附等温线

在 γ—C 曲线上作任意浓度 C 处的曲线的切线即 $d\gamma/dC$，由 $d\gamma/dC$ 和 C 通过 Gibbs 方程（4－40a）即可求出对应此浓度的吸附量 Γ_2，改变浓度重复上述操作，即可求出 Γ_2—C 曲线，即吸附等温线。图 4－20 示出表面活性剂溶液的 γ—C 曲线和由此得到的 Γ_2—C 曲线。需要指出在 CMC 以后 γ 不再随 C 而变化，即此时表面已吸附饱和对应的吸附量 Γ_∞。

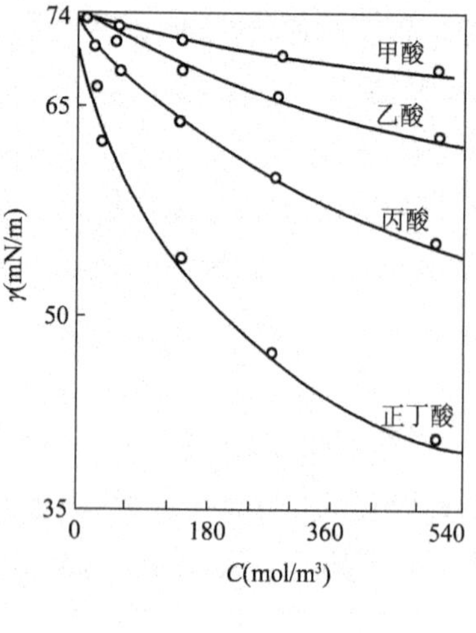

图 4－19　脂肪酸同系物溶液的 γ— C 关系

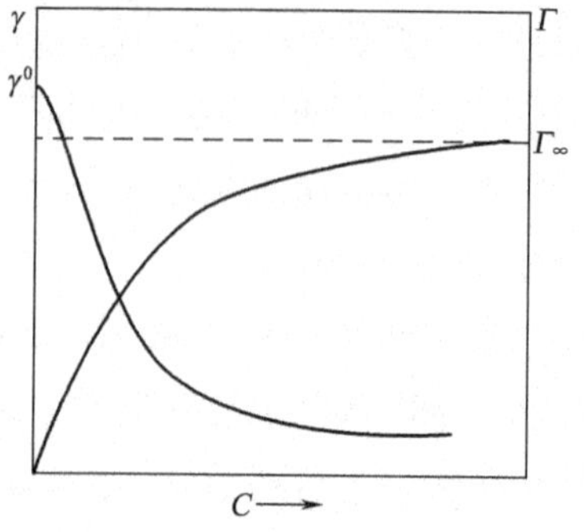

图 4－20　由 γ—C 求 Γ_2—C 示意图

(三)气体在液面上的吸附

前面讲及 Gibbs 公式源于相平衡,而且没有指定是任何相间的平衡,故也可以应用于气体在液面上的吸附平衡问题。

按照 Gibbs 吸附方程:
$$-d\gamma=\sum\Gamma_i d\mu_i$$
对于由组分 1 为液体、组分 2 为气体组成的体系:
$$-d\gamma=\Gamma_1 d\mu_1+\Gamma_2 d\mu_2$$
若参照面仍选在 $\Gamma_1=0$ 的地方,便有: $-d\gamma=\Gamma_2 d\mu_2$

气体的化学位 μ_2 与逸度因子 f 的关系:
$$\mu_2=\mu_2^{\ominus}+RT\ln f_2 \quad d\mu_2=dRT\ln f_2$$
在低压时 $f_2\approx p_2$,则有:
$$\Gamma_2=-\frac{1}{RT}\left(\frac{d\gamma}{d\ln p_2}\right)_T=-\frac{p_2}{RT}\left(\frac{d\gamma}{dp_2}\right)_T \qquad (4-42)$$
这就是应用于气体在液面吸附的 Gibbs 方程,应用条件是气体压力较低。

(四)无机电解质在表面吸附

无机电解质的吸附也可以应用 Gibbs 吸附方程:
$$-d\gamma=\Gamma_2 d\mu_2=\Gamma_2\cdot RTd\ln a_2$$
这里的问题是如何求电解质活度 a_2,若为 1—1 价电解质:
$$a_2=a_+\cdot a_-=(C_+f_+)(C_-f_-)$$
式中,a_+ 和 a_- 分别为正负离子的活度;f_+ 和 f_- 分别为正负离子的活度系数。当电解质的浓度很稀时,$f_+=f_-=1$,则有:
$$a_2=C_+C_-=C^2$$
这里 C 为电解质的浓度,于是:
$$-d\gamma=\Gamma_2 RTd\ln C^2$$
$$\Gamma_2=-\frac{C}{2RT}(d\gamma/dC)_T \qquad (4-43)$$
这就是电解质表面吸附的 Gibbs 公式,由于 $d\gamma/dC>0$,故 $\Gamma_2<0$,即表面负吸附,如图 4-9 曲线 1 所示。

一种特殊情况是,若有杂质电解质 MX 混入了电解质 MR 中,则杂质也会引起表面张力 γ 的变化,混合液中有三种离子 M^+、R^- 和 X^-,则对应的 Gibbs 吸附公式为:
$$-d\gamma=\Gamma_{M^+}\cdot d\mu_{M^+}+\Gamma_{R^-}d\mu_{R^-}+\Gamma_{X^-}d\mu_{X^-}$$
因溶液电中性条件,便有:
$$\Gamma_{M^+}=\Gamma_{R^-}+\Gamma_{X^-}$$
将下式代入上式得:
$$-d\gamma=\Gamma_{R^-}(d\mu_{M^+}+d\mu_{R^-})+\Gamma_{X^-}(d\mu_{M^+}+d\mu_{X^-})$$
若此时参照面选在 $\Gamma_X=0$ 处,则上式简化为:
$$-d\gamma=\Gamma_{R^-}(d\mu_{M^+}+d\mu_{R^-})=\Gamma_{R^-}\cdot R\cdot T(d\ln C_{M^+}+d\ln C_{R^-})$$
如果外加电解质浓度很大,则 $C_{M^+}\gg C_{R^-}$,则有:

$$d\gamma = -\Gamma_{R^-} \cdot RT\text{dln}C_R = -\Gamma_{R^-} \cdot RT\text{dln }C$$

$$\Gamma_{R^-} = \frac{-C}{RT}\left(\frac{d\gamma}{dC}\right)_T \qquad (4-44)$$

这就是混有过量杂质电解质时的原电解质吸附公式。式中 C 为原电解质浓度。将此式与式(4－43)比较可知，混有大量杂质电解质的吸附量是不含杂质电解质吸附量的两倍。

需要说明，式(4－43)和式(4－44)仅适用于 1－1 价的电解质，而且是强电解质；如果是弱电解质，还要考虑电离度问题；若是高价电解质，还必须考虑离子的带电量(即价数)对电解质活度的影响问题。

三、表面活性剂在溶液表面的吸附

对于多种溶质，且浓度不加限制的 Gibbs 吸附方程可由式(4－36)导出：

$$-d\gamma = RT\sum \Gamma_i^{(1)}\text{dln}a_i \qquad (4-45)$$

(一)非离子型表面活性剂

由于非离子型表面活性剂在溶液中不电离以分子状态存在，故有：

$$-d\gamma = RT\sum \Gamma_2^{(1)}\text{dln}a_2$$

在 $C < 10^{-2}$ mol/L 时，上式可近似地写为：

$$-d\gamma = RT\sum \Gamma_2^{(1)}\text{dln}C_2$$

$$\Gamma_2^{(1)} = -\frac{C}{RT}\left(\frac{d\gamma}{dC}\right)_T \qquad (4-46)$$

这个式子与普通溶质的表面吸附公式无任何区别。

(二)离子型表面活性剂

此种情况比较复杂，因为离子型表面活性剂要电离出正负离子，水也会电离出 H^+ 和 OH^-，这些离子会竞相在表面吸附，于是存在吸附平衡、电平衡(电中性)以及浓度积平衡，因此吸附状态是一系列平衡的综合状态。这里仅给出最后的结果。

(1)当不存在外加电解质时。阳离子表面活性剂表面过剩量：

$$\Gamma_{\oplus} = \frac{-C}{2RT}\left(\frac{d\gamma}{dC}\right)_T$$

阴离子表面活性剂表面过剩量： $\Gamma_{\ominus} = \frac{-C}{2RT}\left(\frac{d\gamma}{dC}\right)_T$ (4－47)

(2)当外加电解质过量时：

$$\Gamma_2 = \frac{-C}{RT}\left(\frac{d\gamma}{dC}\right)_T \qquad (4-48)$$

(3)当外加电解质并没过量时：

$$\Gamma_2 = -\frac{C}{yRT}\left(\frac{d\gamma}{dC}\right)_T \quad (1 \leqslant y \leqslant 2) \qquad (4-49)$$

四、Gibbs 公式的实验验证

Gibbs 公式是从最简单的相平衡体系中推导出来的形式简单明确的公式，然而其结论却是一切吸附过程的理论基础，因此自 1875 年此公式产生以来，对于其实验证实，一直为表面化学家所关注。

Gibbs 公式很简单，实验证明似乎并不难，因为只要测绘出 γ— C 曲线，并由浓度 C 和曲线上对应此浓度的斜率即可计算出表面吸附量 $\Gamma_2^{(1)}$；若再通过实验求出表面吸附量并与计算结果比较即可。然而，实验测定 $\Gamma_2^{(1)}$ 并不容易。如曾经有人利用往表面活性剂溶液中鼓气，由于所产生的气泡薄膜厚度很近似表面吸附层，因此分析收集到泡沫中溶质的含量和同体积中溶质的含量似乎可求出 $\Gamma_2^{(1)}$。但是用这种方法所得结果与 Gibbs 结果出入极大。原因不难解释，因为连续鼓泡过程中，气泡与溶液并没达到平衡，而且表面所处的位置也不确定，这些条件与 Gibbs 公式应用条件之一的各个量必须是平衡量是相违背的。直至 1936 年 McBain 采用表面刮皮法才使 Gibbs 公式得以直接证明。McBain 的方法是用一极锋利的刮片以 10m/s 的速度迅速刮下厚度约为 0.1mm 面积为 $1m^2$ 以上的溶液表面，并立即分析所刮出液体的浓度和原始液的浓度，若 C 为原液浓度，ΔC 为刮出液与原液浓度差，W 为刮出液质量，A 为溶液表面积，则表面过剩量为：

$$\Gamma_2^{(1)}=\frac{\Delta C}{A}\cdot\frac{W}{1+C+\Delta C} \tag{4-50}$$

式中，C 的单位是 g(溶质)/g(溶液)。实验结果很符合理论值(误差小于 10%以内)。

目前多采用放射性同位素的方法测定表面吸附量。放射性同位素通常放射出低能 β 粒子，它在水溶液中衰减极迅速，因此放在表面附近的探测器几乎全部探知的是来自表面的量。例如，氚(^3H)放射出能量为 0.0186MeV 的一个 β 粒子在水中行程仅为 1.7×10^{-5} m。因此，当表面活性剂用 ^3H 标记时，由探测器所测知的放射性强度是表面与表面以下 3μm 内溶液的放射性总和。若将 ^3H 标记到不被表面吸附的溶质上(如糖等)，再测这种溶液的放射强度，这就是空白实验，它所测定的是不包括表面，只是液面以下 3μm 的放射强度。将上述实验的总和减去空白实验值就会得到表面层放射强度，由放射强度与溶质浓度的函数关系即可得到表面浓度。

五、表面活性剂分子在溶液表面的吸附状态

在讨论表面活性剂分子的结构和胶团的形成时曾谈及，由于表面活性剂分子两亲的特殊结构，使其在溶液表面采取憎水尾在空气中而亲水头在水中的特殊定位方式，当时是从亲水和疏水的角度分析的，这种设想已为实验所证实，现在以十二烷基硫酸钠的表面吸附情况加以说明。图 4－21 是十二烷基硫酸钠的表面吸附量 $\Gamma_2^{(1)}$ 随其浓度的变化情况，属于典型的朗格缪尔(Langmuir)型吸附等温线。开始阶段 $\Gamma_2^{(1)}$ 随 C 而迅速上升，但当 C 为 4×10^{-4} mol/L 时增加趋缓，这就表明表面已没有多少空位让表面活性剂分子占据了。而当 C 大于 6×10^{-4} mol/L 时，$\Gamma_2^{(1)}$ 几乎不再增加，说明表面已经被占满。我们可以从每个分子在表面上所占面积 σ 分析，在低浓度时 σ 可表示为：

$$\sigma=\frac{10^{12}}{N_A\cdot\Gamma_2^{(1)}} \tag{4-51}$$

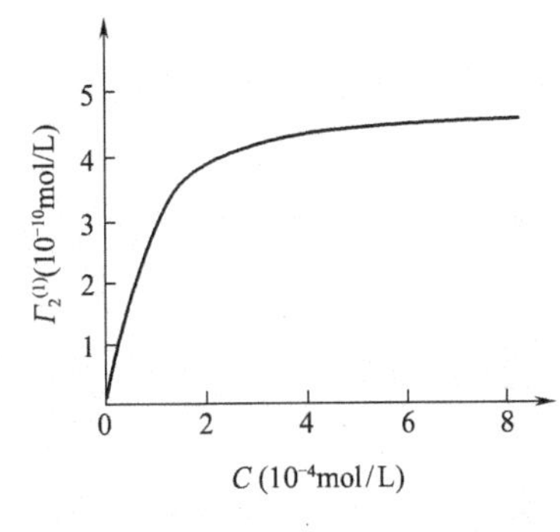

图 4－21　十二烷基硫酸钠吸附等温线

式中，σ 的单位是 nm^2/分子，而 $\Gamma_2^{(1)}$ 的单位为 mol/cm^2。按照 Γ 的定义式 $\Gamma=\frac{n^S-n^b}{A}$，当溶液的浓度很低时，$n^S-n^b\approx n^S$，故有 $\Gamma\approx\frac{n^S}{A}$，即每单位面积的表面吸附溶质的物质的量，而 $\frac{1}{\Gamma}=\frac{A}{n^S}$，即每摩尔溶质分子所占表面积，故可得到公式(4－51)表示的每个分子所占的面积。由式(4－51)所计算出的在浓度 C 分别为 6×10^{-4} mol/L 和 8×10^{-4} mol/L 时，对应的 σ 分别为 0.365nm² 和 0.36nm²。这表明表面已被分子所占满。图 4－22 示出了十二烷基硫酸钠的分子外形尺寸，显然若分子躺在表面，那么它所占面积约为 1nm²，若取直立状态约为 0.2nm²。从吸附数据计算的 σ 值判断表面活性剂分子在表面吸附状态应为立位(但不一定直立)。在整个浓度范围内，表面活性剂在表面取向的大致行为示于图 4－23 中，(a)表示浓度很低时，分子在表面有任意取向，直立、倾斜、甚至平躺；(b)随浓度增加表面分子浓度增加，分子直立程度增加；(c)已达吸附饱和，分子几乎完全呈直立状态。还有的实验数据表明，十二烷基硫酸钠的同系物 $C_nH_{2n+1}SO_4Na$ (n=10,12,14,16)，其饱和吸附时表面吸附分子所占面积基本相同，这也从另一侧面表示出表面活性剂分子在溶液表面直立的特殊的定位方式，因为同系物的直立状态的横截面积几乎是一致的。

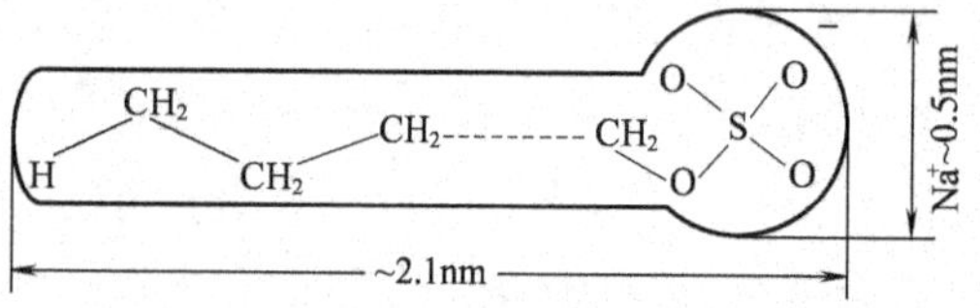

图 4－22　十二烷基硫酸的分子外形尺寸示意图

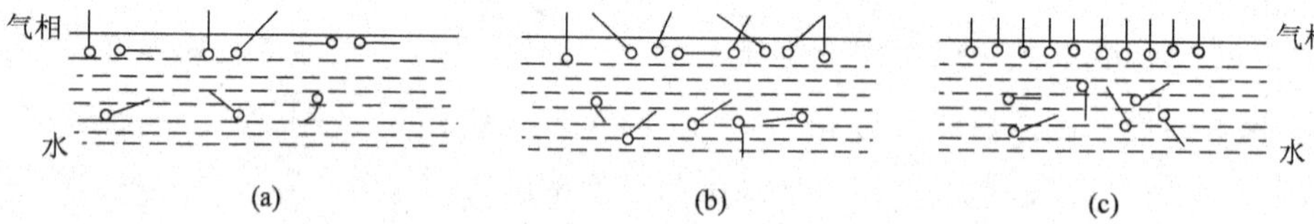

图 4－23　十二烷基硫酸钠分子表面吸附状态示意图

第六节　铺　展

一、黏附与内聚

图 4－24(a)是一个单位截面积的纯液体柱，如将其一分为二，便产生了两个新表面，尽管这一过程难于操作，但恒温恒压时完成这一过程外界所做的功等于表面自由能增量却易于计算：

$$\Delta G_{p,T}^S=W_{AA}=2\gamma_A \tag{4-52}$$

式中，W_{AA} 称为内聚(cohesion)功，它反映了同种 A 分子间力的大小，W_{AA} 值等于将一个液柱拉开所做的功。同样对由物质 B 形成的液柱也有：

$$W_{BB}=2\gamma_B \tag{4-52a}$$

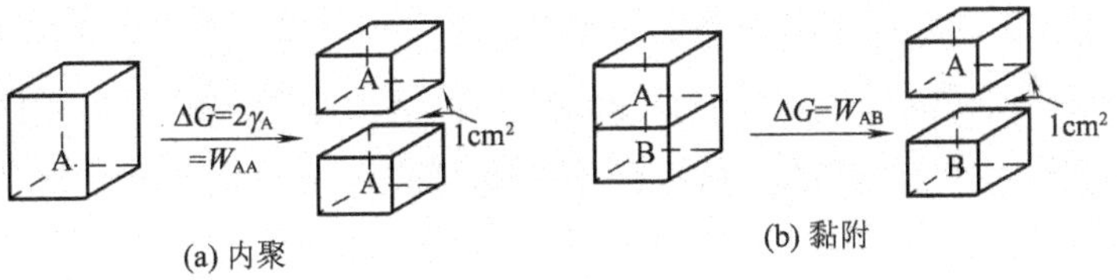

图 4－24　内聚与黏附示意图

若液柱是由 A、B 两种不互溶液体组成的单位截面积的液柱，如图 4－24(b)所示，如正好从 A、B 两相界面处分开，则在失去原来界面(A/B 界面)的前提下，产生两个新表面(A 与 B)，那么这一过程，外界所做的功为 W_{AB}，则：

$$\Delta G^{S}_{p,T}=W_{AB}=(\gamma_A+\gamma_B)-\gamma_{AB} \tag{4-53}$$

式中，W_{AB}为黏附(adhesion)功，其值反映了不同相分子(A 与 B)间作用力的大小。

二、一种液体在另一种不互溶液体上的铺展

若将一油滴滴在水面上，依日常经验：如是食用油，则仍为油滴，若是煤油则形成一薄层且在阳光照耀下闪现出彩色花纹。油滴在水面上大体有三种情况：

(1) 油滴依然成滴，形状如双面凸透镜，如图 4－25 所示。这种情况称为不铺展，如石蜡油在水面上就不铺展。

(2)铺展成一张具有一定厚度的薄膜，这张薄膜有两个界面，即油与水的界面(界面张力为 γ_{ow})和油与空气的表面(表面张力为 γ_{og})，因此这种薄膜称为双重膜，膜的厚度取决于所加油的多少。

(3)铺展成单分子层的膜，多余的油仍是滴状并与单分子膜成平衡。这种液体不能在自身所形成的单分子膜上再行铺展的现象称为自憎。这种物质多为极性有机物和表面活性剂这样的两亲分子，极性端与水相亲，非极性端与油或空气相亲，如图 4－26 所示。

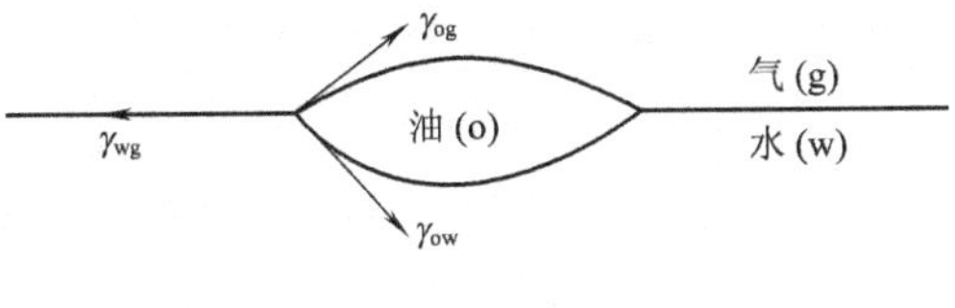

图 4－25　不铺展情况示意图

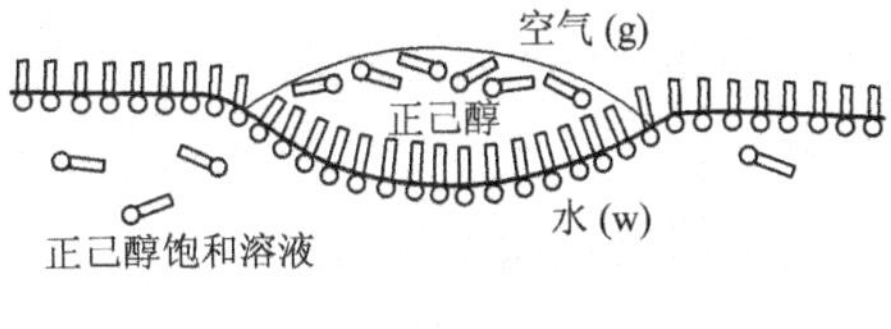

图 4－26　形成单分子膜情况示意图

油滴能否在水面铺展，取决于 γ_{ow}、γ_{og} 和 γ_{wg} 的大小。由图 4－25 可见，γ_{og} 和 γ_{ow} 趋于维持液滴为球形，而 γ_{wg} 力图把油滴在水面铺展开。因此若能够铺展必须满足以下条件：

$$\gamma_{wg}\geqslant\gamma_{og}+\gamma_{ow}\quad 或\quad \gamma_{wg}-(\gamma_{og}+\gamma_{ow})\geqslant 0$$

令：

$$S=\gamma_{wg}-(\gamma_{og}+\gamma_{ow})\geqslant 0 \tag{4-54}$$

式(4－54)所定义的 S 称为铺展系数(spreading coefficient)。铺展系数还有一个定义式，用式(4－53)减去式(4－52a)得：

$$W_{AB}-W_{BB}=\gamma_A+\gamma_B-\gamma_{AB}-2\gamma_B=\gamma_A-(\gamma_B+\gamma_{AB})=S_{BA} \quad (4-55)$$

即B在A上的铺展系数恰为黏附功与内聚功之差，S_{BA}决定了B物质能否在物质A上铺展。由于W_{AB}和W_{BB}分别反映了A—B分子间力和B—B分子间力的大小，因此B若在A上铺展，必须$S_{BA}\geqslant 0$或$W_{AB}\geqslant W_{BB}$，就是说B要在A上铺展必须是A—B分子间力大于或等于B—B分子间力，即$F_{AB}\geqslant F_{BB}$。

对于以水为基质的体系而言，由于γ_{wg}很大，一般的有机液体γ_{og}较小，故可在水面上展开。对于非水基质的体系，一般低表面张力液体可在高表面张力液体上铺展，这正是杂质在汞表面易于铺展而使汞面污染的原因。

杂质的污染有两种不同效果：油中污染会使γ_{og}降低而使S增加，有利于铺展；而水中杂质会使γ_{wg}降低量大于γ_{og}降低量，从而使S降低，不利于铺展。

需要指出，油与水之间可能存在一定限度的互溶度，这样水与油分别成为含一定量油与水的饱和溶液，因此，γ_{wg}与γ_{og}分别变为γ'_{wg}与γ'_{og}，于是式(4－54)变为：

$$S'=\gamma'_{wg}-(\gamma'_{og}+\gamma_{ow}) \quad (4-54a)$$

式中，S与S'分别称为起始铺展系数与终止铺展系数。

*第七节　不溶性单分子膜

尽管人们全面系统地研究表面膜是在20世纪初Langmuir的工作之后，但是人们对表面膜的认识和利用却很早，古埃及人就用油泼在海水中平息海浪，以求安全。关于"膜"(membrane)这个词的应用在概念上似乎是不太确切的，因为通常所说的膜不但是薄薄的一层，而且是连续的，能覆盖被掩盖的基体。但是在水面上形成的单分子膜往往是不连续的，膜的疏密程度取决于成膜物质的多少和被覆盖水面的面积大小。如果成膜物质较多，而水面较小，则形成的膜致密，分子间距很小，并有可能剩余成膜物质以透镜形的滴状存在；反之，若成膜物质较少，而水面又很大，则膜稀疏，膜物质分子间距很大。因此，称为铺展单层(spread monolayer)或单分子层(monomolecular layer)似乎更贴切些。

一、表面膜与表面压

(一)形成不溶性单分子膜(表面膜)的物质

满足油在水面上铺展的条件是$S_{ow}\geqslant 0$或$W_{ow}>W_{oo}$或$F_{ow}>F_{oo}$，归根结底还是O—O与O—W分子间力差值所决定。除符合这些条件之外还必须是不溶于水的物质，且能在表面定向排列。综合这些因素，那些碳原子数在10～20的极性有机物，如有机酸、有机醇和有机胺为可成膜物质。碳原子数较多的表面活性剂也可以形成表面膜。那些非极性尾短的极性有机物或表面活性剂则不能形成稳定的表面膜，因为它们的憎水性较差，易被极性基团带入水中而溶解。总之，形成不溶性单分子膜的物质是那些不溶性或极微溶性的极性有机物质，这类两亲分子在水面的定向排列而形成表面膜。

(二)表面膜的制备

制备单分子不溶膜的方法,无非是通过溶液表面吸附或通过将成膜物质滴加到水面上使其铺展。在实验室中,多采用溶解挥发法:将成膜的物质先溶于某种溶剂中(如丙酮),这种溶剂与水不相混溶且极具可挥发性。将此具有一定浓度的溶液定量地逐滴滴加到干净的水面上,维持恒温,待溶剂完全挥发后,保留在水表面上的溶质便可形成不溶性单分子膜。至于膜的稀疏,在成膜物质的量固定的条件下,通过移动液面上的滑尺,改变膜面积来实现。若膜过于稀疏可以减少膜面积,即压缩膜的方法使从"亚单层"变为单分子层;相反,若有残余成膜物质液滴存在,可以用扩张膜面积的方法使成单层膜。

(三)表面压 π

很多实验均能显示出表面压的存在,如在一个船形小木片尾部放一小片樟脑,且与水面相接,则小船会向船头所指方向前进;在干净水面上放置一形状如图 4－27 的纸框架,豁口处放一小纸片,然后用火柴棒在面部擦一下(沾取面部的有机油脂),并用此沾油的火柴棒与纸框内水面接触,由于油脂在框架内形成单分子膜而施加纸片一推动力,将纸片弹射出去,此即有趣的"大炮实验"。

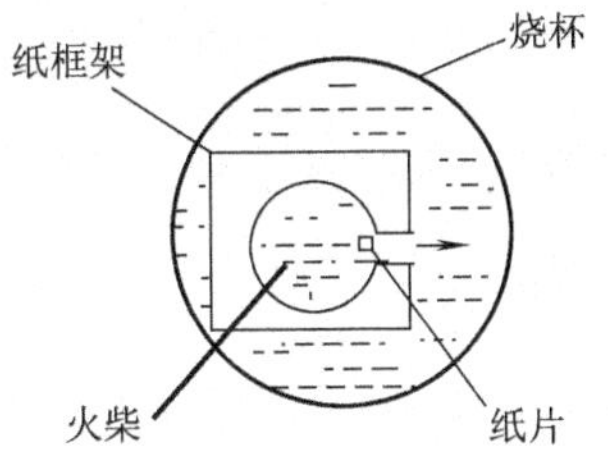

图 4－27 表面压演示图

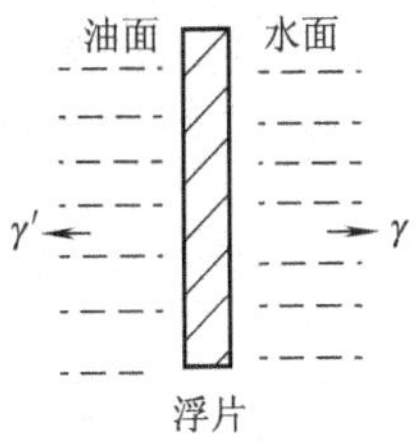

图 4－28 产生表面压图示

我们可以从表面张力分析这一现象。表面张力是一种表面紧缩力,它与表面相切并垂直作用在单位长度之上。如图 4－28 所示,浮片两边分别为水面和油面,其表面张力或紧缩力分别为 γ 和 γ',由于 $\gamma>\gamma'$,则净结果是 $\pi=\gamma-\gamma'$,方向指向水面一方,这个净力驱使浮片向右方移动。我们也可以从能量角度分析,若浮片长度为 l,向水面方向移动距离为 $\mathrm{d}x$,则油面增加表面积为 $l\mathrm{d}x$,水面面积减少量也为 $l\mathrm{d}x$,而表面自由能变化量分别为 $l\mathrm{d}x\cdot\gamma'$ 和 $l\mathrm{d}x\cdot\gamma$,则净表面自由能增量为 $l\mathrm{d}x(\gamma-\gamma')$,这一能量源于表面压驱动浮片运动做功 $\pi l\mathrm{d}x$:

$$\pi l\mathrm{d}x = l\mathrm{d}x(\gamma-\gamma')$$

$$\pi=\gamma-\gamma' \qquad (4-56)$$

由式(4－56)可见,表面压可定义为对单位长度浮片垂直方向所施加的力,其值等于水的表面张力因被膜覆盖而降低的数值。

(四)二维理想气态膜状态

关于表面膜中分子的状态、分子间距以及由膜分子所组成的膜的状态,我们完全可以仿效三维空间物质分子状态、分子间距、分子间作用以及由物质分子所组成的物质的状态分析方法来处理,只不过膜分子只有二维运动空间。按照 Gibbs 吸附方程来处理表面膜,会得出在浓度很低时的状态方程。那些成膜物质在浓度很低时表面张力与浓度的关系符合式(4－41a)：

$$\gamma=\gamma^0-K\cdot C \qquad \gamma^0-\gamma=\pi=KC$$

代入 Gibbs 吸附等温式，则有：

$$\Gamma=-\frac{C}{RT}\left(\frac{\mathrm{d}\gamma}{\mathrm{d}C}\right)_T=\frac{C}{RT}\left[\frac{\mathrm{d}(\gamma^0-\gamma)}{\mathrm{d}C}\right]_T=\frac{C}{RT}K=\frac{\pi}{RT}$$

而 1mol 表面物质在表面所占面积 A_m 在低浓度时有 $A_m=1/\Gamma$，故：

$$(\pi A_m)_{C\to 0}=RT \quad 或 \quad (\pi\sigma)_{C\to 0}=kT \tag{4-57}$$

式中，σ 为一个分子在表面所占有的面积。式(4－57)就是低压下的表面膜(即理想气态膜)的状态方程。对照三维理想气体状态方程，我们可以说，膜面积 A 对应了三维体积 V，而表面压 π 对应了三维压力 p。三维体积对应二维面积是很容易为人们所接受的几何概念，但是把表面压视为二维压力就不那么直观了。我们可以这样分析，浮片的作用是防止表面膜超越其所规定的范围，但膜下面的水却可在范围内外自由通过，因此膜对于浮片所施加的压力——表面压，就如同溶液中溶质分子对于半透膜所施加的压力即渗透压。

由分析式(4－57)可知 π 与 A 的函数关系，但这只是 π 很小或 A 很大时的状况。随 π 或 A 的变化，也就是膜分子间距的变化，π 和 A 或 π 和 σ 的关系也必有所变化。表面膜所研究的就是找出 π 与 σ 的关系，这就如同研究三维的 p 与 V 关系一样。此外，在三维空间中，因压力不同而造成体积或分子间距的变化，使物质呈现出气、液、固三态；相对应的二维空间因膜压的不同，也会使膜呈现气、液、固三态，只是膜的状态不如三维物质那样直观罢了。

二、单分子膜的研究方法

(一)朗缪尔(Langmuir)膜天平

研究表面膜的主要测定量是表面压 π、膜面积 A、每个分子所占的面积 σ、温度 T 以及成膜物质的物质的量 n。其测定方法主要应用 Langmuir 膜天平，它最初由 Langmuir 设计制造而后由 Adam 和 Harkins 改进，如图 4－29 所示。

水槽是石英材料的，实验前在氢气炉中经 700℃灼烧，去除任何油渍污染。水槽中注满多次蒸馏水，这种水是由高锰酸钾水溶液经减压蒸馏而获得的，去除水中含有的油性物质。然后再滴进一定量以丙酮为溶剂的浓度已经测定的成膜物质溶液。然后，恒温保持体系约 4～6h，直至丙酮挥发殆尽且体系达到平衡。膜面积 A 的大小可以通过改变滑尺位置来调节。当滑尺向右移时，油面对于浮片施以表面压 π，这个压力可通过扭力丝带动的刻盘读数，反射镜的安放使其灵敏度提高。为了防止油膜从浮片两边漏出，浮片两端连接疏水性极强的涂蜡丝线，每条丝线的另一端用蜡密封在槽边。

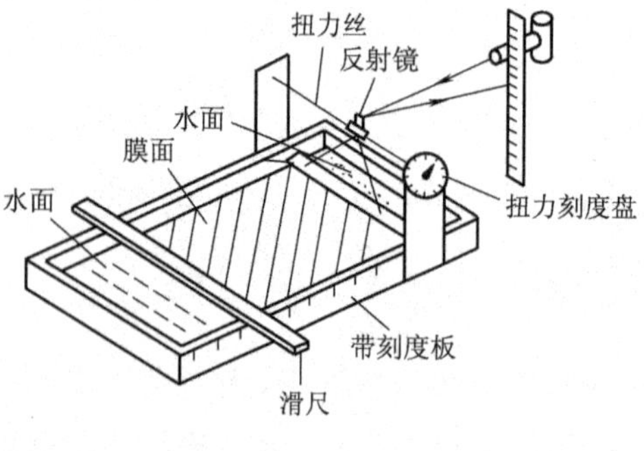

图 4－29　Langmuir 膜天平示意图

表面积 A 就是滑片与浮片间膜面面积，但是由于水与水槽相接处会出现曲面而引起矩形水面面积的误差，槽面面积需大于 $100cm^2$，以尽量减少误差。表面压数值可通过扭力刻度盘读出，现在新型膜天平将其转变为电信号，经过放大后在液晶显示器上读数。π 的数量级在几毫牛/米至几十毫牛/米，因此所有溶液不允许有杂质混入，甚至实验中手指上的汗毛沾污液面均会引起过大误差，致使实验失败。

另外需随时保持膜的平衡状态，如 A 的变化速度问题，亦即滑尺推动速度的不同，会使实验结果出现差异。为避免这种不平衡情况发生可采取膜的压缩法（即 A 减小）和膜的扩张法（即 A 增大），若两结果相近，则可确认平衡值。最后，一个十分重要的问题是实验必须维持恒温操作，整个仪器（指膜天平部分）应处于一个大的恒温箱中，因为任何状态方程均是温度的函数。

(二)表面膜的其他研究方法

研究表面膜的另一个重要方法是表面电势法。其实验装置如图 4－30 所示。空气电极是绝缘金属丝，依靠尖端上的 Po 或 ^{241}Am 所产生的 α 射线使两极间的空气与表面电离，分别测定无膜的水面电势 V^0，再测定含膜的电势 V，则表面电势 $\Delta V = V^0 - V$ 。改变膜面积，就可以得到 σ 与 ΔV 间的关系。如果表面膜是均匀的，那么当电极沿膜面运动时 ΔV 是定值；反之，如果所测 ΔV 随地点而变化，说明表面膜的不均匀性。另外，通过改变膜面积而使 ΔV 变化，也可获得有关膜分子的表面定位信息。ΔV 可归因于膜分子偶极子构成的平行板电容器的电位差，则有近似公式：

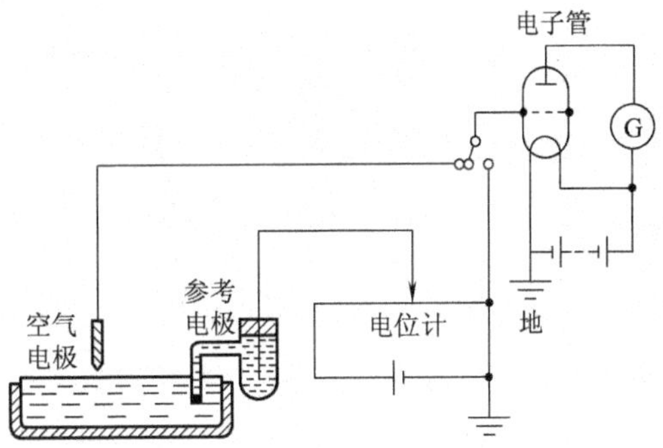

图 4－30　表面电势法装置示意图

$$\Delta V = 4\pi N\mu\cos\theta/\varepsilon \qquad (4-58)$$

式中，N 为单位面积（cm^2）的分子数；μ 为膜分子偶极矩；θ 为偶极子与表面法线方向的夹角；ε 为相对介电常数，对于空气 $\varepsilon = 1$ 。但值得注意的是 ΔV 不仅仅是膜分子的贡献，实验发现成膜物质会改变表面水的排列结构，因此用表面电势法测定分子定向问题有时并不完全有效。

此外还有其他方法，包括表面黏度法和电子显微镜法等。

三、π—σ 等温线与膜的各种状态

通过不溶性单分子膜实验所得到的实验数据是成膜物质的物质的量 n、不同的膜面积 A_i（由 A_i 和 n 计算出不同状态时的每个成膜物质分子所占的液面面积 $\sigma_i = A_i/nN_A$）以及温度 T。由此就会绘出 π—σ 等温线。图 4－31 是典型的 π—σ 等温线综合示意图[32]。

图 4－31 很像三维气体的 p—V 图，为了帮助大家更好地读懂这张图，让我们先回忆一下真实气体的 p—V 图（图 4－32）。T_1 与 T_3 线相似，均有一个水平线（g—l 平衡线），T_4 线没有水平部分，即没有液化过程，在整个压力下均为气态。以 T_2 线为例：在低压时，气体 V 随 p 增

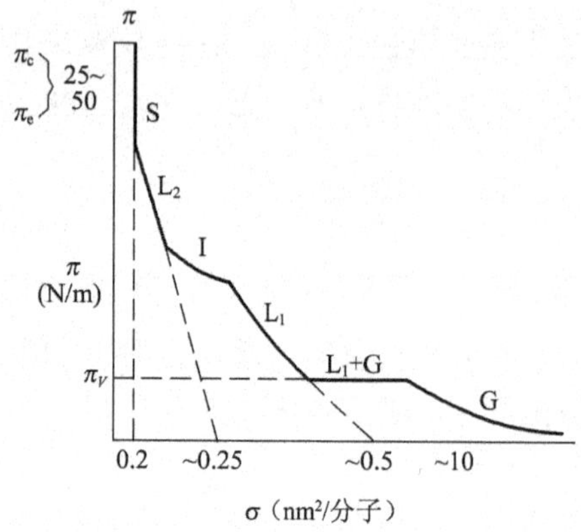

图 4－31　不溶性单分子膜的 $\pi-\sigma$ 等温线综合示意图和各种可能出现的各种状态

G—气态膜　S—固态膜

L_1—液态扩张膜　L_2—液态凝聚膜

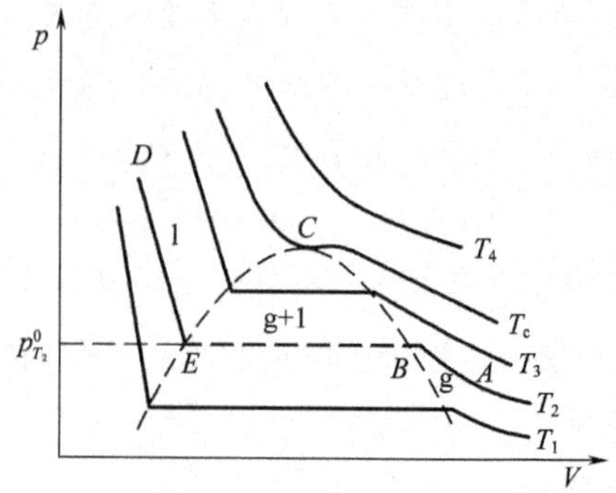

图 4－32　真实气体 $p-V$ 等温线示意图

加而减少，在达 B 点时 $p_{T_2}^0$ 为饱和蒸气压，此时气体液化，在 $p=p_{T_2}^0$ 不变情况下气体不断变为液体，到 E 点时完全液化，由于液体的不可压缩性，压力再加大但体积变化很小，这就是 ED 线变得直而陡的原因。T_c 线很特殊，在临界点 C 点以右，为气体，以左为液体，C 点为临界点。此处为气液不分的混沌状态。在 $T>T_c$ 时(如 T_4 线)，无论 p 多大也不会发生气体的液化，也就是说只要温度大于临界温度，物质总是以气态存在，故 T_4 线满足真实气体的状态方程，如 van der Waals 方程：$\left(p+\frac{a}{V_m^2}\right)(V_m-b)=RT$。有了这些基本概念，分析和理解图 4－31 就比较容易了。

1. 表面膜的各种状态　有了以上三维状态概念，把它应用于二维空间的表面膜的状态上去也是不难理解的。表面膜因分子间距的不同也存在气态 G、液态 L 和固态 S，不过膜的液态分两种：一是液态扩张膜 L_1，另一是分子间距更小一些的液态聚集膜 L_2。当分子平躺在水面上时(即分子间距很大时)，对应气态 G；随表面压 π 升高，分子间距减小，两亲分子的憎水尾逐渐直立起来，它在水面所占面积由 πl^2(l 为憎水尾长)逐渐减少，对应 L_1 态；而后随 π 进一步增加达 L_2 态，最后达 S 态，这时憎水尾完全直立，两性分子在表面紧密排列，这四种状态对应图 4－33 的(a)、(b)、(c)和(d)。若达 S 态之后表面压还要增加，则会引起膜的崩溃，如图 4－33(e)所示[32]。

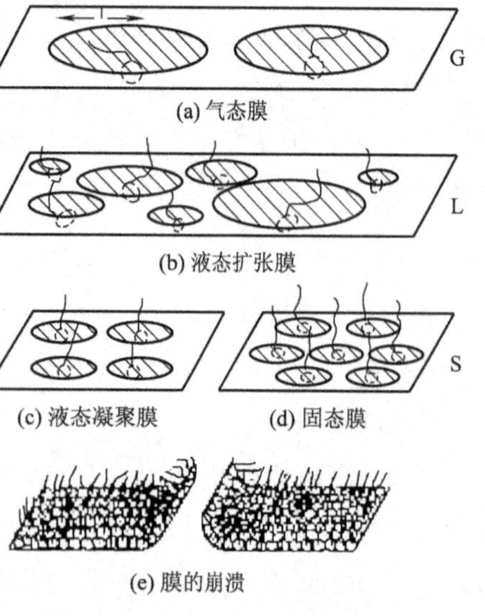

图 4－33　表面膜的状态随膜压变化示意图

需要指出，G、L 和 S 态膜除了膜中分子间距的差别外，分子的运动状态也不同。G态膜由于分子间力很小，因此分子可在二维空间内自由运动，L_1态膜中分子也可自由运动，但远不及G态膜中的分子。L_2和S态膜，由于分子间距很小，分子间力很大而不能自由运动。因此鉴别膜是否是L_2或S态膜的一种方法就是向膜上仔细吹放一些极细小的固体粉末，如果固体粉末不能自由运动，而是不运动或随膜做整体运动而无固体粉末间的相对运动，则可认为此膜为L_2或S态膜。

2. π—σ 等温线分析　现在我们分析图4-31所示的π—σ等温线。G线代表气态膜，此时膜压π很低，π与σ的关系应当满足理想状态方程(4-68a)。但是也如理想气体的状态方程一样，此方程仅适用于膜压π(对应三维压力p)很小或σ(对应三维摩尔体积V_m)很大时，随着膜压π增加，则此理想状态方程必须修正，我们对照真实气体的van der Waals方程，写出相应的真实气态膜的修正状态方程：

$$\left(\pi+\frac{a}{\sigma^2}\right)(\sigma-b)=kT \tag{4-59}$$

式中，b代表膜分子自身所占面积(为分子本身面积的两倍)的常数；a为代表分子间力的常数。

随着π的增加，进入$G+L_1$的两相区，在此区域内在π不变的情况下，气态膜逐渐转变为液态扩张膜，因此膜面积在逐渐减少，这与三维气体液化过程极为相似，是G和L_1的两态并存区，那么对应的膜压π_V就是在那个温度下的膜的饱和蒸气压。此时的表面膜中既有气态膜又有液态扩张膜，若用表面电势法测定表面电势，会发现随所测膜地点的不同ΔV变化剧烈，表明了膜的不均匀性。同样，应用类似三维气液平衡的克拉贝龙(Clapeyron)方程由p的温度变化率求蒸发热一样，通过π_V的温度变化率也可以求出二维G—L_1平衡蒸发热，下面是三维和二维气液平衡Clapeyron公式对照：

三维气液平衡　$$\frac{\mathrm{d}\ln p}{\mathrm{d}T}=\frac{\Delta H_{V_m}}{RT^2}$$

二维气液平衡　$$\frac{\mathrm{d}\ln \pi}{\mathrm{d}T}=\frac{\Delta H_{\sigma_V}}{RT^2} \tag{4-60}$$

如同三维气体一样，也存在一个临界温度T_c，高于这个极限温度，则气态膜绝不会液化。在临界点C处，G和L_1界限消失。

当膜压π再增加时，气态膜完全液化为液态扩张膜L_1，从而进入L_1相区。由于L_1态分子间距远小于G态，故可压缩性远小于G态膜，因此L_1线较G线陡直。将L_1线外延至$\pi=0$处，即可得到L_1态膜的分子截面积$\sigma_{L_1}^0\approx0.5\mathrm{nm}^2$/分子。$L_1$线的斜率，即液态扩张膜的可压缩性表现在部分的憎水尾甩出了液面。Langmuir认为可以将L_1态视为极薄的双层膜，上层是由互相吸引的憎水基而形成液相，下层是极性基所组成的非理想状态的气态膜，这个气态膜符合状态方程：

$$\pi_p(\sigma-\sigma^0)=kT \tag{4-61}$$

式中，π_p是极性基气体膜对膜压π的贡献，非极性基的液体膜贡献为π_0(为负值)，因此式(4-61)变为：

$$(\pi-\pi_0)(\sigma-\sigma^0)=kT \tag{4-62}$$

如果此时再压缩膜，膜压π会进一步增加而进入图4-31中的Ⅰ区，这一区域很容易被视

为 L_1 和 L_2 的两相区，但它不是一条水平线，实际上它是一种过渡状态，被称为转变膜，有关这一状态尚缺乏满意的解释。有人认为在此区域膜分子会聚集成团，而被称为半胶团（以区别表面活性剂在溶液内形成的胶团），但尚未被证实。

当膜压 π 进一步增大，便进入 L_2 相区，即液态凝聚膜，L_2 线十分陡直，说明其可压缩性更差了，此时憎水尾已完全直立起来，它之所以还具有一定的可压缩性是因为在极性基间尚存在一些水分子。随着这些水分子因膜压 π 的再度增加而脱离极性基，便进入几乎不可压缩的 S 区，即固态膜。L_2 线和 S 线延至 $p=0$ 处分别得到分子所占面积为 $\sigma_{L_2}\approx 0.25\text{nm}^2$/分子和 $\sigma_S\approx 0.2\text{nm}^2$/分子，两者相差甚微。X 射线研究可知，直链脂肪酸的分子截面积为 0.185nm^2，而 $\sigma_S\approx 0.20\text{nm}^2$/分子，两者的误差在实验范围内，这完全可证明分子在膜上确实是完全直立排列的。当压力增至大于 π_c 时则表面膜因卷曲而被破坏。

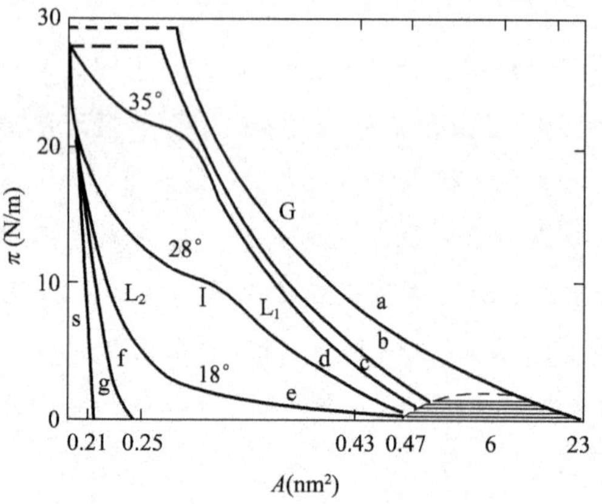

图 4-34　不同温度下 0.01mol/L HCl 中十四烷酸的 $\pi-\sigma$ 图

3. 影响表面膜状态的各种因素　温度对表面膜的状态有重大影响，图 4-34 示出不同温度时的 $\pi-\sigma$ 等温曲线[33]。较高温度（$T>T_c$）时，只存在 G 态（曲线 a）；随温度降低会出现 L_1 态（曲线 c）；温度较低时，L_1 至 I 态的转折可能消失（曲线 e）；当温度更低时 $\sigma-\pi$ 图中可能只存有 L_2 态（曲线 f）或 S 态（曲线 g）。由温度的影响可知，并非在一切条件下都会出现 G、L_1、I、L_2 和 S 态，图 4-31 所示各种状态的图仅为综合分析而已。

影响表面膜状态的除了温度之外，还有成膜分子的分子结构。对于长直链脂肪醇和脂肪酸这类化合物，只要温度适宜，分子长短合适，均有可能得到图 4-31 所示的各种状态，这就是说分子大小和温度要相匹配。若分子链很长或温度较低，易得 L_2 和 S 膜；若分子链很短或温度较高，易得 G 和 L_1 膜；而且每增加一个—CH_2—相当于降低 5℃。

另外，我们这里讨论的是不溶性单分子膜，成膜物质需具有一定憎水尾长度的两亲分子。对于那些憎水尾短的两亲物质包括表面活性剂，由于较大的水溶性而不能形成稳定的单分子膜。对于那些憎水尾较长，且溶液中含有大量无机盐（使双电层扩散层变薄）时，可形成表面活性剂的不溶性单分子膜。对于那些极性基较小，而憎水尾较长的非离子型表面活性剂与长尾极性有机物所形成的不溶性表面膜区别甚小。而离子型表面活性剂，由于电离作用，而形成带电表面膜，正引起人们的浓厚的兴趣。

四、不溶性单分子膜研究的应用

1. 关于成膜分子结构的测定　通过元素分析、红外及核磁共振的研究可以测知组成分子的元素及所含官能团。$\pi-\sigma$ 图的研究有助于了解其立体结构、分子的形状和大小。如在 G 态膜时，分子横躺于液面，测知 σ_G^0 便可大致确定其尾长及分子长度，由此可得知分子是直链或是支链结构的可能性。

现在我们讨论如何通过 $\pi-\sigma$ 图确定不溶性两亲分子的形状和大小。在 $\pi-\sigma$ 图中找出形成固态膜时的每个分子所占面积 σ_S^0：

$$\sigma_S^0=\frac{A}{N_A\frac{m}{M}}=\frac{1}{N_A\frac{m}{MA}}=\frac{1}{N_A\Gamma_\infty} \tag{4-63}$$

式中，A 是膜面积；m 是所用两亲分子的质量；M 为摩尔质量。实验测知 σ_S^0 对于碳数目大于 14 的脂肪酸均为 $0.205nm^2$，且与 C—H 链长度无关，说明分子是直立于液面上的紧密堆积结构。X 射线分析可知碳氢链横截面积为 $0.184nm^2$，两者极为接近。前者略大些可能是分子紧密堆积程度稍差或者分子不完全垂直液面。

那么分子的长度或者说单分子膜的厚度 δ 如何求呢？δ 在数值上等于单位表面膜的体积：

$$\delta=\frac{V}{A_m}=\Gamma_\infty\cdot V_m=\Gamma_\infty\cdot\frac{M}{\rho}=\frac{1}{N_A\sigma_S^0}\cdot\frac{M}{\rho} \tag{4-64}$$

式中，ρ 是两亲物质的密度；V_m 为摩尔体积。在同系物中 δ 随链长而有规律地增加，计算可知对于脂肪链每增加一个 CH_2，δ 增加 0.143nm。X 射线测知，若碳氢链的键角为 109°28′时，主链上两碳原子间距为 0.154nm，主链碳原子与支链碳原子间距为 0.126nm。可见 0.143nm 与 0.154nm 数值十分接近，前者之所以略小也是由于双亲分子在液面上不完全垂直的缘故。

2. 关于大分子相对分子质量的测定 当膜分子处于 $\pi-\sigma$ 图中的 G 态且膜压很低时（$\pi\to 0$），可按理想状态方程处理：

$$\pi A=nRT\ (\pi\to 0) \qquad \pi A=\frac{m}{M}RT\ (\pi\to 0)$$

$$M=\left(\frac{mRT}{\pi A}\right)_{\pi\to 0}=\left(\frac{\Gamma RT}{\pi}\right)_{\pi\to 0} \tag{4-65}$$

可以作 $\pi A-\pi$ 图，外延至 $\pi=0$（只有此时才满足理想方程）处找出 πA 值，再代入上式，即可求出 M。或者作 $\Gamma-\pi$ 图，外延至 $\pi=0$ 处，找出 $\left(\frac{\Gamma}{\pi}\right)_{\pi\to 0}$ 值代入上式也可求出 M。

3. 抑制液体的蒸发 研究水蒸发的抑制问题是重大研究课题[34]。不溶性单分子膜就有这样的功能。实验发现在裸露水面使用极少量成膜物质即可形成致密的表面膜，使水的蒸发量能减少 40%。形成水面上单分子膜的成膜物质必须满足如下条件：

(1)易于在水面铺展并形成不溶性单分子膜。

(2)膜要有柔韧性，因风吹雨打或鱼类翻越而被破坏后能够自行弥合。

(3)价格要便宜，且易于获得。

(4)对于人类的饮用水或水中生物无任何毒害作用。

十六醇和十八醇能满足这些条件并被广泛使用。

研究水蒸发的实验很简单，在水面以上 1～2mm 地方放置一个底部多孔并内有干燥剂的盒子，随时称重以确定蒸发量和蒸发速率。其理论处理如下。

蒸发速率由表面区和盒子与水面空气的扩散作用所决定，干燥剂吸水速率为：

$$\frac{m}{t \cdot A}=\frac{C_w - C_d}{R} \tag{4-66}$$

式中，m 为吸水量；t 为时间；A 为扩散面积；C_w 和 C_d 分别为水面上及干燥剂上水蒸气的平衡浓度。水蒸气的扩散阻力 R 可表示为几项阻力之和：

$$R=R_{表面}+R_{膜}+R_{空气}+R_{干燥剂}$$

令：

$$R_0=R_{表面}+R_{空气}+R_{干燥剂}$$

则：

$$R=R_{膜}+R_0 \tag{4-67}$$

由式(4－66)得到：

$$\left(\frac{m}{t}\right)_{有膜}=\frac{A(C_w - C_d)}{R_{膜}+R_0}$$

$$\left(\frac{m}{t}\right)_{无膜}=\frac{A(C_w - C_d)}{R_0} \tag{4-68}$$

整理后有：

$$R_{膜}=\frac{A(C_w - C_d)}{\left(\frac{m}{t}\right)_{有膜}}-R_0$$

$$R_0=\frac{A(C_w - C_d)}{\left(\frac{m}{t}\right)_{无膜}}$$

则有：

$$R_{膜}=A(C_w - C_d)\left[\frac{1}{\left(\frac{m}{t}\right)_{有膜}}-\frac{1}{\left(\frac{m}{t}\right)_{无膜}}\right]$$

$$R=\frac{A(C_w - C_d)}{\left(\frac{m}{t}\right)_{有膜}} \tag{4-69}$$

$R_{膜}$ 的大小反映了对水蒸发阻力的大小，即抑制水蒸发的能力。

复习指导

1. 表面(或界面)张力的实质是表面两边物质的分子间力差异。其主要影响因素是温度，当接近临界温度时表面张力不复存在。表面张力是贯穿整个表面化学非常重要的物理量，涉及吸附、铺展、表面压、洗涤和润湿等问题。表面张力的存在使弯曲表面上产生压力差和附加蒸气压。能够应用 Laplace 公式和 Kelvin 公式解释诸如过饱和蒸气、过饱和溶液、过热液体等亚稳状态和新相种子的作用(如人工降雨和防止液体暴沸等)以及硅胶等可润湿性物质中毛细孔的吸湿作用等物理现象。

2. 一种物质与液体混合会有如下可能：溶解并发生表面吸附；不溶解，不互溶液体在表面形成表面膜；介于两者之间，在液体表面形成可溶性表面膜，在液体内部形成胶团，表面活性剂是此类的典型。表面活性剂分子是一端亲水一端亲油的两亲分子，这种特殊结构决定了它在液体表面的定向排列和在液体内部聚集形成胶团。胶团结构的存在是决定溶液性质随表面活性剂浓度发生突然变化的根本，因此测定临界胶团浓度(CMC)的各种方法就是基于溶液性质曲线在 CMC 处发生突变的现象。CMC 是表面活性剂表面活性的量度。

3. Gibbs 吸附公式是在恒温恒压条件下按照相平衡推导出来的、严格的、重要的热力学公式,可以应用于任何相间的最终吸附状态——吸附平衡。

4. 一种液体在另一种不溶性液体上的铺展取决于组成体系的气、液、固三相间表面张力的大小,具体体现在铺展系数 S 值,铺展条件是:$S \geqslant 0$。表面压 π 是两种液体表面张力不等的结果。二维表面膜可对照三维体系分析:二维表面膜的 π 和 σ 分别对应三维 p 和 V,二维气态膜中 π、σ 和 T 间的关系对应了三维气态 p、V 和 T 间的函数关系;三维体系中因为物质分子间距的缩小而出现气、液、固三态,同样在表面膜中也因分子间距的不同出现气态膜、液态膜(液态扩张膜和液态凝聚膜)和固态膜。影响表面膜的状态的主要因素是成膜物质的本性和温度。

思考题

1. 影响液体表面张力的因素有哪些?最本质的是什么?

2. 在水面上撒一些细炭黑粉,再用放大镜将太阳光聚在炭黑粉中央。试问会发生什么现象并讨论。

3. 如右图装置,两个大小不等的肥皂泡,打开活塞使两气泡相通,试问会发生什么情况?最后两气泡变成什么样子?绘图讨论。

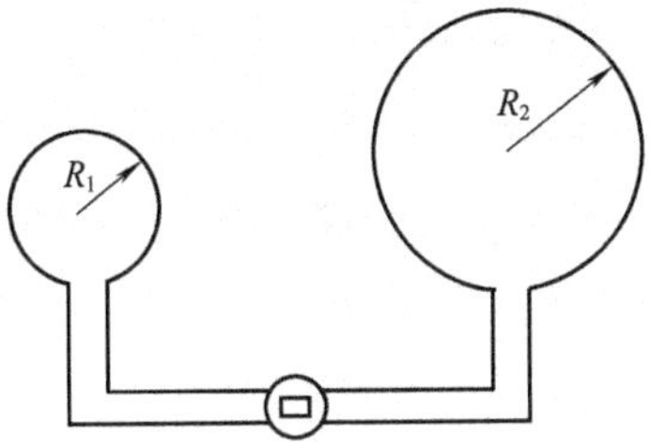

4. 计算半径为 5×10^{-7}m、5×10^{-4}m 和 5×10^{-2}m 小水滴在 1.01×10^5Pa 外压下的内压,已知水的表面张力为 72.8×10^{-3} N/m。(答:288,1.304×10^5Pa,1.01290×10^5Pa)

5. 若肥皂液表面张力为 30×10^{-3}N/m,求半径为 2×10^{-9}m 的肥皂的内压为多少?已知大气压为 1.01×10^5Pa。(答:1.010580×10^5Pa)

6. 一根直径为 1.0×10^{-4}m 两端开口并垂直放置的玻璃管,缓缓加入表面张力为 72×10^{-3} N/m 的水,问水柱高度为多少时,水滴能自底端滴下?(答:2.939cm)

7. 清晨空气中浓雾温度为 10℃,若水的饱和蒸汽压为 1227N/m^2,表面张力为 74.55×10^{-3} N/m,试比较直径为 20×10^{-9} m 与 200×10^{-9} m 雾滴的饱和蒸汽压。(答:1375N/m^2,1241N/m^2)

8. 测得 $SrSO_4$ 微粒在 20℃时溶解度增大 3%,求微粒半径。已知 $SrSO_4$ 的 $\rho=3.96\times10^3$ kg/m^3,$\gamma=85\times10^{-3}$N/m。(答:54.76nm)

9. 将直径为 1.0×10^{-3}m 的毛细管插入稀水溶液中,管端伸入水中 0.1m,为使管口吹出气泡,所需最大压力 Δp 为 1.139kPa。试计算此溶液的表面张力?(设溶液密度与水相同)。(答:39.2×10^{-3} N/m)

10. 用毛细管上升法测某液体的表面张力,液体密度为 790kg/m^3,在半径为 2.35×10^{-4}m 的玻璃毛细管中上升的高度为 2.56×10^{-2}m,液体能很好地润湿玻璃管,求其表面张力。(答:23.2×10^{-3}N/m)

11. 在一端半径为 1.00×10^{-3} m 另一端半径为 10.00×10^{-3} m 玻璃 U 形管中加入密度为 $950 kg/m^3$ 且能完全润湿玻璃管的液体，测得两端毛细管内液柱高度差 $\Delta h=1.9\times10^{-2}$ m，求液体表面张力。（答：98.27×10^{-3} N/m）

12. 设有半径为 1.0×10^{-4} m 的玻璃毛细管，如右图所示，$h=4\times10^{-2}$ m，油密度为 800 kg/m^3，玻璃—水—油接触角为 40°，试计算油—水界面张力。（答：5.12×10^{-3} N/m）

13. 用滴重法测某液体(密度为 $950 kg/m^3$)的表面张力。已知 20 滴液体重 0.80g，滴管内径为 2.00×10^{-4} m，外径为 6.0×10^{-4} m，若液体润湿管壁，计算液体的表面张力。（答：3.544×10^{-3} N/m）

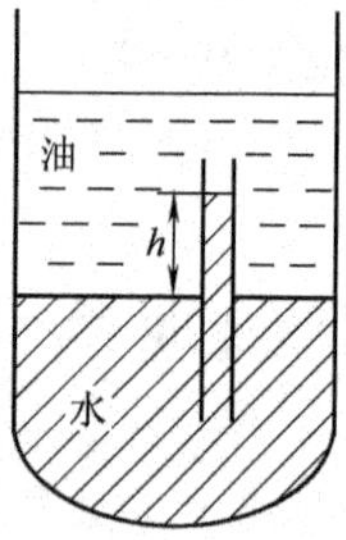

14. 在有水的玻璃器皿中垂直立着一根玻璃毛细管，水沿着毛细管上升约在中间达到平衡，产生弯曲面，若在此弯曲面以下某部位切断毛细管，会有什么现象？

15. 水溶液的表面张力与溶液的浓度关系为：$\gamma=72\times10^{-3}-0.5C$，此式只有在 $C<0.05$ mol/L 时才适用，试计算 25℃时方程式 $\Gamma_2=KC$ 中的 K 值。（答：2.018×10^{-4}）

16. 室温下已知 $\gamma_{水}$、$\gamma_{汞}$、$\gamma_{辛醇}$、$\gamma_{水—汞}$、$\gamma_{水—辛醇}$、$\gamma_{汞—辛醇}$ 分别为 73×10^{-3} N/m、48.5×10^{-3} N/m、27×10^{-3} N/m、375×10^{-3} N/m、9×10^{-3} N/m 和 348×10^{-3} N/m。试求：①水在汞面、辛醇和汞—辛醇界面上的铺展系数；②辛醇在水面、汞面及汞—水界面上的铺展系数；③水和汞、辛醇和汞、水和辛醇间的黏附功。（答：①$39\times10^{-3}$ N/m，-55×10^{-3} N/m，-37×10^{-3} N/m；②$37\times10^{-3}$ N/m、110×10^{-3} N/m，16×10^{-3} N/m；③$180\times10^{-3} J/m^2$，$91\times10^{-3} J/m^2$，$164\times10^{-3} J/m^2$）

17. 在 20℃时，水和汞的表面张力分别为 73×10^{-3} N/m 和 485×10^{-3} N/m，而水与汞间的界面张力为 375×10^{-3} N/m，求：①汞和水的黏附功；②汞和水各自的内聚功；③水在汞面上展开的铺展系数。（答：①$183\times10^{-3} J/m^2$；②汞 $970\times10^{-3} J/m^2$，水 $146\times10^{-3} J/m^2$；③$37\times10^{-3}$ N/m）

18. 某高分子在 18℃时展开在水面上的气态膜，测得表面浓度与表面压关系如下，求此高分子的摩尔质量。

表面浓度(mg/m^2)	0.005	0.010	0.015	0.020	0.028	0.050	0.062
表面压($\times10^{-3}$ N/m)	0.070	0.13	0.16	0.20	0.23	0.30	0.31

（答：0.140kg/mol）

19. 在 20℃时每平方米含 0.80mg 蛋白质单分子膜，表面张力降低 3.5×10^{-5} N/m，求该蛋白质分子的摩尔质量。（答：55.68 kg/mol）

20. 有一面积为 $1.00\times10^5 m^2$ 的储水库，今欲以十六酸的单分子膜铺展在水面上来阻止水蒸发，问需要多少千克十六醇？（假设单分子凝聚膜的分子面积为 $\sigma=0.25 nm^2$）。（答：0.161kg）

第五章　气—固界面

发生在气—固界面上的一个重要现象就是气体或蒸气在固体表面上的吸附以及与吸附有关的现象。在第四章讨论溶液表面吸附时，认为 Gibbs 吸附理论和由相平衡推导出的 Gibbs 吸附等温式是可以应用于任何平衡相及相界面的，因此是一切吸附问题的理论基础。只要能够测出界面张力的浓度变化率，代入 Gibbs 吸附方程，即可求出表面吸附量。但实际上，这个方程仅限于应用在气—液和液—液界面上，而不能应用于固面，包括气—固和液—固界面上，因为固体表面张力并不像液体表面张力那样可直接测定。因此对于气体和液体在固体界面上的吸附必须寻求新的研究途径。

第一节　固体表面

一、固体表面与液体表面比较

固体表面与液体表面一样，也存在不平衡力场，而且由于固体分子间距较液体更小，故不平衡力场更为强烈，表面张力会更大，因此它们也有向内收缩的趋势，如石蜡方块受热后棱角会变得更圆滑。这里讲的内缩趋势，是因为固体不像液体那样具有流动性。

正因为固体不具有流动性，因此固体的形状几乎等于它形成时或破坏后的形状。从微观上分析固体表面是凹凸不平的，即便是经精细加工的固体表面，高倍放大镜下，仍可发现表面依然粗糙，这一点与液面的平滑程度形成了鲜明的对比。

液面上的吸附力场是均匀的，而固面上的力场是不均匀的，那些表面凸起处、边角棱处、裂缝处和残损处具有更高的能量，因此说其表面活性是极不均匀的。吸附实验表明，吸附先发生在表面活性极强的部位，这正是固体表面催化与吸附的活化中心理论提出的基础。

固体表面带电量是不均匀的，甚至带不同电性的电荷。如石油钻井中泥浆的片状颗粒中，平面带负电而边部带正电荷。

二、固体的表面结构

任何一个表面的形成均需两步完成：第一步是将物质分开，裸露出新的表面分子、原子或离子；第二步是表面分子、原子或离子的重新排列而达到平衡的稳定状态。对于液体而言，完成的时间在千分之一秒内，因为液体分子具有可流动性。但固体表面的第二步却极为缓慢，固体分子的不可流动性使其表面几乎维持被分割时所保留的形态。这表现为以下几个方面。

（一）固体表面的粗糙度 ω

与液体的分子流动性而使表面呈现分子水平上的光滑表面不同，固体表面是凹凸不平的，因此其实际的真实表面积远大于其理想的几何表面积，粗糙度 ω 定义为：

$$\omega=\frac{\text{真实表面积}}{\text{理想几何表面积}}\gg 1 \tag{5-1}$$

表 5－1 给出了一些表面的粗糙度 ω 值，从表中数据可知，即使是经电抛光处理的表面也不是绝对光滑的。

表 5－1　几种表面粗糙度 ω

表　面	ω	表　面	ω
一次清洁玻璃球	1.6	银箔	5
二次清洁玻璃球	2.2	腐蚀过的银箔	15
充分清洁玻璃球	5.4	电抛光的钢材	1.13

（二）表面晶型的无定形化

一个新形成的表面，如图 5－1(a)所示的 NaCl 表面，由于阴离子 Cl^- 半径大，在固体表面上阳离子的作用下易于变形而极化[图 5－1(b)]，极化后的阴离子会比未极化的 Na^+ 以较快的速度外移，而使晶体表面的晶格变形[图 5－1(c)]，位移的结果使表面自由能降低而达稳定状态。表面层这种晶格变形或无定形化的厚度与物质本性、形成条件有关。如在干燥空气中研磨的石英大颗粒约有 2nm 的变形厚度，而经长时间研磨的微粒厚度可达 20～30nm。

（三）表面氧化层的形成

对于金属表面，还存在表面氧化问题，所形成的氧化层厚度一般在 1～10nm。氧化层厚度与金属所处环境有关，如铝表面在干燥空气中氧化膜厚度为 1～3nm，而在潮湿空气中可达 10nm 以上。

（四）固体表面密度

由于固体表面晶格变形和疏松化，而使其密度降低，但这种变形部分的比率 x 和密度 ρ 的变化因粒子的大小而不同。图 5－2 示出石英粒子粒径 d 与其密度 ρ 和无定形部分含量 x 的关

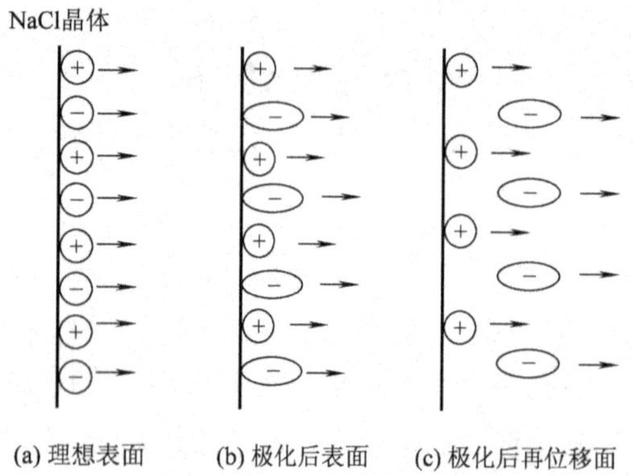

图 5－1　氯化钠晶体表面无定形化示意图

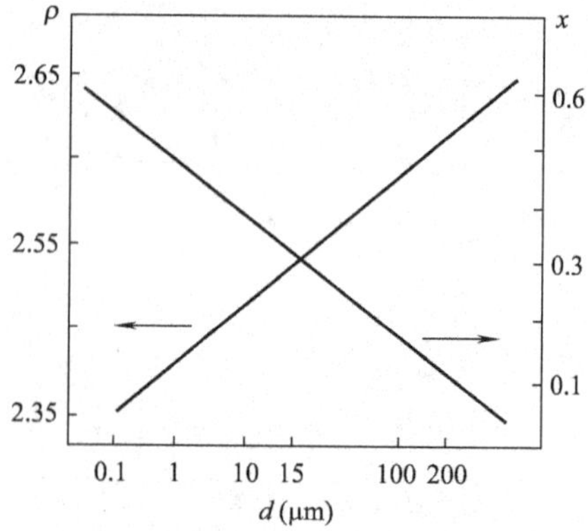

图 5－2　石英粒径 d 与密度 ρ 和无定形部分含量 x 的关系

系。由图可知随粒子尺寸的减小，比表面的增大，其密度 ρ 减小而无定形成分的含量增加。

三、固体表面的活性

由于固体表面的复杂结构，其表面相的能量和性质随体相本性的不同而不同，并且表面处不同的地方也表现出显著的差异，即表面活性的差异。对固体体相：

$$\left(\frac{\partial \mu}{\partial p}\right)_T = V_m \qquad (5-2)$$

积分后，可得出化学位 μ 与压力 p 的关系：

$$\mu^b = \mu^\ominus + (p - p^\ominus)V_m \qquad (5-3)$$

式中，$p^\ominus$ 为标准压力。对于凹凸不平的表面，作用在表面上的压力除了 p 之外，还有弯曲表面的压力差 Δp_r，故对固体表面有：

$$\mu^s = \mu^\ominus + (p - p^\ominus + \Delta p_r)V_m \qquad (5-4)$$

因此表面的自由能高出体相自由能为 μ^s 与 μ^b 的差值，即式(5－4)与式(5－3)相减得：

$$\mu^s - \mu^b = \Delta p_r V_m = \frac{2\gamma}{r} \cdot \frac{M}{\rho} \qquad (5-5)$$

分析式(5－5)，可以得到如下的结论：

(1)对于固体颗粒，由于曲率半径 $r>0$，故 $\mu^s>\mu^b$，而且这个差值随表面张力 γ 加大而增大。由于固面的凹凸不平使 r 值不定，另外晶体晶面的不同，γ 值也不同，因此固体表面不同部位处的自由能也不同。总之，粗糙的固体表面具有更高的能量，或表现出更高的活性，使其有更大能力吸附其他物质分子，以降低表面能量。表 5－2 列出了一些固体的表面能。

表 5－2　一些固体的表面能

物　质	表面能(10^{-3}J/m^2)	物　质	表面能(10^{-3}J/m^2)
金	1300～1700	铜	1370
铁	1360	云母	4500
氧化镁	900～1100	硫酸钡	1250
硫酸锶	1400	冰	92
碘化铅	130	氧化钙	1310
氢氧化钙	1180	氟化钙	2500

(2)固体表面的活性是极不均匀的。对于平面而言，只有一个方向的不饱和力场，对于边棱而言，有两个方向上的不饱和力场，对于顶角而言，有三个方向上的不饱和力场。不饱和力场越多，则表面能量越大，这正是形状复杂的固面活性不均匀性的另一原因，也是更重要的原因。

(3)固体物质随其粉碎程度的增加，不但比表面急剧增大，而且边角棱和缺损部位的比例不断增加，即表面活性部位的含量也在急剧加大。表面活性部位的增加，不但可以降低反应条件(如温度和压力等)，甚至诱发新的化学反应。学者们对于这种工业应用价值很高的现象给以极大的关注，从而诞生了一个全新的化学边缘分支——机械化学。科学工作者经过多年深入细致的研究，对氧化矿物和硫化矿物的机械活化取得一些共识性的理论和实践成果[37]：

①多种固体物料经机械活化后，化学活性都有不同程度的提高，这种提高不是由于颗粒变细比表面增大，而是由于内部发生各种物理和化学变化的结果。

②机械活化能使固体晶格畸变、缺陷增加，产生非晶格或相变，以致激发化学反应。

③机械活化能使高价金属氧化物发生失氧放气过程，向低价的氧化物转变，同时因失氧在晶体中形成空位，其进一步有序化会形成结晶学上的切变结构。在机械活化过程中，各种氧化物还常伴有化学反应。

④机械活化能显著改变硫化矿自身的电化学性质，使表面电极电位向负值漂移，从而使其氧化过程显著加强。

⑤固体物质机械活化的效果不仅与所用设备类型、机械力作用方式有关，也与活化介质有关，在不同条件下活化的效果相差很大。

⑥机械活化能使多种有色金属矿的浸出过程强化，对温度、浸出剂浓度的依赖性降低，提高产物的收率。

第二节 吸附概述

降低表面活性的方式有两种。在恒温恒压条件下：

$$G=A\cdot\gamma$$

$$dG=Ad\gamma+\gamma dA \tag{5-6}$$

因此欲降低表面能 G 必须降低表面张力 γ 或减小表面积 A。对于液体，在没有外来物质改变 γ 时，只有减小表面积 A，这正是液滴维持球形的原因。因为 $dA<0$，则 $dG<0$，所以液滴呈球形是自发过程。对于固体，由于分子的不可流动性，使其表面积 A 无法改变，但它可以吸附其他物质分子，以达到降低 γ 的目的。γ 的降低或 $d\gamma<0$，同样使 $dG<0$，因此固体的吸附作用是一个表面能降低的自发过程。

吸附现象在工农业生产、科学研究和日常生活中是经常遇到的物理化学过程，如实验室中精密仪器(如天平)内总要放置硅胶以吸附水蒸气，防止仪器腐蚀；防毒面具中起吸附过滤毒气作用的是活性炭；在火灾现场自救的方法之一是用沾水的毛巾堵住口鼻，一方面过滤气体，另一方面防止高温气体灼伤呼吸道；用离子交换法制备纯净水和用吸附法进行污水处理等。

一、吸附与吸附能力

图 5-3 所示为活性炭对溴气的吸附过程。投入足量活性炭的容器内充满棕红色的溴气，随时间的推移会发现容器内气体的颜色逐渐变淡直至呈无色透明状。显然在密封的容器中，溴气只能被吸附到活性炭颗粒的表面。被吸附物质 Br_2 称为吸附质(adsorbate)，具有吸附能力的固体活性炭称为吸附剂(adsorbent)，也称为基质。

吸附剂多为固体粉末或多孔物质，这些物质均具有较大的比表面，以实现更大的吸附能

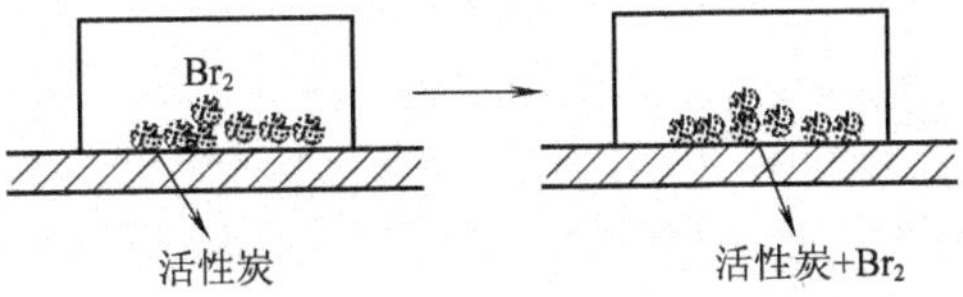

图 5-3 活性炭吸附溴气过程示意图

力。固体对于气体的吸附能力是用吸附量 Γ 来衡量的，吸附量 Γ 定义为单位固体质量 W 或单位固体表面积 A 所吸附的吸附质气体的体积 V（换算为标准状态下的体积）或物质的量 n：

$$\Gamma=\frac{V}{W} \quad 或 \quad \Gamma=\frac{n}{W} \tag{5-7}$$

和

$$\Gamma=\frac{V}{A}=\frac{V}{WA_{sp}} \quad 或 \quad \Gamma=\frac{n}{A}=\frac{n}{WA_{sp}} \tag{5-7a}$$

二、影响吸附量 Γ 的因素

（一）吸附剂与吸附质的性质

1. 吸附剂的性质 吸附剂的物理状态和多孔性是主要的影响因素。一般讲，无定形固体较晶体表面粗糙，具有更大的真实比表面；多孔固体比无孔的固体具有更大的比表面。因此作为实用的吸附剂固体均为极细小粉末状或多孔物质，前者如一般金属或其氧化物和硫化物，后者如实验室中常见的硅胶吸湿剂，而活性炭兼具极细小粉末状和多孔性。

一般通过粉碎或化学凝聚法所得非孔型固体颗粒，比表面仅为 1～10m^2/g，吸附能力较低，而实用的吸附剂通常要求比表面为几十至几百平方米/克。如用于防毒面具填充剂的活性炭吸附剂，就达几百平方米/克数量级。活性炭是通过有机化合物不完全燃烧，再经活化而制备的，比表面高达 300～1000m^2/g，微孔的直径多在 300～900nm，也有些产品微孔小于 50nm。

最典型的多孔性吸附剂是硅胶（$SiO_2 \cdot xH_2O$），微孔半径在 1～10nm。硅胶对水蒸气具有特殊的选择性和吸附能力，故用作空气干燥剂。其制备方法是在强烈搅拌下将 Na_2SiO_3 加入 H_2SO_4 溶液中，再经水洗、干燥、活化而成。

另一多孔性吸附剂是称为分子筛的沸石，其晶体结构是由交错的 Si—O 和 Al—O 四面体组成，其中的微孔直径为 0.4～0.75nm。因此可选择性地吸附小分子（如直径为 0.275nm 的水分子），而较大的分子不能渗透进微孔中，因此用来将混合气体中的水蒸气分离出来，也可以将混合液中的水分子分离出来，就如同筛子一样起筛分作用。

吸附剂的本性决定了它对一些气体或蒸气有特殊的吸附能力。如果将硅胶放入防毒面具中，而将活性炭放进精密仪器设备中作为吸湿剂，这种张冠李戴的做法不但达不到预期的目的，甚至会造成极其严重的后果。

2. 吸附质的性质 实验发现，在物理吸附中，由于吸附力为分子间力，吸附过程与气体的液化过程相似，因此物质的沸点越高，越易液化，则越易被吸附。由于临界温度 T_c 约为沸点 T_b 的 3/2，故 T_c 越高的吸附质越易被吸附。表 5-3 列出活性炭对几种气体的吸附数据就反映出 T_c 和 T_b 与 Γ 的这种关系。

表 5－3　活性炭吸附气体的吸附量与气体的物理性质间的关系

气　体	相对分子质量	沸点(K)	临界温度(K)	吸附量	气　体	相对分子质量	沸点(K)	临界温度(K)	吸附量
SO_2	64	263	430	379.7	CO_2	44	195	242	47.6
NH_3	17	240	405	180.9	CO	28	81	134	9.3
N_2O	44	183	309	54.2	N_2	28	77	126	8.0
C_2H_2	26	189	308	48.9	H_2	2	20	33	4.7

注　吸附量指 288K 时每克活性炭吸附气体的毫升数(标准状态)。

然而,化学吸附是通过吸附质与吸附剂分子的化学键结合,就不具有这种依赖关系。化学吸附中,对吸附质的要求更苛刻,只有与吸附剂物质发生化学反应的吸附质气体才有可能与吸附剂分子间形成类似化学键的吸附键。

(二)气体的压力和温度

一般在未达吸附饱和之前,吸附质的压力越大,则吸附量也越大。图 5－4 给出不同温度下 NH_3 在炭粒上的吸附等温线。温度对吸附量有极大影响,一般说温度上升,吸附量反而下降,这是因为吸附为放热过程,按化学平衡移动原理,升温不利于放热反应。恒温时的吸附热 ΔH 与 ΔG 的关系为:

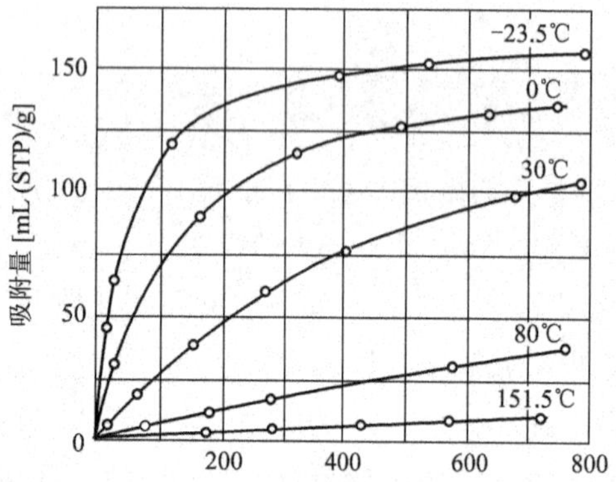

图 5－4　NH_3 在炭粒上的吸附等温线

$$\Delta G = \Delta H - T\Delta S \qquad (5-8)$$

因吸附是自发过程,故 $\Delta G<0$,而气体分子从三维空间吸附到二维固面上,气体分子从无序到有序是熵减少的过程,即 $\Delta S<0$,由式(5－8)可知 $\Delta H<0$,因此吸附是放热过程。严格地讲这一结论对于物理吸附才是正确的,对于化学吸附,由于有化学键的形成,而发生化学变化,有可能 ΔS 是正的,因此也有可能 ΔH 也是正的(若 $|T\Delta S|>|\Delta G|$)。

压力对吸附的影响可以从吸附平衡角度分析,吸附是气体分子在固面集中的过程,而被吸附的气体分子如有足够的能量是可以离开固面的,这个过程称为解吸,吸附平衡是指吸附与解吸间的动态平衡。体系压力增加,会使更多的气体分子碰撞固面并被吸附,因此吸附平衡可建立在更多气体分子被吸附的平衡状态,故在吸附饱和之前吸附量 Γ 随气体压力 p 增大而增加。

三、与溶液表面吸附的比较

气体在固面上的吸附比溶质在液面的吸附更为复杂,这可以从如下原因中找到答案:

(1)固面一般是多相的、不均匀的,活性基点分布也不均匀。

(2)固面上的吸附包括化学吸附和物理吸附。

(3)固面上吸附的吸附质可能是单层的,也可能是多层的。

(4)在固面上存在难于区分的吸附(adsorption)和吸收(absorption)。吸附是表面过程,其中包括固面的外表面及所含微孔的内表面;而吸收是气体分子或原子嵌入固体的晶格中去,如 Pd 对 H_2 的吸收。一般讲吸附和吸收很难在吸附实验中区分开,因为吸附结果通常用等温线表示,即在恒温时,改变气体的初始压力并测其吸附平衡后压力,由压力差、体积等计算出吸附量 Γ,这种 Γ 与平衡压力在恒温下的关系曲线称为吸附等温线。显然这种实验方法和手段是无法区分开气体在表面上的吸附和晶格内的吸收的。

四、固体对气体吸附的实验方法

由于固体表面张力不能直接测定,因此研究气体在固体表面上的吸附实验就不同于溶液表面吸附那样,通过测定表面张力的浓度变化率 $(\partial\gamma/\partial C)_T$ 即可由 Gibbs 吸附方程计算表面过剩量或表面吸附量。在固体吸附气体的实验中需要测定的量包括:被吸附气体的物质的量 n 或体积 V,进而求出吸附量 Γ,以及相应的平衡压力 p 和实验温度 T。实验方法有动态法和静态法:

(1)动态法。在体积为 V 的吸附体系中,维持温度 T 和气体压力 p 不变的情况下,不断地称量原始质量为 W 的吸附剂与其上所吸附气体的质量,直至达到平衡质量 W'。若固定温度,改变压力就可以得到吸附量 Γ 与 p 间的关系,若固定压力,改变温度就可以得到 Γ 和 T 间的关系,从而计算出吸附量。

(2)静态法。在体积为 V 的吸附体系中,引入一定量的气体,测量气体的初始压力 p_1 和平衡后压力 p_2,可直接计算出平衡压力 p_2 时的吸附量 Γ。若改变引入的气体量,维持恒温就得到 Γ 和 p 平衡压力间的关系,进而求出吸附量。

在固体吸附气体的实验中,一个十分重要的程序是实验前需将体系抽成真空,并使吸附剂彻底去气。所谓吸附剂去气,就是将吸附剂表面(包括外表面及孔内表面)原来所吸附的气体去除,方法是让吸附剂处于高温环境中,使吸附的气体解吸,并与体系一起抽成真空。

第三节　物理吸附与化学吸附

按照吸附剂与吸附质分子间力的性质和数值大小可将吸附分为物理吸附和化学吸附。物理吸附的作用力是吸附质与吸附剂的分子间力,即 van der Waals 力(范德华力),而化学吸附的吸附力相当于化学键力。

一、物理吸附的吸附力

吸附质与吸附剂的分子间力,即范德华力包括如下几种:

(1)非极性分子被非极性吸附剂所吸附,此时的分子间力为起吸引作用的色散力和起排斥作用的 Born 力组成,其位能(φ_a)可用兰纳德—琼斯(Lennard-Jones)公式表示:

$$\varphi_a = -C \cdot r^{-6} + B \cdot r^{-12} \qquad (5-9)$$

式中，r 是分子间距；C 为吸引能常数；B 为排斥能常数。很明显，在两非极性分子相距很大时，以吸引为主，而 r 很小时以排斥为主，当然在某个特定距离时，两者可能相等。式中正负号的应用遵从这样一种规定，即排斥取正，吸引取负。

另外，考虑到每个吸附质分子会与吸附剂内外表面所有分子或原子均有上述数值，因此总的吸引位能应是上式的总和，即：

$$\varphi_a = \sum \varphi_i = -C\sum r_i^{-6} + B\sum r_i^{-12} \tag{5-10}$$

考虑到 φ_a 与 r^{-6} 和 r^{-12} 间的关系，实际上加和 100～200 个相邻吸附剂原子就足够了。

(2)产生诱导偶极的吸附质分子与离子型(即极性)吸附剂之间，除了上述色散力之外，还应当有离子电场与吸附质诱导偶极间的诱导力(即电场力)作用，诱导力在吸附作用中的份额正比于吸附质分子的极化率以及吸附剂表面上静电场强度的平方。

(3)极性吸附质分子在非极性吸附剂表面上的吸附除了色散力之外，还有极性吸附质分子与被诱导了的吸附剂原子的诱导力。这种诱导作用数值不大，最多可达 kJ/mol 的数量级，它取决于吸附质分子的偶极矩和吸附剂的极化率。

(4)极性吸附质分子在极性吸附剂表面上的吸附，除了考虑色散力之外，尚需考虑吸附质与吸附剂两偶极分子之间的静电场力。

在考虑上述几种作用时，必须注意诱导作用或诱导静电作用通常远小于色散作用，因此物理吸附中分子间吸附能通常是由分子间色散力所决定的。

除了上述因分子间力产生的物理吸附外，还有一种隶属于物理吸附的氢键作用，水分子吸附在醇等含有—OH 的表面上可形成氢键，如水吸附在硅胶的羟基化表面上：

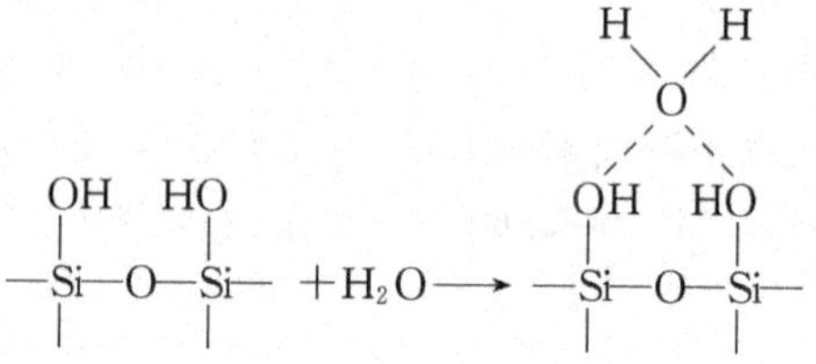

当形成氢键时，吸附质与吸附剂分子间的作用能量是相当大的，因此这类吸附的热效应通常大于那种几何形状和大小相似但不能形成氢键物质间吸附的热效应。

二、物理吸附与化学吸附的比较

物理吸附与化学吸附的不同列于表 5－4 中。应当指出，物理吸附和化学吸附的主要的和根本的区别在于吸附力的不同。

物理吸附是分子间力作用的结果，而分子间力是普遍存在的，故物理吸附无选择性可言；另一方面分子间力的大小因分子而不同，故吸附量随吸附体系不同而有差异；吸附质分子在吸附剂表面的凝聚，相当于液化过程，故吸附热近似液化热；物理吸附速率快且极易达到吸附平衡状态，这是因为吸附过程中无须克服活化能峰；吸附可形成单层，或在被吸附的吸附质上靠分子间力再次吸附而形成多层吸附，因此当平衡压力为气体的饱和蒸气压时常伴随液化过程的进行；物理吸附过程是可逆的，吸附过程的逆过程为解吸，从物质均匀分布角度分析，吸附是从分散到

表 5-4　物理吸附和化学吸附的比较

性　　质	物理吸附	化学吸附
吸附力	范德华力	化学键力
吸附热	近似液化热	近似反应热
选择性	无	有
吸附层数	单层或多层	单层
吸附速率	快，无须克服活化能	慢，须克服活化能
可逆性	可逆	不可逆
吸附温度	吸附质沸点附近或以下	远高于吸附质沸点
吸满单层的压力	$p/p^0 \approx 0.1$	$p/p^0 \ll 0.1$

集中的过程，而浓度差的形成必伴以扩散过程，即从浓度较大的表面向气体深部扩散，这就是解吸过程。从能量角度分析，三维运动的气体吸附到固面上以后，由于分子间力的作用，只能在固面上做二维运动，那么蓄有足够能量的分子在振动中会冲出吸附剂分子对它的束缚而进入空间。在物理吸附和解吸中，由于在整个吸附和解吸的全过程中体系与环境均无变化(即复原)，故是可逆过程。相反，化学吸附分子间的作用力是化学键力，即发生类似化学反应那样的旧键断裂和新键形成的过程，故有选择性；化学反应就要克服活化能，故吸附速率较慢；吸附热类似化学反应热，化学吸附所及仅为零点几个纳米，故只能是单层吸附，单层以上的吸附只能是已吸附气体分子与再被吸附气体分子间的物理吸附；另外，吸附与解吸过程是不可逆的。物理吸附的可逆性和化学吸附的不可逆性示于图 5-5 中。

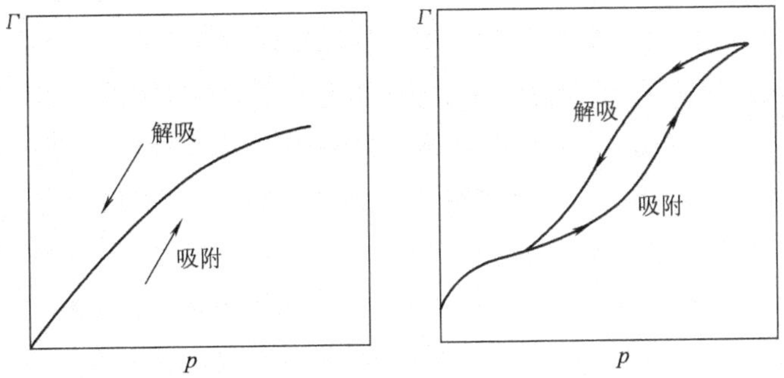

(a) 物理吸附　　(b) 化学吸附

图 5-5　物理吸附与化学吸附的可逆性

关于物理吸附与化学吸附问题有以下几点需要强调。

(一)物理吸附与化学吸附随温度的变化

物理吸附与化学吸附随温度而变化，图 5-6 所示 CO 在 Pd 上的吸附等压线(即在压力固定时，吸附量随温度的变化曲线)就是一个典型的例子。曲线 a 部分表示以物理吸附为主，此时温度太低，化学吸附速率极低。另外吸附是放热过程，故随温度上升吸附量降低。曲线 b 部分表示高温阶段，此时以化学吸附为主，且已达吸附平衡，故吸附量也随温度上升而下降。曲线 c 部分即在中温阶段也是以化学吸附为主，但此时尚未达平衡，吸附速率随温度升高而增大，进而吸附量亦增加。

(二)物理吸附与化学吸附常是相伴而生

O_2 在 W 表面既有物理吸附,也有原子 O 与 W 面的化学吸附,还有在化学吸附层上的多层的物理吸附,如图 5-7 所示。

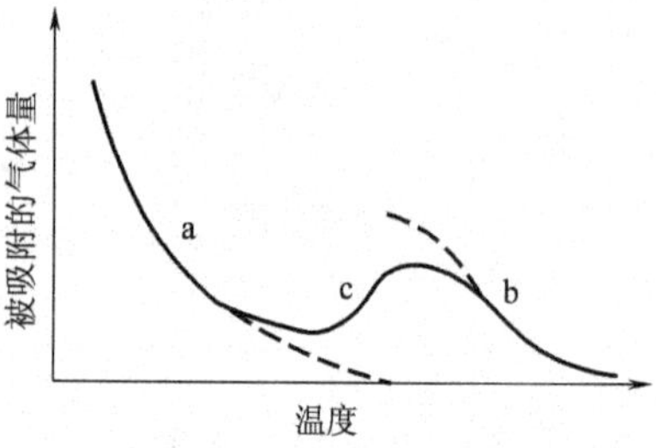

图 5-6 CO 在 Pd 上的吸附等压线

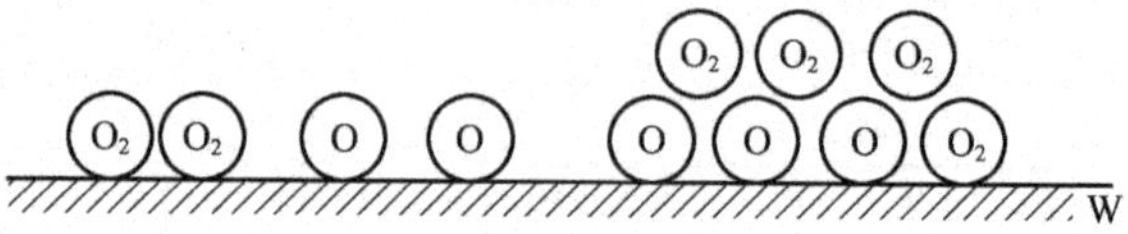

图 5-7 O_2 在 W 上的吸附示意图

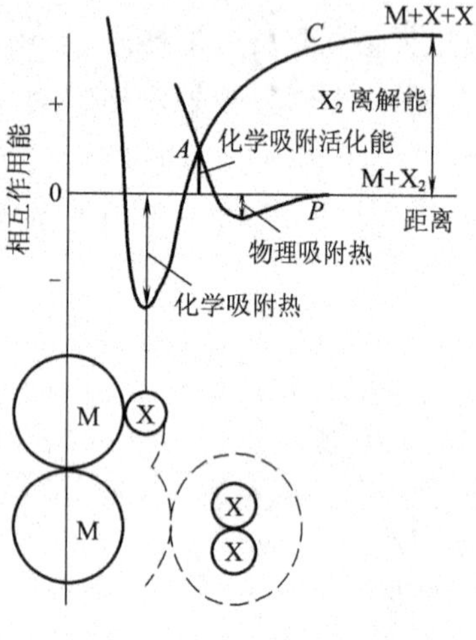

图 5-8 固体 M 与气体 X_2 间位能随间距 r 变化曲线

特别值得指出的是,往往最初的物理吸附会加速化学吸附的进行,最初的物理吸附的发生降低了化学吸附的活化能。图 5-8 是位能与距离的关系曲线,曲线 PA 代表吸附剂 M 与吸附质 X_2 之间的物理吸附,它主要源于分子间永存的色散力,按规定位能取值为负。但随着距离 r 缩短,斥力逐渐占上风,故有正值出现。曲线 CA 代表化学吸附,分子 X_2 必须先离解成 2X 方能发生化学吸附,如果只有化学吸附,则这个离解能就是化学吸附必须要克服的活化能。倘若先伴有 X_2 在 M 上的物理吸附,则其交点 A 处的能量就是化学吸附所需克服的活化能,这个能量数值比 X_2 离解能就低多了,亦即曲线先沿 P 线走,随 r 减少达到 A 点后又沿 C 线前进,这样相当于走了个捷径。

(三)关于化学吸附的不可逆性

在化学吸附中,吸附质分子与基质间形成了化学键,因此解吸过程并不等于吸附的逆过程,实际上解吸的并不是原来被吸附的物质,而是吸附质与吸附剂分子所形成的化合物的分离产物,就是说解吸过程不是原来被吸附分子简单的脱离问题。氧在煤炭上的吸附是典型的化学吸附。事实上如图 5-9(a)所示,煤炭表面存在具有自由价的碳原子,由于它的不饱和,氧就会吸附在碳表面上[图 5-9(b)],在碳与氧原子间形成了双键,这个键强于碳原子间的键,因此在用加热方法进行解吸时,从表面驱逐出去的不是 O_2 而是 CO_2 和 CO。

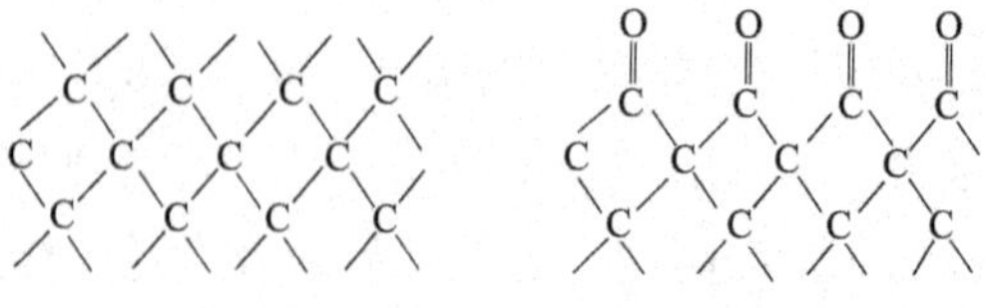

(a) 吸附前　　(b) 吸附后

图 5-9 煤炭吸附氧气过程示意图

一般而言,化学吸附在表面形成的具

有化学键的单分子层，不能视为一个新相或一个新物质，而是“表面化合物”，因为吸附了吸附质的吸附剂原子还与其他吸附剂原子结合着，而且化学吸附的化学键力尚不足以使吸附剂表面层原子从表面层的晶格中离去。如果外部给以足够的能量，如升高温度，则表面层原子会与气体发生真正的化学反应而形成新相产物从表面离去，不过这就不是表面吸附而变成气固多相化学反应了。

(四)关于吸附热

物理吸附是气体在固面凝聚的过程，吸附所放出的热近似于气体的液化热，其数量级在10～35kJ/mol，化学吸附热值可达900kJ/mol。但化学吸附热绝不等于化学反应热，吸附化学键决不等于化学反应键。吸附热包括等量吸附热、积分吸附热和微分吸附热，与我们关系最大的是等量吸附热。

由于固体表面活性的不均匀性，吸附过程总是先发生在那些最活性部位，而后依次在次活性部位吸附，因此以每摩尔气体被吸附所放出的热量表示的吸附热随吸附量或固体表面的覆盖率的增加反而会减少。为此就有了用等吸附量或等固体覆盖率所表示的等量吸附热ΔH，显然$\Delta H = f(\theta)$。覆盖率θ的定义为：

$$\theta = \frac{\text{固面已被吸附质覆盖的面积}}{\text{固面总面积}} = \frac{\text{吸附量 } \Gamma}{\text{饱和吸附量 } \Gamma_\infty} \tag{5-11}$$

等量吸附热可以通过量热器测定，也可以用表示蒸发过程的克拉贝龙—克劳修斯(Clapeyron－Clausius)公式计算，所不同的是ΔH为吸附热效应ΔH_θ而非蒸发热ΔH_V：

$$\ln \frac{p_2}{p_1} = \frac{-\Delta H_\theta}{R}\left(\frac{1}{T_2} - \frac{1}{T_1}\right) \tag{5-12}$$

或

$$\ln p = \frac{-\Delta H_\theta}{RT} + \text{积分常数} \tag{5-12a}$$

因此，计算ΔH_θ的方法有两种：

(1)应用式(5－12)在覆盖率相同的条件下，通过吸附等量线(图5－10)，由已知温度T_1和T_2时的平衡吸附压力p_1和p_2，即可计算ΔH_θ。

(2)按照式(5－12a)，在吸附等温线上，对应相同吸附量的不同温度T的p(图5－11)以$\ln p - \frac{1}{T}$作图，直线的斜率$= -\frac{\Delta H_\theta}{R}$，则$\Delta H_\theta = -R \times$斜率。

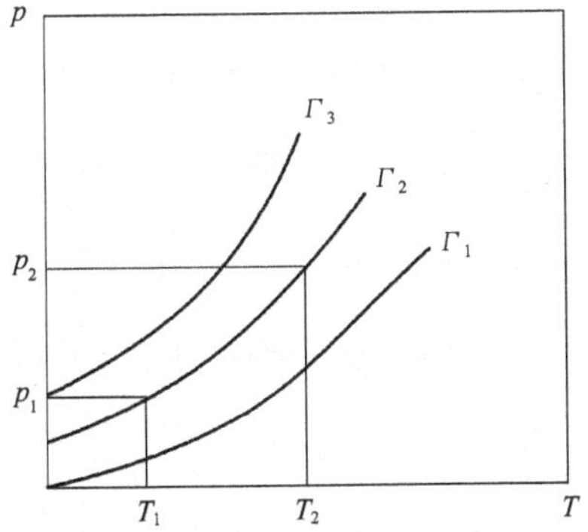

图5－10　不同吸附量时的吸附等量线

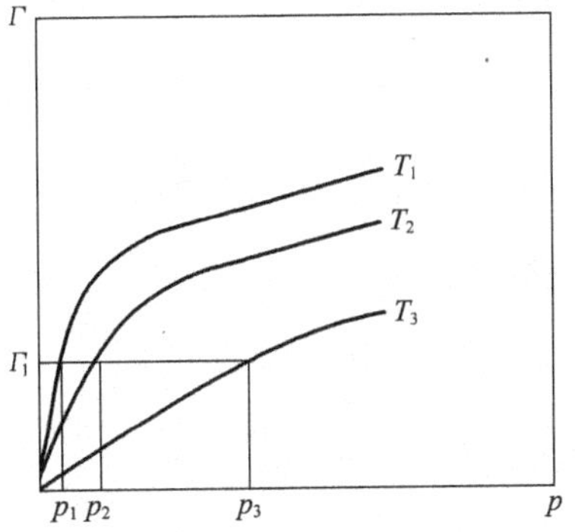

图5－11　不同温度时的吸附等温线

第四节　吸附等温线

研究吸附现象的方法有两类：一类是从分子运动理论入手，通过二维状态方程求出描述吸附现象的理论公式，这是本章最后一节要讲述的内容；另一类是通过吸附实验求出吸附量与其影响因素间的关系，并以图形和理论公式描述，这是本节与下节要讨论的内容。

一、吸附曲线

在吸附质和吸附剂体系确定后，影响吸附量 Γ 的主要因素是温度 T 和压力 p，三者间的函数关系为 $\Gamma=f(p,T)$，因此图形是三维的。为了便于阅读，只有固定一个量使之成为二维曲线，于是就有了如下三种吸附曲线。

1. 吸附等量线　固定吸附量之后，展示吸附平衡压力与温度变化关系曲线，即为吸附等量线。显然确定不同的吸附量（Γ、n、V 或 θ）就有不同的 p—T 关系曲线，如图 5－10 所示。

2. 吸附等压线　固定吸附平衡压力后，Γ—T 关系曲线即为吸附等压线，如图 5－6 所示的 CO 在 Pd 上吸附等压线，由图可见，无论是物理吸附（曲线 a 部分），还是化学吸附（曲线 c 部分），吸附量均随温度上升而减少，这是因为吸附为放热过程。

3. 吸附等温线　图 5－11 所示吸附曲线即是固定温度描述吸附量 Γ 与平衡压力 p 间关系的吸附等温线。这种曲线由于应用最广，且与吸附理论紧密相关，故需详细讨论。

二、吸附等温线

按照著名的胶体表面化学家布鲁诺尔（S. Brunauer）的分类方法，吸附等温线大致可分为如图 5－12 所示的五种[38]。

图 5－12(a)是 273K 时 NH_3 在活性炭上的吸附。随压力的增加，吸附量先是以线性增加，而后增势趋缓直至达到吸附极限（即饱和）。这种类型曲线称为 Langmuir 型吸附等温线，一般的单分子层化学吸附多属此类。饱和吸附量以 V_m 表示。某些发生在多孔吸附剂上的物理吸附也呈现此种类型的等温线。

图 5－12(b)是 77K 时 N_2 在硅胶上的吸附等温线，曲线呈反 S 形。曲线的开始部分类似图 5－12(a)中曲线，但在水平部分变为继续上升，一般认为在 B 点（曲线拐点）所对应的吸附量也是达第一层吸满时的吸附量 V_m，此后发生多层吸附。这种情况多发生在完整固面或多孔固面之上的吸附。

图 5－12(c)是 352K 时 Br_2 在硅胶上的吸附等温线。与前两类曲线明显不同的是曲线呈上凹形，而且没有饱和吸附，这类曲线不常见。

图 5－12(d)是 320K 时苯在氧化铁凝胶上的吸附，曲线走向与图 5－12(b)中的曲线类似，但是最终趋向吸附饱和，这种类型曲线较少。多认为是气体或蒸气在多孔固体的微孔中发生毛

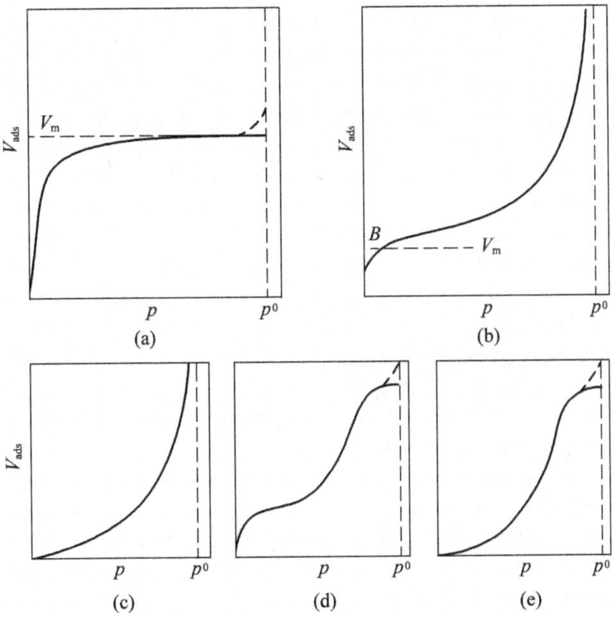

图 5－12 五种典型的吸附等温线

细凝结的结果，其吸附上限取决于微孔的总体积，那些化学吸附热与液化热相近的多层吸附也有这种曲线形式。

图 5－12(e)是 373K 时水在活性炭上的吸附曲线。这类曲线也不多见，与图 5－12(c)中曲线极为相似，但是有饱和吸附出现。人们认为它反映了毛细凝结现象，在达饱和蒸气压 p^0 以前毛细凝结停止并显示滞后现象。

第五节 吸附等温式

解释图 5－12 所示各种吸附等温线的理论和相应的公式很多，其中最经典的是弗罗因德利希(Freundlich)经验式、Langmuir 吸附等温式和 BET 多层吸附等温式。

一、Freundlich 吸附经验式

Freundlich 根据实验结果提出吸附气体体积 V 与压力 p 间关系的纯经验公式：

$$V=k\cdot p^{\frac{1}{n}} \tag{5-13}$$

式中，k 和 n 为与吸附体系有关的经验常数，且 $n\geqslant 1$。将此式两边取对数得：

$$\lg V=\lg k+\frac{1}{n}\lg p$$

若以 $\lg V$—$\lg p$ 作图，就得一直线，直线的截距为 $\lg k$，而斜率为 $\frac{1}{n}$，这样即可将经验常数 k 和 n

求出。这个公式的不足之处在于它反映不出 Langmuir 型吸附等温线的水平部分，即吸附量不再随压力而变化。式(5－13)所表示的吸附量 V 总随平衡压力 p 增大而增加，不会出现饱和吸附量 V_m，因此此式仅适用于 Langmuir 型吸附等温线的中压区域。

作为纯经验方程的式(5－13)目前可以从理论推出，在所建立的理论模型中假定吸附热与不均匀活性的固体表面覆盖率有指数关系。另一种推导方法将在本章最后一节给出。

二、Langmuir 吸附等温式——单分子层吸附理论

1916 年以前的吸附理论均假定被吸附的气体分子形成凝聚膜或压缩气体层，而且越接近固面，压缩层的密度越大，还认为分子间力随距离的增加而迅速下降，因此实际上吸附层也就是一层。Langmuir 完善了这种理论[39,41]，并通过一系列假设推出吸附等温式，且能满意地解释单分子层化学吸附和在适宜温度下的物理吸附曲线。

(一)Langmuir 理论模型

为了便于用简单的公式表达出平衡吸附量与平衡压力间的关系，Langmuir 提出如下假设，即理论模型：

(1)对于化学吸附，吸附力近似化学键力，故为单分子层吸附；也包括单层的物理吸附。

(2)吸附是局部的，即吸附质分子吸附在固面上的活化中心上，这些地方具有很强的不饱和力场，因此具有强烈的吸附气体分子以平和不饱和力场的能力。活化中心仅占固面的极小部分。在催化剂中毒的研究中发现极微量的毒物会使催化活性丧失殆尽，而这极微量的毒物根本无法覆盖催化剂整个表面，从而证明了活性中心仅占固面极小部分的假设。

(3)吸附热与表面覆盖率无关。按式(5－11)覆盖率 θ 可表示为：

$$\theta=\frac{\Gamma}{\Gamma_\infty}=\frac{V}{V_m}=\frac{S_0}{S} \tag{5-14}$$

式中，S 和 S_0 分别为固面上基点总数和已被吸附质分子占领的基点数。

(4)不考虑被吸附分子之间的作用力。

(5)吸附平衡是吸附与解吸间的平衡。

所谓解吸是被吸附气体分子逃离活性基点又返回气相的过程，也就是说活化中心仅保留气体分子一个有限的时间，在这段时间内二维运动的被吸附气体分子获取足够的能量而挣脱吸附剂分子的束缚又重新进入气相，而其他气相分子又可能在运动中撞击固面的这个活性中心时被捕获。气体分子对于固面的撞击分为两类，一类为弹性碰撞，撞后立即分离，另一类为有效碰撞或非弹性碰撞，分子会在固面停留一段时间，时间长短范围很宽。实验表明，温度越高，被一个活化中心所束缚的时间越短，这反映了温度的提高增大了被束缚分子的运动能量，当温度处于 1000～2000℃，停留时间仅为百万分之一秒。吸附就是这种停留时间的表现，一般认为 $t<10^{-13}$ s 不吸附，t 大于几十秒为化学吸附，处于中间者为物理吸附。但这不是绝对原则，两者根本区别还在于吸附剂与吸附质间是何种吸附力。

(二)Langmuir 吸附等温式

单位质量固体，其表面上有 S 个活性基点，其中有 S_0 个已被气体分子所占据，那么吸附速

率可表示为：

$$v_a = k_a(S - S_0) \tag{5-15}$$

式中的吸附速率常数 k_a 为单位时间内碰撞一个活性基点的次数，通过分子运动论可以给出：

$$k_a = \frac{A_0 p}{(2\pi mkT)^{\frac{1}{2}}} \tag{5-16}$$

式中，p 是气体压力；m 为分子的质量；A_0 为分子在表面所占面积。

解吸速率为：

$$v_d = k_d S_0$$

式中，k_d 为解吸速率常数。如果吸附热为 q，那么只有在表面上的被吸附分子能量大于 q 的分子才有可能离开表面，q 仿佛为解吸活化能一样，因此按阿累尼乌斯方程(Arrhenius)方程解吸速率为：

$$v_d = k_0 \exp\left(-\frac{q}{kT}\right) S_0 \tag{5-17}$$

在平衡时，$v_a = v_d$ 即：
$$\frac{A_0 p}{(2\pi mkT)^{\frac{1}{2}}}(S - S_0) = k_0 \exp\left(-\frac{q}{kT}\right) \cdot S_0$$

解出覆盖率 θ：
$$\theta = \frac{S_0}{S} = \frac{\dfrac{A_0 P}{k_0(2\pi mkT)^{\frac{1}{2}} \exp(-q/kT)}}{1 + \dfrac{A_0 p}{k_0(2\pi mkT)^{\frac{1}{2}} \exp(-q/kT)}}$$

或
$$\theta = \frac{bp}{1 + bp} \tag{5-18}$$

其中与体系的组成以及温度有关的吸附常数：

$$b = \frac{A_0}{k_0(2\pi mkT)^{\frac{1}{2}} \exp(-q/kT)} \tag{5-19}$$

若以 V/V_m 代替式(5－18)中 θ，则有：

$$V = V_m \frac{bp}{1 + bp} \tag{5-20}$$

及：
$$\frac{p}{V} = \frac{p}{V_m} + \frac{1}{bV_m} \tag{5-21}$$

式(5－18)、式(5－20)和式(5－21)均称为 Langmuir 吸附等温式，可分别适用于不同的计算和作图的需求。应用式(5－20)可以很容易地解释图 5－12 所示的第一类即 Langmuir 型吸附等温线：

(1)在低压时 $bp \ll 1$，故 $V = V_m bp$，V 与 p 呈直线关系，此关系式称为 Henry 公式。

(2)在高压时 $bp \gg 1$，故 $V = V_m$，即达饱和吸附状态，此时曲线呈现 V 不随 p 而变化的水平线。

(3)压力处于中间阶段时，只能用式(5－20)或者 Freundlich 方程来解释 p—V 间的关系。

应用式(5－21)作 p/V—p 图会得到一条直线，直线的截距为 $1/bV_m$，而斜率为 $1/V_m$，这样就可以解出饱和吸附量 V_m 和吸附常数 b 值：

$$V_m = \frac{1}{\text{斜率}} \tag{5-22}$$

$$b=\frac{\text{斜率}}{\text{截距}} \tag{5-23}$$

如果不是纯气体在固面吸附，气体是由 I 种纯气体组成的混合气体，那么第 i 种气体的吸附量的 Langmuir 公式为：

$$V_i=\frac{V_m b_i p_i}{1+\sum b_i p_i} \tag{5-24}$$

式中，p_i 是第 i 种气体的平衡分压；b_i 是第 i 种气体的吸附常数。

三、BET 公式——多分子层吸附理论

Langmuir 吸附等温式只能应用于单分子层吸附，因此只能解释前面介绍的五种吸附等温线的第一种。其后由布鲁尼尔(S. Brunauer)、埃密特(P. Emmett)和特勒(E. Teller)三位科学家于 1938 年在美国通用电气公司工作时给出的 BET 多层吸附公式应运而生[40,41]。

(一)BET 多分子层吸附理论模型

(1)固面上有确定数目的活化中心，且每个活化中心对于气体分子有相同的吸附能力。

(2)不考虑每个吸附层中被吸附气体分子之间的相互作用，也不考虑各吸附层分子之间的相互作用。

以上两条与 Langmuir 的假设是相似的。

(3)吸附是多层的，即被吸附的气体分子可以作为下一层的吸附中心，而且下一层的吸附不见得在上一层吸满时才开始。并认为第一层为化学吸附，其吸附热近似化学反应热，其他层为物理吸附，其吸附热近似气体的液化热。

(4)吸附平衡时，吸附与解吸速率相等，而且吸附和解吸只发生在吸附层的与气体相接触的最表层。

(二)BET 公式

BET 公式可以用多种方法推出，这里所采用的是最初的推导方法：平衡状态的动力学方法[37]。

若固面上的活化中心或吸附基点(base point)总数为 S，其中有 S_1 个被吸附质分子占领，则未被占领数为 $S_0=S-S_1$，吸附速率为 $k_a\cdot p\cdot S_0$，解吸速率为 $k_{d1}\cdot S_1$，这里的下标 a 表示吸附，d 为解吸，1 为第 1 层，平衡时有：

$$k_a\cdot p\cdot S_0=k_{d1}\cdot S_1 \tag{5-25}$$

若只存在一层吸附，则式(5－25)可容易地还原为 Langmuir 公式。再来看系数 k_a 和 k_{d1}：

$$k_{d1}\propto\gamma\exp(-\varepsilon/kT) \tag{5-26}$$

式中，γ 为频率因子；ε 为近似化学反应热。而 k_a 与表面碰撞频率有关，按照气体分子运动论，碰撞频率 $Z=(2\pi mkT)^{\frac{1}{2}}\cdot\sigma\cdot p$，因此 p 的系数可视为与 k_a 成正比，故：

$$k_a\propto(2\pi mkT)^{-\frac{1}{2}}\cdot\sigma \tag{5-27}$$

以上讨论的是第 1 层的情况，$S=S_1+S_0$；若有 i 层吸附层，则：

$$S=S_0+S_1+S_2+\cdots=\sum_{i=0}^{n}S_i \tag{5-28}$$

对于第 2 层也存在吸附平衡：

$$k_a S_1 p = k_{d2} S_2 \tag{5-29}$$

这里 k_{d2} 与 k_{d1} 不同的是，与式(5－26)相同的表达式中对应 k_{d2} 的 ε 不再是化学反应热，而是近似液化热 ε_v，即：

$$k_{d2} \propto \gamma \exp(\varepsilon_v / kT) \tag{5-30}$$

同理，对于其后的第 3、4、5…乃至第 i 层吸附平衡有：

$$k_a S_{i-1} p = k_{di} S_i \quad (2 \leqslant i \leqslant n) \tag{5-31}$$

第 2 层由 $k_a S_1 p = k_{d2} S_2$，得：

$$S_2 = \frac{k_a}{k_{d2}} S_1 p$$

第 3 层由 $k_a S_2 p = k_{d3} S_3$，得：

$$S_3 = \frac{k_a}{k_{d3}} S_2 p = \frac{k_a^2}{k_{d2} k_{d3}} p^2 S_1$$

第 4 层由 $k_a S_3 p = k_{d4} S_4$，得：

$$S_4 = \frac{k_a}{k_{d4}} S_3 p = \frac{k_a^3}{k_{d2} k_{d3} k_{d4}} p^3 S_1$$

$$\vdots$$

则至第 i 层有：

$$S_i = \left(\frac{k_a}{k_{di}}\right)^{i-1} p^{i-1} S_i = \left(\frac{k_a}{k_{di(i \geqslant 2)}}\right)^{i-1} p^i S_0 \frac{k_a}{k_{d1}} \tag{5-32}$$

由于各层有相同的 k_a，但 k_{di} 与 k_{d1} 的区别仅在于指数项的能量的不同，故上式可写成：

$$S_i = \frac{k_a^i p^i S_0}{\gamma^i [\exp(-\varepsilon_v/kT)]^{i-1} [\exp(-\varepsilon/kT)]} = \frac{k_a^i p^i S_0}{[\gamma \exp(-\varepsilon_v/kT)]^i} \frac{\exp(-\varepsilon_v/kT)}{\exp(-\varepsilon/kT)} = x^i c S_0 \tag{5-33}$$

其中：

$$x = \frac{k_a p}{\gamma \exp(-\varepsilon_v/kT)} = \frac{k_a}{k_{di(i \geqslant 2)}} p \tag{5-34}$$

$$c = \exp\left(\frac{\varepsilon - \varepsilon_v}{kT}\right) \tag{5-35}$$

将式(5－33)代入式(5－28)得：

$$S = S_0 + \cdots + S_i = S_0 + \sum_{i=1}^{\infty} x^i c S_0 \tag{5-35a}$$

引入两个新变量，V 为被吸附气体总体积，V_m 为第 1 层吸满的吸附气体的体积，显然：

$$V = \sum_{i=1}^{\infty} V_i$$

由于：

$$V_i \propto i S_i$$

故：

$$V \propto \sum_{i=1}^{n} i S_i$$

而：

$$V_m \propto S \propto S_0 + \sum_{i=1}^{\infty} S_i \tag{5-36}$$

因此覆盖率 θ：

$$\theta = \frac{V}{V_m} = \frac{\sum_i i S_i}{S_0 + \sum_i S_i} = \frac{\sum_i x^i c S_0}{S_0 + \sum_i x^i c S_0} = \frac{c \sum_i i x^i}{1 + c \sum_i x^i} \tag{5-37}$$

按照数学公式：
$$x(1-x)^{-1} \approx x(1+x+x^2+\cdots)=\sum_{i=1}^{n}x^i$$

$$x\frac{\mathrm{d}}{\mathrm{d}x}\Big(\sum_{i=1}^{n}x^i\Big)=x\sum_{i=1}^{n}ix^{i-1}=\sum_{i=1}^{n}ix^i$$

则：
$$\sum i\,x^i=x\frac{\mathrm{d}}{\mathrm{d}x}\Big(\sum x^i\Big)=x\frac{\mathrm{d}}{\mathrm{d}x}[x(1-x)^{-1}]=\frac{x}{(1-x)^2}$$

将这样的数学公式代入式(5－37)得到：

$$\theta=\frac{V}{V_{\mathrm{m}}}=\frac{c\dfrac{x}{(1-x)^2}}{1+c\dfrac{x}{1-x}}=\frac{cx}{1-x[1+(c-1)x]} \tag{5－38}$$

式(5－38)就是二参数(c 和 x)BET 方程。

由式(5－38)可知，在 $x=1$ 时，$V=\infty$，而按照 x 的定义式(5－34)，只有当 $p=p^0$(饱和蒸气压)时，吸附层数才趋于∞，进而 $V=\infty$，故：

$$1=\frac{k_{\mathrm{a}}}{k_{\mathrm{di}(i\geqslant 2)}}p^0$$

此式与式(5－34)对比得到：

$$x=\frac{p}{p^0} \tag{5－39}$$

这就是在实验中求 x 的方法。将式(5－38)整理就会得到常用的二参数 BET 公式形式：

$$\frac{1}{V}\frac{x}{1-x}=\frac{c-1}{cV_{\mathrm{m}}}x+\frac{1}{cV_{\mathrm{m}}} \tag{5－40}$$

对于多孔的吸附剂，由于其中毛细孔的空间有限，因此吸附层数不可能是 ∞，而是有限的吸附系数 n，于是就有如下的三参数 BET 公式：

$$V=\frac{V_{\mathrm{m}}cx}{1-x}\frac{(n+1)x^n+nx^{n+1}}{1+(c-1)x-x^{n+1}} \tag{5－40a}$$

如令 $n\to\infty$，则在 $x<1$ 时，$x^n\to 0$，$x^{n+1}\to 0$，则式(5－40a)还原为式(5－40)。

第六节　BET 公式的验证与比表面的测定

一、BET 公式的验证

BET 公式是在一系列苛刻的，甚至不切实际的假设中推导出来的理论公式，这个公式是否成立尚需验证。验证需满足这样几个结论：

(1)由公式给出的图形与实验图是否相符。

(2)由公式计算的结果是否与实验结果产生较小的误差。

(3)表现出温度的依赖关系。

(一)理论吸附等温线与实验曲线的适应性

按照式(5－40)，设一系列 c 值会得到图 5－13 所示的一组典型曲线[11]。曲线的形状与 5

类典型曲线(图 5－12)中(b)(c)两种极其相似。这组曲线有如下特征：

(1)在 $x=p/p^0\to 1$ 时，吸附值迅速上升，也就是说理论上会无限层吸附下去，这满足于 BET 推导时的假定，即在 $p\to p^0$ 时吸附层达∞。

(2)曲线形状对 c 值很敏感，当 $c\leqslant 2$ 时，曲线无拐点[适应典型吸附等温线(c)]。

(3)而当 $c>2$ 时，拐点越来越敏感[适应典型吸附等温曲线(b)]。

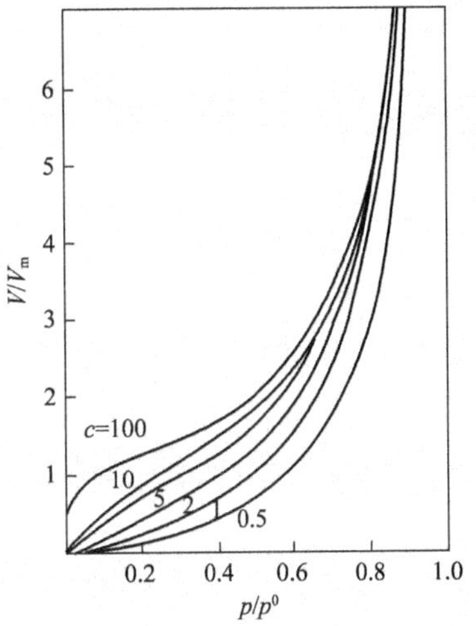

图 5－13　按照 BET 公式计算出的不同 c 值时的 V/V_m—p/p^0 理论曲线

(二)与 Langmuir 公式的关系

如果 $c\gg 1\left[\left(c=\exp\left(\frac{\varepsilon-\varepsilon_v}{kT}\right)\right)\right.$，即 $\varepsilon\gg\varepsilon_v$] 及 $p/p^0=x\ll 1$(即单层吸附)时，式(5－40)可作简化：

$$\frac{1}{V}\cdot\frac{x}{1-x}=\frac{c-1}{cV_m}x+\frac{1}{cV_m}$$

$$\frac{1}{V}\cdot x=\frac{x}{V_m}+\frac{1}{cV_m}=\frac{cx+1}{cV_m}$$

$$\frac{V}{V_m}=\theta=\frac{cx}{1+cx}=\frac{cp/p^0}{1+cp/p^0}=\frac{bp}{1+bp}\quad(其中\ b=c/p^0)$$

这就是 Langmuir 公式，这也证明 BET 公式的正确性，就如同真实气体的范氏方程和维里公式在 $p\to 0$ 时能还原为理想气体状态方程一样。

(三)对实验数据的适应能力

对式(5－40)稍作变动，将 $x=p/p^0$ 代入会得出实验中的常用公式：

$$\frac{1}{V}\cdot\frac{p}{p^0-p}=\frac{c-1}{cV_m}\cdot\frac{p}{p^0}+\frac{1}{cV_m}\tag{5－41}$$

这样，以 $p/[(p^0-p)V]$—p/p^0 作图，应为一条直线，且

$$截距=\frac{1}{cV_m}\quad 斜率=\frac{c-1}{cV_m}$$

联立这两方程可解出：

$$c=1+\frac{斜率}{截距}$$

$$V_m=\frac{1}{斜率+截距}$$

实验证明，严格遵守这一直线规律的范围在 $0.05\leqslant p/p^0\leqslant 0.30$，这一范围包含了 $2<c<500$ 时的 $V\leqslant V_m$，即单层吸附的区域。作者曾利用比表面测定仪和 BET 公式测定了直径为(0.10±0.01)μm 的 $\alpha-Fe_2O_3$ 均匀粒子的比表面，得到了图 5－14 所示的曲线[42]。由这条曲线可得出的结论是：

(1)曲线的直线部分确在 $0.05\leqslant p/p^0\leqslant 0.30$。

(2)由直线段的截距和斜率求出 c 和 V_m，并由 V_m 通过式(5－42)计算的比表面积为

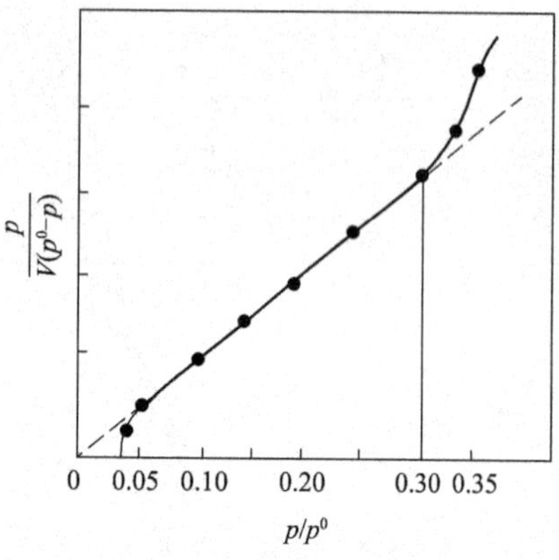

图 5-14　氮气在粒径为 0.1μm 的 α-Fe_2O_3 上吸附的$\frac{p}{(p^0-p)V}$—$\frac{p}{p^0}$实验曲线

$12.7m^2/g$(α-Fe_2O_3)，而由固体密度和粒径所计算的值为 $11.9m^2/g$(α-Fe_2O_3)，两者基本一致。

(四)表现温度关系

在 BET 公式中，能体现温度关系的只有参数 $c=\exp\left(\frac{\varepsilon-\varepsilon_v}{kT}\right)$，关于不同 c 值(实为不同 T 值)的各种曲线形状前已给出。在 c 表达式中有两个涉及 T 的因素，一是 kT 值，这是明显的；另一项是 ε 和 ε_v 值。在 BET 公式推导过程中，我们曾假定各个层的 k_{ai} 与 k_{di} 是恒定不变的[k_a 和 k_d 分别与 $\exp(-\varepsilon/kT)$ 和 $\exp(-\varepsilon_v/kT)$ 成正比]，但这种假定对结果影响不大，因为它毕竟是次要的温度效应。

二、比表面积的测定

研究气—固吸附理论的重要应用之一就是测定固体的比表面积[43]。比表面积是固体颗粒的极其重要的物理参数，它是研究固面吸附以及催化现象和理论的基础参数之一。下面介绍三种与 BET 公式密切相关的测定比表面积的方法。

(一)BET 方程多点法

以实验数据作$\frac{p}{V(p^0-p)}$—$\frac{p}{p^0}$图，从所得曲线直线部分的斜率和截距求出 V_m，V_m 的意义是在气体布满一层后的气体体积(标准状态)。吸附气体多用氮气，氮气分子按紧密堆积方式每个分子的截面积为 $16.2\times10^{-20}m^2$(16.2Å²)，从而按如下公式计算吸附剂的表面积：

$$A=\frac{V_m}{22.4\times10^3}\times N_A\times(16.2\times10^{-20})=V_m\frac{6.022\times10^{23}\times16.2\times10^{-20}}{22.4\times10^3}=4.36V_m(m^2)$$

式中，N_A 为阿伏伽德罗常数，V_m 的单位为毫升。若吸附剂的量为 W(g)，则比表面积 A_{sp} 为：

$$A_{sp}=\frac{A}{W}=4.36\frac{V_m}{W}(m^2/g) \qquad (5-42)$$

(二)BET 方程一点法

在 BET 公式中，$c=\exp\left(\frac{\varepsilon-\varepsilon_v}{kT}\right)$，其中 ε 为第 1 层吸附热(近似化学键热)，而 ε_v 为第 2 层以后的吸附热(近似液化热)，由于 $\varepsilon\gg\varepsilon_v$，则 c 值很大，于是截距$=\frac{1}{cV_m}$这个值必很小，可以认为等于 0，即直线是通过坐标圆点的。这样就可以在 $0<p/p^0<0.3$ 内任取一点(与多点法成对照)，与原点联一直线，求出其斜率，由 $V_m=1/$(斜率+截距)$\approx1/$斜率，从而求出 V_m，再按式(5-42)求出 A_{sp}。

实际上用一点法不必作图即可求出 V_m。由 BET 方程可知，当 $c\gg1$ 时：

$$\frac{x}{V(1-x)}=\frac{1}{V_mc}+\frac{c-1}{V_mc}x \qquad \frac{x}{V(1-x)}=0+\frac{c}{V_mc}x$$

$$V_m = V(1-x) \tag{5-43}$$

将式(5－43)代入式(5－42)中，即得：

$$A_{sp} = \frac{V(1-x)}{W} \times 4.36(m^2/g)$$

(三)*B* 点法

前面谈到 BET 方程所绘吸附曲线形式是随 c 而变化的，当 c 较小时无拐点出现，此时曲线符合图 5－12(c)曲线；而当 c 增大时出现拐点，尤其当 $c>100$ 时，拐点极为明显，此时曲线符合图 5－12(b)类曲线，Emmett 和 Brunauer 把这个拐点，即曲线直线部分的开始点称为 B 点，如图 5－15 所示，B 点对应的体积即为 V_m，许多实验证实了这一设想。只有当 c 很大时 B 点才明显，当 c 减少时 B 点就越来越不明显了。不过大多数固体在低温时对氮气的吸附多呈第 2 类曲线，B 点是较为明显的。

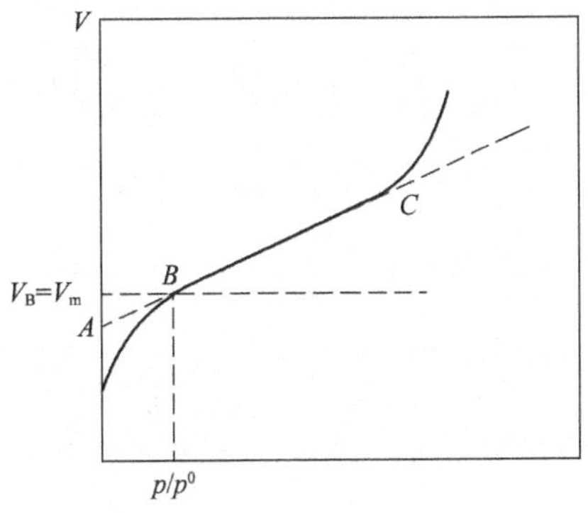

图 5－15　吸附等温线上的 B 点

总之，用 BET 方程求比表面积在一定 p/p^0 范围内是相当成功的，$0.05 \leqslant p/p^0 \leqslant 0.3$ 反映出第 1 层还没填满，因此才得出各种不同吸附剂表面积即 V_m 不同，而在 $p/p^0>0.3$ 时第 1 层已满，以后的吸附是吸附质吸附在已被吸附的吸附质上，再也反映不出吸附剂的区别了。

BET 方程自从诞生之日起就引起人们的争议，因为在它的推导中有一些不切实际的假定，但是用 BET 公式测定的比表面积与用电子显微镜的方法测出值极为接近，因此这种方法已为科学界(国际理论与应用化学联合会 IUPAC)公认为测定比表面积的方法了[44]。

目前常用的吸附质除 N_2 以外尚有氩、氪、氙、氧、乙烷和苯等。每个 N_2 分子的截面积(σ)为 $16.2\times10^{-20}m^2(16.2Å^2)$，这是按照分子紧密堆积法计算出的，而且由此算出的固体 A_{sp} 结果很满意，这又反证了 $\sigma=16.2\times10^{-20}m^2(16.2Å^2)$的正确。但用其他气体也按紧密堆积法计算出 σ，所求得的 A_{sp} 误差很大，为此多用 N_2 的吸附数据反求出或修正其他气体的 σ 值，不过此时的 σ 已不是除 N_2 以外的气体分子的真实截面积了，而称之为气体分子的"表观截面积"。

第七节　毛细凝结与吸附滞后现象

Langmuir 理论和 BET 理论只能解释五种典型的吸附等温线的前三种，对于后两种曲线，可用毛细凝结理论并结合 BET 理论来解释饱和吸附量对应多孔吸附剂的孔洞被吸附质填满时的吸附量。

一、毛细凝结

所谓毛细凝结就是气体和蒸气在多孔吸附剂被视为毛细管的孔洞中自动凝结和液化的现

象，饱和吸附量对应了毛细孔被吸附质填满的情况。但要注意不要把毛细凝结混同于纯粹的物理吸附，因为毛细凝结的基本理论不考虑在物理吸附中起关键作用的表面不平衡力场，即表面张力的特殊作用；另外，也不能把毛细凝结视为多层物理吸附的结果，因为毛细凝结只发生在固体吸附剂的微孔中，而不能发生在可发生多层物理吸附的固体外表面上。

在第四章讨论弯曲液面上的蒸气压时，曾经给出将曲率半径 b（第四章中曲率半径用 r 表示）与蒸气压 p_r 的 Kelvin 公式[式(4－5)]：

$$RT\ln\frac{p_r}{p^0}=\frac{2M\gamma}{\rho b}$$

对于可润湿毛细管管壁的液体所形成的凹液面，曲率半径 $b<0$，故 $p_r<p^0$。在这里必须强调，弯液面不一定是半球面，换言之，毛细管半径 r 不一定等于曲面的曲率半径 b，两者的关系为：曲率半径 $b=\frac{r}{\cos\theta}$，式中 θ 为湿润角，因此以毛细管半径 r 所表示的 Kelvin 公式应为：

$$RT\ln\frac{p_r}{p^0}=\frac{2M\gamma\cos\theta}{\rho r} \tag{5-44}$$

这个公式是解释毛细管凝结现象的唯一理论公式。蒸气之所以可以在毛细管中凝结是因为对应毛细管内的蒸气压 $p_r<p^0$，因此对大液面为饱和的蒸气，对毛细管内而言是过饱和的，所以要在毛细管中凝结。席格蒙迪(Zsigmondy)把这一理论应用到多孔固体中去，认为固体中的孔洞是一系列不同半径的毛细管，凡是那些 $p_r<p^0$（环境中蒸气分压，不一定达饱和的蒸气压），因毛细凝结而充满液体，而那些较粗的孔洞，因 $p_r>p^0$ 而无凝结发生，仍为空孔洞。他还认为在毛细凝结之前，先发生单分子层吸附。

二、吸附滞后现象

在毛细凝结的吸附和解吸研究中，常会遇到吸附滞后现象，即吸附平衡曲线与解吸平衡曲线不重合的现象。van Bemmelen 和 Zsigmondy 通过硅胶对水的吸附和解吸实验，详细研究了这个现象，结果示于图 5－16 中[11]，图中 OA 段表明图形的截距不为零，或者说在 $p=0$ 时，仍有一定水在硅胶中，这是非煅烧不能去除的结晶水。等温线在 AB 段吸附与解吸线重合，说明这段是可逆的。从 B 点开始不可逆，就是说对应同一个吸附量 V 吸附平衡压力(p_a)大于解吸平衡压力(p_d)，即 $p_a>p_d$，这就是吸附滞后现象。为了解释这一现象，建立了如图 5－17 所示的毛细凝结模型[11]，并结合毛细凝结理论给出较为合理的解释。

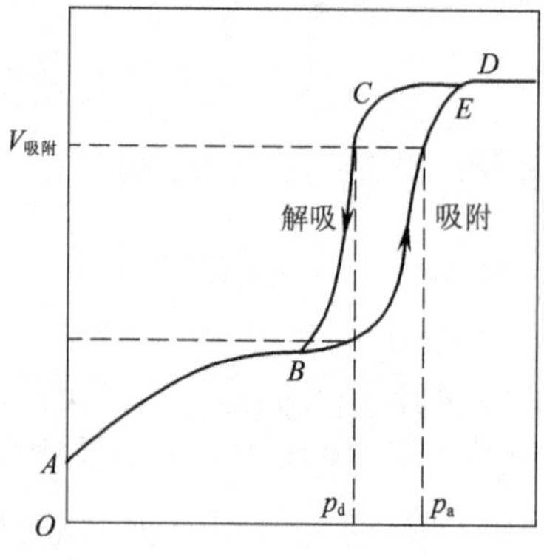

图 5－16　硅胶吸附水的吸附滞后现象

1. 细颈瓶模型　这个模型认为毛细孔如同口小肚大的瓶子，如图 5－17(a)所示，在吸附过程中对应的是较大毛细半径 r_a 的平衡压力 p_a，待毛细孔填满后进行解吸过程时，较小的颈部毛细半径 r_d 对应了解吸平衡压力 p_d，由于 $r_a>r_d$，对照 Kelvin 方程可知 $p_a>p_d$(注意：Kelvin 方程中，

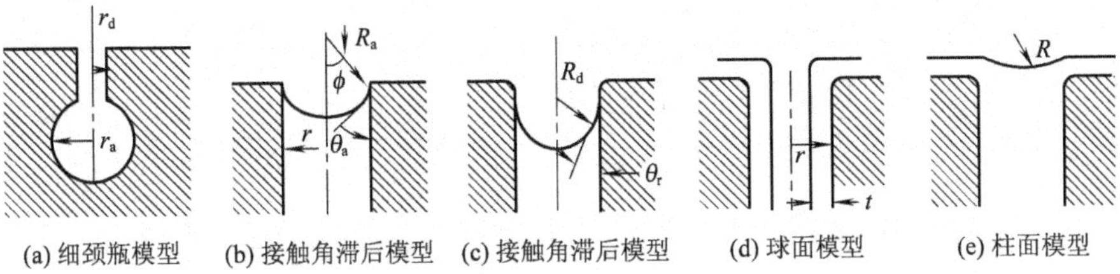

图 5-17　解释吸附滞后的各种模型

对凹液面 $r<0$)。

2. 接触角滞后模型　所谓接触角滞后是前进接触角(advancing contact angle)θ_a 恒大于后退接触角(receding contact angle)θ_r 的现象(图 5-18)。当液体与固体无相对运动时，平衡角 θ 相等[图 5-18(a)]；但当液固相发生相对运动时，由于固面表面不均匀的原因而出现 $\theta_a>\theta_r$[图 5-18(b)]。图 5-17(b)和(c)分别是吸附和解吸两过程，吸附过程是液面上升，即对应前进接触角 θ_a，而解吸是液面下降，即对应 θ_r，由于 $\cos\theta_a<\cos\theta_r$，故对照式(5-44)可知 $p_a>p_d$。

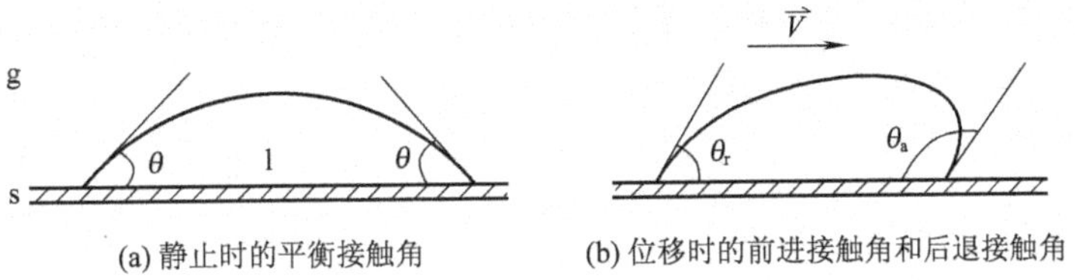

图 5-18　液固相的接触角

3. 柱面与球面模型　图 5-17(d)示出在圆柱形孔洞中，通过多层吸附(吸附层厚度为 t)而逐渐凝结液体，由于液体的吸附而使毛细管半径变为 $r-t\approx r(r\gg t)$。对于柱面的压力差 $\Delta p=\dfrac{\gamma}{r}$，是球面的一半，因此柱面的 Kelvin 公式变为：

$$RT\ln\left(\frac{p_r}{p^0}\right)_{柱}=\frac{M\gamma}{\rho(r-t)}\approx\frac{M\gamma}{\rho r} \tag{5-45}$$

随着吸附的饱和，圆柱面已填满。在解吸时对应的是毛细孔的弯液面[图 5-17(d)]，若认为 $\cos\theta=1$，则对应球面 Kelvin 公式：

$$RT\ln\left(\frac{p_r}{p^0}\right)_{球}=\frac{2M\gamma}{\rho\cdot r}$$

比较两公式有：

$$\left(\frac{p_r}{p^0}\right)^{\frac{1}{2}}_{d(球面)}=\left(\frac{p_r}{p^0}\right)_{a(柱面)} \tag{5-46}$$

由于两比例均小于 1，则只有 $p_a>p_d$。从定性角度考虑，这种毛细管凝结模型能较完满地解释吸附滞后问题，但若用式(5-46)定量地描述 p_a 与 p_d 的关系仍有不足，因为此模型没有顾及到表面吸附与在液体内部吸附之间的不同。

4. 空气吸附模型　这种模型出现得最早，其实也牵扯到接触角的问题。在吸附水分之前，硅胶中的毛细管壁中吸附有空气分子，对于水蒸气的润湿有一个阻止的作用，因此当水分在毛细管壁吸附时，其润湿角大于其在蒸发过程中的接触角，因此便对应了更大的压力值，即 $p_a>p_d$。实验表明，当吸附开始前将空气完全从吸附剂内孔中排除，通常能极大地减少吸附滞后现象，从而证实了滞后现象确实与空气在毛细管壁吸附有关。

*第八节　二维状态方程和吸附等温式

在第三节、第四节中讲到用实验方法找出吸附量 Γ(或 V)与平衡压力 p 间的关系，并由此绘出吸附等温线和为解释这些等温线而出现的吸附理论和相应的公式。本节从吸附理论的基础公式，即从 Gibbs 吸附式入手给出二维状态方程和吸附等温式。

一、二维理想气体状态方程和吸附等温式

第四章讲到，表面膜处于气态时，即在 π 很小时，满足公式 $\pi\sigma=kT$。这里所说的"π 很小时"，意味着成膜分子间距很大，因此不考虑分子本身所占的面积 σ，也不考虑分子间的作用力，类似于三维真实气体不考虑分子间力和分子本身体积那样的理想状态。

现在从吸附理论的通用公式 Gibbs 方程入手，导出二维理想气体状态方程。选定 Γ_1 为 0 的二组分 Gibbs 方程为：

$$-\mathrm{d}\gamma=\Gamma_2^{(1)}\mathrm{d}\mu_2 \tag{5-47}$$

对于理想气体，化学位与压力的关系为：

$$\mu_2=\mu_2^{\ominus}+RT\ln p \tag{5-48}$$

将式(5-48)代入式(5-47)中，得到：

$$-\mathrm{d}\gamma=\Gamma_2^{(1)}\cdot RT\,\mathrm{d}\ln p \tag{5-49}$$

二维的表面吸附量 $\Gamma_2^{(1)}$ 的定义为 $n/A=n/(W\cdot A_{sp})$，式中 n 是被吸附气体的物质的量，A 为表面积，W 为吸附剂量，因此 n/W 为固面吸附量(三维吸附量)。这样式(5-49)变为：

$$-\mathrm{d}\gamma=\frac{RT}{A_{sp}}\cdot\frac{n}{W}\cdot\mathrm{d}\ln p \tag{5-50}$$

对式(5-50)积分，注意积分限的对应关系：在压力为 p 时，相应界面张力为 γ，而当 $p\to0$ 时，表面无吸附，对应的表面张力为 γ^0，那么在恒温时有：

$$\begin{aligned}-\int_{\gamma^0}^{\gamma}\mathrm{d}\gamma&=\frac{RT}{A_{sp}}\int_0^p\frac{n}{W}\frac{\mathrm{d}p}{p}\\ \gamma^0-\gamma=\pi&=\frac{RT}{A_{sp}}\cdot\int_0^p\frac{n}{W}\frac{\mathrm{d}p}{p}\end{aligned} \tag{5-51}$$

这里 π 即二维压力，表面压。为了积分必须知道三维吸附量 n/W 与 p 的关系。其中最简单的是直线关系：

$$\frac{n}{W}=mp \tag{5-52}$$

将式(5-52)代入式(5-51)中得：

$$\pi=\frac{RT}{A_{sp}}\int_0^p mp\,\frac{dp}{p}=\frac{RT}{A_{sp}}mp=\frac{RT}{A_{sp}}\,\frac{n}{W}=\frac{kN_A Tn}{A}=\frac{kT}{\dfrac{A}{nN_A}}=\frac{kT}{\sigma}$$

所以：

$$\pi\sigma=kT \tag{5-53}$$

式中 σ 为每个分子在表面所占面积。式(5－53)与理想气体状态方程或渗透压公式极为相似，它就是二维理想气体状态方程。π 对应 p，σ 对应 V，式(5－52)就是理想气体的吸附等温式，亦称亨利(Henry)极限公式。

二、二维真实气体的状态方程和吸附等温式

在以上推导中至少有两处涉及理想情况，一处是式(5－48)，另一处是 Henry 极限公式(5－52)。但真实气体在表面上的吸附是非理想的，因此必须考虑气体分子本身在表面所占的面积 σ_0，还要考虑气体分子间的相互作用。二维吸附过程中，分子间力要比真实气体分子间力复杂得多，因为除了要考虑被吸附气体分子间力之外，还需考虑吸附质与吸附剂的分子间作用力。

一种解决的途径是仍从式(5－47)入手，但是化学位为真实气体的化学位 $\mu_2=\mu_2^{\ominus}+RT\ln(f\cdot p)$，式中 f 为逸度系数，是影响因素很复杂的量，另外吸附量 n/W 与 p 的函数关系也不清楚，因此这一途径是行不通的。最简单的办法是如同将理想气体状态方程通过必要的修正而成为真实气体的状态方程那样，将二维理想气体状态方程加以气体本身面积 σ_0 修正和分子间力修正，则将式(5－53)修正为：

$$\left(\pi+\frac{a}{\sigma^2}\right)(\sigma-\sigma_0)=kT$$

或

$$\pi(\sigma-\sigma_0)=xkT \tag{5-54}$$

式中 x 反映了由于分子间力而引起的二维压力 π 的变化，若分子相互吸引，则 $x<1$；若相互排斥，则 $x>1$。

(1)只考虑分子间力而不考虑气体分子本身的体积，即 $\sigma_0=0$ 的情况。此时的真实气体的二维状态方程为：

$$\pi\sigma=xkT$$

$$(\gamma^0-\gamma)\sigma=xkT \tag{5-55}$$

微分后得：

$$-d\gamma=-xkT\frac{d\sigma}{\sigma^2}=-\frac{xkT}{\sigma}d\ln\sigma \tag{5-56}$$

按 Gibbs 公式：

$$-d\gamma=\Gamma_2 RTd\ln p$$

$$\Gamma_2=\frac{-d\gamma}{RTd\ln p}$$

$$\Gamma=\frac{-d\gamma}{kTd\ln p} \tag{5-57}$$

Γ_2 的单位是 mol/m^2，而 Γ 单位是分子数$/m^2$。将式(5－56)代入式(5－57)中，得：

$$\Gamma=-\frac{x}{\sigma}\,\frac{d\ln\sigma}{d\ln p}$$

由于 $\sigma=1/\Gamma$，则 $xd\ln\Gamma=d\ln p$，积分得：

$$\ln\Gamma=\frac{1}{x}\ln p+k'$$

k'为积分常数，令 $k'=\ln k$，则有：

$$\Gamma=k\cdot p^{\frac{1}{x}} \tag{5-58}$$

这就是 Freundlich 吸附等温式，亦即 Freundlich 吸附经验公式(5－13)，它适用于不考虑吸附质分子本身体积(二维面积)的真实气体在固面吸附。

(2)只考虑分子本身面积 σ_0 而不考虑分子间力，即 $x=1$ 的情况。此时的真实气体的二维状态方程为：

$$\pi(\sigma_0-\sigma)=kT \tag{5-59}$$

微分后有：

$$\mathrm{d}\pi=-\mathrm{d}\gamma=-kT\frac{\mathrm{d}\sigma}{(\sigma-\sigma_0)^2} \tag{5-60}$$

将式(5－60)代入式(5－57)得到：

$$\Gamma=-\frac{\mathrm{d}\sigma}{(\sigma-\sigma_0)^2\mathrm{d}\ln p}-\frac{\sigma}{(\sigma-\sigma_0)^2}\mathrm{d}\sigma=\mathrm{d}\ln p$$

两边分子分母均除以 σ_0^2，并令 $y=\frac{\sigma}{\sigma_0}=\frac{1}{\theta}$，$\theta$ 为覆盖率，则：

$$\frac{-y}{(y-1)^2}\cdot\mathrm{d}y=\mathrm{d}\ln p$$

积分后得：

$$-\ln(y-1)+\frac{1}{y-1}=\ln p+C$$

C 为积分常数，令 $C=\ln k$ 及 $y=\frac{1}{\theta}$，则有：

$$\ln\frac{\theta}{1-\theta}+\frac{\theta}{1-\theta}=\ln(kp)$$

$$kp=\frac{\theta}{1-\theta}\exp\left(\frac{\theta}{1-\theta}\right) \tag{5-61}$$

式(5－61)称为伏尔默(Volmer)吸附等温式。

当 θ 很小时，$\exp\left(\frac{\theta}{1-\theta}\right)\approx1$，则式(5－61)变为：

$$kp=\frac{\theta}{1-\theta}$$

或：

$$\theta=\frac{kp}{1+kp} \tag{5-62}$$

这就是 Langmuir 单分子层吸附等温式，它适用于覆盖率 θ 较小，考虑到分子本身面积的情况。

(3)分子间力与分子本身面积 σ_0 均考虑的情况。此时真实气体的二维状态方程为：

$$\pi(\sigma-\sigma_0)=xkT$$

微分后得：

$$\mathrm{d}\pi=-\mathrm{d}\gamma=-xkT\frac{\mathrm{d}\sigma}{(\sigma-\sigma_0)^2} \tag{5-63}$$

将式(5－63)代入式(5－57)中有：

$$\Gamma=\frac{-x\mathrm{d}\sigma}{(\sigma-\sigma_0)^2\mathrm{d}\ln p}-\frac{\sigma}{(\sigma-\sigma_0)^2}\mathrm{d}\sigma=\frac{1}{x}\mathrm{d}\ln p$$

令$\frac{\sigma}{\sigma_0}=y$，则上式变为：

$$-\frac{y\,dy}{(y-1)^2}=d\ln p^{\frac{1}{x}}$$

积分后得：

$$-\ln(y-1)+\frac{1}{y-1}=\ln p^{\frac{1}{x}}+d$$

d 为积分常数，令 $d=\ln k$ 及 $y=\frac{1}{\theta}=\frac{\sigma}{\sigma_0}$，则有：

$$\ln\frac{\theta}{1-\theta}+\frac{\theta}{1-\theta}=\ln k\cdot p^{\frac{1}{x}}$$

$$k\cdot p^{\frac{1}{x}}=\frac{\theta}{1-\theta}\exp\left(\frac{\theta}{1-\theta}\right) \qquad (5-64)$$

在 θ 很小时，$\exp\left(\frac{\theta}{1-\theta}\right)\approx 1$，则式(5－64)简化为：

$$kp^{\frac{1}{x}}=\frac{\theta}{1-\theta}=\frac{\sigma_0}{1-\sigma_0} \qquad (5-65)$$

这是既考虑分子间力又考虑分子本身面积的吸附等温式。若是不考虑分子本身面积，即 $\sigma_0=0$，则式(5－65)还原为式(5－58)；若不考虑分子间力，即 $x=1$，则式(5－65)还原为式(5－62)。

复习指导

1. 发生在固—气表面上的重要现象是固体对气体的吸附。固面因存在极大的不饱和力场而呈热力学不稳定状态。按照 $dG=Ad\gamma+\gamma dA$，降低表面能的途径是降低表面积或是降低表面张力。前者导致胶体粒子的聚集(絮凝)，后者通过吸附气体分子以平息其巨大的不饱和力场，这一过程就是吸附。尽管 Gibbs 吸附方程是一切发生在表面吸附的基础，然而由于固体表面张力不能直接测定，因此研究固—气吸附有其特殊的实验方法。按照气体分子与固面分子间的作用力，将吸附分为物理吸附和化学吸附。前者作用力为分子间普遍存在的范德华力，吸附热近似气体凝聚热；后者是化学键力，吸附热近似化学反应热。

2. 研究气体在固面上吸附有两种方法：一是理论方法，二是实验方法。在理论方法中将气体分子在固面上的吸附可以视为从三维空间状态转变为二维平面状态，以此观点为契机并结合吸附理论的基础公式——Gibbs 公式，导出二维理想气体和真实气体的状态方程和吸附等温式。在实验方法中，通过实验求出吸附量 Γ 与平衡压力 p、温度 T 间的关系，并绘制出 $\Gamma=f(T)$ 的吸附等压线、$\Gamma=f(p)$ 的吸附等温线和 $p=f(T)$ 的吸附等量线，其中吸附等温线最常用。解释五种典型的吸附等量线的理论公式为吸附等温式。每个理论的提出以及理论公式的推出都建立在理想模型的基础上，这个理想模型是从众多影响因素中提炼出最基本的主要影响因素而建立的。Langmuir 理论模型是单分子层吸附和吸附平衡(吸附与逆过程——解吸间的平衡)、BET 理论模型是多分子层吸附和吸附平衡，而毛细凝结理论模型建立在吸附量饱和的基础上。尽管理论模型十分简单，条件苛刻，甚至表面看与实际出入很大，但是由此所产生的理论公式经得起实验检验，那么理论公式以及产生它的基础理论模型就是正确的。因此说，理论模型的正确与否是理论正确性的关键。

思考题

1. 200℃时测定O_2在某催化剂表面上的吸附作用，当平衡压力为1.01325×10^5Pa及1.01325×10^6Pa时，每千克催化剂表面吸附氧气的量为$2.5\times10^{-3}m^3$和$4.2\times10^{-3}m^3$(已换算成标准状态)，设该吸附符合Langmuir公式，试计算当氧的吸附量为饱和吸附量的一半时，氧的平衡压力。(答:0.8292×10^5Pa)

2. 在23℃时，还原Cu吸附H_2的数据如下：

$p(\times10^2Pa)$	3.07	17.06	50.93	70.53	85.32	107.99
$V(\times10L/kg)$	0.51	0.87	1.03	1.07	1.11	1.14

将以上数据关系以Langmuir公式表示，并求V_m和b。(答:$V_m=11.7m^3/kg$、$b=0.0019Pa^{-1}$)

3. 下面是活性炭吸附苯蒸气实验的部分结果，求苯蒸气在活性炭上吸附时的吸附热。

$V(\times10^{-3}L/kg)$	p(Pa)		
	0℃	60℃	150℃
25	5.44×10^{-3}	4.21×10^{-1}	4.41×10^2
75	2.79×10^{-1}	4.73×10^2	2.67×10^4

(答:7.28×10^4J/mol)

4. N_2在无孔的Fe表面吸附，当$\theta=0.5$时，在77K下测得的$p/p^0=0.021$，在90K时，$p/p^0=0.20$，求等量吸附热ΔH。并说明对于吸附态的N_2更接近液态，已知在正常沸点77K时N_2蒸发热为5.6kJ/mol。(答:9.967×10^3J/mol)

5. 77K时，某吸附剂吸附N_2的实验结果为：

p/p^0	0.02	0.05	0.10	0.20	0.30	0.40	0.60	0.80	0.90	0.95
$V(cm^3)$	2.11	2.70	3.40	4.20	4.80	5.31	6.72	8.03	11.8	20.5

其中V是每克吸附剂吸附N_2体积(标准状态)。画出吸附等温线，并用BET法求该吸附剂的比表面积。(答:$14.15m^2/g$固体)

6. 试用Kelvin公式计算相对应于77K时N_2在$p/p^0=0.75$发生毛细凝结时的Kelvin半径，已知77K时液氮的表面张力为8.85×10^{-3}N/m，每摩尔体积为$34.7cm^3$。(答:$r=-3.335$nm，负号表示液面为凹液面)

第六章　固—液界面

固—液界面上的重要现象就是液体在固体表面上的润湿作用和固面对溶液(包括有机溶液和无机溶液)中的溶剂和溶质的吸附作用。这两种现象及其理论就是本章所要讨论的问题。

第一节　润湿与接触角

一、润湿过程及分类

润湿过程是最常见的物理化学现象之一。人类生活离不开水,有水就有润湿问题,动植物的生存也离不开润湿。在纺织行业中,润湿尤为重要,只有在润湿的前提下才能漂白、漂洗、染色和印花。那么什么是润湿呢? 如我们把水倒在固体表面上,大体会出现几种情况:水在固面上铺展开,如水在十分干净的水平放置的玻璃板上;或呈现单面透镜形状,如水在不干净的桌面上;或者呈球形(在重力场作用下为扁球形),如水在荷叶上或汞在桌面上。这些全是湿润现象。从表面化学角度分析,润湿是固面上的一种流体(气体或液体)被另一种液体所取代的过程,通常所遇到的后一种液体是水和水溶液。由此可见,在润湿过程中,必然涉及三相——气相、液相和固相。

润湿过程分为三类,即在日常生活中经常遇到的沾湿、浸湿和铺展。

(一)沾湿(adhesion wetting)

当将一滴水滴到固面上时,液体与固体接触过程中,固—液界面逐渐取代液—气界面和气—固界面(图 6-1),这一过程称为沾湿。在恒温和恒压条件下沾湿过程中的自由能变化:

$$\Delta G_{T,p}=\gamma_{gl}+\gamma_{gs}-\gamma_{ls}=-W_a \tag{6-1}$$

式中,γ 为界面张力;$-W_a$ 为黏附功,其值相当于把单位面积的液—固界面分开成为气—液和气—固界面的最大功(图 6-2)。这一定义与式(4-53)是一样的,显然只有当 $W_a>0$ 时,即

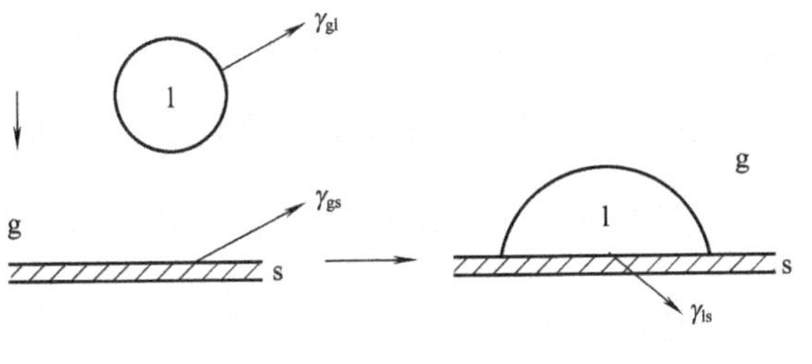

图 6-1　固—液界面取代液—气界面和气—固界面的过程

$\Delta G_{T,p}<0$ 时，沾湿过程才是自发的。与第四章同样的道理，也有将单位截面液柱分开(图 6－3)创造两个新的气—液界面的内聚功$-W_c$ 的定义：

$$\Delta G=2\gamma_{gl}=-W_c \tag{6-2}$$

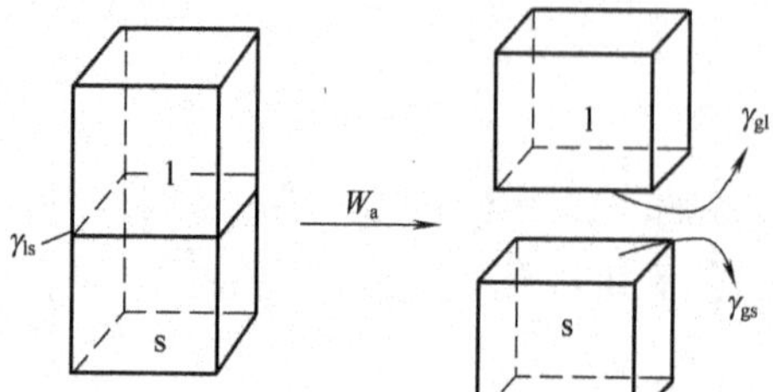

图 6－2　液—固分离与黏附功

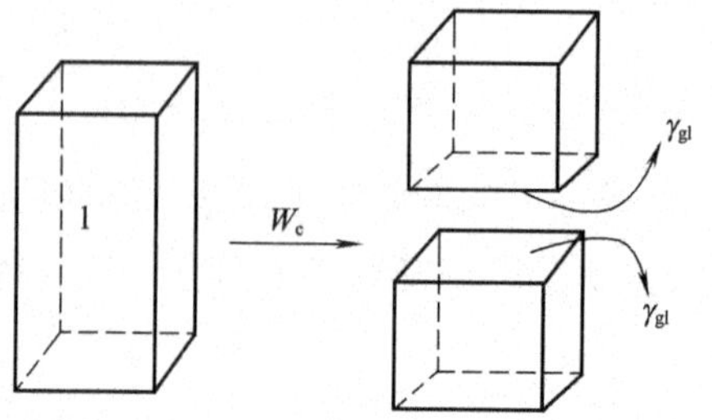

图 6－3　液体分离与内聚功

黏附功和内聚功的数值分别是固—液分子间作用力和相同液体分子间作用力大小的标志。

(二)浸湿(immersion wetting)

图 6－4 示出固体浸入液体中的润湿过程，即浸湿。在恒温和恒压条件下，浸湿过程中自由能变化：

$$\Delta G_{T,p}=\gamma_{gs}-\gamma_{ls}=-W_i \tag{6-3}$$

$-W_i$ 称为浸湿功，当然只有当 $W_i=\gamma_{ls}-\gamma_{gs}>0$，则 $\Delta G_{T,p}<0$ 时，过程才是自发的。

(三)铺展(spreading)

与式(4－54)、式(4－55)相似，液体在固面上的铺展系数 S 定义及铺展条件为(图 6－5)：

$$S=\gamma_{gs}-(\gamma_{gl}+\gamma_{ls})\geqslant 0 \tag{6-4}$$

而：

$$-W_a-(-W_c)=(\gamma_{gl}+\gamma_{gs}-\gamma_{ls})-2\gamma_{gl}=\gamma_{gs}-(\gamma_{gl}+\gamma_{ls})=S$$

故铺展条件也可表示为：

$$\begin{gathered}S=-W_a-(-W_c)\geqslant 0\\ -W_a\geqslant -W_c\end{gathered} \tag{6-5}$$

式(6－5)清楚地说明，只有固液间黏附功大于或等于液体内聚功时铺展才有可能。从分子间力考虑，只有当液固分子间力大于或等于液体分子间力时，液体才能在固面上铺展。

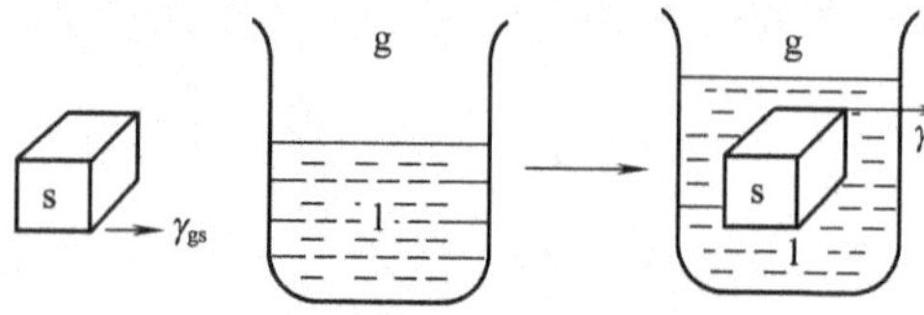

图 6－4　浸湿过程

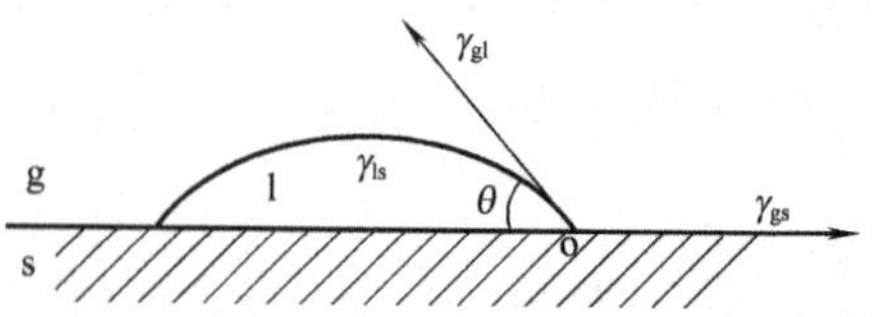

图 6－5　液体在固面上及各种界面张力

二、接触角与杨氏(Young)方程

当液滴处于质地均匀、绝对平滑的理想固面上达平衡时，于气、液、固三相交界处有三种

表面张力作用(见图 6－5)。这三种表面张力之间有如下关系,方能达到平衡(即 θ 角固定不变):

$$\gamma_{ls}+\gamma_{gl}\cos\theta=\gamma_{gs} \tag{6-6}$$

这个方程称为润湿方程,是 1805 年由托马斯·杨(Thomas Young)给出,故又称杨氏(Young)方程。式中 θ 称为润湿角或接触角(contact angle)。其定义是在气、液、固三相交界处,气—液界面切线与液—固界面切线的夹角。图 6－6 所示的移液管中弯液面处的接触角对于理解其定义不无裨益。

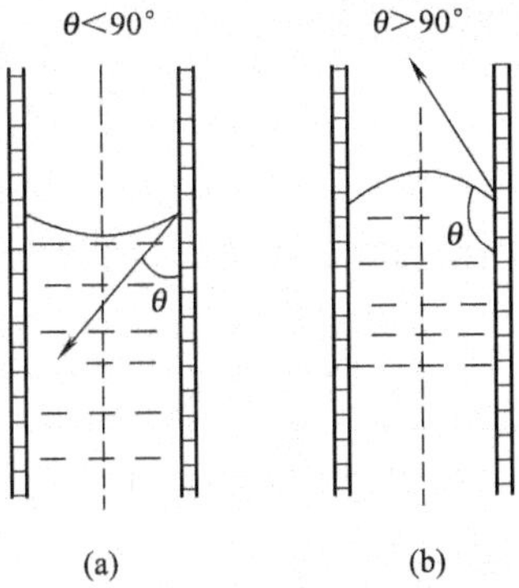

图 6－6 毛细管中凹弯液面和凸弯液面上的接触角

$\cos\theta$ 值或 θ 值的大小可以用来判断液体是否可润湿固体,若 $\cos\theta>0$ 或 $\theta<90°$,即 $\gamma_{gs}>\gamma_{ls}$ 为润湿;若 $\cos\theta<0$ 或 $\theta>90°$,即 $\gamma_{gs}<\gamma_{ls}$,为不润湿;$\theta=180°$ 为完全不润湿;当 $\theta=0$ 为完全润湿或铺展。表 6－1 给出水在一些物质上的接触角。

表 6－1 水在不同物质表面上的接触角

物质	石英	孔雀石	方铅矿	石墨	滑石	硫	石蜡
θ(°)	0	17	47	55～60	69	78	106

需要特别指出的是,Young 方程只适用于 $\theta\geqslant0$ 的情况,或者说它不适用于铺展情况($S\geqslant0$)。若将 Young 方程代入铺展条件,则有:

$$S=\gamma_{gs}-(\gamma_{gl}+\gamma_{ls})\geqslant0$$

$$\frac{\gamma_{gs}-\gamma_{ls}}{\gamma_{gl}}\geqslant1$$

$$\cos\theta\geqslant1$$

显然这是不可能的,或者说 θ 是不存在的。这就说明,Young 方程不能应用于铺展,因此有人说铺展是 $\theta=0$ 或不存在时出现的润湿现象。

以上讨论的是一种液体 l_1 在气—固界面上的润湿问题,如果代之气体,在固面上是另一种与 l_1 不相混溶的液体 l_2,则仍存在 l_1 在固面上的润湿和铺展问题,通常 l_1 为水(W),而 l_2 为质地较轻的碳氢化合物,以油(O)表示,如图 6－7 所示。对应于这种情况的 Young 方程为:

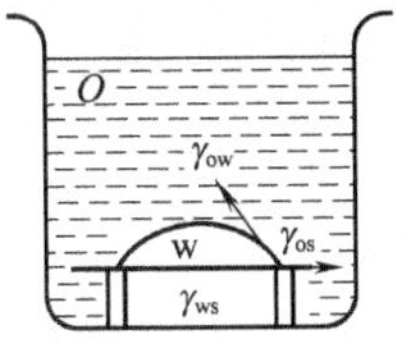

图 6－7 W 取代 O 润湿固面

$$\cos\theta=\frac{\gamma_{os}-\gamma_{ws}}{\gamma_{ow}} \tag{6-7}$$

水能否在固面润湿也可以从 θ 值判断:$\theta<90°$ 为润湿,$\theta>90°$ 为不润湿。水在固面铺展的条件为 $S=\gamma_{os}-(\gamma_{ow}+\gamma_{ws})\geqslant0$。

从能量角度分析,润湿过程是自发过程 $\Delta G<0$,那么两种液体 l_1 和 l_2 何者在竞相吸附润湿过程中取胜,取决于何者润湿后,体系的自由能降低更多;从力的角度分析,取决于液体与固体分子的分子间力何者更大。实验发现,那些硬度更大的物质,即分子间力很强的物质,其极化率更接近于水,因此它们为亲水性表面,如石英、玻璃、刚玉,还有金属硅酸盐、碳酸盐和硫酸盐及

氢氧化物等，水对它们有更强的(与非极性表面比较)润湿和铺展能力。

还有一些表面，如具有很大碳氢基团的有机化合物(包括聚合物)及金属硫化物，滑石、石墨等无机低硬度物质，则为憎水性或亲油性表面，对水而言，$\theta>90°$，此时水绝不能取代油在固面上润湿，更不可能铺展。

自 Young 方程问世以来，在学术界一直存在争议。首先在公式中存在两个不能直接测定的界面张力 γ_{ls} 和 γ_{gs}，因此不能直接用实验数据验证。其次，也是争论的焦点，公式推导的前提是固面为绝对光滑均匀的理想固面，而实际的固面，从微观上看是粗糙的，为此有人建议将大于 1 的修正系数加进 Young 方程中去：

$$\gamma_{gl}\cos\theta=(\gamma_{gs}-\gamma_{ls})\omega \tag{6-8}$$

式中，ω 就是第五章中所讲的固面粗糙度。第三，固体表面从化学组成上讲，也是不均匀的，如果每个组分 i 占整个表面的面积分数为 f_i，则应有对应的修正式：

$$\gamma_{gl}\cos\theta=\sum f_i(\gamma_{gs}-\gamma_{ls}) \tag{6-9}$$

第四个争论问题是 γ_{gl} 矢量的另一个分量 $\gamma_{gl}\sin\theta$，它垂直向上作用于固面，施加于固面上一个向上的拉力。若固面是可变形的，那么这个力会使表面隆起；若固面是刚性的，那么在固面上总存在一个应力。人们认为固体上的这个不平衡状态是不重要的，从方程右边考虑 γ_{gs} 和 γ_{ls} 全在同一平面上，而起作用的是两者的差值，因此这种作用很可能会相互抵消至可忽略的程度。总之，尽管对 Young 方程存在这么多的争议，但这个方程使用很方便，故在未加以实验直接证实的情况下依然为表面化学界所接受，并成为研究润湿问题的基础方程。

*三、润湿热

所谓润湿热是指单位面积干净固面被液体润湿时所放出的热量，单位为 J/m^2。由于润湿过程是液—固界面取代固—气界面的过程，因此吸附热可表示为：

$$Q=G_{gs}-G_{ls} \tag{6-10}$$

式中，G_{gs} 和 G_{ls} 分别为单位面积的固—气界面和固—液界面的能量。G_{gs} 和 G_{ls} 可分别表示为：

$$G_{gs}=\gamma_{gs}-T\left(\frac{d\gamma_{gs}}{dT}\right)_p \tag{6-11}$$

$$G_{ls}=\gamma_{ls}-T\left(\frac{d\gamma_{ls}}{dT}\right)_p \tag{6-12}$$

将式(6－11)和式(6－12)代入式(6－10)中得：

$$Q=(\gamma_{gs}-\gamma_{ls})-T\left(\frac{d\gamma_{gs}}{dT}\right)_p+T\left(\frac{d\gamma_{ls}}{dT}\right)_p$$

将 Young 方程代入上式，则有：

$$\begin{aligned} Q &=\gamma_{gl}\cos\theta-T\frac{d(\gamma_{gl}\cos\theta+\gamma_{ls})}{dT}+T\frac{d\gamma_{ls}}{dT}=\cos\theta\left(\gamma_{gl}-T\frac{d\gamma_{gl}}{dT}\right)-T\cdot\gamma_{gl}\cdot\frac{d\cos\theta}{dT} \\ &=G_{gl}\cos\theta-T\cdot\gamma_{gl}\cdot\sin\theta\frac{d\theta}{dT} \end{aligned} \tag{6-13}$$

这就是计算润湿热的公式，式中 G_{gl} 为单位液面的表面能。

第二节 接触角的测定与接触角滞后现象

一、接触角的测定

接触角 θ 与表面张力 γ 一样是描述物质表面特性的重要参数，故接触角的测定必为人们所重视。θ 角的测定方法较简单，但必须在十分光滑、质地均匀且干净的表面上恒温操作，这里介绍几种测定方法。

(一)直接测定法

1. 液滴或气泡外形轮廓线切线法 图 6－8 示出液滴和气泡用摄像法或拍照法得到的外形轮廓线，然后用对称画法画出其三相交点处的轮廓线的切线，而得到 θ 角。或者用具有测角器的望远镜直接观测和测量，这种装置为接触角测定仪。然而作图法切线不易准确画出，还可以由液滴高度 h 及其与固面相交圆的直径 d 和液滴的曲率半径 R 通过数学计算求出 θ 值：

$$h=R-R\cos\theta$$

$$d=2R\sin\theta$$

$$\frac{h}{d}=\frac{R(1-\cos\theta)}{2R\sin\theta}=\frac{1}{2}\tan\frac{\theta}{2}$$

则：

$$\theta=2\arctan\left(2\times\frac{h}{d}\right) \tag{6-14}$$

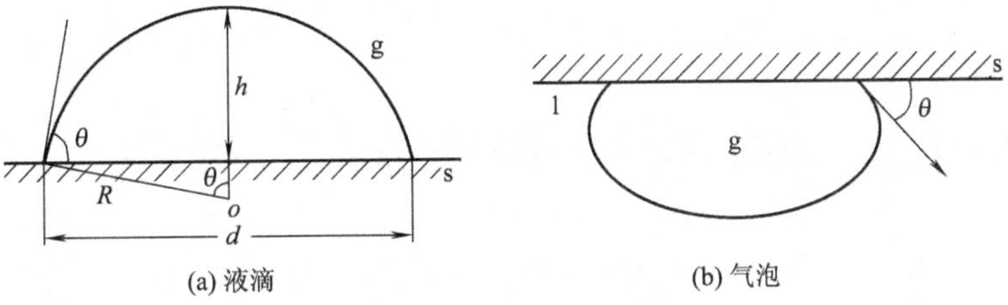

图 6－8 测定固面上液滴和气泡的接触角

2. 倾斜板法 将光滑、干净的平板插入待测液体中并随平板的倾斜，接触角的变化情况如图 6－9 所示。图 6－9(a)显示板两边由于液体润湿平板两边而升高并形成相等的角度 θ，在平板倾斜至图 6－9(b)位置时，液面呈水平状态，此时 θ 可由量角器量出。若平板倾斜过度，如图 6－9(c)所示，则液面与板交界处又呈弯曲状，而且弯曲液面与板之间的接触角仍为 θ。

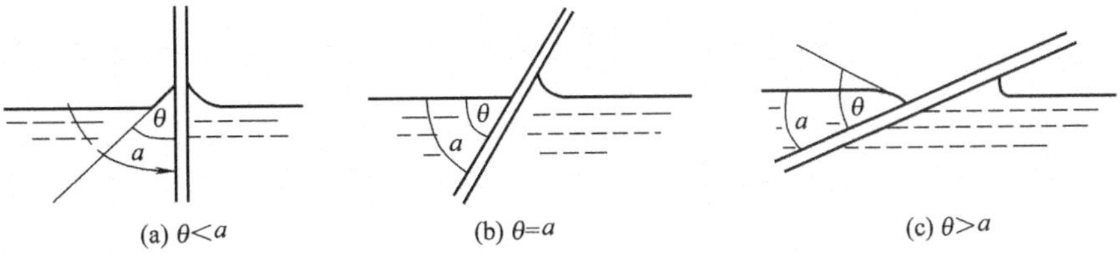

图 6－9 接触角随平板倾斜角度的变化

(二)间接测量法

1. Wilhelmy 板法 此法就是将测定液体表面张力的板法应用于测 θ 角。如果不将测量板的板面用砂纸打毛,则接触角 θ 不为零,重排式(4－8)有:

$$\cos\theta=\frac{W}{2l\gamma} \tag{6-15}$$

在液体表面张力 γ 为已知时,即可通过式(6－15)计算 θ 角。

2. 毛细管法 此法即将毛细管法测液体表面张力法应用于测接触角。若液体不完全润湿管壁而是具有接触角 θ,在表面张力已知时可以通过下述公式计算 θ:

$$\gamma_{lg}=\frac{1}{2}\ \frac{\Delta\rho\cdot g\cdot h\cdot r}{\cos\theta}$$

$$\cos\theta=\frac{\Delta\rho\cdot g\cdot h\cdot r}{2\gamma_{lg}} \tag{6-16}$$

如果毛细管半径(r)为未知数,可以用同样毛细管测定另一种已知 θ_1 和 γ_1 液体的毛细上升高度 h_1,这种液体也有与式(6－16)类似的公式:

$$\cos\theta_1=\frac{\Delta\rho_1\cdot gh_1 r}{2\gamma_1}$$

此式与式(6－16)相除得:

$$\cos\theta=\cos\theta\,\frac{\Delta\rho\cdot h\cdot\gamma_1}{\Delta\rho_1\cdot h_1\cdot\gamma_{lg}} \tag{6-16a}$$

即可求出 θ。

(三)固体粉末与液体接触角的测定

固体粉末太小,因此不可能应用上面介绍的方法测定 θ,最初通过固体粉末在液体中的浸湿热来估计液体对粉末的润湿情况。巴特尔(Bartell)和奥斯特豪夫(Osterhof)提出了如下方法来测定 θ 值:将粉末装入透明玻璃管,这样就形成液体可进出的多孔塞,多孔塞可视为平均半径为 r 的毛细管束。当把管子插入待测液时,则根据液体对固体粉末的润湿或不润湿情况而出现液体的毛细上升或毛细下降,原因是在毛细管中的弯液面处存在压力差 Δp,这个压力差,按式(4－2)为:

$$\Delta p=\frac{2\gamma}{b}=\frac{2\gamma\cos\theta}{r}$$

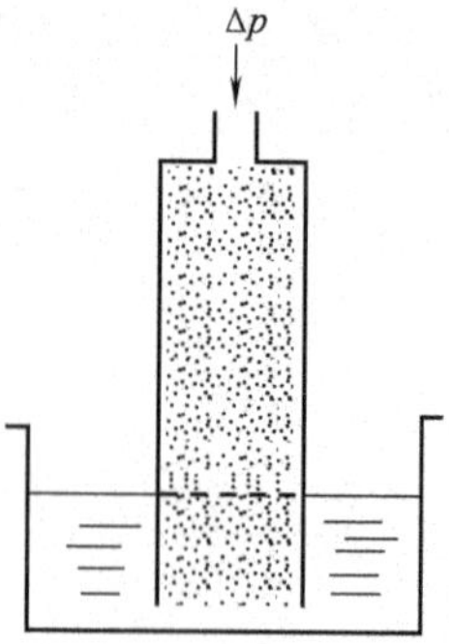

图 6－10　固体粉末接触角测定示意图

式中,b 为弯液面的曲率半径;r 为毛细管半径。如果在毛细管中反向加压 Δp(对毛细上升上端加压,对毛细下降上端减压),使液体不会在管中上升和下降,如图 6－10 所示。这样得到上式重排后的接触角计算公式:

$$\cos\theta=\frac{\Delta p\cdot r}{2\gamma} \tag{6-17}$$

在此式中 Δp 可测量,γ 可通过查表获得,但毛细管半径 r 不知。为此可用同一个多孔塞,测定已知表面张力为 γ_1,反向压力为 Δp_1,而且液体对这种固体粉末完全润湿(即 $\cos\theta_1=1$),那么按式(6－17)有:

$$\cos\theta_1 = 1 = \frac{\Delta p_1 r}{2\gamma_1}$$

$$r = \frac{2\gamma_1}{\Delta p_1}$$

将此结果代入式(6－17)得：

$$\cos\theta = \frac{\Delta p \gamma_1}{\Delta p_1 \gamma} \tag{6－18}$$

这样就可以在不知毛细管半径的情况下求出 θ 角，如果 $\cos\theta_1 \neq 1$，但 θ_1 为已知时，那么：

$$\cos\theta = \cos\theta_1 \frac{\Delta p \gamma_1}{\Delta p_1 \gamma} \tag{6－18a}$$

二、影响接触角 θ 大小的因素

测定接触角 θ 的方法较简单，但要测出液固接触角的准确值却非易事，测量结果的重现性很差，往往有几度、十几度甚至更大的误差。影响接触角 θ 的因素归纳起来有以下一些。

(一)形成三相交界处体系的性质

接触角是在气、液和固的三相交界处形成的，因此形成这个交界体系的气、液和固体本性均影响 θ 的大小。

1. 气相的影响 气相的纯度或混于气体中的极微量的杂质会强烈地改变 θ 值。实验表明，改变 θ 的因素并非是气体的组分，而是气体改变了液面和固面的组成成分。如暴露于空气中的固面，由于空气中存在微量的有机物杂质会在固面上形成单分子膜，而使固面性质发生明显的变化。再如，暴露于潮湿空气中的固面会形成一薄层氧化膜，自然改变了固面本性及其润湿性能。

表 6－2 给出不同气体组成时，水滴在金表面上的接触角变化情况。对比实验室空气与户外空气的结果可以看出，实验室的空气污染是何其严重，这也正是在实验室中测量的 θ 值重现性差的原因之一。

表 6－2 25℃不同环境中水在金表面上的接触角[44]

气 分	θ_a(°)	θ_r(°)	气 分	θ_a(°)	θ_r(°)
水蒸气	7±1	0	水蒸气＋实验室空气	65	30
水蒸气＋纯空气	6±1	0	水蒸气＋苯蒸气	86±2	82
水蒸气＋户外空气	13	0	水蒸气＋苯蒸气＋纯空气	86±1	83±1

2. 液相的影响 按照 Young 方程(6－6a)，液体的表面张力 γ_{gl} 越低，则 θ 越小。表 6－3 所列数据充分证明了这一结论。如果液体能与固面发生溶胀作用或化学反应，则固液间差别会迅速降低，致使接触角为 0，此时液体会在固面上完全润湿和铺展。

若液体为溶液，则溶质的浓度会使 γ 变化，另外溶质若在固面上吸附会使固面性质改变，这些均能改变固面的润湿性能。如表面活性剂的加入会极大地降低 γ_{gl}，从而使 θ 变小，使固面润湿性能增加。而表面活性剂分子在固面上的定向排列会彻底地改变原固面的润湿性：极性固面的亲水性(θ＜90°)使表面活性剂分子的亲水基朝向固面、亲油基朝外这种定位方式，使固面变为憎水面(θ＞90°)；非极性固面上，表面活性剂分子的定位方式是亲油基朝向固面，而亲水基朝

表 6－3　20℃时一些液体的 γ 和在高聚物面上的 θ 值[45]

液　体	接触角 θ(°)			
	$\gamma(10^{-3}N/m)$	尼龙 66	聚乙烯对苯二酸酯	聚苯乙烯
水	72.8	70	81	91
甘油	63.4	60	65	80
甲酰胺	58.2	50	61	74
硫二甘醇	54.0	38	46	62
二碘甲烷	50.8	41	38	35
α－溴化萘	44.6	16	15	15

外，使固面变为亲水面(θ<90°)。

3. 固相的影响　在讨论气相影响时讲及，因固面存在强烈不饱和力场而吸附气体中油性杂质，形成单分子膜；由于金属表面在潮湿空气中的氧化作用而形成氧化膜，这些均会改变固面的润湿性能。实验还发现，对于相同的晶体但不同的晶面，液体在其上的 θ 值有时也不相同。

固体表面的形成条件和过程也会影响其润湿能力。如将熔融的硬脂酸倒在十分干净的玻璃板上，待凝固后，发现接触空气的上表面与接触玻璃的下表面，其润湿性能截然相反。如图 6－11 所示，在固化之前，由于上表面与空气接触，硬脂酸分子定位方式是憎水尾指向空气，凝固后形成憎水面(θ>90°)；相反，由于亲水基团指向玻璃，凝固后形成亲水面(θ<90°)。

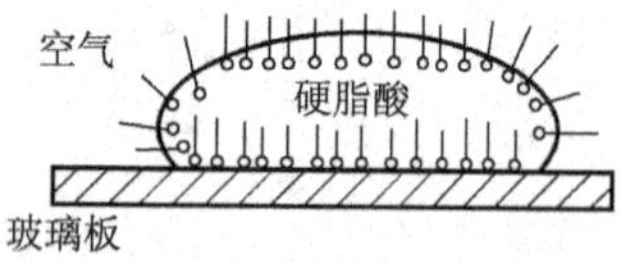

图 6－11　液态硬脂酸在玻璃上凝固后上下表面润湿能力不同

固体表面的微观粗糙程度和化学组成的不均匀性会造成接触角滞后现象，是造成固面上所测 θ 值重现性差的重要原因，将在后面作专题讨论。

(二)温度的影响

温度对于接触角影响的一般规律是温度升高，θ 值减小，即接触角的温度变化率 $d\theta/dT<0$。θ 值与温度 T 的这种关系可以从两方面解释：首先，温度增加会使 γ_{gl} 降低，由式(6－8)可知，γ_{gl} 的降低会使 θ 值减小；其次是升高温度可能会因液体渗透进固面而降低了固液差距，使 θ 值变小。表 6－4 给出 20～25℃ 时不同固面上的接触角 θ 值和 $d\theta/dT$ 值。

表 6－4　20～25℃时水在不同固面上 θ 值和 $d\theta/dT$ 值

固面	θ(°)	$d\theta/dT$	固面	θ(°)	$d\theta/dT$
石蜡	110	—	苯	88	－0.13
聚丙烯	108	－0.02	玻璃	～0	—
聚乙烯	103	－0.01			

三、接触角滞后现象

若液体与固面无相对运动时，所形成的两个接触角是相等的[图 6－12(a)]，即为平衡接触

角 θ_e；但若液体与固体发生相对运动时，如图 6－12(b)所示，则会形成两个不同的接触角。较大的 θ_a 称为前进接触角，较小的 θ_r 称为后退接触角。这种 $\theta_a>\theta_r$ 的现象称为接触角滞后，这已在第五章中讲述了。从表面化学分析，θ_a 是液—固界面取代气—固界面时所形成的接触角；而 θ_r 是气—固界面取代液—固界面时所形成的接触角。这样的例子随处可见，如玻璃窗上的雨滴，脸上的泪滴等。发生 $\theta_a>\theta_r$ 这一现象是因为微观上真实固体表面绝非光滑，组成也绝非均匀，因此表面上能量的分布也是不均匀的。如图 6－13(a)所示，从能量上讲，G_1 所对应的地方能量最小，液滴处于这个地方是最稳定状态。但在液滴形成的过程中，也有可能停留在其他能级 $G_2,G_3,G_4,\cdots$处，而处于一种亚稳状态，即临时的稳定状态。因为要从这些状态过渡到最稳定状态 G_1，必须有足够的外来能量使其克服能垒 $G_2',G_3',G_4',\cdots$从接触角观点分析，θ_e 是相对于最稳定状态 G_1 的平衡接触角，如图 6－13(b)所示，其他亚稳态对应了其他的接触角。由于每次液滴形成过程中，在没有外来能量干预的情况下，便没有能量克服能垒后达到 θ_e，而停留在其他亚稳态下，这就使所测量 θ 值的重现性很差。

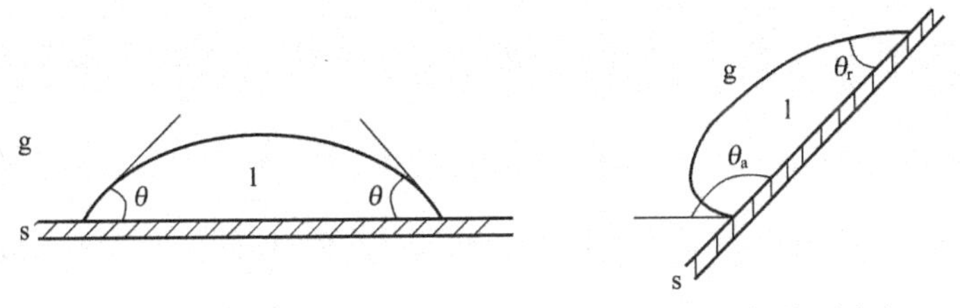

图 6－12　接触角示意图

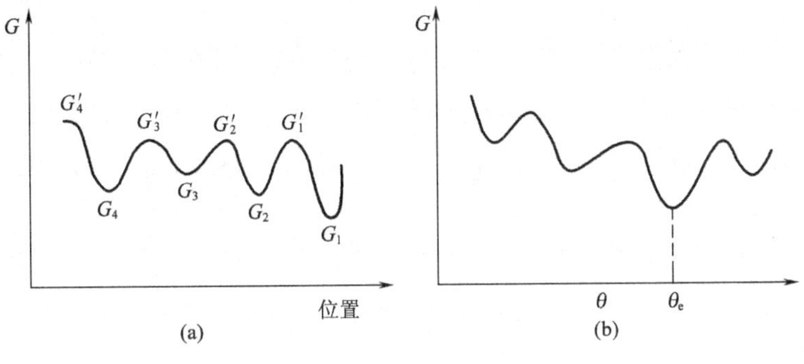

图 6－13　固体表面上的能量分布示意图

为了使表面粗糙对 θ 影响的讨论更直观，假定从微观上看固面是由一系列的同心槽组成，如图 6－14 所示[46]。从微观上分析，两个曲率半径不等但体积相同的液滴有相同的接触角 θ。但从宏观上分析，即从绝对水平面上看，则有不同的 θ。曲率半径小的液滴对应 θ_a，曲率半径大的对应 θ_r。这两个液滴的表面积和重心高度上均不一样，因而具有不同的能量，即不同的亚稳状态。若使液滴发生形变，从一种状态至另一种状态就必须克服通过三相点的通道所必须克服的能垒，这必须由外界提供能量方能完成。实验表明，振动可以使 θ_a 和 θ_r 达到平衡 θ_e 值，无疑

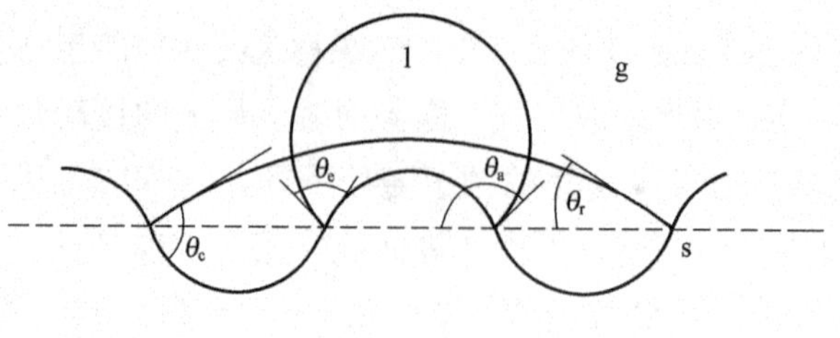

图 6 - 14　解释接触角滞后的同心槽模型

振动提供了克服能垒所必需的能量。

同理，对于表面绝对光滑，但化学组成上不均匀的固面，也可以用同心槽解释不同的 θ 值。只是这种由于表面杂质、晶体不完美或晶体不同造成的表面性质的不同，较粗糙度引起的不均匀更复杂，也不直观。如果这两种因素全存在，则会使问题更难于描述了。通常固体表面上的接触角是所测值的平均值，而且经常将前进与后退接触角的平均值作为接触角参与运算。

哈金斯(Harkins)用特殊方法，使层状结构的石墨表面恰好在层面间分开，这种新形成的表面是光整平滑，组成绝对单一的理想表面，在这种表面上所测的 θ 值重现性极好，这恰好从另一侧面证明接触角滞后现象确与固面状态有关。

威舍尔(Wenzel)研究了粗糙表面对 θ 的影响，并给出了对表面粗糙进行修正了的润湿方程：

$$\omega(\gamma_{gs}-\gamma_{ls})=\gamma_{gl}\cos\theta' \tag{6-19}$$

式中，粗糙度 $\omega\geqslant1$，θ' 为粗糙面所对应的接触角。用式(6 - 19)除以绝对光滑表面的 Young 方程(6 - 6)得：

$$\omega=\frac{\cos\theta'}{\cos\theta}\geqslant1 \tag{6-20}$$

亦即 $|\cos\theta'|\geqslant|\cos\theta|$。若 $\theta>90°$，那么 $\cos\theta=0\sim-1$，粗糙度 ω 若增加，则 θ' 增加，即 $\theta'>\theta$，直至 $\theta=180°$ 完全不润湿；相反，若 $\theta<90°$，即液体润湿固面，$\cos\theta=1\sim0$，表面粗糙度 ω 增加，θ' 减少，即 $\theta'<\theta$，如表面极端粗糙，则 θ' 会趋于 0，此时液体完全润湿固面。在第四章讲表面张力 γ 的测定时，方法之一的 Willhelmy 板法，为使测量更方便，让 $\cos\theta=1$ 或 $\theta=0$，其方法是将测量板的板面打毛，就是因为在 $\theta<90°$ 时，表面粗糙度 ω 越大，θ' 越小直至近似为零。

考虑固面组成的不均匀性的 Young 方程的修正式，即式(6 - 9)，将其应用于由两种物质组成的复合材料，若这两种物质所占表面积的面积分数分别为 f_1 和 f_2，则修正后的 Young 方程为：

$$\gamma_{gl}\cos\theta=f_1(\gamma_{gs}-\gamma_{ls})+f_2(\gamma_{gs}-\gamma_{ls}) \tag{6-21}$$

考虑到每种组分均符合 Young 方程，若两种材料的接触角分别为 θ_1 和 θ_2，则式(6 - 21)变为：

$$\gamma_{gl}\cos\theta=f_1\cdot\gamma_{gl}\cdot\cos\theta_1+f_2\cdot\gamma_{gl}\cdot\cos\theta_2$$

$$\cos\theta=f_1\cdot\cos\theta_1+f_2\cdot\cos\theta_2 \tag{6-22}$$

式中，θ 就是复合材料的接触角。混纺织物的接触角 θ 可由两种纤维的接触角 θ_1 和 θ_2 通过式(6 - 22)求出。对于纯纤维织物，尽管由一种纤维按经纬线编织而成，但总存在间隙。可以把间隙(即空气)视为式(6 - 22)中的材料 2，由于 $\gamma_{gs}=0$ 而 $\gamma_{sl}=\gamma_{gl}$，则式(6 - 22)可简化为：

$$\cos\theta=f_1\cdot\cos\theta_1-f_2 \tag{6-23}$$

通过此式即可由纤维的接触角 θ_1 求出纤维织物的接触角 θ。

第三节 表面活性剂对固体表面润湿性能的影响

由 Young 方程可知，要改变固面的润湿性能或 θ 角，需要改变表面和界面张力，表面活性剂就具有这种功能。这可以从固体和液体两方面加以分析。

一、表面活性剂分子在固面上的吸附作用

金属及其氧化物、硫化物、无机盐等固体表面具有较高的表面能，这种高能表面能自发地吸附表面活性剂分子，使之在固面上定向排列，定位方式是亲水基指向固面，而亲油基指向外。其结果不但降低了固体表面的过剩能量，而且因为固面为一层憎水基团所包围而降低了润湿性能。

表面活性剂分子在固面的吸附可能是单分子层的物理吸附，也可能是化学吸附。如在矿物浮选方铅矿时，加入有机黄原酸盐（ROCSSNa），它会与方铅矿石发生化学吸附，即黄原酸盐与固面的金属间生成化学吸附键，这样在矿石的外面便包裹一层憎水的碳氢基团，使其被水润湿的能力极大地降低，反而易于吸附在气泡上，达到泡沫浮选的目的。

以下介绍有关泡沫浮选最基础的知识。润湿是矿物通过泡沫浮选而达到富集的基础。开采的原始矿物包括两种物质，一种是可以提炼金属的金属化合物矿石，另一种是含量极大的无用砂石。前者经表面活性剂分子吸附后通常是憎水的，而后者如石英等不被表面活性剂吸附，是亲水的。图 6－15(a)所示为亲水的砂石在表面张力 γ_{gl} 和重力 P 的双重作用下，在水中会被拉下沉向容器底部。图 6－15(b)中憎液的矿石所受的重力与表面张力方向相反，这两个力的合力方向决定矿石是浮在面上还是沉于水底。为达到与砂石分离目的，必须满足以下条件：

$$\gamma_{gl}\,|\cos\theta|\cdot\text{固体周长}>P$$

$$\gamma_{gl}\,|\cos\theta|\cdot\text{固体周长}>\rho Vg \qquad (6-24)$$

由于周长随一维尺寸的一次方变化，而体积 V 随一维尺寸的三次方变化，因此只要矿石粉碎到一定程度，这个条件是可以满足的。不过过高的分散度也不可取，因为粒度过小，会使布朗运动加剧，减少了颗粒附于气泡上的机会，从而降低浮选效率。一般要求颗粒尺寸为 0.01～0.15mm，个别的如硫矿颗粒大些，在 0.5～1.0mm。

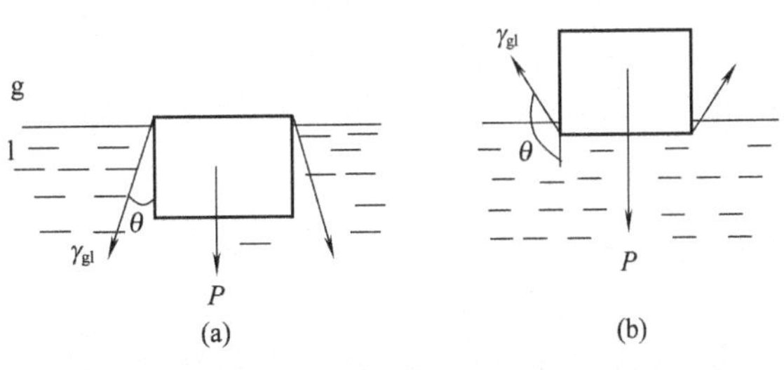

图 6－15 亲液与憎液颗粒在液态中受力示意图

在实际操作中，还有一个问题值得关注，那就是浮选容器的液面面积毕竟有限，这就限制了生产效率。为了增大浮选效率，采取鼓入空气形成气泡的方法，这不仅增大了气—液界面面积，

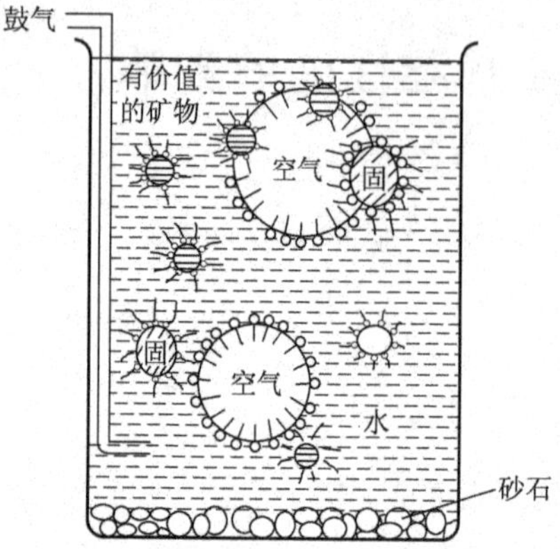

图 6-16　矿物浮选中矿石与矿渣的分离

还使吸附在气泡上的矿石浮于液面上，达到与处于容器底部的砂石分离的目的，如图 6-16 所示。另外，为了极大地富集矿石，往往在浮选液中加入一些化学物质，这些物质大体可分为三类：

1. 调节剂　一般为氨水、石灰水、含 CN^- 和 HS^- 等物质，它们能有效地调节和控制溶液的 pH 值，从而改变矿石的表面电荷量，防止矿石粒子的聚集和沉积。另外调节剂还可以改变收集剂的吸附性能。

2. 收集剂(或促集剂)　通常为脂肪酸盐及其他表面活性剂，在浮选过程中，它能选择性地吸附在有用的矿石粉粒上，而不吸附在砂石上。这样吸附的结果使矿石粒子表面具有憎水性，而能吸附在气泡上。收集剂的加入使 γ_{gl} 降低，从而加大铺展系数 S_{gs}，即增大固体粒子在气泡上的吸附能力，或者说气体在固面上的铺展能力。

对于非极性的不含金属的矿石，如石墨、硫、滑石等，水润湿性极差，就需要像油一样，用不太强的水微溶性收集剂，而且用量很小就可以了，一般每吨矿石仅需几百克收集剂，在矿石表面形成一薄层甚至非饱和层就足以改善浮选性能。

3. 起泡剂　一般为长链有机化合物，这种表面活性物质并不能明显地改变被浮选粒子的润湿性，但能够在气—液界面形成单分子层，从而使所鼓入的空气形成稳定的泡沫，有助于负载吸附在其上的矿石粒子。作为起泡剂的通常为高级脂肪醇。

矿物浮选是很复杂的问题，如何使起泡剂和收集剂发挥最大效果从而达到最高浮选效率，工艺条件的选择十分重要。此外，在此体系中存在包括气、液、固三相和多种化学物质，每种物质皆会在各种界面上相互竞争。这里仅仅介绍一些基本原理。目前通过浮选富集的矿物有非铁矿如 Pb—Zn、Cu、Cu—Zn、Mo、Sn 矿，稀有金属以及硫、石墨、重晶石等。

二、改变液体的润湿能力

一些固体有机物或高聚物的表面自由能较低，称为低能表面，其表面张力甚至小于水的值，因此按照 $S=\gamma_{gs}-(\gamma_{ls}+\gamma_{gl})<0$，即水不能在其上铺展。但是如果往溶液中加入表面活性剂，由于它能使 γ_{gl} 和 γ_{ls} 降低，加大了 S 值，有利于水在固面上的铺展，这种可以增大液体润湿能力的物质称为润湿剂。

阳离子表面活性剂通常不能作为润湿剂使用，因为它极易吸附在通常带负电的固体表面上，使带正电荷的亲水基指向固体，而憎水基指向溶液，反而增大固面的憎水性，降低了水对其的润湿性能。应当指出，表面活性剂分子在固面上的吸附可以是单分子层的、双分子层的，甚至是多分子层的。勃洛杰特(Blodgett)很早就发现了表面活性剂分子从溶液向固面转移的现象。如图 6-17 所示，溶液表面有一层紧密堆集的表面活性剂单分子层，将玻璃片垂直地缓缓插入溶液中，在插入的过程中，表面活性剂的极性部分在极性玻璃表面定向吸附，而将憎水尾甩在外面，使玻璃板面呈现憎水性[图 6－17(a)]。而当玻璃板垂直缓缓地拉出水面时，第一层吸附了表面活性剂分子的板面上会吸附新的一层表面活性剂分子，第一层上表面活性剂憎水尾与第二层表面活性剂分子憎水尾相互吸引，而使第二层表面活性剂分子的亲水头朝外，这样玻璃板又重新显示亲水性[图 6－17(b)]。若如此反复将玻璃板插入、拉出，则会形成多层吸附，玻璃板面的亲水性和憎水性反复交替变化。表面活性剂分子的这种排列方式形成所谓的“有序组合体”，关于有序组合体的研究已成为近二十年来十分活跃的研究新领域。

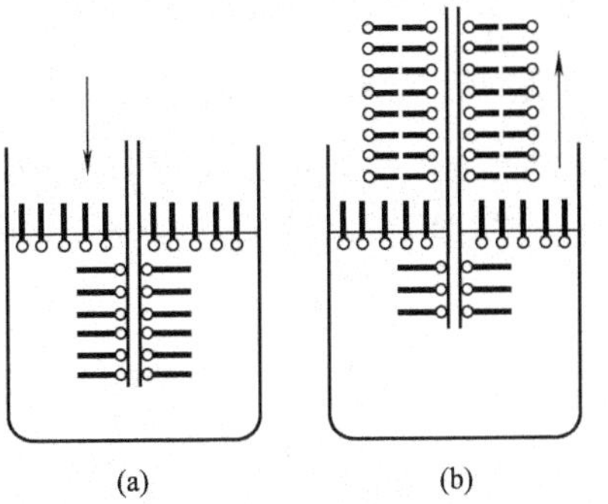

图 6－17 玻璃片插入与拉出溶液时，表面活性剂分子吸附示意图

第四节 与润湿有关的其他重要现象

动润湿、洗涤、织物的特殊润湿和表面拒水处理，是与润湿密切相关且在工业生产实践中经常遇到的重要现象。

一、动润湿

动润湿的研究分为两类：一类是在除重力场之外，无外力作用情况下，液体在固面上自动展开过程中，接触角会随界面形状发生变化，它研究的是接触角随时间的变化关系 $\theta=f(t)$，这种情况只发生在固体与液体接触的初期，之后接触角 θ 达到平衡不再随时间变化；第二类是当给液体施加外力使其在固面上以一定速率迁移时，或者使固体表面相对液体以一定速率移动时，引起接触角的变化，即所谓强制铺展，它研究的是接触角随固液相对位移速度的变化关系 $\theta=f(v)$。

实验发现，当液固两相的相对运动速度加大时，前进接触角 θ_a 增加而后退接触角 θ_r 减小。图 6－18 示出水平放置的玻璃管内一段水柱处于静止时和水柱以相对速度 v 在管内移动时，静止的平衡接触角 θ_e，因相对运动变为 θ_a 和 θ_r 的情况。

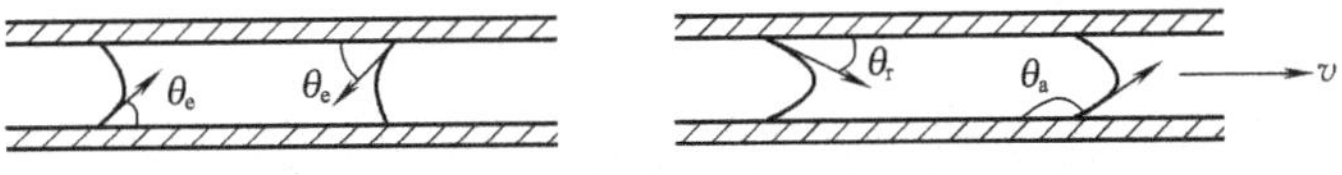

(a) 液体与固体相对静止　　(b) 液体运动

图 6－18 液体与固体相对静止和液体运动时的接触角

相对运动的另一种方式是液体静止，而固面作相对运动。纺织品在溶液中的润湿、磁性材料在胶带上的涂布和感光液在胶片上的涂布都属于这种动润湿。图 6－19 示出液体与固面作

相对运动时，也是由静止的平衡的 θ_e 变为前进接触角 θ_a 和后退接触角 θ_r，如果假定固面静止而液体以相反方向运动，则 θ_a 和 θ_r 的位置就不难理解了。实验表明，θ_a 随液—固界面移动速度的加大而增大，直至最大值不再随界面移动速度变化，如图 6－20 所示。显然，纺织品进入各种整理液之初形成的是前进接触角 θ_a，而离开时形成后退接触角 θ_r。

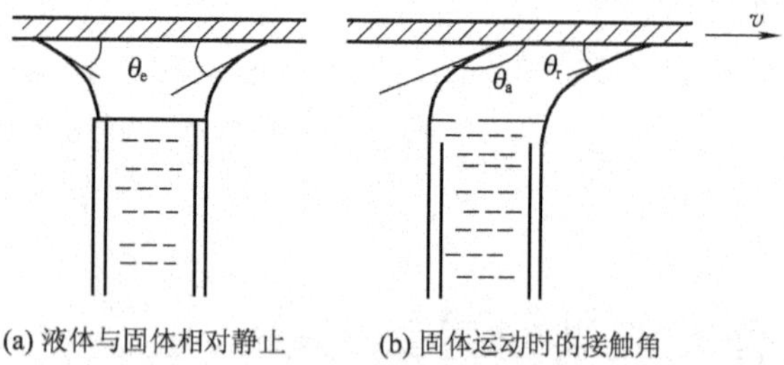

图 6－19　动润湿中接触角的变化

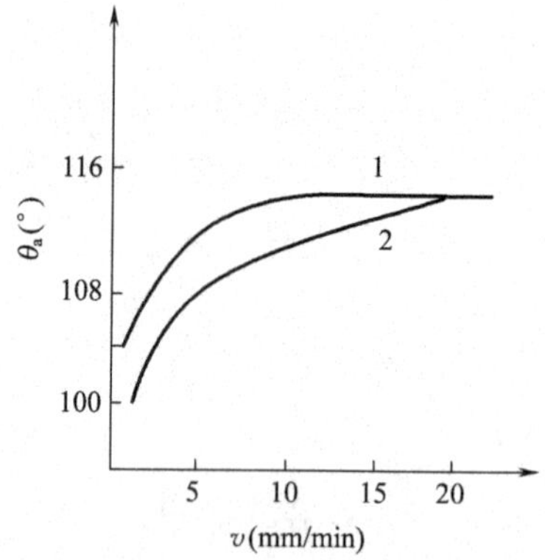

图 6－20　前进接触角 θ_a 随液—固界面移动速度的变化

关于动润湿问题的研究，除了 t 和 v 等影响条件外，固液本性、润湿液的种类和浓度等均是重要的影响因素。

二、洗涤现象

洗涤是人们在日常生活中十分熟悉的现象和实践过程。衣服和被褥、使用过的碗碟和其他日用品被灰尘和油性液体沾染后，去除这些污染物的过程就是洗涤。洗涤作用的表面化学的定义是，通过表面化学的方法将固面上的外界物质移去这一过程的理论和实践。从定义中不难发现，所谓表面化学的方法表明既不包括纯粹的机械清洗，如摩擦去锈，也不包括纯化学清洗，如使用酸溶液将表面上的外来物质溶解掉。

（一）洗涤作用的基本过程

从日常洗衣服的实践中可知，必须应用肥皂或洗衣粉，然后用手或机械揉搓，这两者缺一则不能完成洗涤过程。也就是说在洗涤过程中，表面活性剂与机械作用是必须并存的两种必要的因素。

洗涤过程可以用如下关系式表示：

$$\text{物品}\cdot\text{污垢}+\text{洗涤剂}\xrightleftharpoons{\text{机械作用}}\text{物品}\cdot\text{洗涤剂}+\text{污垢}\cdot\text{洗涤剂}$$

式中使用的双箭头，正方向表示物品上的污垢被驱逐的洗涤过程；反方向表示污垢对于物品的重新污染过程。要正确地完成洗涤过程，即去污能力强，则必须避免过程向反向进行。

洗涤作用的关键是洗涤液必须润湿被洗涤物质的基体表面，只有如此，才能将污垢从基体上顶替下来，也就是污垢的去除；防止基体表面被污垢的再污染也是保证洗涤效果的重要因素。

洗涤液中的表面活性剂和机械搅拌不但促使基体表面污物被顶替，而且将污物以乳状液或者悬浮分散状态存在，在静电排斥作用下使它们远离基体表面。

污垢去除的表面化学原理与污垢的种类有关，污垢大体分为三类：

(1)油类污渍。如沾染在工作服上的机油和食物油。

(2)固体污垢。如在衣服上聚集的工业粉尘和大气烟尘。

(3)固体污垢黏附在油污之上。衣服领子和袖口处的污染物就是一个明显的例子。

(二)油污的去除机理

将油污从基体表面去除可以从接触角的变化这一机理考虑。如图 6－21(a)所示，附着在固面上的油污平衡时有如下表达式：

$$\gamma_{os}=\gamma_{ws}+\gamma_{wo}\cdot\cos\theta$$

式中 θ 为接触角(需从接触角定义，正确了解 θ 位置)。其中 γ_{os} 力图使油膜收缩，而 γ_{wo} 和 γ_{ws} 使油膜拉伸。当加入洗涤剂后，由于它们在油和固面上的吸附而使 γ_{wo} 和 γ_{sw} 下降，但 γ_{os} 不变，欲维持新的平衡，必须增大 $\cos\theta$ 或减少 θ[图 6－21(b)]，使 w—s 面取代 o—s 面。若 θ 减少至 0，即水在固面铺展则 o—s 面完全被 w—s 面取代，油膜成油滴而自动脱离固面，此机理称为油膜卷缩机理。事实上，只要 $\theta<90°$，便可在机械搅动作用下，油滴被水冲离固面。

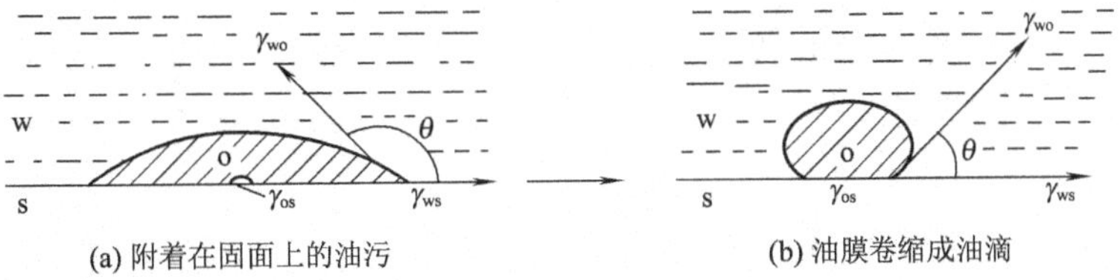

图 6－21 油污从基体表面去除示意图

(三)固体污垢的去除机理

固体污物黏附在固面上的机理与油污不同，主要靠分子间力与基体粘连。因此固体污物(d)在固面(s)上的去除可以用表面能变化解释。在图 6－22 中，固体污物与固面基体的黏附功表示为：

$$W_{ds}=\gamma_{dw}+\gamma_{sw}-\gamma_{ds} \qquad (6-25)$$

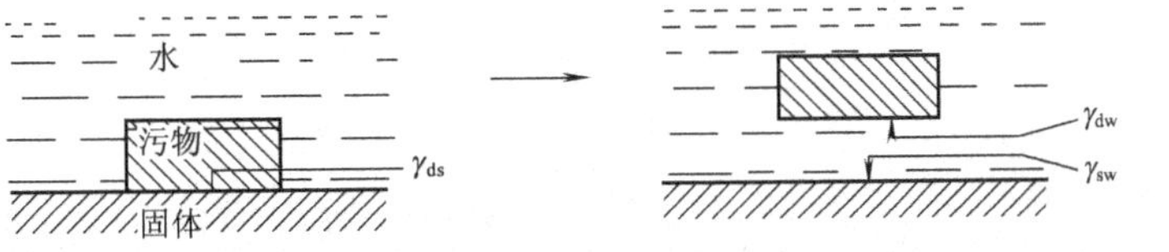

图 6－22 固体污垢去除的黏附功降低示意图

因此，欲使污物脱离固面必须提供机械能量且此能量大于(或至少等于)W_{ds}。由于在洗涤液中存在表面活性剂分子，它们会分别吸附在固体基体表面和污物颗粒表面上而使 γ_{sw} 和 γ_{dw} 降低，W_{ds} 即降低，便可在较低的能量下克服黏附功，而使固体污物脱离固体基体表面。显然，对于固体污物而言，更需要有机械作用配合方能完成洗涤过程，否则没有足够的能量克服 W_{ds}。

如果污物是油污与固体污垢的复合体，即固体污物黏附在油污之上，或为油污所包裹，则去污机理完全可以按照油膜卷缩机理解释。

综上分析可知，从机理上考虑，污物的去除归于油膜卷缩和黏附功降低机理。因此，尽管泡沫的存在有助于防止污物重新污染固体基体表面(因为污染物黏附在气泡上)，但单纯从去污机理考虑，表面活性剂分子在基体表面和污物表面的吸附是根本，泡沫的形成与去污机理并无直接联系。由于商业广告的影响，仿佛泡沫越多洗涤效果越好，这是个误区。事实上，含有非离子型表面活性剂的高效洗衣粉，其去污能力很高，而泡沫却很少，而且从洗涤后的清洗过程考虑，泡沫越少，洗清过程越容易。

(四)影响洗涤作用的因素

1. 污垢的种类 前面已经介绍，污垢包括油污、固体污垢和黏附在油污上的固体颗粒，不同种类的污垢有不同的去污原理以及防止污垢重新污染的机制。

2. 基体与污物的性质 一般讲，基体与污物皆为极性物质或皆为非极性物质时，则污物较难以去除；织物纤维的巨大比表面和纤维间形成的缝隙是其较难以洗涤的重要原因；固体污物越小，去除越困难。

3. 表面化学因素

(1)表面张力。大多数优良的洗涤剂溶液具有较低的表面和界面张力，因此在固体基体和污垢表面具有良好的润湿能力，有利于洗涤的第一步——润湿的发生，从而有益于污物脱离基体表面，也有利于其在溶液中的乳化、溶解和悬浮。

阳离子型表面活性剂，尽管也有较高的活性，并降低表面和界面张力，但它特别易于吸附在通常带负电性的固体表面，并采取亲水基朝向固面、憎水基朝向溶液的特殊定位方式，而极易黏附油垢，因此阳离子型表面活性剂不能作为洗涤剂使用。

(2)增溶作用。增溶作用发生的前提是表面活性剂浓度大于 CMC，即溶液中必须存在胶团，此时脱离固面的油污进入胶团中去而被增溶，防止其重新返回固面，这当然是有利于洗涤作用的。然而在一般的洗涤液中，表面活性剂的浓度至多刚刚达到 CMC，因此溶液中胶团极少或根本不存在胶团，故也就无所谓增溶作用发生。必须指出，在手洗过程中，局部揉搓部位可能因搓过肥皂或加入洗涤剂干粉，则表面活性剂的浓度很高而超过 CMC，此时增溶作用就十分明显了。

(3)吸附作用。洗涤剂中表面活性剂分子在污垢和基体表面上的吸附是污垢去除的根本原因，吸附的结果才使 γ_{sw}、γ_{ow}、γ_{dw}降低，从而使油垢的接触角 θ 减小而发生油膜卷缩，才能使固体污垢与基体的黏附功降低，而易于在机械力冲击下脱离固体基体表面，达到洗涤目的。

除了考虑污物与基体间的分子间力外，还可以从带电斥力方面考虑：阴离子型表面活性剂在固体污物与基体表面的吸附使两者均带上负电荷，同电荷的斥力不仅有利于固体污物脱离固面，而且可防止其重新返回固体基体表面，这也有利于洗涤过程的完成。这里仅是笼统地分析，具体原因也可能很复杂，如固体表面因溶液 pH 值、其他离子的吸附而可能不一定带负电荷，表面活性剂可能是阴离子型、阳离子型、两性或非离子型的，这要视具体的体系综合考虑。

(4)乳化和起泡。乳化和起泡均有利于洗涤作用的完成。脱离了基体表面的油垢和固体污物,可以分别通过乳化和起泡而不可能返回基体。所谓乳化是在表面活性剂和机械搅拌作用下,以极细小的被表面活性剂分子包围的油珠形式分散于溶液中。泡沫的作用是使固体污物和油垢黏附于泡沫之上,漂浮于液面之上,与基体彻底分离。有关乳化和泡沫将在第十章详细讨论。

三、纺织品的特殊润湿

在染整加工过程中,织物一般是在各种溶液中连续处理,在加工过程中不但要求溶液快速润湿织物表面,还需要使溶液渗透到纤维空隙中,润湿与渗透的好坏直接影响染整产品的质量。

在织物的润湿过程中,溶液沿着纤维迅速展开,渗入纤维的空隙,把空气驱逐出去,将空气—纤维表面代之以液体—纤维表面,因此织物的润湿是固—液界面取代固—气界面的浸湿过程。

从纺织品的结构上分析,润湿过程应属于毛细管体系的润湿,因为织物是由纤维编织而成,纺织品中存在着无数毛细管,对于孔径均匀的毛细管体系,液体对孔内壁的润湿就是毛细管上升的过程。因而只要接触角 $\theta<90°$,液体就会在曲面压差的驱动下渗入毛细孔。曲面压差可用式(4-2)与式(6-6)结合起来表达:

$$\Delta p=\frac{2}{r}(\gamma_{gs}-\gamma_{ls}) \tag{6-26}$$

式中,r 为毛细管半径。由此式可知,只要 $\gamma_{gs}-\gamma_{ls}>0$,即 $\gamma_{gs}>\gamma_{ls}$,那么 $\Delta p>0$,液体就会自动润湿毛细管内壁。对于极性纤维,通常 $\gamma_{gs}>\gamma_{ls}$,润湿是必然的结果;对于非极性纤维,加入表面活性剂会使 γ_{ls}降低,因此也能实现润湿并促进液体渗透到纤维内部,后一过程称为渗透。所加入的增大润湿能力的表面活性剂称为润湿剂,对纤维织物而言也是渗透剂。

以上从润湿原理方面分析了加入润湿剂的必要性,从纺织和印染工艺分析,加入润湿剂同样是必要的,因为工艺过程限制了润湿时间,在这段时间内不可能达到润湿平衡,为了促进织物的润湿必须加入润湿剂。正因为不能达到润湿平衡,因此对润湿剂的评价有其特殊的研究方法,即测试其润湿速度。具体方法是测定具有一定表观表面积的织物或一定质量的纤维团在含有不同润湿剂和不同浓度的溶液中的润湿完成的时间。前者是测定帆布片的下沉时间,后者是测定未脱脂原棉纤维束的下沉时间。实验结果表明,润湿时间或速度与下列因素有关:

(1)润湿剂的浓度。润湿剂相同,而浓度不同,随浓度增大,下沉时间减少,或者润湿速度加大。这是因为在 CMC 之前,随表面活性剂浓度增加,溶液表面张力下降,从而加强对固面润湿能力。

(2)润湿剂的本性。

①直链润湿剂以较短链的(12～14C 原子)润湿能力最强,因为这些较短链的表面活性剂分子短小,扩散速度快,从而能在更短时间内使新生面的表面张力降至更低。

②支链或亲水基团靠近碳链中间位置的表面活性剂与具有相同碳原子的直链表面活性剂分子比较,具有更强的润湿速度。

③非离子型表面活性剂,随聚氧乙烯链长的增加,润湿能力降低或者说实验的润湿时间增加。

(3)温度的影响。温度的影响十分微妙，如短链表面活性剂随温度升高，其润湿能力可能变得不如直长链的，其原因可能是随温度升高，长链化合物溶解度加大，其表面活性得到充分发挥。有的实验还表明，对非离子型表面活性剂，当温度达到其浊点时润湿效果最佳。

四、表面拒水处理

前面所讲的均为增大固面润湿能力以至液体在固面上铺展的现象。有的时候需要对表面进行憎水处理，如在可为水润湿的玻璃板上涂上一层蜡，则板面会变得完全不为水所润湿；屋顶用沥青、石油残渣覆盖，以达憎水防漏的目的；防水防油的纺织品作为特殊用途的新型纺织材料等。在防水处理过程中，其表面化学原因是加大了水在固面上的接触角。

最典型的织物防水处理就是人们的防雨设备。早期的蓑衣，及以后的雨衣和雨伞皆为橡胶涂覆的布料、桐油涂布的帆布以及塑料制品等。这种雨衣虽然可以防雨，但透气性较差，因此穿起来不舒服，有气闷和出汗等不良现象。现在改进为质地柔软、透气性强、穿着舒适、美观大方的经拒水处理的风雨衣，其原理也是加大了水与纤维表面的接触角却并不妨碍气体和蒸汽的自由通过。

需要指出，防水处理并不等于拒水处理。防水处理是织物表面涂覆一层诸如橡胶或桐油等既不透水也不透气的连续的薄膜，其防水机理是涂层阻塞了织物空隙，借助物理作用防止水的透过。然而，虽然达到防水的目的，但也阻止了气体与蒸汽的透过，穿着极不舒适。尽管现在发展了新的涂层技术，使织物既能防水又能透气和透湿，但是其防水机理仍然属于拒水范畴。而拒水处理是将低表面能的拒水剂沉积在织物纤维表面，经处理后拒水剂与织物表面发生化学反应，并牢固地附着在纤维表面上，但织物仍保留其原有的空隙，因此织物不但具有良好的防水性、透气性和透湿性，而且织物的手感和特性不受拒水处理的影响。

织物经拒水剂，如硬脂酸铬络合物溶液浸渍处理，再经 150～170℃焙烘，在此过程中络合物进一步聚合，而且也与纤维上的羟基、羧基、酰氨基和磺酸基反应形成共价键。络合物的无机部分键合在纤维表面，而有机部分远离纤维并垂直排列，使织物表面具有憎水性。拒水处理前后的接触角变化如图 6－23 所示。

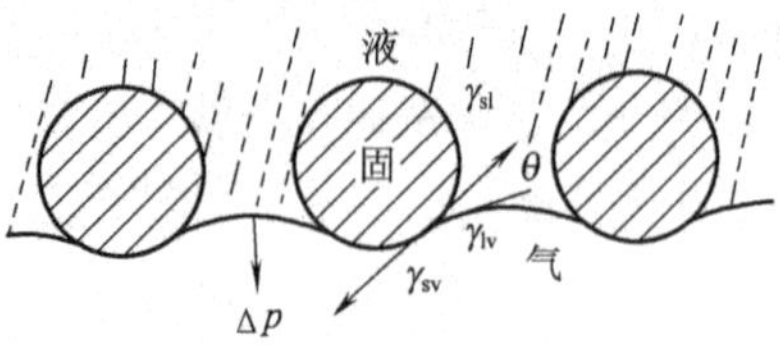

(a) 拒水处理前$\theta<90°$

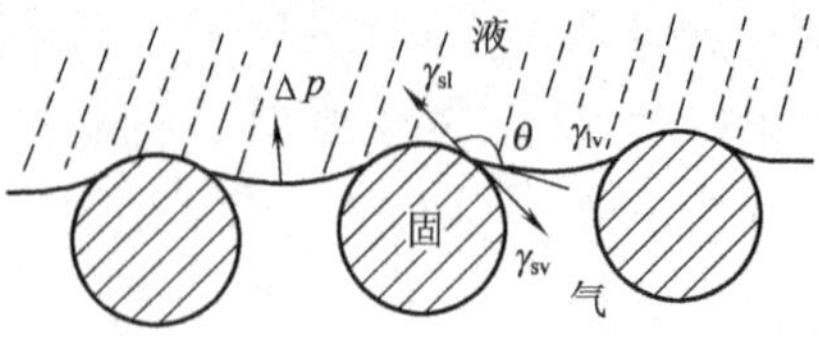

(b) 拒水处理后$\theta>90°$

图 6－23　拒水处理前后接触角的变化

拒水处理前，水在纤维表面上的接触角 $\theta<90°$，凹形弯液面上的压力差及毛细上升作用下，水很容易透过纤维间的缝隙接触人体；而憎水处理后，$\theta>90°$，则产生负的毛细作用（毛细下降），因此要迫使水透过织物，必须克服凸液面上的压力差$\left(\Delta p=\dfrac{2\gamma}{r}\right)$，这个压力差正比于表面张力$\gamma$而反比于纤维间距$r$。$\gamma$是由拒水材料所决定,而$r$决定于织物的纤维密度,而且纤维越致密,$r$越小,防水性能越好。目前,应用于露天堆放物的防雨帆布就是经过拒水处理的纤维密度很大的帆布,即所谓的致密防水织物,其原理正基于此。由于风雨衣或防水帆布中纤维间有缝隙并不妨碍空气和湿气的通过,故透气性和透湿性能远优于早期的那种憎水物涂层式织物。

通常按照拒水剂与织物表面结合的机理进而由此所决定的拒水层的牢固程度,将防水织物分成不耐久性、半耐久性和耐久性三种,这取决于织物失去防水性能的洗涤次数。一般而言,耐洗涤5次以下为不耐久性,5~30次为半耐久性,而抗洗涤30次以上者为耐久性防水织物。常用的拒水剂包括:金属皂类、蜡和蜡状物质、金属络合物、有机硅和含氟化合物等,其中有机硅和含氟化合物因耐久性强、对纤维无损伤、无刺激性气味和利于环保要求而被广泛使用[47]。

第五节 固体吸附类型与吸附等温线

固体吸附剂对于溶液中的一些组分进行吸附的问题得到了广泛的重视和应用。例如从海水中富集一些稀有和贵重金属,废水处理中去除污染物并从中回收贵重金属(如Ag、Pt等),制糖工业中糖的净化脱色等,均涉及固液吸附。与气体吸附比较,溶液吸附更复杂,因为溶液中各种组分,包括溶剂、溶质,电解质溶液中的各种离子和分子,均会在固—液界面上竞相吸附,存在一系列的可能互相关联的吸附平衡。其次溶液吸附较气体吸附要慢很多,因为被吸附组分必须通过扩散穿越一个相当厚度的溶剂层方能到达固面。因此,凡是影响扩散速度的一些因素均会影响吸附速率,如液体黏度、温度、搅拌条件等。

固液吸附的分析方法也较独特,既不同于气固吸附,也不同于溶液表面吸附。实验方法是测定被吸附组分在吸附前与吸附平衡后的浓度,从而求出吸附量,并给出吸附等温线,然后为解释等温线建立吸附理论模型,如从极性水溶液中吸附,还要建立吸附剂表面的双电层模型。然而,这些理论的正确性以及由此所预示的被吸附组分在固面上的吸附状态的正确性尚缺乏直接的实验证明,这一点也是与气体吸附的不同处。对于气体吸附可以在不改变吸附状态条件下,进行红外光谱、紫外光谱、X射线衍射、电子光谱、质子光谱、穆斯堡尔(Mossbauer)效应、核磁共振等技术手段进行直接研究。而对于溶液中吸附这些直接测量或不可实现,或实验结果出入可能很大,因为当吸附后的固体一旦离开溶液,其双电层结构状态以及吸附质在固面上的吸附状态,可能会发生极大变化。

一、实验方法

虽然固体从溶液中吸附较之从气相中吸附和溶液表面吸附要复杂得多,但是其实验方法却相对简单。将已知量的固体吸附剂(分散度极高的固体粉末或比表面极大的多孔固体颗粒)与已知浓度的溶液混合,并不停地摇动,以保证吸附质与吸附剂的充分接触和加速吸附质扩散速度,直至达成吸附平衡,即被吸附组分的浓度不再变化为止。然后将吸附质与吸附剂通过离心方法彻底分离,再将离心液体用微孔滤膜过滤,最后测定不含分散相的溶液中该组分的浓度。

由吸附前后被吸附组分的浓度差，即可求出吸附量。更换溶液浓度，重复上述操作，得出新平衡浓度下的吸附量。最后，由不同平衡浓度的平衡吸附量数据绘出固定温度下的吸附曲线，即吸附等温线。

二、液—固界面吸附的类型

按照溶液的极性，液—固界面吸附大致可分为从非电解质溶液吸附和从电解质溶液中吸附。当然按照非电解质溶液浓度的大小还可以细分；而按照从电解质溶液中吸附又分为单纯地吸附溶液中某种离子和发生离子交换吸附。

（一）从非电解质溶液中吸附

如果溶液是由两种或两种以上有机液体混合而成，那么某一种组分被吸附剂固体所吸附的量定义为：

$$\Gamma=\frac{c_{i0}-c_{ie}}{m}V \tag{6-27}$$

或：

$$\Gamma=\frac{c_{i0}-c_{ie}}{A}V=\frac{c_{i0}-c_{ie}}{mA_{sp}}V \tag{6-27a}$$

式中，c_{i0} 和 c_{ie} 分别为该组分原始和平衡质量浓度；m 和 A 分别为固体的质量和表面面积；A_{sp} 为固体单位质量的比表面积；V 为溶液的体积。式(6－27)中的吸附量是单位质量吸附剂上的被吸附物质的质量；式(6－27a)中的吸附量是单位面积吸附剂上的被吸附物质的质量。若溶液的总物质的量为 n，x_{i0} 和 x_{ie} 分别为被吸附组分的原始和平衡摩尔分数，则吸附量还可表示为：

$$\Gamma=\frac{n(x_{i0}-x_{ie})}{m} \tag{6-27b}$$

或：

$$\Gamma=\frac{n(x_{i0}-x_{ie})}{A}=\frac{n(x_{i0}-x_{ie})}{mA_{sp}} \tag{6-27c}$$

此时，吸附量分别是单位质量和单位面积吸附剂所吸附的吸附质的物质的量。

影响吸附量的因素，归纳起来有如下几点：

1. 介质 介质的影响从两方面分析

(1)介质与溶质会竞相在固面吸附，如果介质的吸附能力很差，则溶质吸附能力就强，式(6－27)所表示的吸附是 $c_0-c_e>0$，为正，称为正吸附；相反，若介质吸附能力很强，溶质的吸附能力很弱，则对溶质而言 $c_0-c_e<0$，则吸附量为负，称为负吸附。所以式(6－27)所表示的吸附量称为表观吸附量。如果溶质和介质在固面吸附能力相等，则 $\Gamma=0$，为零吸附，然而零吸附并非指固面不吸附，而是它们在固面浓度等于其在溶液中的浓度。

(2)溶质在介质中的溶解度。一般讲，若溶液中溶质在介质中溶解度越低，则溶质越易于在固面上被吸附。图 6－24 所示为 C_6H_5COOH 分别在 CCl_4 和 C_6H_6 介质中，于硅胶上的吸附等温线。C_6H_5COOH 在 CCl_4 中溶解度低于在 C_6H_6 中的溶解度，而在相同的浓度下，CCl_4 中的 C_6H_5COOH 在硅胶上的吸附量大于其在 C_6H_6 溶液中的吸附量。

溶质在介质中的溶解度大小可以用介质与溶质极性差别来量度：若溶剂分子与溶质分子极

性相差越大，则溶质的溶解度越低，溶质在固面上的吸附能力越强。

2. 吸附剂与吸附质性质的影响

(1)吸附剂与吸附组分的相互作用力。吸附剂与吸附组分的相互作用力越大，则该组分吸附能力越强，此组分被优先吸附。如离子型吸附剂 $\alpha-Al(OH)_3$ 由于与极性分子乙醇作用力大于与非极性苯的作用力，因此在乙醇与苯的溶液中优先吸附乙醇；相反，非极性吸附剂活性炭都对混合液中的苯优先吸附。

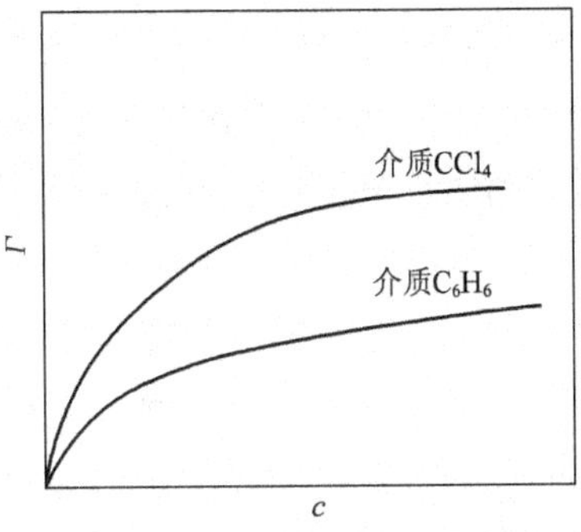

图 6-24 C_6H_5COOH 分别在 C_6H_6 和 CCl_4 溶液中的吸附等温线

化学吸附的组分因吸附力大而优先吸附，如 Ni 和 Pt 为碱性固体，表面会与有机酸发生化学吸附，因此有机酸在 Pt、Ni 固面被优先吸附。

(2)吸附剂与吸附质的极性。吸附规律是极性吸附剂易于吸附极性吸附质，而非极性吸附剂易于吸附非极性吸附质。非极性吸附剂木炭和极性吸附剂硅胶对于脂肪酸同系物的吸附情况是明显的例证(图 6-25)。脂肪酸的极性顺序为：甲酸＞乙酸＞丙酸＞丁酸。在吸附体系中，溶剂为水，吸附剂是非极性的活性炭，按照非极性吸附剂易吸附非极性(或极性差)的吸附质，则吸附量顺序应为丁酸＞丙酸＞乙酸＞甲酸，与图 6-25(a)是吻合的；而吸附体系是极性的吸附剂硅胶在非极性介质甲苯中吸附脂肪酸，按极性吸附剂易吸附极性吸附质，则吸附量顺序应为甲酸＞乙酸＞丙酸＞丁酸，这个结果与图 6-25(b)也是吻合的。

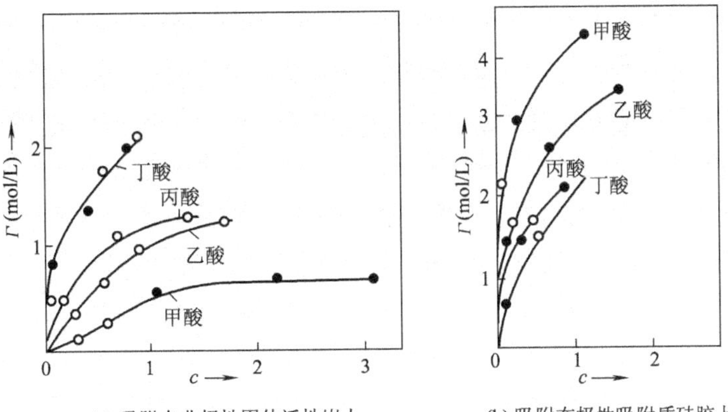

(a) 吸附在非极性固体活性炭上(溶剂为水)

(b) 吸附在极性吸附质硅胶上(溶剂为甲苯)

图 6-25 脂肪酸同系物的吸附等温线

(3)多孔固体吸附剂的孔隙度和孔径。所谓孔隙度是指孔洞的体积与固体总体积的比值，一般讲孔隙度加大，则孔洞的数量增加，而孔径减小。对于体积很小的吸附质分子，由于能够钻入孔洞中，因此随固体孔隙度的增加，孔内表面积增加，吸附量也随之增加；但对于大体积的吸附剂分子，由于不能钻入孔洞中，因此随固体孔隙度的增加，其吸附量反而减少。

3. 温度的影响 温度的提高对于从溶液中吸附与从气体中吸附一样是不利的，但其影响效果不如气体吸附那么强烈。这种影响可以从两方面考虑：从溶液中吸附也是放热过程，按照平衡移动原理升温不利于反应向吸附方向进行；温度升高一般会加大溶质的溶解度，因此使溶质的吸附能力降低。

4. 溶质浓度的影响 当溶液的浓度很低时，溶质的吸附等温线类似于气体吸附的等温线，因此等温式也可套用，只需将压力换成浓度。而且自溶液吸附也绝大多数是单分子层吸附，故可用 Langmuir 等温式描述，而且似乎可以由最大吸附量 Γ_∞ 来求固体的比表面积。然而往往发现这样计算 A_{sp} 方法的可靠性较差，原因是：溶剂分子总是在固面吸附，不可能完全把溶剂分子挤出固体表面；选取每个分子在固面所占面积 σ_0，因为溶质分子形状很复杂，在固面上定位方式也可能因条件不同而不同，故截面积 σ_0 也有所不同。图 6-26 所示为草酸在球形 $\alpha-Fe_2O_3$ 胶体粒子上的两种定位方式[48]。

其次，全浓度范围内，即摩尔分数 x 为 0～1，难于区分溶质和溶剂，所有组分均有可能吸附，而且这些组分在固面上的吸附能力也不一样，如两种组分，有可能一种组分优先吸附，而另一种组分吸附能力很弱，此时吸附等温线为 U 型；如果某一组分在一定浓度范围内是强吸附，在此范围外是弱吸附，则等温线为 S 型。图 6-27 示出了这两种曲线，曲线 1 和曲线 2 均为 U 型，而曲线 3 为 S 型。曲线 1 示出吸附质为强吸附，故在全浓度范围内均为正吸附，两端最低，中间有极大值。两端之所以为零，是因为在 $x_2=0$ 时，自然 $\Gamma_2=0$，但在 $x_2=1$ 时即纯液体，表面无论如何富集也是纯液体，与内部液体不存在浓差。如苯与环己烷混合液中，苯在 $\gamma-AlOOH$ 上的吸附即属于永为正吸附类型。曲线 2 中溶质为弱吸附，在全浓度范围内均为负吸附，两端吸附量为 0，曲线有极小值。如氯仿与四氯化碳混合液中，氯仿在活性炭上的吸附永为负吸附。乙醇与苯的混合液中，乙醇在活性炭上的吸附符合曲线 3 的 S 型曲线[49,50]：在 $x_2<0.3$ 时，乙醇为正吸附，而在 $x_2>0.3$ 时，乙醇为负吸附。在 $x_2=0.3$ 处，乙醇为零吸附，但要注意所谓零吸附并非在固面上乙醇不吸附，而是指乙醇在固面的浓度等于它在溶液中的浓度。因此在 $x_2=0.3$ 处的混合液不能用固体从溶液中吸附的方法使混合液的组分分离，故与横坐标相交的这一点又称为吸附共沸点(adsorption azeotropic point)。在此点以前和以后的曲线仍为 U 型曲线，可以通过固体吸附的方法使某一组分浓缩，并通过反复吸附的方法使该组分分离，这一点类似混合液的精馏分离。

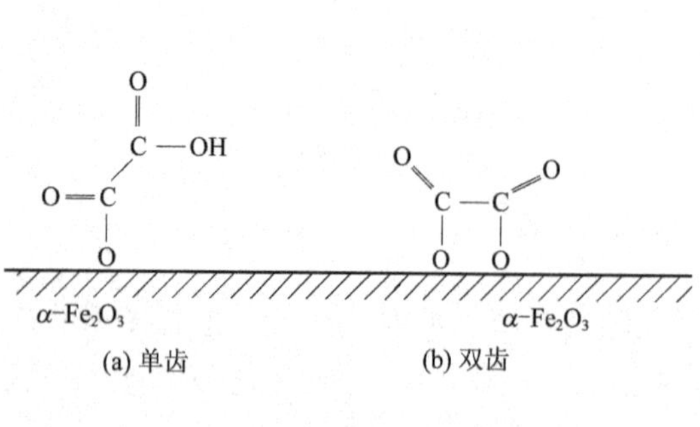

图 6-26　草酸分子在 $\alpha-Fe_2O_3$ 胶体粒子上的吸附定位方式

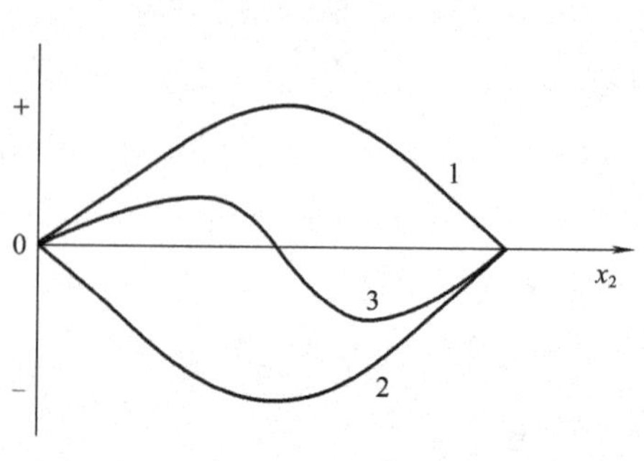

图 6-27　在全浓度范围内一个组分的三类吸附等温线

(二)从电解质(水)溶液中吸附离子

这种固体吸附剂有选择性地从溶液中吸附一种离子的吸附现象有如下特点：

(1)吸附剂通常为极性分子或离子组成的固体，故这种吸附称为极性吸附。带电固面靠静电吸附作用吸附异电离子，受排斥的为同电离子，从而因静电作用，离子在溶液中形成特定分布方式——双电层。

(2)通常被吸附离子的半径越大，则吸附量越大。这可以从两方面考虑，一是半径越大，则离子的极性越强；另一是半径大，则水化能力低，水化离子的电荷密度越高。因此离子有如下吸附顺序：

一价阳离子：$Li^+ < Na^+ < K^+ < Rb^+ < Cs^+$

二价阳离子：$Mg^{2+} < Ca^{2+} < Sr^{2+} < Ba^{2+}$

一价阴离子：$Cl^- < Br^- < NO_3^- < I^- < SCN^-$

(3)异电离子价数越高，其吸附能力越强，这是由静电引力决定的，故有：

$$K^+ < Ca^{2+} < Al^{3+} < Th^{4+}$$

(4)当离子被具有相同离子组成的晶体吸附时会出现类似结晶的过程，例如：

$$AgCl(\text{晶体}) + \begin{cases} KCl(\text{溶液}) \longrightarrow (AgCl)_m \cdot nCl^- \\ AgNO_3(\text{溶液}) \longrightarrow (AgCl)_m \cdot nAg^+ \end{cases}$$

(5)若溶液中一种离子可以和固体晶格中一种带相反电荷的离子形成难溶盐或难电离的化合物时，则此种离子就会被强烈吸附，上例中 AgCl 晶体之所以吸附 Ag^+ 和 Cl^- 就是这个原因。

(三)离子交换吸附

离子交换吸附是固体吸附剂从溶液中吸附一定量的离子，同时又向溶液释放了从固体中置换下来的相同符号且电量相等的另一种离子。最典型的例子是沸石软化水的过程，即为离子交换吸附：

$$\text{沸石}^{2-} \cdot 2Na^+ + Ca^{2+} \longrightarrow \text{沸石}^{2-} \cdot Ca^{2+} + 2Na^+$$

使用后失效的沸石可以用浓盐水再生：

$$\text{沸石}^{2-} \cdot Ca^{2+} + 2NaCl \longrightarrow \text{沸石}^{2-} \cdot 2Na^+ + 2Cl^- + Ca^{2+}$$

离子交换吸附被广泛地用于从水溶液中提取有价值的元素或净化水。如从铜矿水及生产铜氨纤维、工业废水中提取铜，从感光胶片厂和胶片冲印厂废水中提取银，从电解废液中提取铬等。

离子交换树脂是目前工业常用的离子交换剂。按其交换基团的性质分为阳离子交换树脂(RN—H)、阴离子交换树脂(RN—OH)和螯合树脂。阳离子交换树脂可与溶液中的阳离子进行交换：

$$RN—H + Me^+ \longrightarrow RN—Me + H^+$$

阴离子交换树脂可与溶液中的阴离子进行交换：

$$RN—OH + Z^- \longrightarrow RN—Z + OH^-$$

使用后失效的阳或阴离子交换树脂可分别用强酸及强碱使其再生。

树脂的类型与离子的种类不同，决定了离子的交换选择性和能力：

(1)强酸性阳离子交换树脂：

$$Fe^{3+}>Cr^{3+}>Al^{3+}>Ca^{2+}>Mg^{2+}>K^{+}>NH_4^{+}>Na^{+}>H^{+}>Li^{+}$$

(2)弱酸性阳离子交换树脂：

$$H^{+}>Fe^{3+}>Cr^{3+}>Al^{3+}>Ca^{2+}>Mg^{2+}>K^{+}>NH_4^{+}>Li^{+}$$

(3)强碱性阴离子交换树脂：

$$Cr_2O_7^{2-}>SO_4^{2-}>CrO_4^{2-}>NO_3^{-}>OH^{-}>HCO_3^{-}>HSiO_3^{-}$$

(4)弱碱性阴离子交换树脂：

$$OH^{-}>Cr_2O_7^{2-}>SO_4^{2-}>CrO_4^{2-}>NO_3^{-}>Cl^{-}>HCO_3^{-}$$

在高温和高浓度时，会发生选择顺序的变换，这正是树脂再生的依据。

第六节　吸附等温式

一、从稀溶液中吸附的等温式

稀溶液中的吸附多为单分子层吸附，在非极性吸附剂固面上多为物理吸附；而在金属、金属氧化物等极性吸附剂固面上多为化学吸附。其吸附等温线多为 Langmuir 型等温线，因此与气固吸附相似也有相应的 Freundlich 经验式和 Langmuir 等温式[51]：

Freundlich 经验式：$$\Gamma=k\cdot p^{\frac{1}{n}}\quad (n\geqslant 1)\tag{6-28}$$

Langmuir 等温式：$$\Gamma=\Gamma_{\infty}\cdot\frac{bc}{1+bc}\tag{6-29}$$

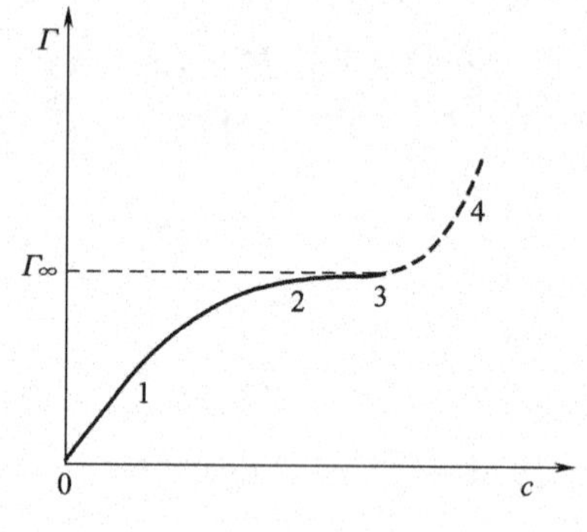

图 6－28　稀溶液中溶质的 Langmuir 型吸附等温线

用 Langmuir 等温式很容易解释图 6－28 所示的吸附等温线：

(1)在浓度很低时，$bc\ll 1$，故 $\Gamma=\Gamma_{\infty}bc$，吸附量 Γ 与 c 成正比，为直线关系，即曲线中 0—1 段。

(2)在浓度较高时，$bc\gg 1$，故 $\Gamma=\Gamma_{\infty}$，即吸附达饱和(即一层吸满)，Γ_{∞} 为饱和吸附量，即曲线中水平的 2—3 段。

(3)在中间浓度时，Γ—c 为平滑的向上凸曲线，即 1—2 段，此段可用 Freundlich 式或者 Langmuir 式描述。

(4)如果浓度更高(但尚在稀溶液范围内)，则在曲线上会出现突然上扬的情况，即图中虚线所示的 3—4 段，对于无孔的或孔很大的吸附剂可能是发生了多分子层吸附，则可以用 BET 公式解释。

*二、全浓度范围二元溶液的吸附等温式

在稀溶液中(相对溶质而言)，由于溶剂的浓度很高，吸附前后其浓度变化极小，那么按照吸附量的定义，溶剂的吸附量为零，因此所要考虑的仅是溶质的吸附量。然而浓溶液中，由于两组

分均参与吸附，会使吸附等温式变得十分复杂，图 6－27 所示的 U 型和 S 型这样复杂的吸附等温线就很能说明问题。

我们考虑由两个组分组成的混合溶液，设溶液中两组分的物质的量分别为 n_{01} 和 n_{02}，则总物质的量 $n_0=n_{01}+n_{02}$。现将质量为 m 的固体吸附剂放入溶液中，至吸附平衡后，两组分在溶液中的物质的量分别为 n_1 和 n_2，而单位质量吸附剂上所吸附的两组分物质的量分别为 N_1^s 和 N_2^s，则应有如下的质量平衡：

$$m\cdot N_1^s+n_1=n_{01} \tag{6-30}$$

$$m\cdot N_2^s+n_2=n_{02} \tag{6-31}$$

若平衡后两组分在溶液中的摩尔分数为 x_1 和 x_2，则应有如下比例关系：

$$n_1:n_2=x_1:x_2$$

将此比例关系代入式(6－30)和式(6－31)得：

$$m\cdot N_1^s+n_2\frac{x_1}{x_2}=n_{01} \tag{6-32}$$

$$m\cdot N_2^s+n_1\frac{x_2}{x_1}=n_{02} \tag{6-33}$$

以 x_2 和 x_1 分别乘以式(6－32)和式(6－33)，结果为：

$$m\cdot N_1^s x_2+n_2x_1=n_{01}x_2 \tag{6-34}$$

$$m\cdot N_2^s x_1+n_1x_2=n_{02}x_1 \tag{6-35}$$

由于 $n_1x_2=n_2x_1$，则式(6－34)减去式(6－35)得：

$$m(N_1^s x_2-N_2^s x_1)=n_{01}x_2-n_{02}x_1 \tag{6-36}$$

因为 $x_2=1-x_1$，$n_{02}=n_0-n_{01}$ 和 $n_{01}=n_0x_{01}$（x_{01} 为吸附前组分 1 的摩尔分数），则式(6－36)变为：

$$\frac{n_0(x_{01}-x_1)}{m}=N_1^s x_2-N_2^s x_1 \tag{6-37}$$

$$\frac{n_0\cdot\Delta x_1}{m}=N_1^s x_2-N_2^s x_1 \tag{6-37a}$$

$$\Gamma_1=N_1^s x_2-N_2^s(1-x_2) \tag{6-37b}$$

$$\Gamma_1=N_1^s(1-x_1)-N_2^s x_1 \tag{6-37c}$$

式(6－37b)和式(6－37c)即为组分 1 的表面过剩的等温式。显然若 $x_{01}-x_1>0$，则 $\Gamma_1>0$，为正吸附，而组分 2 的 $\Gamma_2<0$，必为负吸附。按式(6－37a)，以 $\frac{n_0\cdot\Delta x_1}{m}$—$x_1$ 作图就会得到如图 6－27 所示的 U 型和 S 型曲线。这种等温线实际上是由两种组分各自的等温线复合的结果，称为复合等温线。

☞ 复习指导

1. 润湿是发生在固—液界面上的重要物理化学现象之一，接触角的大小是润湿的量度。对接触角必须明确：①接触角 θ 的定义。② 接触角 θ 是三个表面张力平衡的结果，它们的关系式就是 Young 方程。③接触角 θ 的大小不但与形成接触角的三个相物质本性有关，而且更重要的是与固面性状（组成和粗糙度）有关，后者还决定了当液固两相发生相对位移时出现的接触角滞后现象以及前进接触角 θ_a 和后退接触角 θ_b 的大小。④ 改变固面的润湿性能也就是改变接触角的大小，由 Young 方程可知三个表面张力中可变量有两个：一个是 γ_{gl}，方法是加入可使 γ_{gl} 变化的试剂(如表面活性剂)；另一个是 γ_{sl}，方法是改变固面的粗糙度。

2. 发生在固—液界面上的另一个重要物理化学现象是吸附，吸附的动力来源于固面的不饱和力场和带电固面的电场力，后者体现在固面从电解质溶液对离子的吸附上。吸附量除了通常的与吸附剂和吸附质的本性以及温度有关外，还与吸附质的浓度有关，甚至出现正吸附、负吸附和在浓度增加过程中正、负吸附变换的现象，使吸附等温线变得复杂。

3. 固—液界面吸附带来两种结果：① 固面改性。如表面活性剂分子在固面定向吸附，使极性固面出现非极性的性质；相反，非极性固面变为可润湿性，出现极性的特性。② 稳定性和聚沉性。离子在固面上的吸附使固体粒子间点斥力增大或减少，以及表面活性剂和大分子在固面上的吸附都有可能增大或降低固体粒子的稳定性。

思考题

1. 20℃时，乙醚—水、汞—乙醚和汞—水的界面张力分别为 0.0107N/m、0.379N/m 和 0.375N/m，若在乙醚—汞界面上滴一滴水，试求接触角。(答：θ=68.05°)

2. 已知乙二醇在 25℃时，在石蜡上的接触角为 83°，而乙二醇—石蜡、水—石蜡的界面张力分别为 28.6×10^{-3}N/m 和 22.1×10^{-3}N/m，乙二醇和水的表面张力分别为 48.3×10^{-3}N/m 和 72.8×10^{-3}N/m，计算水在石蜡面上的接触角。(答：θ=80.20°)

3. 测得丙醇的 $\gamma_p=23\times10^{-3}$N/m，聚四氟乙烯的 $\gamma_t=19.5\times10^{-3}$N/m，丙醇在聚四氟乙烯上的接触角为 43°，求丙醇—聚四氟乙烯的界面张力。(答：2.68×10^{-3}N/m)

4. 将水(W)压入对水完全润湿的重晶石(S)以取代空气，所需压力为 1.02×10^4Pa；而将溴化萘(A)压入其中取代空气，所需压力为 5.7×10^2Pa；若将 A 压入 S 取代 W，所需压力为 5.2×10^3Pa。已知 $\gamma_W=72.1\times10^{-3}$ N/m，$\gamma_A=44\times10^{-3}$ N/m，$\gamma_{WA}=46\times10^{-3}$N/m，求：①重晶石的毛细管半径。②A—S 和 S—W—A 的接触角。③分别计算两液体对重晶石的黏附功。(答：①14.1μm；②84.75°，36.96°；③W_{A-S}：48.03×10^{-3}J/m²，W_{S-W}：144.2×10^{-3}J/m²)

5. 表面活性剂能降低水的表面张力，也能吸附在油—水界面上，但不能明显地吸附在水—纤维界面上，简单说明这种洗涤剂能否用于防水纤维织物或一般纤维织物上。

6. 用 Bartell 法测定固体粉末的接触角，实验采用两种不同的液体，第一种液体对固体完全润湿，表面张力为 50×10^{-3}N/m；第二种液体有一定的接触角，表面张力为 70×10^{-3}N/m，把第一种液体逐出固体粉末多孔塞中所需压力为第二种液体所需压力的 2 倍，求固体粉末的接触角。(答：θ=69.08°)

7. 用 Bartell 法测定炭粉末的接触角实验数据如下：将苯压入多孔塞取代空气所需压力为 6.09×10^5Pa；将水压入同一多孔塞以取代空气所需压力为 11.78×10^5Pa；将苯压入以取代水所需压力为 5.67×10^5Pa；若已知苯、水的表面张力和苯—水界面张力分别为：28.3×10^{-3}N/m、72.1×10^{-3}N/m 和 34.7×10^{-3}N/m，且苯能完全润湿石墨炭粉，求：①水—炭，炭—

苯—水的接触角；②水—炭及炭—苯的黏附功。（答：①40.56°，40.62°；②$126.8\times10^{-3}J/m^2$，$56.6\times10^{-3}J/m^2$）

8.羊毛对水的接触角为120°，密度为$1.3\times10^3kg/m^3$，求：①用直径为$2\times10^{-5}m$的羊毛织成密度为$800kg/m^3$的织物，它对水的接触角为多少？②这种织物能承受多大的压力而不漏？在计算中可作些假设。（答：①133.8°；②$1.24\times10^4Pa$）

9.测得十二醇的甲苯溶液被比表面为$105\times10^3m^2/kg$的炭黑吸附的吸附数据为：

平衡浓度(mol/L)	0.012	0.035	0.062	0.103	0.148
吸附量(mol/kg)	24.1	50.4	69.8	81.6	90.7

所得数据符合Langmuir吸附等温式，求每个十二醇分子所占的面积。（答：$1.34\times10^{-3}nm^2$/分子）

10.相对分子质量为300000的聚苯乙烯的甲苯溶液在炭上吸附，炭的比表面积为$1.2\times10^5m^2/kg$，测得饱和吸附量为$3.3\times10^{-2}kg/kg$炭，又当溶液浓度为1.0kg/L时，吸附量为$2.8\times10^{-2}kg/kg$炭，求：①该聚苯乙烯分子的横截面积；②Langmuir方程常数b。（答：①$1.80\times10^3nm^2$/分子；②$56m^3/kg$）

第七章　带电界面

绝大多数物质在极性溶液(通常是水溶液)中，界面总是带电的，由于电中性的原因，溶液中在界面附近必然存在等电量的带相反电荷的离子，称为异电离子或反电离子。在静电场(或表面电位)的作用下，异电离子和同电离子(即与界面所带电荷同号的离子)有不同的分布取向：前者因静电引力而趋近界面，后者因静电斥力而远离界面。与这一趋势相反的是离子的热运动或扩散，扩散的结果应是正负离子完全均匀混合。这两种趋势的结果，使界面电荷与溶液中过剩的异电离子形成一种有规律的分配形式，这就是双电层结构。界面双电层结构是带电界面的重要特征之一。带电界面的另一特征是在外加电场的作用下带电界面的运动以及运动界面所产生的电位和电流，这就是动电现象。

第一节　双电层模型

一、界面带电的起源

(一)界面的选择性吸附

如果表面不等量地吸附正、负离子，表面就会带上电荷，过量吸附的离子的电性和数量决定了表面电性、电荷密度和电位大小。通常固体表面在水溶液中带负电的机会更多些。

气泡及碳氢化合物液滴在水溶液中通常也带负电，这是由于它们与介质摩擦而产生的。按照科恩(Cohen)规则，两物质接触摩擦后，介电常数高的物质带正电，由于气泡与碳氢化合物的介电常数较介质水低，故带负电。这也可以用离子的负吸附来解释。一般电解质，如 NaCl、KNO_3 等加入水中会使水的界面张力增加，则按 Gibbs 吸附公式(4－39)，$\Gamma_2^{(1)}<0$ 即表面吸附为负吸附，因此阳离子较阴离子更易离开表面，而使之带上负电荷。

(二)表面吸附分子的离子化

如果固体表面吸附了分子，而被吸附的分子又可电离，并将一种离子送进溶液中，则固面就有了过剩的另一种离子而带电。如固面吸附了蛋白质分子，如氨基酸在溶液中出现如下平衡：

$$NH_2—R—C_2H_4COOH \rightleftharpoons NH_3^+—R—C_2H_4COO^-$$

这样就产生了带正电的 NH_3^+ 基团和带负电的 COO^- 基团，其离子化与溶液中 pH 值有关。在酸性亦即低 pH 值时显示正电性：$NH_3^+—R—C_2H_4COOH$；在碱性亦即高 pH 值时，显示负电性：$NH_2—R—C_2H_4COO^-$。在某个 pH 值时，表面净电荷为 0，为等电点(iep)。不同的蛋白质有不同的等电点，如马血红蛋白 pI＝6.9，而肌浆球蛋白的 pI＝5.4。

(三)离子型晶体的表面离解

组成离子型晶体的两种离子,如果不等量离解,则会使晶体表面带上电荷。下面以 $\alpha-Fe_2O_3$ 为例加以说明。

$\alpha-Fe_2O_3$ 的晶体为每个 Fe 原子与六个 O 原子构成八面体结构,而每个 O 原子同时与四个 Fe 原子配对,在纯水中,表面 Fe 原子趋于将溶液中 OH^- 拉过去,而表面 O 原子趋于把 H^+ 拉过去,从而表面被一层 OH^- 基团覆盖,但由于 OH^- 和 H^+ 是等量在表面吸附,故表面仍呈电中性。但若溶液中有过量 H^+ 或 OH^-,则表面基团就会发生离解或吸附,从而使表面带电,如图 7－1 所示[52]。由于溶液中 H^+ 和 OH^- 离子浓度决定了 $\alpha-Fe_2O_3$ 表面的带电性质和带电量,亦决定了表面电位的大小,因此称 H^+ 和 OH^- 为 $\alpha-Fe_2O_3$ 表面电位决定离子。一般而言,H^+ 和 OH^- 是任何金属氧化物和其水合物的表面电位决定离子。半径为 0.10μm 的 $\alpha-Fe_2O_3$ 球形粒子的 pI=6.8。

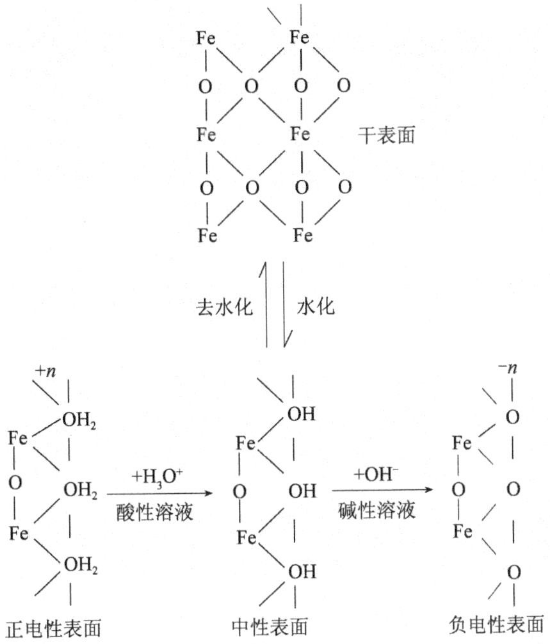

图 7－1 $\alpha-Fe_2O_3$ 表面在水溶液中带电过程示意图

二、平行板电容器模型

既然固面是带电的,由于电中性原因,溶液中必然存在与固面电荷符号相反而电量相同的异电离子。1879 年亥姆霍兹(Helmholtz)和佩林(Perrin)提出了平行板电容器模型(parallel plate capacitor model),即异电离子因与固面电荷的静电吸引,使其在溶液中十分靠近固面,距离约为分子大小的位置上(约 1nm),状如由两个带等量但符号相反电荷的平板所组成的平行板电容器,如图 7－2 所示。在此图中我们假定固面带正电,与其相对的排成一排阴离子,其间充满介电常数为 ε 的电解质。两极间电位差为固面的电位,即 $\Delta\varphi=\varphi^0$,这里 φ^0 是由板面物质本性所决定的热力学电位,称为表面电位(surface potential)。

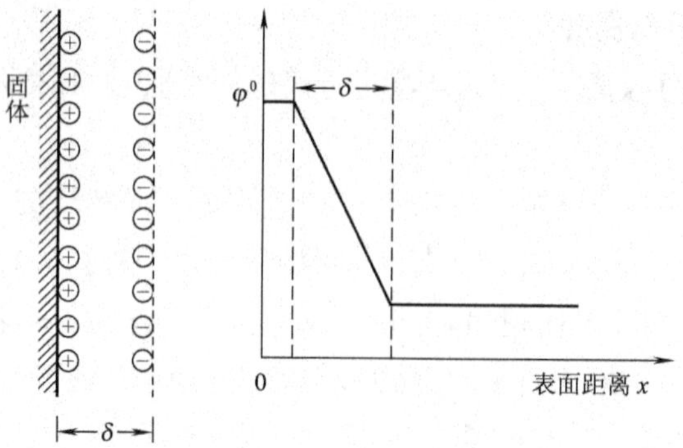

图 7－2　平行板电容器模型示意图

电场强度的定义为 $\vec{E}=\frac{d\varphi}{dx}$，即电位梯度，由物理学可知，平行板电容器的电场强度 $\vec{E}=\frac{q}{A\varepsilon}=\frac{\sigma}{\varepsilon}$，式中 q 是面积为 A 的一个板面上的电量，故 q/A 为固面上的电荷密度 σ。由这两个电场强度的表达式即可得到将双电层电位降 $\Delta\varphi=\varphi^0$ 和电荷密度 σ 与板间距 δ 联系在一起的公式：

$$\frac{\sigma}{\varepsilon}=\frac{\Delta\varphi}{\delta}=\frac{\varphi^0}{\delta}\quad 和\quad \sigma=\frac{\varepsilon\varphi^0}{\delta} \tag{7-1}$$

三、扩散双电层模型

(一)Gouy－Chapman 模型[53,54]

平行板电容器模型的贡献仅在于认为表面带电以及溶液中必然分配有带相同电量但符号相反的异电离子，但它解释不了胶粒在电场中运动的现象。由黏滞现象可知，当固体与液体发生相对运动时，最接近固面的一层流体相对于固面是静止的。平行板电容器双层厚度仅为 1nm 左右，因此异电离子层应是随固面一起运动的，但这个整体(即动电单位)是电中性的，不可能在电场中运动。关键问题在于该模型只考虑异电离子与固面电荷的静电吸引力，而忽视了异电离子在溶液中的热运动。为此古依(Gouy)在 1910 年和查普曼(Chapman)在 1913 年分别独立提出了扩散双电层理论。他们认为由于静电引力和静电斥力的作用和离子热运动，使异电离子由固面到溶液深部，其浓度越来越低；相反同电离子浓度越来越高(这里指过剩浓度)，直至两者浓度完全相等，图 7－3 示出两种离子在固面附近的分布。基于这种考虑，该理论给出了如图 7－4 所示的扩散双电层模型(diffuse electrical double layer model)，图中 φ^0 为表面电位，是由胶粒的本性决定的热力学电位。随异电离子在溶液中逐渐减少的分布状态，距固面不同处的电位值 φ 也在逐渐减少，当达到 x_∞ 处时，正负离子的浓度相等，$\varphi_\infty=0$。与 H—P(亥姆霍兹—佩林)模型比较，G—C 模型能够解释动电现象：在外加电场中，固面连同最靠近它的液体层一起向某一方向运动并与向相反方向运动的液体间产生了一个剪切面(或错动面、滑动面)，剪切面处的相对于溶液本体的电位 φ_{AB} 称为动电电位或 ζ 电位，它只有在发生动电作用时即产生滑动面时才出现。

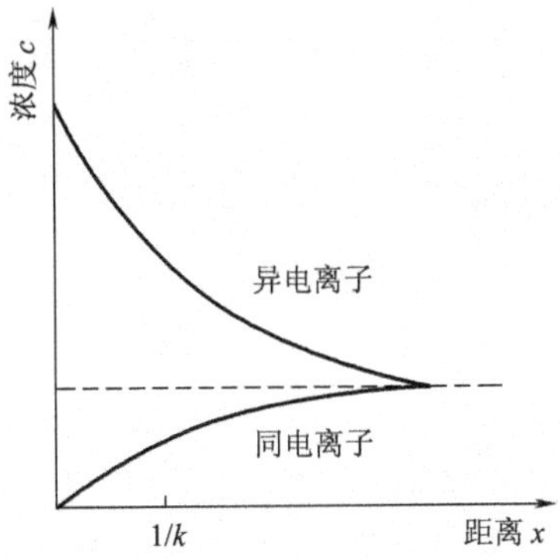

图 7－3　固面附近同、异电离子浓度分布情况

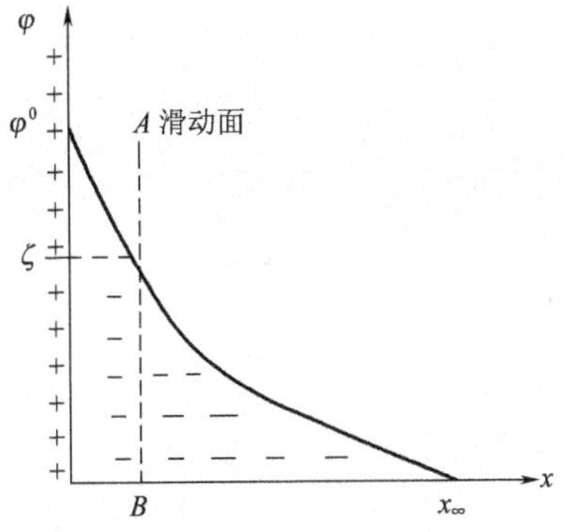

图 7－4　Gouy－Chapman(G—C)模型示意图

(二)Stern 模型[53,54]

G—C 理论建立在将离子视为没有体积的点电荷即数学点的基础上，因此按照双层电容值所计算出的在固面附近异电离子浓度竟然高达 300mol/L 的荒诞结论；G—C 理论也解释不了相同价数但不同种类异电离子对双电层内电位(特别是 ζ 电位)的不同影响问题；这个理论更解释不了当把含高价离子的电解质加入到溶液中去，会使 ζ 电位反号而使粒子在电场中向与原来运动的方向相反运动的问题。为此 1924 年斯特恩(Stern)创立了新的模型，表象上这个模型似乎是 H—P 和 G—C 模型的组合，目前成为人们广泛接受的扩散双电层模型，如图 7－5 所示。这一模型建立在如下两个前提之下：首先离子有一定大小且是水化的，故与固面距离不能小于水化离子的半径(即离子半径与水分子直径之和)，其次离子与固面还存在非电性相互作用，即表面一个小距离内存在着分子引力场。

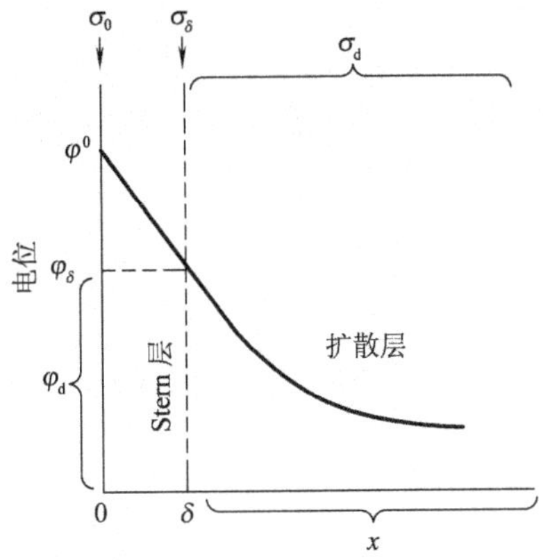

图 7－5　Stern 模型示意图

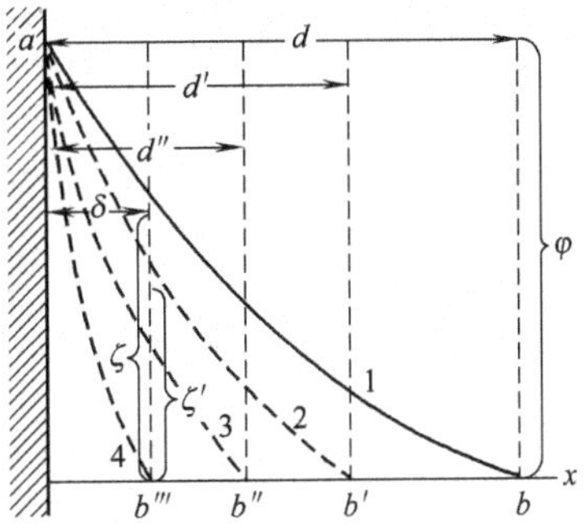

图 7－6　ζ 电位随电解质浓度的变化情况

Stern 认为异电离子在分子吸引力和静电引力作用下，部分异电离子滞留在距固面 1nm 以内的 δ 处，并与固面形成平行板电容器结构，这一层称为紧密层(close layer)。距固面 δ 处的平面称为 δ 面或 Stern 面。Stern 面以外的过剩异电离子分布处称为扩散层(diffuse layer)。扩散层中的异电离子由于静电引力和热运动的双重作用而形成如 G—C 模型那样的分布，这样表面

电位似由两部分组成：紧密层电位 $\varphi^0-\varphi_\delta$ 和扩散层电位 φ_d（始于 φ_δ）。剪切面应在何处？一种观点认为剪切面 AB 就是 δ 面，因此 $\zeta=\varphi_\delta$；另一种观点认为 AB 面处于扩散层中，并接近 δ 面，因此 $|\zeta|<|\varphi_\delta|$。目前，后一种观点被广泛接受。

应用 Stern 模型可以解释 G—C 模型所无法解释的现象：

(1)随外加电解质浓度的增加，会将异电离子由扩散层压入紧密层，如图 7－6 所示，这样扩散层变薄而使 ζ 电位降低，直至 $\zeta=0$（图中曲线 4），此时胶粒在电场中不运动，颗粒处于等电点。

(2)含高价异电离子的电解质加入，由于高价异电离子与固面静电引力大，其吸附能力也大，故会进入吸附层中去，从而使 ζ 电位下降，如吸附量足够大，会使 ζ 电位为零，甚至反号，如图 7－7(a)所示。当然，ζ 电位反号之后，若还继续增大电解质浓度，仍然会出现因扩散层被压缩变薄，而使 $|\zeta|$ 减少，并达等电点的情况。同电离子的吸附使 φ_δ 增大，如图 7－7(b)所示。

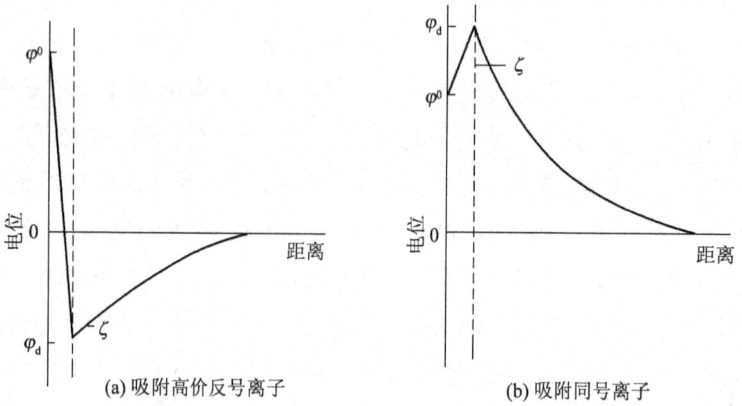

图 7－7　含高价异电离子电解质加入情况示意图

实验表明，铝和钍高价离子常用来使带负 ζ 电位的粒子反号。而一价离子如马钱子碱、金鸡纳碱及碱性染料如晶体紫和甲基蓝，由于分子大而且具有常数偶极矩，则有极大的吸引位能也会引起反号。

(3)具有相同价数而不同种类的异电离子的影响取决于离子的特定吸附力，这种吸附力又取决于其极化率和水化后的水化半径，正、负离子的极化率见表 7－1。离子的极化率大有利于减少双电层厚度，因为固面与诱导偶极子间产生附加吸附力，使离子更靠近表面些。

表 7－1　几种正、负离子的极化率

阳离子	极化率 $\alpha\times10^{24}$(cm^3)	阴离子	极化率 $\alpha\times10^{24}$(cm^3)
Li^+	0.03	F^-	0.96
Na^+	0.19	Cl^-	3.60
K^+	0.89	Br^-	5.00
Rb^+	1.50	I^-	7.60
Cs^+	2.60		

阴离子较阳离子极化程度大，离子尺寸越大，变形也越大，一般讲阴离子较阳离子半径大得多。然而由于阳离子更易水化，水化后离子半径较不水化的阴离子更大，这正是自然界固态表面带负电荷远较表面带正电荷多的原因。另外，随离子半径增加，其水化作用减弱，从而减弱了水化膜对于异电离子与固面相互作用降低的作用，因此使双电层压缩增强，ζ 电位降低，如图7－8 所示。

总之，Stern 理论较 H—P 和 G—C 理论更符合实验结果，用它可解释电解质、含高价异电离子的电解质和离子大小等对 ζ 电位的影响等实验现象。但 Stern 理论也有缺欠，其基本假设也有不确切处，如吸附层电位与浓度无关，是不可能的；双电层中剪切面 AB 概念也不准确。

(三)Graham 对 Stern 模型的修正[53,54]

Stern 理论后，不少科学家对其不足进行了修正，其中之一就是 Graham 修正模型。Graham 将紧密层又分成两部分，即 H 氏外层和 H 氏内层。外层是靠静电力作用处于紧密层外侧的水化的异电离子，而内层所含的离子是被固面化学吸附的，跟固面带相同符号电荷的部分被破坏水化壳的那些离子。这就是所谓的三电层模型，也称 GCSG 模型，如图 7－9 所示。

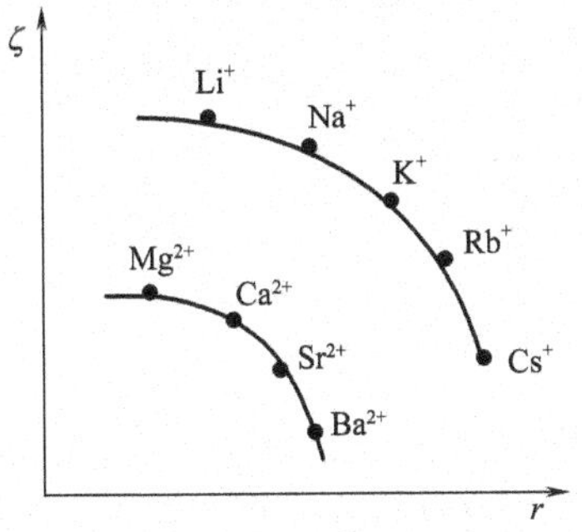

图 7－8　ζ 电位与离子半径的关系

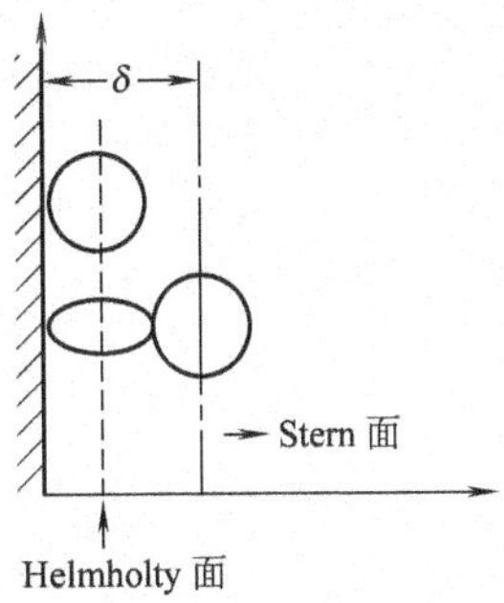

图 7－9　GCSG 三电层模型

那么距表面 x 处任一点的电位 φ_x 与 φ^0 和 x 有何关系？如何求出 φ_x 值？这就是上述各模型的理论公式，我们将在以下几节陆续给出。

第二节　双电层理论——Debye－Hückel 近似式

双电层理论的核心是建立距固面为 x 处的电位值 φ_x 与距离 x 的关系式。其中用最简单的数学处理方式得到的仅用于 φ 很低时的公式就是 Debye－Hückel 近似式(D—H 近似式)。

一、D—H 近似式

将电位 φ 与电荷密度 ρ 建立联系的典型公式是泊松(Poisson)方程：

$$\frac{\partial^2 \varphi}{\partial x^2}+\frac{\partial^2 \varphi}{\partial y^2}+\frac{\partial^2 \varphi}{\partial z^2}=-\frac{\rho}{\varepsilon} \tag{7－2}$$

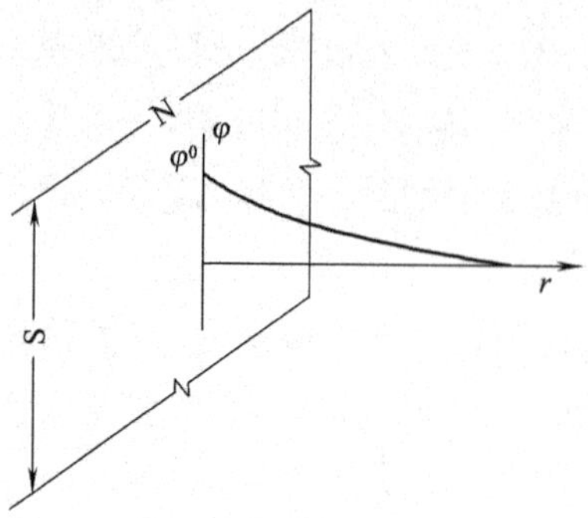

图 7－10 沿 x 方向电位 φ 随距离 x 变化示意图

当固面是沿 y、z 方向无限延伸的平板时，电位仅沿平面的法线方向即 x 方向变化，如图 7－10 所示，这样式(7－2)可简化为：

$$\frac{\mathrm{d}^2\varphi}{\mathrm{d}x^2}=-\frac{\rho}{\varepsilon} \tag{7-3}$$

在这里做如下的一些假设：

(1)无限延伸的平板上电荷均匀分布。

(2)扩散双层中的离子，包括同电与异电离子均符合 Boltzmann 分布规律。

(3)溶剂的介电常数 ε 在扩散双电层中是恒定的。

(4)表面是孤立的，即这个表面的双电层与其他邻近固面的双电层不互相搭接，彼此不受影响。

按照 Boltzmann 分布规律，单位体积中第 i 种离子(正和负离子)的数量为：

$$n_i=n_{i0}\exp\left(\frac{-z_ie\varphi}{kT}\right) \tag{7-4}$$

式中，n_{i0} 是第 i 种离子在溶液本体中的浓度；z_i 为其价数(或正或负)；e 为一个电子的电量；φ 是所在处的电位。电荷密度 ρ 可表示为单位体积中所有离子带电量的总和：

$$\rho=\sum z_ien_i=\sum z_ien_{i0}\exp\left(\frac{-z_ie\varphi}{kT}\right) \tag{7-5}$$

将式(7－5)代入式(7－3)中，得到 Poisson－Boltzmann 方程：

$$\frac{\mathrm{d}^2\varphi}{\mathrm{d}x^2}=-\frac{e}{\varepsilon}\sum z_in_{i0}\exp\left(\frac{-z_ie\varphi}{kT}\right) \tag{7-6}$$

这个微分方程解起来稍显困难，不过它是通用方程，我们对其电位值没做任何限制。现在做这样的假设：如果 φ 值很低，即 $z_ie\varphi \ll kT$，那么可将指数式按级数展开且只保留前两项，则(7－5)式变为：

$$\rho=\sum z_ien_{i0}\left(1-\frac{z_ie\varphi}{kT}\right)=\sum z_ien_{i0}-\sum\frac{z_i^2e^2n_{i0}\varphi}{kT} \tag{7-7}$$

考虑到溶液本体处电中性的原因，即 $\sum z_ien_{i0}=0$，则式(7－7)简化为：

$$\rho=-\sum\frac{n_{i0}e^2z_i^2\varphi}{kT} \tag{7-8}$$

将式(7－8)代入式(7－3)得到 Debye－Hückel 近似式：

$$\frac{\mathrm{d}^2\varphi}{\mathrm{d}x^2}=\frac{e^2\varphi}{\varepsilon kT}\sum n_{i0}\cdot z_i^2 \tag{7-9}$$

$$=\kappa^2\varphi \tag{7-10}$$

其中：

$$\kappa^2=\frac{e^2\sum n_{i0}z_i^2}{\varepsilon kT} \tag{7-11}$$

微分方程(7－10)很容易求解，其边值条件是：在 $x\to 0$ 时 $\varphi=\varphi^0$；而在 $x\to\infty$ 时 $\varphi=0$，其解为：

$$\varphi=\varphi^0\exp(-\kappa x)$$

或：

$$\varphi=\varphi^0\exp\left(-\frac{x}{\kappa^{-1}}\right) \tag{7-12}$$

这就是按照 Gouy－Chapman 双层理论描述扩散层中距平板表面为 x 处的电位的简单关系式，即 Debye－Hückel 近似公式。此式仅用于电位 φ 很低的情况，从式(7－6)演变为式(7－7)的假设中可知。从式(7－12)可知，双电层中的电位随距表面距离而按负指数降低，即图 7—4 所示的电位曲线。

对于半径 R 的球形粒子，距球心为 r 处的电位表达式为：

$$\varphi = \varphi^0 \frac{R}{r} \exp\left[-\kappa(r-R)\right] \tag{7－13}$$

比较式(7－13)和式(7－12)可知，球形粒子扩散层电位要低于平板形粒子的值；球形粒子的半径 R 越大，扩散层电位越小；而 κ 越大，即电解质浓度和价数越高，则扩散层电位越低。

二、Debye－Hückel 参数 κ

现在我们讨论由式(7－11)所定义的重要参数 κ。由式(7－12)可知 κ^{-1} 与 x 有相同的量纲，即长度单位，而 x/κ^{-1} 表示以 κ^{-1} 为单位的数量，因此有人把 κ^{-1} 不正确地称为双电层的厚度。κ 在一般文献中称为 Debye－Hückel 参数。

由于离子的数量浓度 n_i(粒子数/m^3)与浓度 C_i (mol/L)的关系为：

$$n_i = C_i N_A \tag{7－14}$$

而离子强度的定义为：

$$I = \sum \frac{1}{2} C_i z_i{}^2 \tag{7－15}$$

那么由式(7－11)定义的 κ 值变为：

$$\kappa = \left(\frac{e^2}{\varepsilon kT}\sum n_i z_i^2\right)^{\frac{1}{2}} = \left(\frac{e^2}{\varepsilon kT}\sum 10^3 C_i N_A z_i^2\right)^{\frac{1}{2}} = \left(\frac{2000 e^2 N_A}{\varepsilon kT} I\right)^{\frac{1}{2}} \tag{7－16}$$

由此式可知，κ 值在常温下与 I 有关，即与存在于溶液中的所有离子的价数和浓度有关。式(7-12)表明，φ 与 κ 有关，当加入电解质时，I 提高，κ 增加而“双电层厚度”κ^{-1} 变薄(这正是人们称 κ^{-1} 为双电层厚度的原因)。在一般的科学实验中，如从溶液中吸附的实验中，为保证双电层结构的一致性，即确保 x 处的 φ_x 值为固定值，不因电解质浓度的变化而变化，往往预先在溶液中加入并不干扰实验结果的所谓“惰性电解质”，且其浓度远远大于实验中所用其他电解质浓度几个数量级，即所谓“淹没量浓度”，因此实验物质浓度的变化并不引起溶液 I 的明显变化，从而固定了 κ 或 κ^{-1} 值。

表 7－2 给出不同类型电解质在不同浓度时的 κ 和 κ^{-1} 值。对于 25℃的水溶液，按照式(7－16)代入已知数据后，κ 和 κ^{-1} 值可表示为：

$$\kappa = 0.329 \times 10^{10} \cdot |z| \cdot |C|^{\frac{1}{2}} (m^{-1}) \tag{7－16a}$$

和

$$\kappa^{-1} = 3.04 \times 10^{-10} \cdot |z|^{-1} \cdot |C|^{-\frac{1}{2}} (m) \tag{7－16b}$$

表 7－2 不同类型电解质在几种浓度下的 κ 和 κ^{-1} 值

公式(25℃水溶液)	对称型电解质			不对称型电解质		
	κ^{-1}(m) $= 3.04\times10^{-10}\,|z|^{-1}\cdot C^{-\frac{1}{2}}$		$\kappa = (\kappa^{-1})^{-1}$	κ^{-1}(m) $= 4.30\times10^{-10}\left(\sum C_i z_i^2\right)^{-\frac{1}{2}}$		$\kappa = (\kappa^{-1})^{-1}$
浓度 C(mol/L)	$z^+—z^-$			$z^+—z^-$		
0.001	1—1	9.61×10^{-9}	1.04×10^{8}	1—2,2—1	5.56×10^{-9}	1.80×10^{8}
	2—2	4.81×10^{-9}	2.08×10^{8}	3—1,1—3	3.93×10^{-9}	2.54×10^{8}
	3—3	3.20×10^{-9}	3.12×10^{8}	2—3,3—2	2.49×10^{-9}	4.02×10^{8}

续表

公式（25℃水溶液）	对称型电解质			不对称型电解质		
	$\kappa^{-1}(\mathrm{m}) = 3.04\times10^{-10}\lvert z\rvert^{-1}\cdot C^{-\frac{1}{2}}$		$\kappa=(\kappa^{-1})^{-1}$	$\kappa^{-1}(\mathrm{m}) = 4.30\times10^{-10}\left(\sum C_i z_i^2\right)^{-\frac{1}{2}}$		$\kappa=(\kappa^{-1})^{-1}$
浓度 C(mol/L)	$z^+—z^-$			$z^+—z^-$		
0.01	1—1	3.04×10^{-9}	3.29×10^{8}	1—2,2—1	1.76×10^{-9}	5.68×10^{8}
	2—2	1.51×10^{-9}	6.58×10^{8}	3—1,1—3	1.24×10^{-9}	8.04×10^{8}
	3—3	1.01×10^{-9}	9.87×10^{8}	2—3,3—2	7.87×10^{-10}	1.27×10^{9}
0.1	1—1	9.61×10^{-10}	1.04×10^{9}	1—2,2—1	5.56×10^{-10}	1.80×10^{9}
	2—2	4.81×10^{-10}	2.08×10^{9}	3—1,1—3	3.93×10^{-10}	2.54×10^{9}
	3—3	3.20×10^{-10}	3.12×10^{9}	2—3,3—2	2.47×10^{-10}	4.02×10^{9}

对于25℃的浓度为10^{-3} mol/L的1—1价电解质，κ^{-1}约为9.6nm，记住这一结果，便可推出其他浓度和价型的电解质的κ^{-1}，因为κ^{-1}反比于$\lvert z\rvert$和$\lvert C\rvert^{\frac{1}{2}}$。

三、表面电荷密度 σ

由电中性可知，表面电荷密度必然等于双电层中过剩量的异电离子的电荷密度ρ，但符号相反，而后者是可以通过从表面至溶液本体的积分得到的：

$$\sigma=-\int_0^\infty \rho\,\mathrm{d}x=\int_0^\infty \frac{\frac{\mathrm{d}^2\varphi}{\mathrm{d}x^2}}{\varepsilon^{-1}}\mathrm{d}x \tag{7-17}$$

$$=-\varepsilon\left(\frac{\mathrm{d}\varphi}{\mathrm{d}x}\right)_0 \tag{7-18}$$

由式(7－12)可知$\left(\frac{\mathrm{d}\varphi}{\mathrm{d}x}\right)_0=\lim\limits_{x\to0}[-\kappa\varphi^0\exp(-\kappa x)]=-k\varphi^0$，将此结果代入式(7－18)中得到：

$$\sigma=-\varepsilon(-\kappa\varphi^0)=\frac{\varepsilon\varphi^0}{\kappa^{-1}} \tag{7-19}$$

这就是D—H近似处理中表面电荷密度公式。将式(7-19)与平行板电容器模型中的表面电荷密度的式(7-1)对照可知$\kappa^{-1}=\delta$，即κ^{-1}相当于平行板电容器的间距，因此人们才称κ^{-1}为“双电层的厚度”。其意义是：在扩散层中，假设存在一个异电离子集中的面，这个面距离固面的距离为κ^{-1}。

*第三节　双电层理论——Gouy－Chapman公式

一、G—C公式

Debye－Hückel公式仅适用于φ很小的情况，为扩大φ值的应用范围，Gouy和Chapman由通用式(7－6)入手，经过一系列纯数学推导得出与D—H公式在形式上相似的G—C公式：

$$\gamma = \gamma^0 \exp(-\kappa x) \tag{7-20}$$

其中：

$$\gamma = \frac{\exp\left(\frac{ze\varphi}{2kT}\right) - 1}{\exp\left(\frac{ze\varphi}{2kT}\right) + 1} \tag{7-21}$$

和

$$\gamma^0 = \frac{\exp\left(\frac{ze\varphi^0}{2kT}\right) - 1}{\exp\left(\frac{ze\varphi^0}{2kT}\right) + 1} \tag{7-21a}$$

需要注意 $\gamma \neq \varphi$，$\gamma^0 \neq \varphi^0$，即式(7－20)只是一种简单形式，它反映不出 φ 与 x 的直接关系。不过 G—C 公式(7－20)完全可以还原为 D—H 近似式(7－12)。将式(7－21)和式(7－21a)代入式(7－20)得：

$$\frac{\exp\left(\frac{ze\varphi}{2kT}\right) - 1}{\exp\left(\frac{ze\varphi}{2kT}\right) + 1} = \frac{\exp\left(\frac{ze\varphi^0}{2kT}\right) - 1}{\exp\left(\frac{ze\varphi^0}{2kT}\right) + 1} \cdot \exp(-\kappa x) \tag{7-20b}$$

若 φ 很小($ze\varphi \ll 2kT$)，将自然对数展开并只保留前两项即可得到 D—H 近似式(7－12)，因此可以说 D—H 公式只是 G—C 公式在 φ 很小时的一个特例而已。

现在看看另一种特殊情况。如果 x 很大，即处于远离表面处，那么 φ 必降至很小，此时式(7－20a)左方的指数展开，并保留两项，则有：

$$\frac{ze\varphi}{4kT} = \gamma^0 \exp(-\kappa x)$$

$$\varphi = \frac{4kT}{ze} \cdot \gamma^0 \exp(-\kappa x) \tag{7-22}$$

如果 φ^0 很大，由式(7－21a)可知 $\gamma^0 \approx 1$，则上式简化为：

$$\varphi = \frac{4kT}{ze} \cdot \exp(-\kappa x) \tag{7-23}$$

式(7－23)仅是 G—C 理论的又一个特例，即仅适用于 φ^0 很大，且 x 较大时的特殊情况，此时 φ 不再与 φ^0 有关。

二、表面电荷密度 σ

按式(7－17)，经纯数学推导得出：

$$\sigma = \frac{2\varepsilon kT}{ze} \cdot \kappa \cdot \sinh\left(\frac{ze\varphi^0}{2kT}\right) \tag{7-24}$$

*第四节　双电层理论——Stern 公式

由 Stern 双电层模型可知紧密层中电位由 φ^0 降至 φ_δ，则其间任何一点处的电位可按平板电容器处理，即满足：

$$\frac{\delta}{\varepsilon}=\frac{\Delta\varphi}{\delta}=\frac{\varphi^0-\varphi_\delta}{\delta}=\frac{\varphi}{y}\quad(\varphi_\delta\leqslant\varphi\leqslant\varphi^0)\tag{7-25}$$

式中，φ 是紧密层中距固面距离为 y 的任意点的电位。

Stern 面以外即扩散层部分的电位和电流密度的表达式既可以用 D—H 近似式(7－13)也可以用 G—C 理论的式(7－20)，只不过要注意的是此时 x 不是始自固面而是始自 Stern 面，而且公式中的 φ^0 相应地改为 φ_δ 。这样 Stern 理论中的 φ—x 关系式可表示为：

$$\varphi=\varphi_\delta\exp(-\kappa x)\tag{7-26}$$

或

$$\gamma=\gamma_\delta\exp(-\kappa x)\tag{7-27}$$

即：

$$\frac{\exp\left(\frac{ze\varphi}{2kT}\right)-1}{\exp\left(\frac{ze\varphi}{2kT}\right)+1}=\frac{\exp\left(\frac{ze\varphi_\delta}{2kT}\right)-1}{\exp\left(\frac{ze\varphi_\delta}{2kT}\right)+1}\cdot\exp(-\kappa x)\tag{7-27a}$$

当然，如果 x 的起始点在固面处，则必须将式(7－26)和式(7－27)中的 x 换成$(x-\delta)$。

第五节　动电现象

动电现象又称电动现象(electrokinetics)，顾名思义就是将运动与电场联系在一起的现象。其中包括在电场作用下带电胶粒的运动以及固面附近异电离子携带介质分子的运动现象，前者称为电泳，后者称为电渗；另一类是粒子的运动和介质(携带异电离子)的运动而产生的电场，前者称为沉降电位，后者称为流动电位。其中最重要的电泳现象是最先为人们所认识的，早在 1809 年俄国科学家 Рейсс 就认识到电泳现象。他将两支充满溶液，装有电极的玻璃管插入浓黏土悬浮液中，然后加上电压。过一段时间后发现正电极的玻璃管中液体变浑浊，而另一支玻璃管中液体依然很清澈。这一实验说明两个问题，一是黏土颗粒是带电的且带负电，另一是在电位梯度作用下黏土颗粒产生了运动，这就是电泳。

我们在双电层部分已经介绍过，在外界电场的作用下，带某种电荷的胶粒连同双层中的紧密层与部分扩散层异电离子和溶剂作为一个整体(电动单位)向与粒子表面带电电性相反的电极运动；而溶液中扩散双层的其他部分(异电离子和介质)向另一个电极运动，于是产生了一个剪切面，将扩散层分开，剪切面处的电位称为 ζ 电位。显然，ζ 电位只有在发生动电现象时才体现出来，否则在双电层中距固面任意距离 x 处全存在电位 φ ，不存在剪切面，也就无所谓 ζ 电位。ζ 电位是动电问题研究中的重要参数。然而人们对 ζ 电位的认识并不清楚，对剪切面所在位置认识也不是很统一。目前比较一般的看法是剪切面在扩散层中且十分接近 Stern(或 δ)面，故 $|\zeta|\leqslant|\varphi_\delta|$ ，但两者值相差不多。在憎液溶胶中 ζ 和 φ_δ 一般相差不大，故习惯上取 $\zeta=\varphi_\delta$ ，这就是说剪切面就在 δ 面处，这种假设所引起的误差不大，而且也成为测定 φ_δ 的基础，也就是说以动电实验测定的 ζ 电位值代替 φ_δ 。然而，对于非离子型表面活性剂吸附固面时，此时剪切面在扩散层的更深处，与 δ 面相距很远，因此 $|\zeta|$ 远小于 $|\varphi_\delta|$ 。再用测 ζ 电位方法代替 φ_δ 测定就不妥了。

动电现象分两大类，即在电场作用下胶粒与介质的运动和带电胶粒与介质的运动而产生的电场。前者包括电泳和电渗，后者包括流动电位和沉降电位。电泳是最重要的动电现象，研究的最多；对电渗和流动电位也做过相当的研究；由于沉降电位实验困难多，相比之下实验数据少些。本节主要从现象和实验两方面讨论。

电泳(electrophoresis)是在电场作用下带电粒子同剪切面以内的双电层部分相对于静止液体发生运动的现象，如图 7－11(a)所示。

电渗(electro－osmosis)是在电场作用下与固面带相反电荷的异电离子的电迁移带动介质运动的现象，如图 7－11(b)所示。

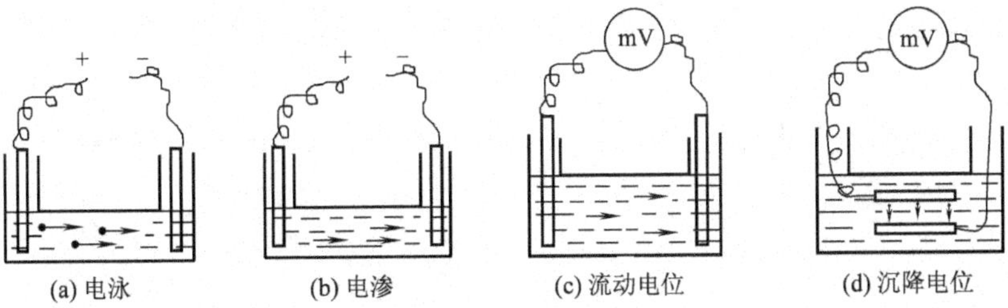

图 7－11 动电现象

流动电位(stream potential)是液体(携带扩散层异电离子)相对于静止的带电表面作运动而产生电位现象，如图 7－11(c)所示，它是电渗的反过程。

沉降电位(sedimentary potential)是带电粒子相对于静止液体作运动而产生的电位，如图 7－11(d)所示，它是电泳的反过程。

一、电泳

研究电泳的实验测定的是带电胶粒在单位电场强度 $d\varphi/dx$ 下的迁移速率 v，即淌度(mobility)：

$$u=\frac{v}{d\varphi/dx}=\frac{v}{E/L} \tag{7-28}$$

式中：E 是间距为 L 的两电极间的电位差。实验方法有如下几种。

(一)界面移动法

本方法因使用仪器简便而得到广泛应用。其实验基础是有色或浑浊溶胶与纯净无色的纯溶剂间所存在的明显界面，测定该界面在电场作用下发生迁移的速率。图 7－12 示出最简单的 Cohen 电泳仪。先从中间漏斗中装入待测溶胶至两臂节门处，然后将两节门关死，高出节门的溶胶用移液管移去，并用纯溶剂反复清洗。然后在两臂中加入等高度的纯溶剂，再插入 Pt 电极打开节门，并加上电压，就可以测量了。通电后，测量界面移动 1cm 的时间，并重复测定几次，以求平均值。

Cohen 电泳仪尽管仪器简单，使用方便，但存在许多缺点：原始界面不清、不能恒温操作。另外，在电极附近有可能因电压过大而发生电解反应，电解产物会污染溶液，如产生气泡还会产生对溶液的扰动。为此梯塞留斯(A. Tiselius)设计了如图 7-13 所示的移动边界电泳仪,这个经过改进的电泳仪有这些特点:

(1)U 形管两臂不用节门而用可移动断臂,从而创造溶胶与溶剂间的明显界面。

(2)U 形管截面改成矩形以方便观测。

(3)仪器可放置于大恒温水浴中以恒温操作。

(4)两电极放置于电极管中防止电解产物的污染和扰动。

(5)若溶胶和溶剂间没有明显可视界面,可通过折射率梯度变化(如 Schlieren 光学法)测出。

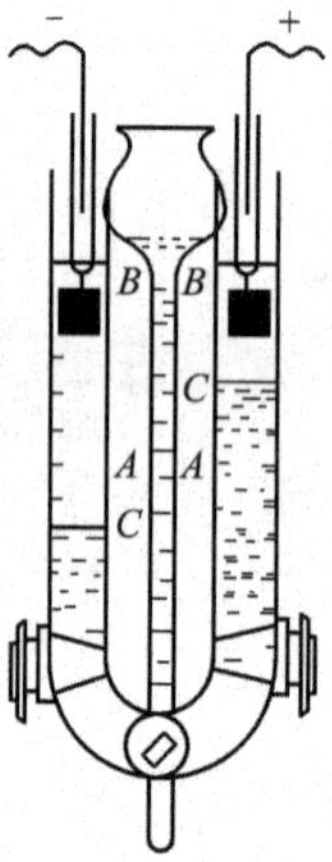

图 7-12 Cohen 电泳仪

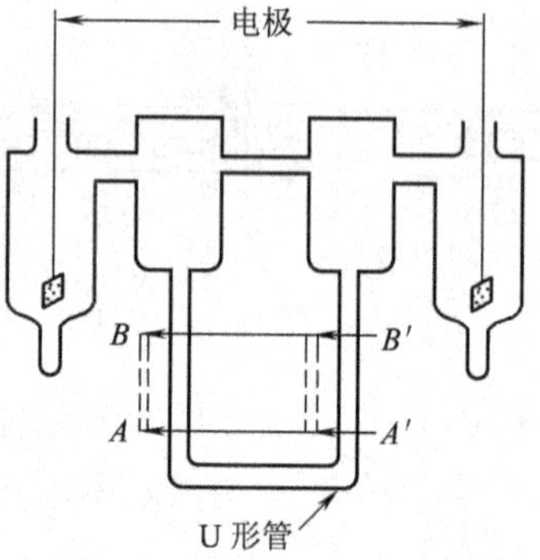

图 7-13 移动边界电泳仪

U 形管分为三节并可错动,先在中间一个直节中装入分散体系(溶胶或蛋白质溶液),其他节中装入缓冲溶液。在恒温水浴中恒温后,错动管臂使成一体,于是在分散体系上下方出现两个界面。然后接通电源,边界移动,用 Schlieren 光学透镜跟踪折射率梯度变化。在自动记录仪中所绘峰的移动速度就是边界的移动速率。这种仪器特别适用于研究蛋白质混合物。由于其中各组分有不同的迁移速率,在足够长的电泳时间后,各组分就分开了,于是就出现了不同的峰,峰下面的面积表示各组分的百分含量。图 7-14 示出人类血浆的电泳图谱。其中 A 是白蛋白,α_1,α_2,β 和 γ 分别为相应名称的球蛋白,ϕ 为纤维蛋白原。而最后一个峰(最左边)是缓冲溶液和胶体溶液的边界。

Tiselius 还发明了一种十分简便的方法即纸电泳法,此法特别用来研究蛋白质。这项技术目的不在于测定电泳速率而是将混合物分离,类似固体吸附后分离液体组分的凝胶色谱法。分散体系迁移的地方是滤纸或聚丙烯酰胺胶冻,称为支持介质。在电场作用下由于不同组分以不同速率迁移,经足够时间后,就在不同地方出现不同组分形成的斑条或环带,然后分段剪开,得到不同的组分,从而达到分离的目的。纸电泳法又称区域电泳法,其最大的优点是分离完全,且应用样品量极少。剪开的纸带分别用溶剂萃取即可得到不同组分。在此过程中滤纸的作用是消除在电泳中蛋白质因扩散和对流而混合,却不妨碍其电迁移。这种技术在生物化学以及临床化学中应用十分广泛。然而纸电泳过程受吸附、毛细作用及电渗作用的影响，用来求淌度就十分复杂了。

(二)显微电泳仪

显微电泳仪(microelectrophoresis)方法更直观，它所观测的不是整个溶胶界面的移动速率，而是每个可见胶粒的迁移速度。仪器由两部分组成，一部分是显微电泳池和第三章分散体系的光学部分中所介绍的超级显微镜，另一部分是测速计时器。仪器的显微电泳池部分示于图 7－15 中。工作室截面通常为圆形或矩形的玻璃毛细管，它两端连接装有镀黑的 Pt 电极或者为 Ag—AgCl，$CuSO_4$—Cu 可逆电极的电极室，电极的极性靠倒向开关控制。与电极室相连的有充液管和净液管以清洗工作室，并送入待测溶胶。实心粗玻璃棒制成的支撑架与玻璃质的电极室相连，以避免工作室因承受任何力量而破损。在水平方向但与工作管垂直的方向的光源从侧面垂直射入工作室。胶粒的散射光被垂直方位放置的显微镜物镜接收，在显微镜另一端的目镜中所观测到的就是暗场中正在运动中的闪跃光点，状如在夜空中有流星划过。在目镜中刻有已经标定的网状方格，方格间距 100μm。闪光点走过每个格子的时间用精度为 0.01s 的测速计时器计时。为了减少测定误差，计时以 10s 左右为好，因此需仔细地调整加在电极两端的电压，用以改变胶粒的运动速率。如果运动速度过快，走过格子的时间太短，则测时误差会过大，因为测时的开始和终点是由人工操作的；相反，如果速率过慢，则不但增加了由于布朗运动所引起的误差，还往往因为粒子在重力场作用下向斜下方迁移而逃离聚焦面，从视野中消失。

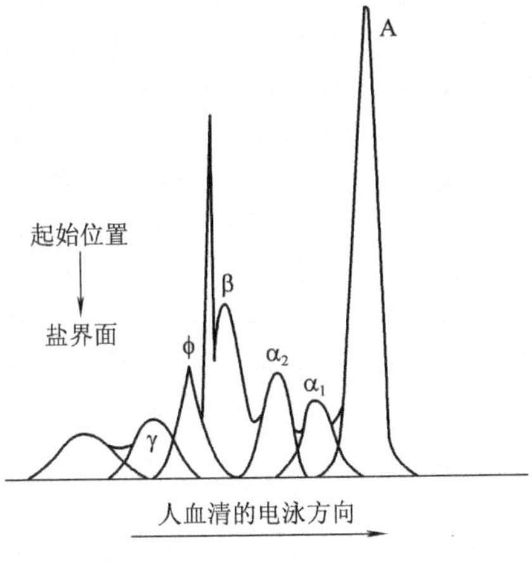

图 7－14　人类血浆的电泳图谱

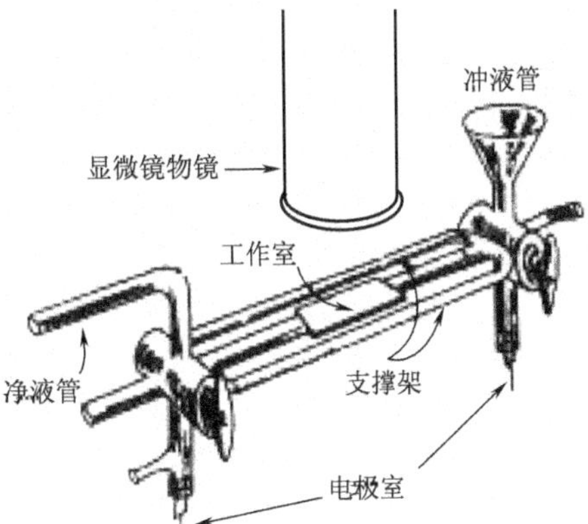

图 7－15　显微电泳仪(显微电泳池和超级显微镜部分)示意图

伴随胶粒的电迁移，其运动速度还可能因布朗运动、沉降、热或振动引起的对流和毛细管内液体的电渗流动影响测量的准确性，为此这些干扰因素必须排除。

布朗运动是随机的，因此可通过改变电极极性测两个运动方向各 20 个胶粒，求平均值即可消除。在测量中避免振动，并把除显微镜以外的超级显微镜放置于恒温水浴中便可避免温差对流干扰，另外在测量中尽量调低电压以减少因大电流而产生的热量也是减少对流干扰的措施之一。引起溶胶骚动的另一个原因是溶胶中电解质浓度大于 0.01mol/L 时，Pt 电极附近会发生水的电解而产生气泡的扰动，此时更换为 Ag—AgCl 和 $CuSO_4$—Cu 这样的可逆电极是必要的。

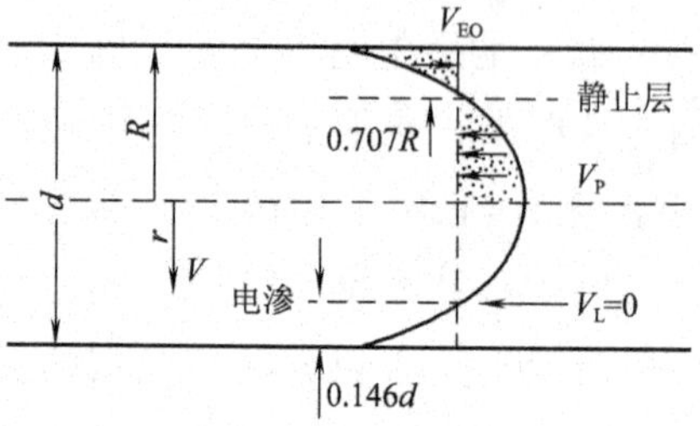

图 7－16　工作室内液体的电渗、回流和静止层示意图

作为工作室毛细管中的液体所发生的电渗流动是客观存在的，无法去掉。那么怎么避免电渗流动造成的实验误差呢？让我们分析一下两端被电极管所密封的工作毛细管中液体的流动状态。如因为电渗而造成的液体由右向左流动，由于毛细管两端无出路，液体当然回流，这种回流符合一般流体流动规律，即越靠近管壁流速越慢，因此流线是抛物线形，回流方向与电渗流动方向相反（图 7－16[55]），那么必存在某一位置，在此处两者流动方向相反而大小相等，称为静止层（stationary layer），在此处便不存在电渗流动和回流干扰，胶粒的运动为纯粹的电泳迁移，因此显微镜必须聚焦在这个地方。以下以圆形截面毛细管为例推导静止层的位置。

毛细管内任何一个地方的净流速为电渗流速 $V_{电渗}$ 和回流速 $V_{回流}$ 之差，即：

$$V_{净} = V_{电渗} - V_{回流} = V_{电渗} - c(r^2 - R^2) \qquad (7-29)$$

式中，c 为常数，$c(r^2-R^2)$ 为回流的抛物线方程。则在封闭毛细管中静止层处总的静流量为 0，则有：

$$\int_0^R V_{净}(2\pi r\mathrm{d}r) = 0$$

$$\int_0^R [V_{电渗} - c(r^2 - R^2)]2\pi r\mathrm{d}r = 0$$

从而求出常数 c 值：

$$c = 2 \cdot \frac{V_{电渗}}{R^2}$$

在静止层处无液体流动便有：

$$V_{净} = V_{电渗} - c(r^2 - R^2) = 0$$

$$V_{电渗}\left(\frac{2r^2}{R^2} - 1\right) = 0$$

由于 $V_{电渗} \neq 0$，故：

$$\frac{2r^2}{R^2} - 1 = 0$$

$$r = 0.707R \qquad (7-30)$$

就是说，静止层位于距毛细管中心半径 0.707 倍的地方，或者距毛细管上和下内表面内直径的 0.147 倍的地方，而且工作管对应中心相等的上下两处各存在一个静止层。对于矩形截面的毛细管静止层应在毛细管上下内表面高度的 0.211 倍和 0.78 倍的地方。

由显微电泳仪测出的是粒子的迁移速率 v，而淌度 u 是单位电位梯度 $\mathrm{d}\varphi/\mathrm{d}x$ 下的速率，即 $u = \dfrac{v}{\mathrm{d}\varphi/\mathrm{d}x}$，电位梯度可由 E/L 求出，若极间距 L 不好测出，也可以由公式 $\dfrac{\mathrm{d}\varphi}{\mathrm{d}x} = I/(k_0 \cdot A)$ 求出，式中 I 为电流强度，A 是工作室内截面积（即 πR^2），k_0 是分散体系的电导。

胶粒或诸如蛋白质、血浆、细菌、病毒等带电体的电泳速率 v 的测定，对于其带电表面带电性质随溶液 pH 值、离子强度 I、特种离子吸附的变化提供信息，还可以按公式 $\zeta=\frac{\alpha\eta u}{\varepsilon}$ 求出 ζ 电位值，式中 α 为待定系数，η 为液体黏度，ε 为介电常数。另外，还可以通过测量不同条件下电泳速率，求出粒子不带电，即迁移速率为零的等电点状态。图 7－17 示出直径为 0.1μm 的 $\alpha-Fe_2O_3$ 胶体粒子的淌度随溶液 pH 值的变化以及吸附草酸后的淌度变化情况[42]。$\alpha-Fe_2O_3$ 在纯水中的 pI＝7.6，而当草酸含量达10^{-3}mol/L 时，由于草酸在 $\alpha-Fe_2O_3$ 粒子上的吸附，降低了电动单体的带电量，迁移速率降低，而使 pI 降至 3。

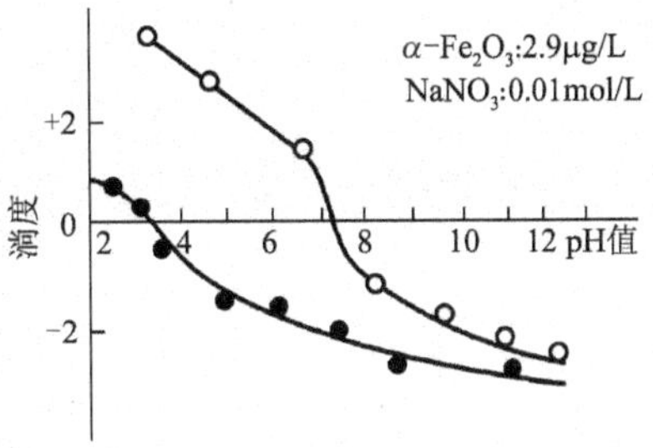

图 7－17 粒子淌度随 pH 值、草酸吸附的影响

—○— 纯水 —●— 草酸溶液

二、电渗

研究电渗现象的实验装置如图 7－18 所示，两个可逆的工作电极分别放进连接多孔塞(或一根毛细管，多孔塞可视为一束毛细管)的烧瓶内。在电场作用下，带电毛细管壁附近的扩散层中异电离子迁移，并带动液体在毛细管内流动，引起液体从一室向另一室流动，这个现象就是电渗。仪器上方的毛细管称为测量毛细管，它提供了液体流动的回流通道，液体的流动驱使测量毛细管中气泡的迁移，气泡的迁移速率 v 是我们的测定量，它决定了电渗流量 $V=\pi R^2 v$，式中 R 是测量毛细管的内半径。关于液体在毛细管中的电渗流动，有两个现象必须清楚：第一，带电管壁附近必然存在双电层，在电场的作用下，扩散层中接近 δ 面的地方产生剪切面，此处的电位即 ζ 电位且 ζ 电位 $\approx\varphi_\delta$。由于固面(连同滑动面以内的液体，即紧密层)是不能移动的，因此流动的仅是剪切面以外的液体。第二，由于液体的黏滞效应，液体的流速存在速度梯度，流速由剪切面处的零逐渐增加，到 $\varphi=0$ 处达到最大值 v_{max}。图 7－19 示出带电固面附近的电位分布和液体流速的变化情况。

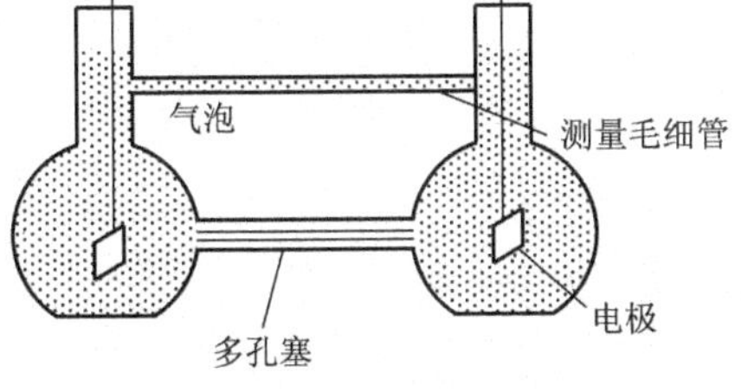

图 7－18 电渗仪示意图

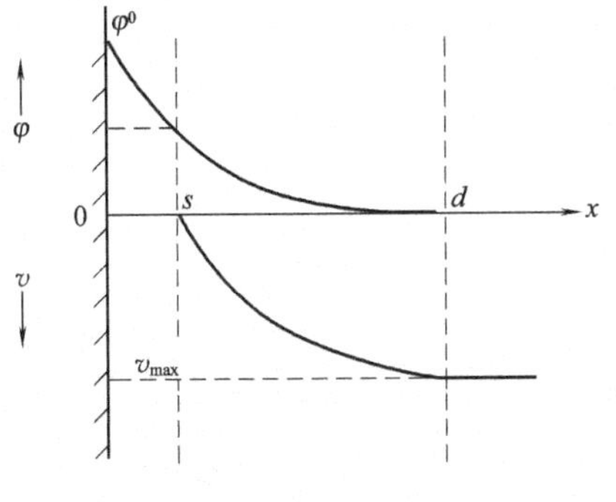

图 7－19 毛细管内壁附近电位分布和液体流速的变化情况示意图

现在我们对实验数据作数学处理。

(1)若多孔塞的截面积为 A,液体在多孔塞内电渗流速为 v_1,则流量为:

$$V = Av_1 = Au\vec{E}$$

流量 V 可由测量毛细管(半径 R)内液体流速 v 确定:

$$V = \pi \cdot R^2 \cdot v$$

加在长度 L 的多孔塞两端电压为 E,那么液体电渗淌度值为:

$$u = \frac{V}{A\vec{E}} = \frac{\pi R^2 v}{A\vec{E}} = \frac{\pi R^2 v}{AE/L} \tag{7-31}$$

(2)如果使用的不是多孔塞而是毛细管。

①若毛细管半径 R' 与测量毛细管半径 R 相等,则流速 $v'=v$,且:

$$u = \frac{v}{E/L}$$

由动电理论可知:

$$u = \frac{\varepsilon\zeta}{\eta}\alpha \tag{7-32}$$

从而可求出 ζ 电位,式中 ε 为液体介电常数,η 为液体黏度,α 是与 κR 有关的数值,如果 κR 非常小,则 $\alpha=1.5$;如果 κR 非常大,则 $\alpha=1$。

②若毛细管 R' 不等于测量毛细管 R,那么:

$$v' = \frac{R^2}{(R')^2}v$$

$$u' = \frac{v'}{E/L} = \frac{v\,(R/R')^2}{E/L}$$

而:

$$u' = \frac{\varepsilon\zeta\alpha}{\eta} \tag{7-33}$$

可求出 ζ 电位值。

三、流动电位

研究因液体流动产生电位的装置与测量电渗的装置很相似,如图 7-20 所示。工作毛细管也可以用多孔塞代替。在外界气压的作用下,液体由左瓶向右瓶流动并带动毛细管内壁附近双电层可流动部分的异电离子迁移,于是产生流动电流 I_s 和相应的电位 φ_s,这便是流动电位。流动电位值由高阻电位计测量。值得注意的是,如果两个电极是不对称的,那么两电极本身也存在电位差。检查这种电位差是否存在的方法是让液体反向流动,如果正向电位差 $\varphi_{正}$ 与逆向电位差 $\varphi_{逆}$ 相等,则不存在电极不对称电位差,反之则存在。若令电极电位差为 $\Delta\varphi_{电极}$,由于

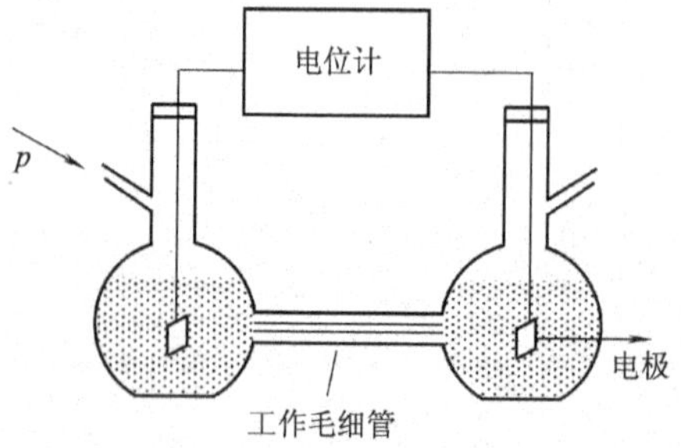

图 7-20 测定流动电位装置示意图

$$\Delta\varphi_{正} = \Delta\varphi_{电极} + \Delta\varphi_s \quad \Delta\varphi_{逆} = \Delta\varphi_{电极} - \Delta\varphi_s$$

那么:

$$\Delta\varphi_s = \frac{1}{2}(\Delta\varphi_{正} - \Delta\varphi_{逆}) \tag{7-34}$$

如不存在电极电位差，这个公式同样可应用。

如果毛细管内径很大(如输油管路和输液管路等)，那么流过液体体积应当符合泊肃叶(Poiseuille)方程：

$$V=\frac{p}{4\eta l}(R^2-r^2)$$

式中，p 为驱动液体的压力；η 为液体黏度；l 为管路长度；R 为毛细管内径；r 为管路内体积元距中心的距离。体积元的体积流量：

$$\frac{\mathrm{d}V}{\mathrm{d}t}=\frac{p}{4\eta l}(R^2-r^2)2\pi r\mathrm{d}r$$

体积元中的电流：

$$\mathrm{d}I_s=\rho\frac{\mathrm{d}V}{\mathrm{d}t}=\frac{\rho p}{4\eta l}(R^2-r^2)2\pi r\mathrm{d}r$$

若以距剪切面的距离 x 代替$(R-r)$，则上式变为：

$$\mathrm{d}I_s=\frac{\rho p}{4\eta l}(2Rr-x^2)2\pi(R-x)\mathrm{d}x$$

由于$R\gg x$，并将 ρ 用 Poisson 方程(7－3)代入则有：

$$\mathrm{d}I_s=\frac{\pi\varepsilon\varphi R^2}{\eta l}\cdot\frac{\mathrm{d}^2\varphi}{\mathrm{d}x^2}x\mathrm{d}x$$

积分之，积分限为：$x=0$ 时，$\varphi=\zeta$；$x=R$ 时，$\varphi=0$ 和$\frac{\mathrm{d}\varphi}{\mathrm{d}x}=0$，积分结果为：

$$I_s=\frac{\pi\varepsilon pR^2\zeta}{\eta l}\tag{7-35}$$

这就是计算流动电流的理论公式，它将 I_s 与 ζ 电位建立了关联。由于电场强度：

$$\vec{E}=\frac{\varphi_s}{l}=\frac{I_s}{AK_b}$$

或：

$$\varphi_s=\frac{lI_s}{AK_b}\tag{7-36}$$

将式(7－35)代入式(7－36)中，就可以得到 φ_s 与 ζ 电位间关系的计算流动电位的理论公式：

$$\varphi_s=\frac{p\varepsilon\zeta}{\eta K_b}\tag{7-37}$$

流动电位的产生是带电管壁与邻近异电离子带动电液体介质的相对移动而产生的，这里包括质量的传递和电荷的流动过程。离子即电荷的流动必产生电流，如果联上高阻电位计，这个流动电位还是可测的。流动电位是客观存在的，其数值往往达到惊人的程度，是绝不能忽视的，特别是在航空、航天、导弹和航海设备的油路和冷却液管路的设计和制造中必须认真考虑。

*第六节　动电理论

动电理论包括双层理论和液体与固体颗粒流动理论，本章第一部分讨论了双电层的几个主要理论。在解释动电现象时，认为在双电层中存在一个剪切面，剪切面以外至溶液本体(即扩散层剩余部分)是流动部分。剪切面所在处的电位为 ζ 电位，显然 ζ 电位是研究动电现象的动电理论中的重要参数，而衡量动电现象尤其是电泳的另一个参数是淌度 u。动电理论就是从理论上建立 ζ 和 u 的关系及其表达式[54]。

为了更好地理解带电界面的迁移，以下先讨论离子的电迁移问题。

一、离子在电场中的迁移

离子在电场中朝着与其带相反电荷的电极方向迁移，离子在电场强度为 $\vec{E}$ 的电场中所受的力为：

$$F_e = q \cdot \vec{E} \tag{7-38}$$

这个力使带电量为 $q(q=ez)$ 的离子在电场中加速运动。这里我们假设溶液足够稀以至其他离子对这个离子的作用力可忽略。不断加速运动的离子会受到介质黏滞阻力，如同在沉降问题讨论中所遇到的问题一样，这个黏滞阻力 F_v 为：

$$F_v = f \cdot v \tag{7-39}$$

当电场力与黏滞阻力相等时，离子运动速率达平衡值 v_e，于是：

$$q \cdot \vec{E} = f \cdot v_e$$

或：

$$ez\vec{E} = fv_e \tag{7-40}$$

若将离子视为半径为 R 的球体，将阻力因子 f 的表达式即 Stakes 方程(2－6)代入式(7－40)中得：

$$ez \cdot \vec{E} = 6\pi\eta R \cdot v_e$$

$$v_e = \frac{ez \cdot \vec{E}}{6\pi\eta R} \tag{7-41}$$

按淌度 u 定义：

$$u = \frac{v_e}{\vec{E}} = \frac{ez}{f} = \frac{ze}{6\pi\eta R} \tag{7-42}$$

这就是离子在电场中运动的淌度公式。由于 $f = \frac{kT}{D}$，式中 D 为扩散系数，则会得到另一个表示离子淌度的公式：

$$u = \frac{zeD}{kTR} \tag{7-43}$$

如果把上述的讨论应用到半径为 R 而带电量为 Q_E 的胶体粒子上去，似乎也有类似公式：

$$v_e = \frac{Q_E \cdot \vec{E}}{f} = \frac{Q_E \cdot \vec{E}}{6\pi\eta R} = \frac{Q_E \cdot \vec{E} \cdot D}{kT} \tag{7-44}$$

对于这个公式的正确性应当加以讨论。首先，与离子淌度公式(7－42)的讨论一样，分散体系必须浓度极稀。另外，粒子迁移时还要携带一部分双电层(整个称为动电单位)，因此式中 Q_E 不是粒子的表面电荷，R 也不是干粒子的半径，而是动电单位的电荷和半径。即使如此，式(7－44)也忽略了双层的流动部分的影响。描述这种影响的量有两个：一个是 ζ 电位，另一个是距表面距离为 κ^{-1} 的离子氛即包围运动单位的可流动部分的平均厚度。

二、Hückel 理论——小 κR 值时的 ζ 电位

不难想象，ζ 电位是带电量为 Q_E、半径为 R 的胶粒与带电量为 $-Q_E$ 而半径为($\kappa^{-1}+R$)的

离子氛两个同心球共同作用的结果(图 7－21)。因此按物理学定义我们可以写出ζ电位公式：

$$\zeta=\frac{Q_E}{4\pi\varepsilon R}+\frac{-Q_E}{4\pi\varepsilon\,(R+\kappa^{-1})} \tag{7-45}$$

$$=\frac{Q_E}{4\pi\varepsilon(1+\kappa R)}\approx\frac{Q_E}{4\pi\varepsilon R}(\text{当 }\kappa R\ll\text{ 时}) \tag{7-45a}$$

由式(7－42)得：

$$u=\frac{Q_E}{6\pi\eta R}=\frac{4\pi\zeta\varepsilon R}{6\pi\eta R}=\frac{\zeta\varepsilon}{1.5\eta} \tag{7-46}$$

这就是小 κR 时的 Hückel 方程。

Hückel 公式(7－46)仅用于 $\kappa R<0.1$ 的情况，例如若球形粒子的 R 为 10^{-6} cm，那么溶液的 κ 值需小于 $10^5\,m^{-1}$。对于 1—1 型电解质来讲，浓度必须小于 10^{-5} mol/L，这个值对于一般水溶液来讲太小了，故 Hückel 公式不能用于水溶液，但可用于低电导的非水溶液，在这样的非水溶液中，电解质的浓度很低。

三、Helmholtz－Smoluchowski 方程——大 κR 值时的ζ电位

κR 值很大可分为三种情况：一是 R 很大，即球形粒子的曲率半径很大，即球面近似平面；二是 κ 很大，即溶液中电解质浓度很大，双电层被严重压缩，κ^{-1} 很小；第三种情况是 κ 和 R 都很大。现在以平面表面为例推导 ζ 和 u 的关系。如图 7－22 所示，距板面距离 x 处有一面积为 A、厚度为 dx 的体积元，在电场作用下，它相对于溶液的相对运动速度为 v，这一个体积元在运动中所受黏滞阻力为体积元内外两面黏滞力之差：

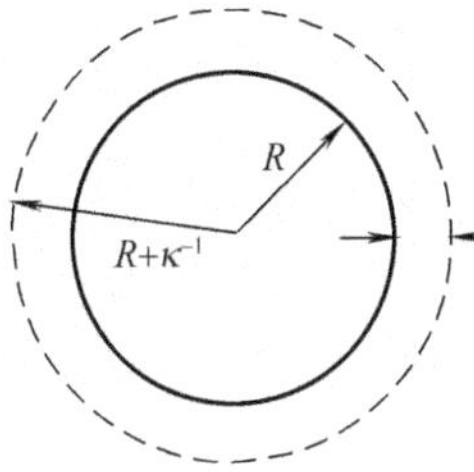

图 7－21　带电粒子与离子氛

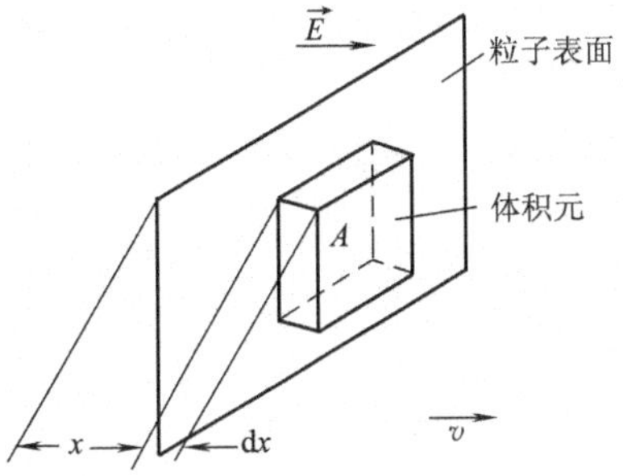

图 7－22　电场($\vec{E}$)中迁移速率 v 的平板粒子

$$F_v=\eta A\left(\frac{dv}{dx}\right)_{x+dx}-\eta A\left(\frac{dv}{dx}\right)_x=\eta A\left[\left(\frac{dv}{dx}\right)_x+\left(\frac{d^2v}{dx^2}\right)_{dx}dx\right]-\eta A\left(\frac{dv}{dx}\right)_x$$

$$=\eta A\left(\frac{d^2v}{dx^2}\right)dx \tag{7-47}$$

体积元所受电场力：

$$F_e=\vec{E}dQ=\vec{E}\rho dV=\vec{E}\rho A\,dx$$

将 Poisson 公式 $\frac{d^2\varphi}{dx^2}=-\frac{\rho}{\varepsilon}$ 代入上式得：

$$F_e=\vec{E}\varepsilon A\left(\frac{d^2\varphi}{dx^2}\right)dx \tag{7-48}$$

在稳定条件下体积元所受电场力与黏滞阻力相等，即式(7－47)等于式(7－48)，则：

$$\eta A\left(\frac{d^2 v}{dx^2}\right)dx = -\vec{E}\cdot\varepsilon\cdot A\left(\frac{d^2\varphi}{dx^2}\right)dx$$

$$\eta\frac{d^2 v}{dx^2} = -\varepsilon\cdot\vec{E}\cdot\frac{d^2\varphi}{dx^2} \tag{7-49}$$

如果假定 η 和 ε 为常数，并等于溶液本体值，则上式积分得：

$$\eta\frac{dv}{dx} = -\varepsilon\cdot\vec{E}\frac{d\varphi}{dx}+C_1$$

积分常数 C_1 实际为零，因为在 x 很大处 $\frac{d\varphi}{dx}=0$，$\frac{dv}{dx}=0$，故有：

$$\eta\frac{dv}{dx} = -\varepsilon\cdot\vec{E}\cdot\frac{d\varphi}{dx} \tag{7-50}$$

如果再假定在双电层剪切面处 $\varphi_{AB}=\zeta$，$v=0$（v 为观测到的迁移速率），以及双电层外面 $\varphi=0$，则式(7－50)再次积分：

$$\eta\int_v^0 dv = -\varepsilon\vec{E}\int_0^\zeta d\varphi$$

$$\eta v = \varepsilon\vec{E}\zeta$$

按淌度定义则有：　$u=\frac{v}{\vec{E}}=\frac{\varepsilon\zeta}{\eta}$　(7－51)

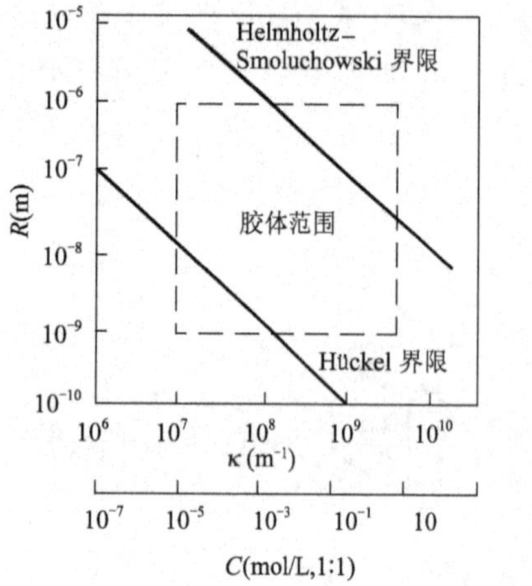

图 7－23　Hückel 和 H—S 公式应用范围

这就是 Helmholtz－Smoluchowski(H—S)公式。由公式推导可知，此式仅用于表面处 η 和 ε 为常数并分别等于溶液本体相值，且 $\kappa R>100$ 的情况。

比较 Hückel 公式和 H—S 公式：

Hückel 公式：　$u=\frac{\zeta\varepsilon}{1.5\eta}$（$\kappa R<0.1$）

H—S 公式：　$u=\frac{\zeta\varepsilon}{\eta}$（$\kappa R>100$）

从两公式的应用范围来评价，只是一般情况的两个极端。如图 7－23 所示，一般胶体粒子与相应电解质溶液组成的溶胶处于 $0.1<\kappa R<100$，显然上述两公式全不在应用范围，因此有必要讨论更一般情况下的 u—ζ 关系式。不过由上面两极端公式可以直接给出一个大致范围公式，如果令 α 为与粒子形状和当量球半径 R，以及反映电解质浓度或离子强度即 κ 值和分散相的导电性等有关的待定值，则有 u 和 ζ 的大致范围的关系式：

$$u=\frac{\zeta\varepsilon}{\eta}\alpha \tag{7-52}$$

*四、Henry 公式

Henry 认为由于粒子的存在，外加电场的电力线会发生变形，而且，变形形式因粒子导电性而不同。图 7－24 示出不导电粒子和导电粒子带不同电导率的电力线分布情况，图中的 K' 表示粒子与介质的电导率比值。Henry 还考虑到了延迟效应或阻滞效应，即在外电场的作用下带电粒子与双电层中可流动部分（即离子氛）按相反的方向运动，因此离子氛对粒子的运动有一个牵拉的阻滞作用，称为延迟效应。这样在考虑到外电场电力线变形，阻滞作用以及粒子的形状、大小和导电性能之后，Henry 推出了适用于 $0.1<\kappa R<100$ 范围的 Henry 公式。

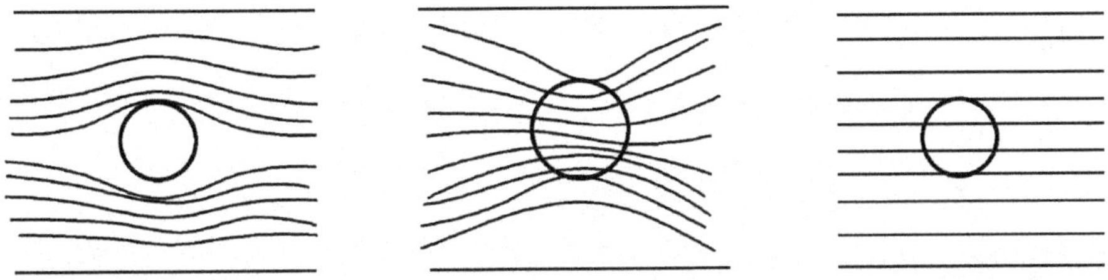

(a) 不导电粒子　　(b) 导电粒子 ($K'>1$)　　(c) 导电粒子 ($K'=1$)

图 7－24　外加电场在含粒子介质中的电力线分布

(一)对球形不导电粒子的公式

$$u=\frac{\zeta\varepsilon}{1.5\eta}f(\kappa R) \tag{7-53}$$

式中，$f(\kappa R)$ 是 κR 的单值函数，与粒子形状大小有关：

(1)若 $\kappa R<1$，则：

$$f(\kappa R)=1+\frac{1}{16}(\kappa R)^2-\frac{5}{48}(\kappa R)^3-\frac{1}{96}(\kappa R)^4+\frac{1}{96}(\kappa R)^5-\left[\frac{1}{8}(\kappa R)^4-\frac{1}{96}(\kappa R)^6\right]\exp(\kappa R)\int_{\infty}^{\kappa R}\frac{e^{-t}}{t}dt \tag{7-54}$$

(2)若 $\kappa R>1$，则：

$$f(\kappa R)=\frac{3}{2}-\frac{9}{2}(\kappa R)^{-1}+\frac{75}{2}(\kappa R)^{-2}-330(\kappa R)^{-3} \tag{7-55}$$

表 7－3 给出了不同 κR 值时的 $f(\kappa R)$ 值。由此表数据可以得到这样的结论：当 $\kappa R\to 0$ 时，$f(\kappa R)=1.000$，此时式(7－55)还原为 Hückel 式(7－46)；当 $\kappa R\to\infty$ 时，$f(\kappa R)=1.5$，此时式(7－55)还原为 Smoluchowski 公式(7－51)，从这两极端情况可见 Henry 公式的成功之处。

表 7－3　不同 κR 值对应的 $f(\kappa R)$ 值

κR	$f(\kappa R)$	κR	$f(\kappa R)$
0	1.000	5	1.160
1	1.027	10	1.239
2	1.066	25	1.370
3	1.101	100	1.460
4	1.133	∞	1.500

(二)对球形导电粒子的公式

对于导电粒子，由于电力线的变形与粒子和介质的电导率有关，即和粒子与介质的电导率

比值 K' 有关，因此有 Henry 公式：

$$u=\frac{\varepsilon\zeta}{1.5\eta}\cdot F(\kappa R,K') \tag{7-56}$$

其中：

$$F(\kappa R,K')=1+2\lambda[f(\kappa R)-1] \tag{7-57}$$

$$\lambda=\frac{1-K'}{2+K'} \tag{7-58}$$

对于式(7-58)作如下讨论：

(1)为不导电球形粒子，$K'=0$，由式(7-58)得 $\lambda=\frac{1}{2}$，代入式(7-57)可知：$F(\kappa R,K')=f(\kappa R)$，因此，式(7-56)还原为式(7-53)，可见式(7-56)是通式，而式(7-53)仅为粒子电导率$=0$(即不导电)的一个特例。

(2)粒子电导率极大(如金属粒子)，则 $K'\to\infty$，由式(7-58)可知 $\lambda=-1$。

① 倘若 $\kappa R\to 0$，则 $f(\kappa R)=1$，那么 $F(\kappa R,K')=1$，此时式(7-56)变为式(7-51)，即粒子的电导率不影响粒子的电泳行为，电泳行为只取决于 κR 值。

② 倘若 $\kappa R\gg 1$，由式(7-55)可知 $f(\kappa R)=\frac{3}{2}$，将此结果和 $\lambda=-1$ 代入式(7-57)得 $F(\kappa R,K')=0$，进而由式(7-56)得到 $u=0$。就是说在 $\kappa R\gg 1$ 且粒子电导率极大时，粒子在电场中不迁移。

③ 在 κR 处于0和极大值间时，$F(\kappa R,K')$ 处于0和1之间。

Henry 公式与 Hückel 公式和 Smoluchowski 公式比较，其应用范围更广阔，适用性更强，但也有局限性，与实际结果仍有较大出入，这些全与 Henry 公式推导过程中的假设和应用公式有关，归纳起来有如下几点：第一，只考虑因粒子的存在引起的外电场电力线的变形，而不考虑扩散层的流动部分或离子氛的变形；第二，公式推导中应用了双电层的 Debye-Hückel 公式，因此 Henry 式严格讲只适用于低电势或 $e\varphi/kT<1$ 即 $\varphi<25\text{mV}$ 的条件；第三，在公式推导中曾将双电层的 ε 和 η 视为常数，并等于各自的溶液本体处的相应值，实际上剪切面处的 η_e 大于溶液本体处的 η_b 值，而且剪切面处的 ε_e 值小于溶液本体处的 ε_b 值。而且表面处的电导大于溶液本体处的电导值。这些问题均是对 Henry 公式进行修正的出发点。

第七节　影响 ζ 电位的主要因素及 ζ 电位的测定

ζ 电位是研究动电现象的重要参数[56,57]，而且其数值大小还决定了胶体分散体系的稳定性，因此值得对 ζ 电位数值的影响因素和 ζ 电位测定加以讨论。

一、影响 ζ 电位的主要因素

(一)外加电解质

1. 惰性电解质的影响　所谓惰性电解质是对于胶粒的晶格结构无能力完成的电解质。如用 $AgNO_3$ 和 KI 溶液在 $AgNO_3$ 过量时所制备的表面带正电的溶胶 $(AgI)_m\cdot nAg^+$ 或 KI 过量时所形成的表面带负电的溶胶 $(AgI)_m\cdot nI^-$，这里能完成碘化银晶体晶格结构的是 Ag^+ 和

I^-，因此那些不含 Ag^+ 和 I^- 的外加电解质均属惰性电解质。而它们还可以分为两类：第一类外加电解质中一种离子与胶粒的反电离子一样，如 $(AgI)_m \cdot nAg^+$ 的反电离子在此时是 NO_3^-，外加电解质含 NO_3^-，如 KNO_3、$NaNO_3$ 等；第二类外加电解质与反电离子无相同之处，如上例中加入 KCl 和 NaBr 即是。正因为惰性电解质不具有改变晶格的能力，故 φ^0 不变是其特征。

(1)惰性电解质的一种离子与反电离子相同。此时，随外加电解质浓度的增加，扩散层被压缩，ζ 电位也随之减小，当扩散层完全压缩掉，双电层厚度只等于紧密层厚度，此时 ζ 电位为零。这时体系处于等电点状态，于外加电场中不会发生运动。图 7－6 示出了随惰性电解质浓度加大，ζ 电位降低的情况。

(2)惰性电解质，它的任何离子没有一个和体系所含离子一样。此时，这种电解质的加入与前一种情况一样，唯一区别在于原体系双电层中反电离子与电解质(新加入)的相同符号的新反电离子进行交换，而且新反电离子与原反电离子在双电层的浓度比 g_1/g_2 等于其在溶液深部的浓度比 C_1/C_2 ，即：

$$\frac{g_1}{g_2}=\frac{C_1}{C_2} \tag{7-59}$$

这是指两种反电离子价数相同的情况，如果两种反电离子价数不同，则上述平衡漂移向价数更高的地方，即价数高的反电离子在双电层中浓度更高，这是因为价高反电离子与固面(带不同电性)的静电引力更大。

2. 非惰性电解质的影响　所谓非惰性电解质就是它含的离子具有完成胶粒的晶格结构的能力。如前面所讲的 AgI 溶胶，所加电解质中如含 Ag^+ 或 I^- 则为非惰性电解质。这种电解质的加入可能出现两种情况。

(1)加入的电解质中所含一种离子正好是胶粒的电位决定离子。如将 $AgNO_3$ 加入到表面 Ag^+ 过剩的 AgI 溶胶中去时，此时可增加固面的 φ^0 值，而电解质中的另一种离子即反电离子，会压缩双电层继续使 ζ 电位下降，如图 7－25(a)所示。其中曲线 1 为未加电解质时的电位分布情况，表面电位和电动电位分别为 φ_1^0 和 ζ_1，当加入电解质后，由于 Ag^+ 在胶粒表面的继续吸附而使 φ^0 增大(φ_2^0)，ζ 电位也增大(ζ_2)，直至因晶体已构筑完成(曲线 2)，φ^0 达饱和表面电位值 φ_3^0，ζ 电位增大至 ζ_3。若继续添加电解质，则其后发生的是压缩双电层，ζ 电位降低(曲线 3)。

(2)加入的电解质不含电位决定离子，如将 KI 加入到表面 Ag^+ 过剩的 AgI 溶胶中去，如图 7－25(b)所示，此时表面上过剩 Ag^+ 会与 I^- 反应，从而使 φ^0 降低，相应的 ζ 电位也减小(曲线 1 至曲线 2)；如果 KI 过量加入，使 AgI 胶粒的电位决定离子转变为 I^-，从而使 φ^0 变号，ζ 电位也变号，如图 7－25(b)所示。

(二)溶液 pH 值的影响

介质的 pH 值对 ζ 电位影响极大，尤其对那些分散相如 Al_2O_3，$Fe(OH)_3$ 和 $Sn(OH)_4$ 这样的两性化合物尤甚。这是因为 H^+ 和 OH^- 均具有很强的吸附能力，因此它们是电位决定离子。H^+ 吸附能力强是因为其半径很小，能更近地接近固面；而 OH^- 的吸附能力源于其大的偶极矩。如本章第一节所介绍的 $\alpha-Fe_2O_3$ 的 pI ＝6.8，在酸性溶液中 φ^0 与 ζ 电位均大于零，随 pH 值增大 φ^0 与 ζ 电位降低；当pH＝6.8 即等电点时，两者等于零；当 pH＞pI 时，两者均为正值，且随 pH 增加而加大。

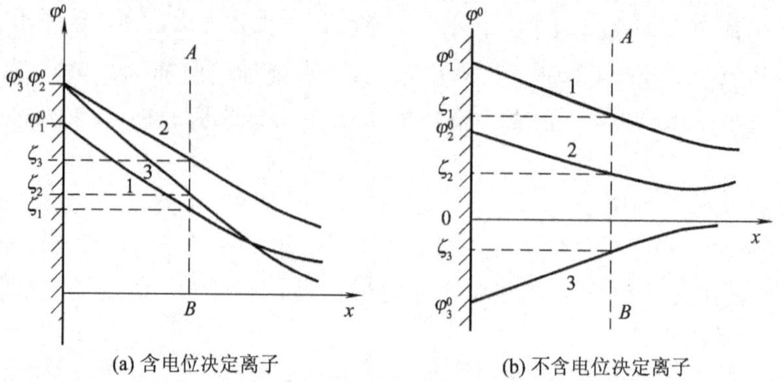

图 7－25　非惰性电解质对 φ^0 和 ζ 电位的影响

(三)胶体分散体系浓度的影响

溶胶浓度变化会引起两相反作用，因此要综合考虑。如将溶胶冲稀，即浓度降低时，电解质浓度也下降，扩散层厚度增加，ζ 电位加大；另一方面随着稀释，电位决定离子会从固面解吸，因而 φ^0 降低，ζ 电位又会减少。

(四)温度的影响

这方面的实验数据不多，但似乎也存在两相反作用发生，故也要综合考虑。如当温度提高时，异电离子运动加剧，扩散层加厚，ζ 电位增加；另一方面，增温使电位决定离子解吸，从而 φ^0 降低，ζ 电位又会减少。

(五)分散介质本性的影响

带电界面的两个重要特征双电层和动电现象表明，溶胶具有极性分散介质的分散体系的特征，因此溶剂的极性越大，则分散相的 ζ 电位越大。表 7－4 列出的数据给出由介电常数和分子偶极矩标志的极性与渗透速率的关系，电渗速率的大小标志 ζ 电位的大小。

表 7－4　毛细管中各种液体的电渗速率

液　体	介电常数 ε	分子偶极矩 μ	电渗速率 [cm^2/(s・V)]
水	81	1.85	16.16
硝基苯	36	3.9	5.53
丙醇	22	1.75	1.93
氯仿	5.2	1.06	0.63
苯	2.25	0	0
四氯化碳	2.23	0	0

*二、ζ 电位的测定

ζ 电位不但在动电现象的研究中是最基本的物理量，而且在分散体系的稳定性中还是最关键的物理量。然而，ζ 电位却不能直接测定，必须通过其他物理量的测定，再求算出 ζ 电位来，这里介绍几种测定 ζ 电位的方法。

1. 电泳方法　通过电泳实验，结合式(7－28)和式(7－52)则有：

$$\zeta = \frac{\eta u}{\varepsilon \alpha} = \frac{\eta v}{\varepsilon \alpha \vec{E}} \tag{7-60}$$

2. 电渗方法 通过电渗实验也可以由实验数据求出 ζ 电位。

(1)若实验中使用毛细管且与工作毛细管等径,则由式(7-31)得:

$$\zeta = \frac{V\eta}{\pi R^2 \varepsilon\alpha \vec{E}} \tag{7-61}$$

需要注意的是,在测定时必须等待流体达稳流,也就是说黏滞阻力与液体电渗流动推力达平衡状态,毛细管内各处分别达到稳定流速时才能测定,不然会产生误差。辨别是否达到流动平衡的方法很简单:将不同时间的测量结果进行比较,计算的 ζ 电位达到不变时即是平衡时间。

(2)若实验中使用截面积为 A 的多孔塞,由式(7-31)可知:

$$\zeta = \frac{u\eta}{\varepsilon\alpha} = \frac{v\eta}{A\varepsilon\alpha \vec{E}} \tag{7-62}$$

3. 电渗反压 *p* 法 液体因电渗流动而存在一个流动压力。若在出口加一液柱,由液柱高度 h 和密度 ρ 所决定的液柱压力 $\rho gh = p$,这个压力 p 与液体电渗流动压力方向相反而使液体流速改变。如果反向压力 p 与液体流动压力相等,则会达到平衡。此时表观上液体不再流动,实际上它是液体电渗流量 V_1 等于因反向压力所产生的 Poiseuille 反流量 V_2 电渗流量相等的平衡状态。即:

$$V_1 = V_2$$

$$\frac{\pi R^2 \varepsilon\zeta\alpha}{\eta}\vec{E} = \frac{\pi p R^4}{8\eta L}$$

于是:

$$\zeta = \frac{pR^2}{8L\alpha\varepsilon \vec{E}} \tag{7-63}$$

复习指导

1. 在极性介质(通常为水)中,固体颗粒表面通常是带电的,带电固面附近必然存在相等电量但符号相反的异电离子。这些异电离子因与固面的静电引力和其在介质中的热运动而呈现出特殊的分布形式:扩散双电层。从 Helmholtz 模型、Gouy-Chapman 模型和 Stern 模型,到近年来出现的三电层模型,表明人们逐渐认识的过程。根据这些模型得到描述双电层结构中电位 φ 与表面电位 φ^0 和距离 r 的形式简单的关系式。带电表面的另一种性质就是动电现象:电泳、电渗、沉降电位和流动电位。动电理论就是建立 ζ 电位、淌度 u 和 D—H 参数 κ 间的函数关系。

2. ζ 电位不仅是动电现象和动电理论中的重要参数,而且其大小还决定了胶体分散体系的稳定性。在诸多影响 ζ 电位的因素中,电解质的种类和浓度影响最烈,它不但改变 ζ 电位数值大小,甚至改变 ζ 电位的符号,以至于彻底改变固面迁移方向和颠覆体系的稳定性。

3. 本章的许多内容是相当抽象的,在学习本课程时,不但要学习前人遗留下来的理论知识,更要学会认识现象、重视实验、探究现象的本质,在研究中发现更符合现象本质的因素,并将其抽象为数学和理论模型,最后经数学、物理和化学处理,从而衍生出新的科学理论。这才是学习科学知识的精髓。

思考题

1. 100mL 浓度为 0.001mol/L 的 $AgNO_3$ 与同体积浓度为 0.002mol/L 的 KI 溶液在 25℃时反应生成 AgI 溶胶。求：①此溶胶的扩散双电层厚度 κ^{-1}；②若反应物浓度增加一倍，κ^{-1} 如何变化？（答：①$1.36\times10^{-8}$m；②$0.961\times10^{-8}$m）

2. Fe_2O_3 粒子（平均半径为 1μm）悬浮于二甲苯（含浓度为 5.0×10^{-3}mol/L 的有机电解质）中，25℃时 $u_E=1.1\times10^{-9}$m/s（或 V/m），溶液电导为 $4.7\times10^{-8}(\Omega m)^{-1}$ 说明离子浓度大约为 1.0×10^{-11}mol/L，二甲苯的相对介电常数 $\varepsilon_r=\varepsilon/\varepsilon_0=2.3$（$\varepsilon_0=8.854\times10^{-12}$F/m），$\eta=6.5\times10^{-4}$Pa·s（0.0065P）。计算：① 此溶液的 κ 值；② Fe_2O_3 粒子的 ζ 电位；③ 如上述的 u_E 是在 5.0×10^{-3}mol/L 的 1—1 型电解质水溶液中测得的，ζ 电位该为多少？（答：①$0.6078\times10^5$m^{-1}；②0.0527V；③$1.43\times10^{-3}$V）

3. 三个烧杯中各装入 20mL 的 $Fe(OH)_3$ 溶胶，分别加入 NaCl、Na_2SO_4 和 Na_3PO_4 使其絮凝，需加入的电解质的量分别为 21mL 1.0mol/L 的 NaCl，125mL 0.01mol/L 的 Na_2SO_4 和 7.4mL 0.01mol/L 的 Na_3PO_4。判断 $Fe(OH)_3$ 溶胶带电符号。（答：溶胶带正电荷）

4. 带负电的 AgI 溶胶加入不同电解质使其絮凝，所需二价金属硝酸盐的浓度为：

硝酸盐	$Mg(NO_3)_2$	$Ca(NO_3)_2$	$Sr(NO_3)_2$	$Ba(NO_3)_2$	$Zn(NO_3)_2$
$C\times10^3$(mol/L)	2.60	2.40	2.38	2.26	2.5

利用这些絮凝液的平均值，计算絮凝体系的 κ 和 κ^{-1} 值。（答：2.29×10^8m^{-1}、4.36×10^{-9}m）

5. 在显微电泳仪实验中，分散在浓度为 0.1mol/L 的 KCl 水溶液（25℃）中的直径为 0.5μm 的粒子，在电位梯度 10V/cm 下运动 8s 的行程为 120μm。试求：①粒子的电泳淌度；②粒子表面处的 ζ 电位；③剪切面处的表面电荷密度近似值，已知水的黏度为 9.04×10^{-4}Pa·s。（答：①$1.5\times10^{-8}$m/s（或 V/m）；②0.0195V；③$1.41\times10^{-2}$C/m^2）

6. 半径为 4×10^{-7}m 的球形粒子分散在浓度为 1.0×10^{-2}mol/L 的 NaCl 水溶液中，在 25℃时测其电泳速率为 2.5×10^{-8}m^2/(sV)，计算其 ζ 电位的近似值。已知在 25℃时水的相对介电常数 $\varepsilon_r=78.5$，黏度 $\eta=8.9\times10^{-4}$Pa·s。（答：0.0320V）

7. 水与玻璃间的 ζ 电位为 40mV，并在直径为 1.0mm，长 10cm 的一根毛细管两端加上 200V 的电压，试求 25℃时的电渗速度。（答：6.14m/s）

第八章　胶体分散体系的稳定性

胶体分散体系是高分散的多相体系，由于分散相的巨大的比表面和表面能，因此是热力学不稳定体系。降低表面能是其热力学自发的趋势，分散相粒子表面吸附是表现形式之一，另一种表现形式便是粒子相互聚集和沉降。

胶体分散体系的不稳定性表现在如下几个方面：

(1)在多分散体系中，尺寸较大的颗粒由于受布朗运动影响较小，在重力场中自然沉降，从而和分散体系分离。

(2)如式(4-5)所表示的颗粒的溶解度反比于其当量半径，那么在胶体分散体系的放置过程(从某种意义上说可称为陈化过程)中，体积小的粒子逐渐溶解而大粒子逐渐长大，这是一种分散相的粗化过程。

(3)分散体系中，由于布朗运动，小颗粒互相碰撞并聚集成更大的粒子，此过程称为絮凝，絮凝是体系趋于稳定最重要的过程，是我们要讨论的内容。实验表明，有些分散体系如 AgI、As_2S_3 溶胶可保存几年，其稳定性相当好，而有些溶胶从其生成至发生明显的絮凝沉降仅用几秒钟。当然，所谓稳定性是相对的，这是从动力学上讲的；而从热力学分析，分散体系的完全破坏，即分散相与介质完全分离是必然的结果。

就絮凝不稳定性而言，小粒子的相遇是布朗运动的结果，小粒子间能否聚集在一起取决于粒子之间的相互吸引位能和排斥位能的大小。吸引位能包括两方面：一是由于分子间引力即 van der Waals 力引起的粒子间的吸引位能，另一是带不同电荷的胶粒之间的静电引力位能。后者在不同胶体体系的相互聚凝中才能表现出来，而在同一分散体系中由于胶粒所带电性是相同的，故并无静电吸引位能问题。排斥位能是分散体系的带电分散相靠近到一定距离时，所表现出来的静电斥力引起的。如果吸引位能大于排斥位能那么便会发生絮凝；相反，若排斥位能大于吸引位能，则粒子会重新分开，这种碰撞过程就是弹性碰撞过程。描述这种因分散相粒子间互相作用位能大小而决定其稳定性的理论就是 DLVO 理论，该理论是迄今为止最成功的稳定性理论之一。关于分散体系的稳定性除相互作用位能因素外，还有分散相的溶剂化因素、界面层的结构因素以及熵因素等。

分散体系的絮凝与稳定对国计民生有重大影响，如河流入海口处沉积平原的形成就是河水中的泥沙遇海水被电解质聚沉的结果；污水处理中，污水中所含胶体粒子的聚沉；原油中所含水分的聚结去除；各种化妆品、日用品的分散体系的稳定；血液不稳定引发血管硬化；豆浆失稳成豆腐等。

第一节　带电粒子间的相互排斥作用

在双电层的讨论中，我们知道，带电表面所带电荷与其双电层中紧密层和扩散层的电荷电量相同而符号相反。然而作为带电粒子和其双电层的整体，即胶团而言是不带电的，因此电中性的胶团之间不存在排斥作用。只有两个带电粒子相互靠近到双电层互相搭接时，由于搭接处的电荷与电位是同号的，才产生互相排斥力。

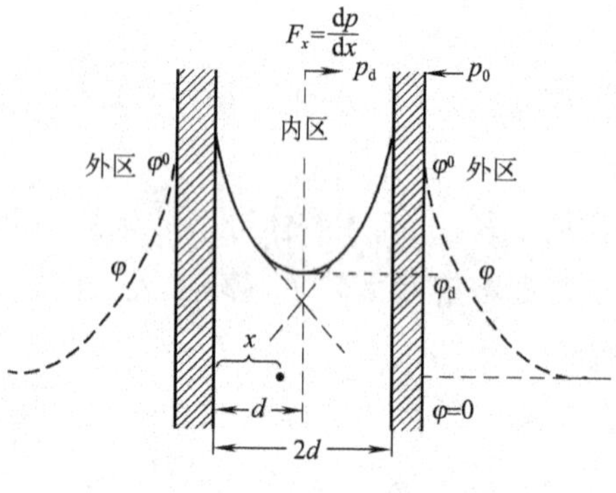

图 8－1　两带相同电荷的板状粒子间双电层相互搭接

一、双电层的相互搭接

图 8－1 示出最简单的情况，间距为 $D=2d$，带同号电荷的一对平行板双电层相互搭接[11]。图中虚线表示原来的双电层而实线表示搭接双电层。显然，与不互相交盖的双电层比较，电位降曲线发生了明显变形。在与一个板面距离为 x 处取一个体积元，作用在体积元的力有压力 F_x 和静电力 F_e，在平衡时这两个力大小相等而方向相反。由于：

$$F_x=\frac{dp}{dx} \tag{8-1}$$

和

$$F_e=\rho\cdot\frac{d\varphi}{dx} \tag{8-2}$$

平衡时，这两个力代数和为 0，即：

$$\frac{dp}{dx}+\rho\cdot\frac{d\varphi}{dx}=0 \tag{8-3}$$

式中，ρ 为电荷密度。将 Poisson 方程式(7－3)代入上式中，得：

$$\frac{dp}{dx}+\left(-\varepsilon\frac{d^2\varphi}{dx^2}\right)\frac{d\varphi}{dx}=0$$

$$\frac{d}{dx}\left[p-\frac{\varepsilon}{2}\cdot\left(\frac{d\varphi}{dx}\right)^2\right]=0$$

按照数学微分规律，上式的结果只能是：

$$p-\frac{\varepsilon}{2}\cdot\left(\frac{d\varphi}{dx}\right)^2=\text{常数} \tag{8-4}$$

式(8－4)说明，作用在搭接双电层内溶液中的任一体积元上的压力和电场力这两种作用的差值恒为常数。若此体积元恰在两板间的中点 d，此处恰为电位曲线的拐点，故 $d\varphi/dx=0$，将此结果代入式(8－4)即可求出常数$=p_d$，即两板间中点的压力。于是式(8－4)变为：

$$p-\frac{\varepsilon}{2}\cdot\left(\frac{d\varphi}{dx}\right)^2=p_d \tag{8-5}$$

亦即在两平行板间任何一点处，其压力与静电场力之差恒等于中点处的压力 p_d。由式(8－3)可得：

$$dp=-\rho\cdot d\varphi$$

再将电荷密度分布的公式(7－5)代入上式得：

$$dp=-\sum z_i e n_{i0}\exp\left(\frac{-z_i e\varphi}{kT}\right)d\varphi=-zen_0\left[\exp\left(\frac{-ze\varphi}{kT}\right)-\exp\left(\frac{ze\varphi}{kT}\right)\right]d\varphi=2zen_0\sinh\left(\frac{ze\varphi}{kT}\right)d\varphi$$

取积分限：板外 $p=p_0$，$\varphi=0$；板间中点 $p=p_d$，$\varphi=\varphi_d$，则上式积分结果为：

$$p_d-p_0=2kTn_0\left[\cosh\left(\frac{ze\varphi_d}{kT}\right)-1\right]=F_R \tag{8－6}$$

这个式子定义了板间中点处的过剩压力(即板间中点处与板外处的压力差)，也就是平板间互相排斥时单位面积上的排斥力 F_R。这个式子从理论上阐明了排斥力的存在，但应用起来麻烦，因为 φ_d 是未知数。如果板间距较大，那么双电层的扩散电位可以应用 Gouy－Chapman 方程式(7－20)，而且两个电位具有简单的加和性，则交盖后扩散层在两板中间点处的电位 φ_d 可表示为：

$$\varphi_d=\varphi_1+\varphi_2=2\cdot\left(\frac{4kT\gamma^0}{ze}\right)\exp(-\kappa d) \tag{8－7}$$

将式(8－6)中的双曲余弦展开并保留第一项，再将式(8－7)代入得到：

$$F_R\approx n_0kT\left(\frac{ze\varphi_d}{kT}\right)^2\approx n_0kT[8\gamma^0\exp(-\kappa d)]^2\approx 64n_0kT(\gamma^0)^2\exp\left(-\frac{D}{\kappa^{-1}}\right)^2 \tag{8－8}$$

由此式可知电解质浓度 n_0 增加，指数前一项增大，但指数项降低，且后者较前者影响更大，故电解质浓度加大，排斥力 F_R 减少，分散体系稳定性变差。

二、平板粒子间的排斥位能

描述分散体系稳定性的是排斥与吸引位能，这要比用力描述更方便。能量又是力和距离的乘积，因此排斥位能 φ_R 可表示为：

$$d\varphi_R=-F_R dD \tag{8－9}$$

负号的加入是说随距离增加而 φ_R 减少，将 F_R 表达式(8－8)代入上式得：

$$d\varphi_R=-64n_0kT(\gamma^0)^2\exp\frac{-D}{\kappa^{-1}}dD$$

取积分限：当 $D\to\infty$ 时，$\varphi_R=0$，则积分结果为：

$$\varphi_R=\frac{64n_0kT}{\kappa}(\gamma^0)^2\exp\left(\frac{-D}{\kappa^{-1}}\right) \tag{8－10}$$

这就是两平板带电表面间的排斥位能表达式。由于式(8－7)的由来是每板双电层电位分布是按 Gouy－Chapman 公式形式，故式(8－10)仅用于 $D>\kappa^{-1}$ 及 φ 足够大的情况。显然这仅是一般情况中的一个特例，一般表达式显然比式(8－10)麻烦得多。尽管如此，式(8－10)仍充分反映了电解质浓度(体现在 n_0 及 κ^{-1} 上)对于排斥位能的影响：排斥位能随电解质浓度(n_0)增加而减少。从物理概念上分析，电解质浓度的增加，会使双电层压缩变薄，ζ 电位降低，静电排斥力降低，从而排斥位能降低。另外式(8－10)也反映了外加电解质的异电离子价数 z 的影响，由于 κ 正比于 z，故异电离子价数 z 越高，φ_R 越小，这就是说加入含高价异电离子的电解质，斥力位能降低，有利于絮凝的发生。最后，由式(8－10)可以看出，平板粒子间的斥力位能随间距 D 的增加而迅速以指数速率减少。

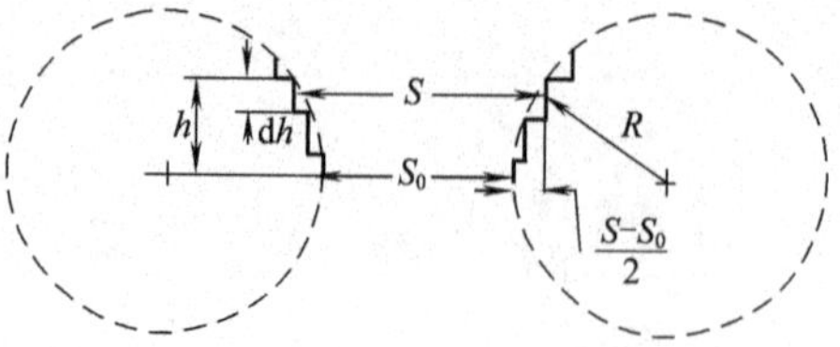

图 8-2　由平板斥力位能求两球形粒子间的排斥位能示意图

*三、球形粒子间的排斥位能

以上讨论了平板表面间的排斥位能，这种情况只发生在粒子为片状、盘状的情况，如钻井泥浆中的切屑碎片。而大多数粒子是团状、轴对称的旋转体等，我们可以用当量球半径描述，因此有必要讨论球形粒子间的排斥位能。解决这一问题最方便的办法如图 8-2 所示，将带电球切片成一系列距中心点为 h、厚度为 dh 的圆环，如果两球都如此分割便有了一系列的对应平面，这样就可以将平板间位能函数应用到每组圆环中去，然后对整个半径积分就可得到两球间的排斥位能[1,6]：

$$\varphi_R = \frac{64\pi R n_0 kT}{\kappa^2} \cdot (\gamma^0)^2 \cdot \exp\left(-\frac{S_0}{\kappa^{-1}}\right) \tag{8-11}$$

按照推导过程的假设，此式只应用于 R 很大和 φ^0 不大的情况。由于式中 γ^0 是 φ^0 的复杂函数[见式(7-21)]，因此式(8-11)应用起来也十分不方便，在特殊情况时，即 φ^0 不大时，$ze\varphi \ll 2kT$，γ^0 的表达式中指数项可以展成级数，并保留第一、二项则有：

$$\gamma^0 \approx \frac{ze\varphi^0}{4kT}$$

代入式(8-11)便有：

$$\varphi_R \approx \frac{1}{2}\varepsilon R(\varphi^0)^2 \exp(-\kappa \cdot S_0) \tag{8-12}$$

由推导中的假设可知，此式只适用于 R 很大及 φ^0 不大的情况。不过式(8-12)起码说明 φ_R 随球形粒子半径 R 而增加，排斥位能 φ_R 随球间距 S_0 增加而减少，这是十分重要的结论。

另一种极限情况是 $\kappa R \ll 1$，即粒子半径很小、κ^{-1} 很大、φ^0 很大时，则式(8-12)变为：

$$\varphi_R = \frac{\varepsilon R^2}{S_0 + 2R}(\varphi^0)^2 \exp(-\kappa S_0) \tag{8-12a}$$

若 $\kappa^{-1} \to \infty$，即 $\kappa \to 0$ 时，式(8-12a)变为：

$$\varphi_R \approx \frac{\varepsilon R^2}{S_0 + 2R}(\varphi^0)^2 \tag{8-12b}$$

由式(8-12a)和式(8-12b)可见，影响 φ_R 的除了 φ^0 以外，主要因素是 κR，即粒子的尺寸 R 与“双电层的厚度”κ^{-1}。

第二节　带电粒子间的相互吸引作用

一、分子间的 van der Waals 吸引力

分子间存在的 van der Waals 引力分三种：

(1)两永久偶极分子间靠近时，若两分子的异性不对称电荷重心的靠近，则会有引力存在。

(2)一个永久偶极分子与另一非极性分子靠近使此非极性分子成为诱导偶极分子，也会因

异性电荷重心的相靠而产生引力。

(3)两非极性分子靠近时也会有引力存在,这是因为尽管非极性分子的正负电荷重心重合,但由于热力学涨落的原因,偶尔会出现电荷重心分开的状态,如同两诱导偶极间相互吸引一样,这种力为色散力,色散力是普遍存在的,而不管是极性或非极性分子。如氢气和氮气为非极性分子,它们之所以能液化,是这种分子间力作用的结果。

1. 两永久偶极分子间吸引位能 两永久偶极分子间吸引位能 φ_K 与分子间距 x 的关系可以用基森(Keeson)方程描述:

$$\varphi_K=-\frac{2}{3}\frac{\mu_1^2\mu_2^2}{kT}x^{-6}=-\beta_K x^{-6} \tag{8-13}$$

式中,μ 是分子偶极矩;β_K 为 Keeson 系数。

2. 永久偶极与诱导偶极间吸引位能 Debye 方程给出永久偶极和诱导偶极间的吸引位能 φ_D 与分子间距 x 的关系:

$$\varphi_D=-(\alpha_2\mu_1^2+\alpha_1\mu_2^2)x^{-6}=-\beta_D x^{-6} \tag{8-14}$$

式中,α 为分子的极化率;μ 为偶极矩;β_D 为 Debye 系数。

3. 两非极性分子间吸引位能 色散力存在于一切物质分子之中,而且除极性很大的分子间力外,色散力几乎就等于范氏引力。色散力引起的吸引位能 φ_L 与分子间距 x 同样符合负六次方的关系:

$$\varphi_L=-\frac{3}{2}h\left(\frac{\nu_1\cdot\nu_2}{\nu_1+\nu_2}\right)\alpha_1\cdot\alpha_2\cdot x^{-6}=-\beta_L\cdot x^{-6} \tag{8-15}$$

式中,h 为 Planck 常数;ν 为谐振子的振动频率;β_L 为 London 系数。

任何分子对间均存在上述三种吸引位能,因此总的范氏吸引位能为上述三项之和:

$$\varphi_A=\varphi_L+\varphi_K+\varphi_L=-\beta\cdot x^{-6} \tag{8-16}$$

式中,$\beta=\beta_D+\beta_K+\beta_L$。若 $f_i=\beta_i/\beta$,则 f_i 代表前面讲及的三种吸引位能对吸引总位能的贡献。

二、宏观物体间的吸引

由分子间吸引位能求宏观物体间的吸引位能,一个关键是认为分子间的吸引位能是可以叠加的。在物体 a_1 和 a_2 中各取一个体积元 dV_{a1} 和 dV_{a2},那么在这两个体积元中的分子数分别为 $(\rho N_A/M)dV_{a1}$ 和 $(\rho N_A/M)\ dV_{a2}$,这里我们认为 a_1 和 a_2 为同种物质,这样两体积元之间的相互作用的分子对数为 $\frac{1}{2}\left(\frac{\rho N_A}{M}\right)^2 dV_{a1}dV_{a2}$,而每对分子的吸引位能为式(8-15),则两体积元的吸引位能为:

$$d\varphi_{Aa}=-\frac{1}{2}\left(\frac{\rho N_A}{M}\right)^2\beta x_a^{-6}dV_{a1}dV_{a2}$$

那么物体 a_1 和 a_2 间总的吸引位能为上式积分元对两物体的总体积的积分,即:

$$\varphi_{Aa}=-\frac{1}{2}\left(\frac{\rho N_A}{M}\right)^2\beta\int_{Va1}\int_{Va2}\frac{dV_{a1}dV_{a2}}{x_a^6} \tag{8-17}$$

由于体积是线性尺寸三次方关系,而距离为负六次方关系,因此当物体的线性尺寸与物体间距以相同的比率变化时吸引位能不变。

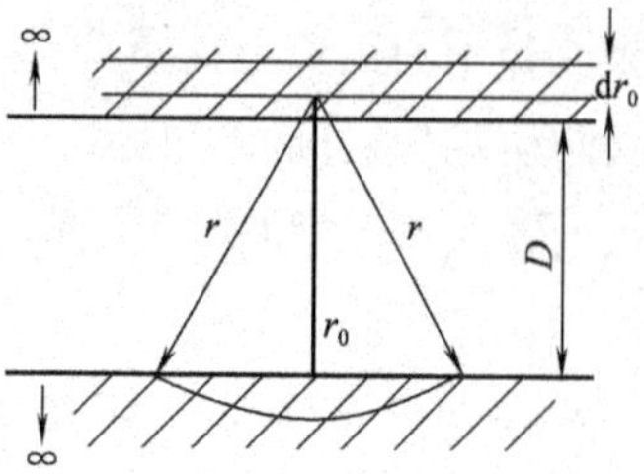

图 8 - 3　由分子吸引位能的加和求两平板粒子间引力位能数学模型

由式(8 - 17)可知，不同形状和大小的物体间吸引位能的积分结果是不同的，现在分别讨论最简单的两种形状粒子，即平板状粒子和球形粒子。

1. 两平板状粒子间的吸引位能　图 8 - 3 示出两个厚度极大而间距为 D 的平板状颗粒。现在我们考虑一个平板上的一个 A 分子对另一块平板上的所有分子的吸引位能 φ'_A。由于两个分子之间的吸引位能 $\varphi_A = -\beta \cdot r^{-6}$，则 φ'_A 可表示为一系列分子对的吸引位能总和：

$$\varphi'_A = -\int_{r_0}^{\infty} q \cdot S \cdot \beta \cdot r^{-6} \mathrm{d}r \qquad (8-18)$$

式中，q 为平板中单位体积的分子数，即 $q = \dfrac{\rho N_A}{M}$；S 为平板中半径为 r 的球台面积，即 $S = 2\pi r(r - r_0)$，则：

$$\varphi'_A = -2\pi q\beta \int_0^{\infty} (r - r_0) r^{-5} \mathrm{d}r = -\frac{\pi}{6} q\beta r_0^{-3} \qquad (8-19)$$

若以 φ'_A 乘以 $q\mathrm{d}r_0$ 就会得到一层厚度为 $\mathrm{d}r_0$ 的单位体积中的分子对另一平板的吸引位能，即：

$$\varphi''_A = \left(-\frac{\pi}{6} q\beta r_0^{-3}\right) q\mathrm{d}r_0 \qquad (8-20)$$

将式(8 - 20)积分，积分限从 D 到∞，就会得到两平板单位面积间吸引总位能值 φ_A：

$$\varphi_A = -\int_D^{\infty} \left(\frac{\pi}{6} q \cdot \beta \cdot r_0^{-3}\right) q \cdot \mathrm{d}r_0 \qquad (8-21)$$

$$= -\frac{A}{12\pi} \cdot D^{-2} \qquad (8-22)$$

式中，组合常数 $A = \left(\rho \dfrac{N_A \pi}{M}\right)^2 \beta$ 称为哈马克(Hamaker)常数，它的值为 $10^{-19} \sim 10^{-20}$ J，取决于粒子物质本性(主要是密度和极化率)。式(8 - 22)就是两平板状粒子间吸引位能的公式，可见粒子间距增加，吸引位能减少，只有在无限远处，其值才降为零。

***2. 两球形粒子间的吸引位能**　半径为 R、最短间距为 S_0 的两球形粒子(图 8 - 4)间的吸引位能可套用两平板粒子间吸引位能数学方法，先求一个球中一个分子对另一个球 O 的吸引位能，再扩展到整个球 M 对球 O 的吸引位能。两等径球间的吸引位能为：

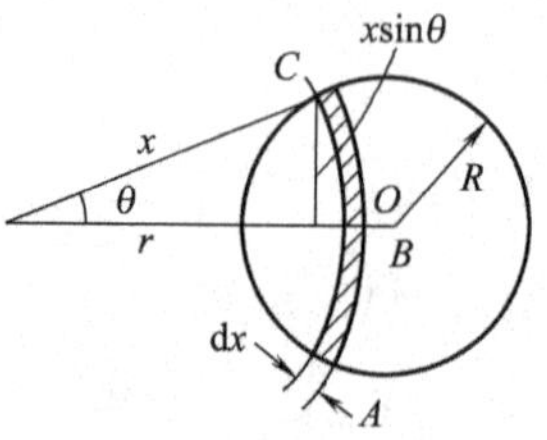

(a) 求解一个分子与球形粒子吸引位能数学模型

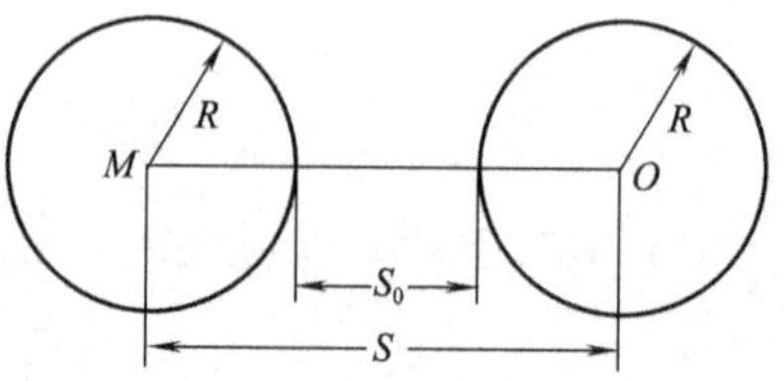

(b) 加和法求解两球形粒子间的吸引位能

图 8 - 4　两球形粒子间的吸引位能

$$\varphi_A = -\frac{A}{6}\left[\frac{2R^2}{S_0^2-4RS_0}+\frac{2R^2}{(S_0+2R)^2}+\ln\frac{S_0^2+4RS_0}{(S_0+2R)^2}\right] \tag{8-23}$$

式中，R 为球半径；S_0 为两球面间最近距离；A 为 Hamaker 常数。若 $R \gg S_0$ 则有很简单的公式：

$$\varphi_A = -\frac{A \cdot R}{12S_0} \tag{8-23a}$$

这个公式说明，两球间距离 S_0 越短则引力位能越大。

需要指出，在平板间吸引位能式(8－22)和两等径球粒子间的吸引位能式(8－23)的推导中，作了一系列的假设，如果把一些因素加以考虑，则必须对式(8－22)进行修正。这些修正因素包括：

(1)假定物质是连续的即密度处处相同，若粒子相距很远，这个假定是合理的，若两物体间距 D 小到分子间距数量级就不合理了。

(2)若两物体有较大间距，一对较远分子之间的力的电场传播会产生相差，于是就产生了时间的延迟现象。

三、介质对粒子间吸引位能的影响

以上的讨论并没有考虑介质分子对于粒子间力的影响，或者说仅适用于真空中粒子间的相互作用。由于介质分子也会与分散相分子有相互作用，则必然因此而影响粒子间的相互作用。一种简便的分析方法是把这种作用模拟成化学反应：

②①＋②① ⟶ ②②＋①①

其中 1 代表介质，2 代表分散相。伴随此过程的位能变化：

$$\Delta\varphi = \varphi_{11} + \varphi_{22} - 2\varphi_{12}$$

相应的 Hamaker 常数 A 之间的关系是：

$$A_{212} = A_{11} + A_{22} - 2A_{12}$$

由于 $A_{12} \approx \sqrt{A_{11} \cdot A_{22}}$，即两不同物体间作用近似等于各自组分的相互作用的几何平均值，则有：

$$A_{212} = A_{11} + A_{22} - 2\sqrt{A_{11} \cdot A_{22}} = (\sqrt{A_{11}} - \sqrt{A_{22}})^2 \tag{8-24}$$

式中，A_{212}代表两分散相粒子间夹了溶剂后的 Hamaker 常数。由此式可得如下结论：

(1)A_{212}永远大于零，即不管是真空中还是在介质中，永远存在吸引位能。

(2)由于 A_{11}和 A_{22}处于相同的数量级大小范围内，则必然 A_{212}既小于 A_{22}又小于 A_{11}，这就是说介质的存在一定会降低分散相粒子间的吸引位能。

(3)如果介质与分散相物质性质相近，即 $A_{11} \approx A_{22}$，那么 $A_{212} \approx 0$，也就是说粒子间不存在吸引位能，这对于稳定体系是十分有利的，因为无吸引力就无所谓絮凝作用的发生。这就启示我们要使分散相稳定，应寻求与分散相物质相近的介质。

(4)由于 $A_{212} = (\sqrt{A_{11}} - \sqrt{A_{22}})^2 = (\sqrt{A_{22}} - \sqrt{A_{11}})^2 = A_{121}$，因此当分散相物质和分散介质物质互换时，若分散相大小和浓度相同，则吸引位能不变。如同样的油和水，分别制成分散相大小和浓度均相同的 O/W 乳状液和 W/O 乳状液，那么前者水中油滴间的吸引位能等于后者油中水滴间的吸引位能。

第三节　分散体系稳定性的 DLVO 理论

一、DLVO 理论

DLVO 理论是描述憎液溶胶稳定性的迄今最为成功的理论之一，由俄国科学家狄亚金(B. V. Derjaguin)与朗道(L. Landau)在 1941 年和荷兰科学家弗维(E. J. W. Verway)与欧福比克(J. Th. G. Overbeek)在 1942 年分别独立创建的理论，故称为 DLVO 理论。在布朗运动、温差对流以及机械搅动等作用下，分散相粒子便有机会彼此靠近到某种距离内，于是其间便存在因分子间力而产生的吸引位能 φ_A 和因粒子双电层的相互搭接而产生的排斥位能 φ_R，此时由两粒子组成体系的净位能 φ_N 为：

$$\varphi_N=\varphi_R+\varphi_A=|\varphi_R|-|\varphi_A| \tag{8-25}$$

如果 $\varphi_N<0$，即 $|\varphi_R|<|\varphi_A|$，则两粒子会聚集在一起形成称为絮凝体的动力学单位，分散体系的稳定性被破坏。相反，若 $\varphi_N>0$，即 $|\varphi_R|>|\varphi_A|$，那么接近到一定程度的两粒子会重新分开，此过程称为弹性碰撞。这就是 DLVO 理论。

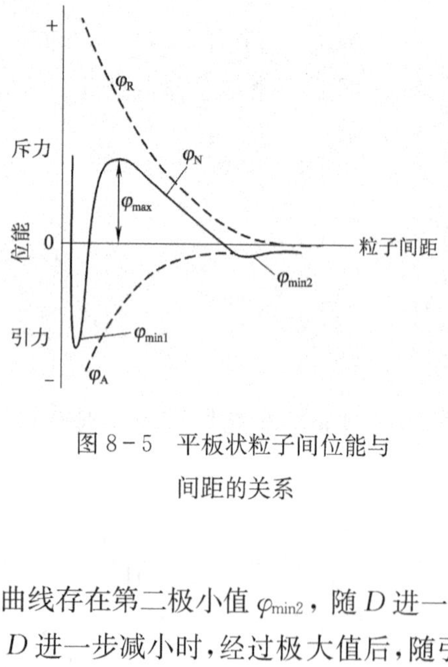

图 8－5　平板状粒子间位能与间距的关系

研究分散体系稳定性的最方便的方法，就是分析体系的净位能 φ_N 随两粒子间距 D 而变化的位能曲线，如图 8－5 所示[1,11]。需指出，尽管 φ_R 和 φ_A 均是 D 的函数，但是函数关系不同，前者与 D 有负指数关系，后者是 D^{-2} 的关系，因此 φ_N 随 D 的变化是十分剧烈的。现在我们分析 φ_N—D 曲线：

(1)在 D 很大时，由于两粒子的双电层没有搭接，故只有引力存在。当 D 减少时，$|\varphi_A|$ 增加，因此曲线存在第二极小值 φ_{min2}，随 D 进一步减少，由于扩散层搭接，φ_R 渐起作用，因此曲线上行；当 D 进一步减小时，经过极大值后，随引力位能增加，曲线开始逐渐下行并经过第一极小值 φ_{min1}；当 D 极小时，粒子非常靠近至紧密层搭接而产生极大的静电斥力(称为 Born 斥力)，曲线又上行，φ_N 大于零。

(2)曲线中的极大值 φ_{max} 对于体系絮凝与否起关键作用，只有当粒子热运动能大于 φ_{max} 粒子才有可能跃过此能垒，距离才进一步缩小，发生絮凝；否则若运动能小于 φ_{max} 粒子无力跃过能垒而重新分开，即弹性碰撞。因此，φ_{max} 对应了化学反应中的活化能。一般而言当 φ_{max} 大于 $15kT$ 时，粒子对很难跃过此能垒，因而不可能发生絮凝。

(3)粒子对一旦跃过能垒便滑入第一极小值 φ_{min1}，此处能量最低，或能阱很深，因此是热力学稳定状态，絮凝体结构紧密，不易破坏，这种絮凝称为不可逆絮凝或永久絮凝。在 D 较大的地方，也存在另一个很浅的能阱，即第二极小值 φ_{min2}，通常只有大粒子才有可能在此处絮凝，而且絮凝体结构松散，稍给能量絮凝体便分解，这种絮凝称为可逆絮凝。对于小粒子（粒径$<10^{-8}$ m）基本不在第二极小值处絮凝。

有人主张在第一极小值处发生分散体系的稳定性被破坏的现象称为絮凝或聚沉（coagulation）；而将在第二极小值处发生的称为聚集（flocculation）。本书统称其为絮凝。

二、分散体系稳定性的主要影响因素

两平板粒子间的净位能 φ_N 可表示为：

$$\varphi_N=\frac{64n_0\cdot k\cdot T(\gamma^0)^2}{\kappa}\exp(-\kappa D)-\frac{A}{12\pi}D^{-2} \tag{8-26}$$

分析式（8－26）可知，决定 φ_N 大小的除间距 D 外，还有如下一些因素：

1. Hamaker 常数 A 考虑到介质，式（8－26）中的 A 显然为 $A_{212}=(\sqrt{A_{11}}-\sqrt{A_{22}})^2$，$A=\left(\frac{\rho\cdot N_A\cdot\pi}{M}\right)^2\cdot\beta$，故 A 的值取决于分散相与介质的物质本性，由式（8－26）可知，A 增加，φ_N 减少。图 8－6 示出当 $\kappa=10^9\text{m}^{-1}$ 和 $\varphi^0=103\text{mV}$ 时由式（8－26）计算的 φ_N 随 A_{212} 的变化[11]，正确体现了 A 增加，φ_N 减少的规律。另外按照 A_{212} 的定义，当 $A_{11}=A_{22}$ 即分散相与介质的物质性质很接近时，$A_{212}=0$，即无引力存在，此时体系必十分稳定。图 8－6 中有一条十分值得注意的曲线，即 $A=2\times10^{-12}$J 时，曲线的极大值消失，就是说，不存在"活化能"，因此任何粒子相碰均可引起絮凝，此时的体系最不稳定。

2. 表面电位 φ^0 φ^0 的影响体现在式（8－26）中的 γ^0 上，由 γ^0 的定义式（7－21a）可知，φ^0 增加，那么 γ^0 增加，进而使 φ_N 增加，体系越稳定。图 8－7 示出在 $\kappa^{-1}=10^9$m 以及 $A=2\times10^{-9}$J

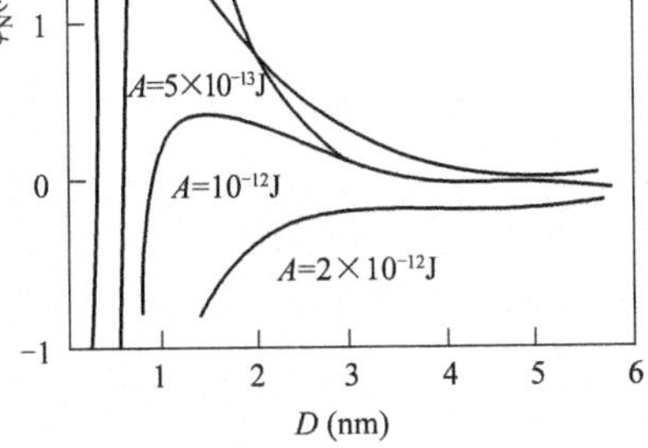

图 8－6 不同 A 值时的位能曲线

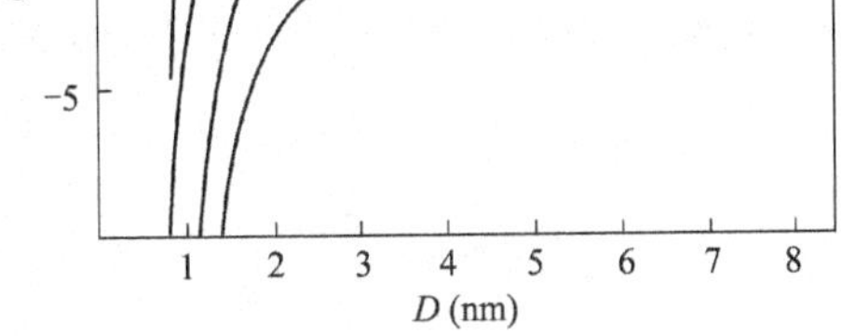

图 8－7 不同 φ^0 值的位能曲线

时的 φ_N 和 φ^0 关系确实反映了这一规律[59]。但应注意由于 φ^0 很大时，γ^0 趋于 1，因此随 φ^0 的增加，尽管 φ_N 增加但增加幅度越来越小。增大 φ^0 的方法无非是加大电位决定离子的浓度。从物理概念上分析，φ^0 值提高意味着表面带电量增多，粒子间斥力增大，有利于体系稳定。同样，在此图中 $\varphi^0=103\text{mV}$ 的曲线也无峰值，此时体系最不稳定。

3. κ 值 由式(8－26)可知，κ 增加，φ_N 减小。由于 $\kappa \propto |c|^{0.5}|z|$，因此溶液中电解质浓度和异电离子价数的增加，会使 φ_N 减少，体系变得逐渐不稳定，如图 8－8 中所示的在 $A=10^{-19}\text{J}$ 和 $\varphi^0=25.7\text{mV}$ 的 φ_N 随 κ 的变化图中，这一规律确实存在。同样，$\kappa=3\times10^6\text{m}^{-1}$ 时的曲线也不存在峰值，此时体系极不稳定[63]。从物理概念上分析，电解质浓度和异电离子价数增大，会压缩扩散层，从而降低 ζ 电位，斥力减小，导致体系稳定性下降。

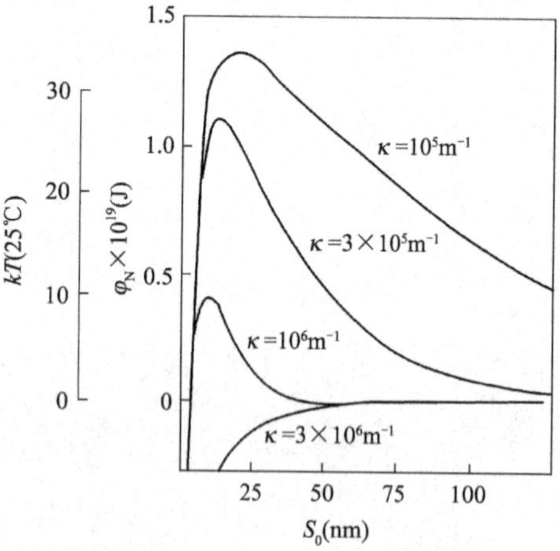

图 8－8　不同 κ 值时的位能曲线

综上所述各项影响因素，大致归纳起来有以下几点实验因素：决定 A 的分散相和介质的物质本性；决定 φ^0 值的电位决定离子的浓度；决定 κ 值的电解质浓度和异电离子价数。

第四节　电解质对胶体分散体系的絮凝作用

一、舒尔兹—哈迪(Schulze－Hardy)规则

1900 年 Schulze 和 Hardy 发现电解质中的异电离子，即与带电粒子表面电荷相反的离子才影响分散体系的稳定性。电解质加入到分散体系中会使双电层的扩散层被压缩，粒子间排斥位能降低而发生聚凝。发生絮凝的电解质最低浓度称为临界絮凝浓度 CCC(critical coagulation concentration)。临界絮凝浓度与异电离子价数 z 的六次方近似成反比，而与同电离子的价数无关，即：

$$M_{\text{CCC}}^1 : M_{\text{CCC}}^2 : M_{\text{CCC}}^3 \approx \frac{1}{1^6} : \frac{1}{2^6} : \frac{1}{3^6}$$

或

$$M_{\text{CCC}}^z \approx z^{-6} \qquad (8-27)$$

这就是 Schulze－Hardy 规则，是纯实验规律的总结。

DLVO 理论的辉煌成就之一，就是从理论上证实了 Schulze－Hardy 规则。实验规律与理论结果的一致，充分证明了该理论具有一定程度的正确性，尽管理论模型的建立基于一些苛刻的条件。虽然粒子对的运动动能只要大于位能曲线的能峰值即可发生絮凝，但是为了简化证明程序，我们认为体系絮凝时不存在极大值。这样絮凝条件为：

$$\varphi_N = 0$$

$$\frac{d\varphi_N}{dD}=0 \tag{8-28}$$

将式(8－26)表示的 φ_N 代入式(8－28)有：

$$\frac{64n_0kT(\gamma^0)^2}{\kappa}\exp(-\kappa D)=\frac{A}{12\pi}D_m^{-2} \tag{8-29}$$

$$64n_0kT(\gamma^0)^2\exp(-\kappa D)=\frac{A}{6\pi}D_m^{-3} \tag{8-29a}$$

式中以 D_m 代替 D 表示能峰处距离，两式相除得：

$$D_m=2\cdot\kappa^{-1} \tag{8-30}$$

将式(8－30)代入式(8－29a)便有：

$$64n_0\cdot k\cdot T(\gamma^0)^2\cdot\exp(-2)=\frac{A}{6\pi}\cdot\kappa^3 \tag{8-31}$$

将 κ 的定义式(7－11)代入式(8－31)，对 1—1 型电解质则有：

$$M_{CCC}=3176.7\times\frac{\varepsilon^3\cdot k^5\cdot T^5\cdot(\gamma^0)^4}{e^6\cdot A^2\cdot N_A}\cdot z^{-6} \tag{8-32}$$

分析式(8－32)可以得到如下一些结论：

(1)$M_{CCC}\propto z^{-6}$，从而从理论上证实了 Schulze－Hardy 规则，反过来也证实了 DLVO 理论的正确性。

(2)临界絮凝浓度除与异电离子价数有关外，由 $M_{CCC}\propto A^{-2}$，$M_{CCC}\propto(\gamma^0)^4$ 可知：A 与体现在界面电位 φ^0 值的 γ^0 也是重要因素。

(3) 通过絮凝实验求出 M_{CCC}，由热力学方法求出 γ^0 值，可通过式(8－32)计算出 Hamaker 常数 A 值。

Schulze－Hardy 规则给出了不同价数的异电离子对于胶体分散体系的影响，但是他们认为同价异电离子的絮凝能力，即聚沉能力(M_{CCC}的倒数)是相同的。但实验表明，等价的异电离子，由于其吸附能力的差异，进入 Stern 层的能力便不同，便有不同的 φ_δ 电位，因此有不同的聚沉能力。如下给出因吸附能力的不同而得出的同价离子聚沉能力的排列顺序，称为感胶离子序(lyotropic series)：

一阶阳离子：$Cs^+>Rb^+>NH_4^+>K^+>Na^+>Li^+$

一阶阴离子：$F^->Cl^->Br^->NO_3^->I^->SCN^-$

需要指出，尽管 DLVO 理论是研究憎液溶胶稳定性的十分成功的理论之一，由式(8－32)证明的 Schulze－Hardy 规则也是此理论成功的明证。然而理论模型过于简化，而且 Schulze－Hardy 规则也仅仅涉及电解质的加入引起的扩散层压缩所引起的絮凝，而有些絮凝的原因并非扩散层的压缩，这就使 DLVO 理论应用受到限制。如某些异电离子的浓度在远远小于按式(8－32)所计算的浓度时就已引起分散体系的明显絮凝。这类絮凝的真正原因是异电离子在粒子表面的化学吸附进而使表面电位 φ^0 或 φ_δ 降低。如果异电离子浓度继续增加会使 φ^0 或 φ_δ 等于零，继而与原来的电性相反，体系会重新稳定起来，我们将使分散体系重新稳定起来的电解质的最低浓度称为临界再稳定浓度 CSC(critical restabilization concentration)。显然在 CCC 与 CSC 间存在一个絮凝区域，在 CCC 以下电解质中异电离子不足以引起体系絮凝，而

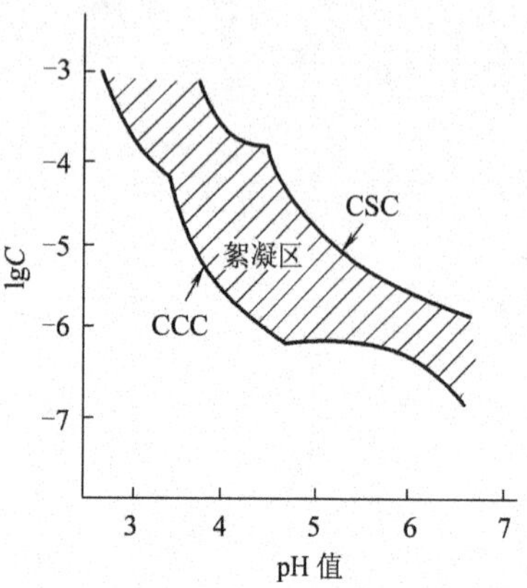

图 8－9　柠檬酸使 $\alpha-Fe_2O_3$ 粒子絮凝的区域图

在 CSC 以上异电离子会使 φ^0 或 φ_δ 反号而重新稳定。图 8－9 示出柠檬酸在不同 pH 值时使带正电的 $\alpha-Fe_2O_3$(半径为 0.1μm)的均匀粒子发生絮凝的区域图。在此图中，无论 CCC 或 CSC 均随 pH 值增加而减少，这不仅因为 pH 值增加会使粒子表面电荷减少，因此要求更少的柠檬酸阴离子去中和它，而且随 pH 值增加，柠檬酸阴离子中 X^{3-} 和 HX^{2-} 逐渐增加，而一价 H_2X^- 逐渐减少，带负电荷数较多的阴离子去中和表面电荷，其用量也要减少。此外，曲线拐点处的 pH 值恰恰对应了表面吸附的阴离子种类转移的 pH 值，使得上述不同 pH 值对应不同价异电离子主导絮凝作用的设想得到证实[48]。

二、电解质使溶胶絮凝的几种情况

引起分散体系絮凝的电解质分为两类：一类是惰性电解质，即组成电解质的组分与组成粒子的原子或离子完全不同；另一类称为非惰性电解质，其组成成分有一个与粒子组分相同。这类非惰性电解质又分为两种：与粒子的电位决定离子相同的叫做含电位决定离子的非惰性电解质，否则称为不含电位决定离子的非惰性电解质。外加电解质的不同会使分散体系发生不同的絮凝作用。

1. 中和絮凝　因为粒子表面失去电荷，φ^0 值降低，使体系稳定性降低乃至失去稳定性的过程为中和絮凝。这种絮凝多发生在粒子带电较少，φ^0 较低的溶胶中，因电位决定离子的吸附量减少(解吸)或者外加电解质的异电离子使其中和而使粒子表面电荷量减少，胶粒间排斥力减弱而发生絮凝。电位决定离子为 Ag^+ 的胶粒$[AgI]_m \cdot nAg^+$ 的溶胶往其中加入 KI 时，Ag^+ 会与 I^- 反应生成 AgI，表面 Ag^+ 减少，φ^0 降低，进而发生絮凝就是中和絮凝的典型例子。图 8－10 示出随外加不含电位决定离子的非惰性电解质浓度提高，其 φ^0 和 ζ 电位降低以及溶胶发生絮凝的过程。

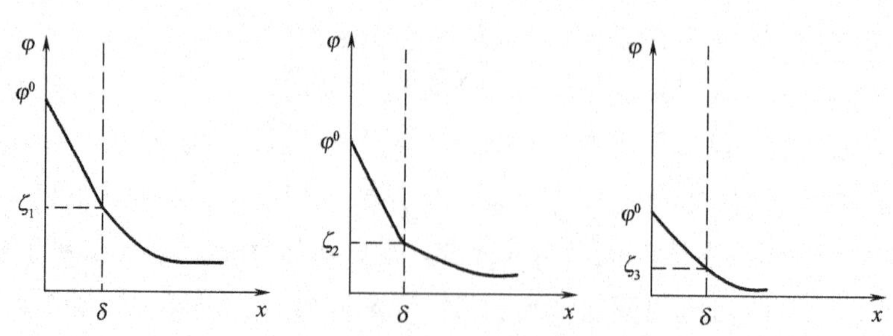

图 8－10　将 KI 加入到电位决定离子为 Ag^+ 的溶胶中发生中和絮凝的过程示意图

2. 浓度絮凝　当外加惰性电解质浓度增加时，使双电层的扩散层厚度减少，从而 ζ 电位下降，静电排斥位能降低而引起的絮凝。此种现象多发生在表面带电很高，φ^0 值很高的粒子之间，此时 φ^0、φ_δ 和 ζ 电位值相差很多，如图 8－11 所示。一般的电解质使溶胶絮凝多属此类，电解质的加入并不会改变 φ^0 值，变化的是 φ_δ 和 ζ 电位。此种絮凝遵从 Schulze－Hardy 规则。

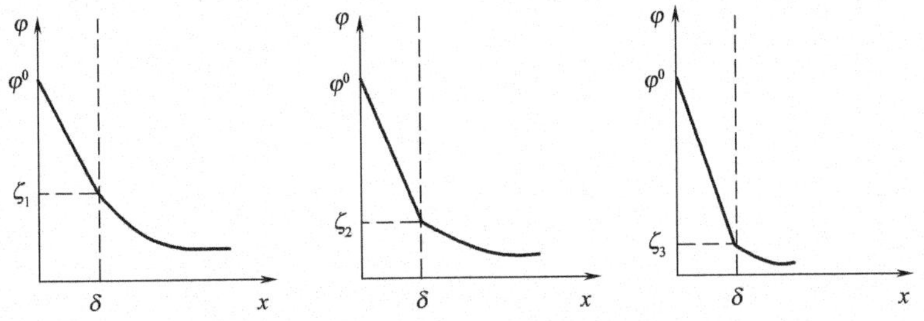

图 8－11 因外加电解质压缩扩散层而使溶胶发生浓度絮凝过程示意图

3. 絮凝—稳定—再絮凝现象 按照外加电解质的不同，出现这种现象有以下两种情况。

(1)外加电解质是含高价异电离子的惰性电解质。当将含高价异电离子的惰性电解质加入到溶胶中去(如柠檬酸加入到酸性带正电的 $\alpha-Fe_2O_3$ 溶胶液中)时，最初溶胶是稳定的，随电解质浓度加大，在一定电解质浓度范围内发生絮凝，当浓度大过某临界值时溶胶又呈稳定状态，随电解质浓度再度提高，溶胶再次絮凝。这是因为含高价异电离子的电解质浓度不高时，尚不足以引起絮凝，随电解质浓度加大，含高价异电离子进入紧密层进而使 φ_δ 减少甚至变号，在一定电解质浓度范围内 ζ 电位处于正与负变化之间，溶胶絮凝，此时的絮凝浓度远远低于 S—H 规则所计算的 CCC 值，故非浓度絮凝。随电解质浓度的提高，φ_δ 与 ζ 电位反号(或者说胶粒即粒子与其紧密层带电反号)而溶胶再次稳定；而当电解质浓度再提高时，发生的是双电层压缩的浓度絮凝。在这过程中电位 φ^0(不变)，φ_δ 和 ζ 电位随电解质浓度的变化以及溶胶的絮凝—稳定—再絮凝情况如图 8－12 所示。

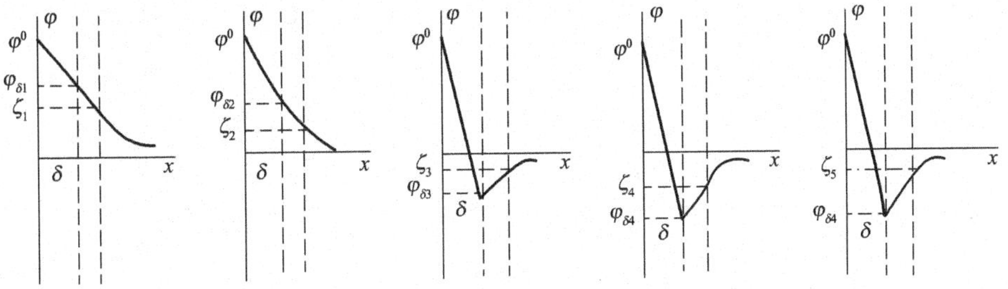

图 8－12 外加含高价异电离子电解质时溶胶发生絮凝—稳定—再絮凝现象示意图

(2)外加电解质为不含电位决定离子的非惰性电解质。电解质加入到溶胶中去先期会发生中和絮凝，随着电解质浓度的加大反而使粒子带上相反的电荷，此时反号的是 φ^0 和 ζ 电位溶胶重新稳定。如果电解质浓度再加大则会发生浓度絮凝现象。如把 $AgNO_3$ 加入到带负电胶粒的 $(AgX)_m \cdot nX^-$ 溶胶中去，或是将 KI 加入到带正电的 $(AgI)_m \cdot nAg^+$ 胶粒的溶胶中去，后者的 φ^0、φ_δ 和 ζ 电位随电解质浓度变化及絮凝—稳定—再絮凝过程示于图 8－13 中。

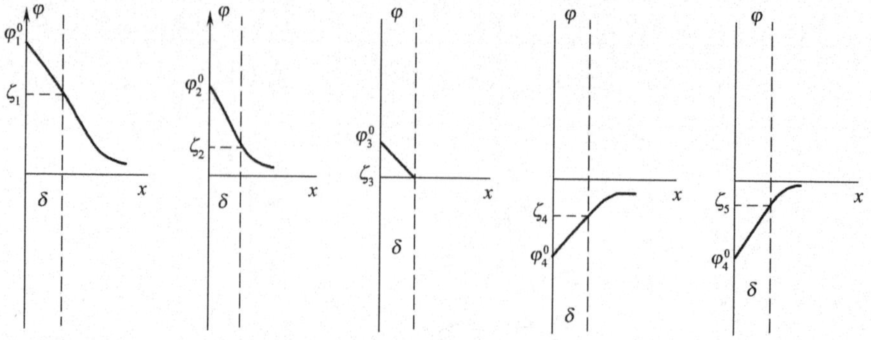

图 8-13　不含电位决定离子的非惰性电解质使溶胶发生絮凝—稳定—再絮凝现象示意图

4. 电解质的叠加、增效与消效作用　当将两种电解质混合溶液加入到溶胶中去，会观测到如图 8-14 所示的情况，两个坐标分别代表两种电解质浓度，M_{C1} 和 M_{C2} 是每种电解质单独存在时的临界絮凝浓度。曲线 1 表示电解质的叠加作用，为一直线且为 M_{C1} 和 M_{C2} 的连线，两种电解质不互相影响，对溶胶絮凝有叠加性能。一般两种电解质絮凝能力相似(所含异电离子同价)出现叠加现象。曲线 2 表示消效作用，两种电解质彼此反作用，加入量要比叠加作用的用量多。一般两种电解质絮凝能力相差很大时会发生此现象。曲线 3 为增效作用。两种电解质相互提高絮凝能力，加入量比叠加作用的用量要少。为解释后两种作用提出了许多设想。其中有一种解释消效作用的说法易于理解，认为两种电解质中的离子会发生反应形成不溶物或不具有絮凝能力的络合物，如 K_2SO_4 和 $Th(NO_3)_4$ 均是 AgI 溶胶絮凝剂，然而两者混合时会形成没有絮凝能力的络合物 $K_2[Th(SO_4)_3]$，因此削弱了两种电解质的絮凝能力。

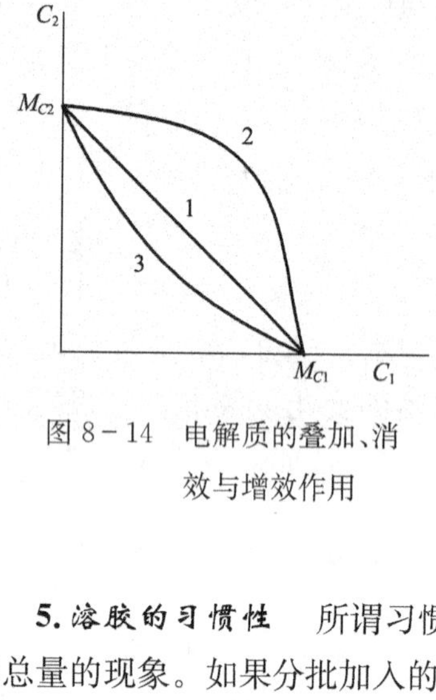

图 8-14　电解质的叠加、消效与增效作用

5. 溶胶的习惯性　所谓习惯性是指溶胶发生絮凝的一次电解质加入量不等于分几次加入的总量的现象。如果分批加入的总量大于一次加入的电解质质量，即 $m<\sum m_i$ 称为正习惯性；反之，分批加入的总量小于一次加入量，即 $m>\sum m_i$ 就能使溶胶絮凝，则称为负习惯性。解释胶体分散体系习惯性的理论很多，如电解质吸附理论、电解质与胶体反应理论等。目前较为人们关注的是基于稳定性理论的一种解释观点。即分批加入，每一批所面对的是峰值逐级降低的絮凝阻力，因此每后一批所面对的是逐级越来越不稳定的溶胶体系，因此发生溶胶的负习惯性。

第五节　影响分散体系稳定性的其他因素

DLVO 理论所概括的由吸引与排斥位能所决定的胶体分散体系的稳定性是有关分散体系稳定性理论中最根本的基础理论，其本质可归纳为胶粒的带电稳定性。因此影响胶体分散体系稳定性的主要因素是：带电粒子所带电量（γ^0 或 φ^0）、带电粒子和介质本性（Hamaker 常数 A）以及体系中所含电解质的性质和浓度（κ 值）。除此以外，其他影响因素尚有溶剂化因素、结构机械因素、熵因素以及物理因素等。

一、溶剂化因素

如果在粒子表面形成溶剂化的溶剂壳，那么当粒子靠近时，由于溶剂化的溶剂分子隔离，使粒子不能十分靠近，另外欲接近则需额外的能量将溶剂分子"挤出"，因此粒子间的运动能需克服更高的能峰才有可能进入絮凝的能阱。不过，溶剂化因素只能作为力和电作用的一种补充因素，因为至今仍不存在关于溶剂化作用的定量理论。憎液溶胶很难形成充分伸展的溶剂化壳，因为介质与分散相分子间互相作用一般很弱。只有当分散相表面分子与介质分子形成化学键或起码有氢键形成时，才能出现溶剂化作用。具有这种性质的溶胶，如 SiO_2 水溶胶以及某些高价金属氧化物的水溶胶。这些溶胶一般不遵守憎液溶胶的絮凝规律，甚至在不存在稳定剂情况下也能稳定存在，用溶剂化作用解释其稳定性似乎更加合理。这种溶胶在许多方面均体现出亲液溶胶的性质。

到目前为止有关粒子溶剂化归纳起来有两种解释：

(1)认为双电层中异电离子的溶剂化，从而形成粒子周围的溶剂化层。这种解释经不住仔细推敲，因为很难想象异电离子的水化会在粒子表面形成连续化的溶剂化壳，而且当双电层搭接时，极性水分子由于被异电离子所诱导，搭接处的偶极水分子是同性电极端相对，仍归于电排斥作用。另外溶剂化作用对于动电现象，即出现滑动面也难于解释，因为溶剂化会使滑动面的"破开"造成极大阻力。其次，异电离子的溶剂化更使带不同电荷的胶粒相互絮凝现象的解释造成困难。

(2)认为粒子上的电位决定离子的溶剂化所形成的溶剂化壳。这种观点似乎能让人接受，但是这种解释也不是完全令人满意的。

二、结构机械因素

在乳状液和泡沫中，如图 8－15 所示，表面活性剂分子在 l_1—l_2 和 l—g 界面上定位排列，这种饱和或近似饱和的吸附状态，便在界面形成了一层二维结构层，其机械化强度便决定了分散体系的稳定性。对于溶胶，在固体粒子上定向排列吸附的蛋白质分子或表面活性剂分子也会形成类似图 8－16 那样的吸附层，只是被吸附分子的定位吸附方向取决于固体表面的极性。有人认为，这一结构层黏度很大，在粒子相互撞击时，不至于也没有足够的时间被挤出，因此其外在表现就是吸附层有很高的弹性和强度。这种稳定性的解释是被吸附物质起到了防止粒子过分接近的阻止剂作用。实验证明，表面活性剂分子越长，其阻滞作用越强烈，这对于界面结构机械因素是个有力的支持。

三、吸附大分子和长链表面活性剂的空间稳定因素

在分散体系中，具有足够长且柔性的表面活性剂分子或长链大分子会吸附在粒子表面上，

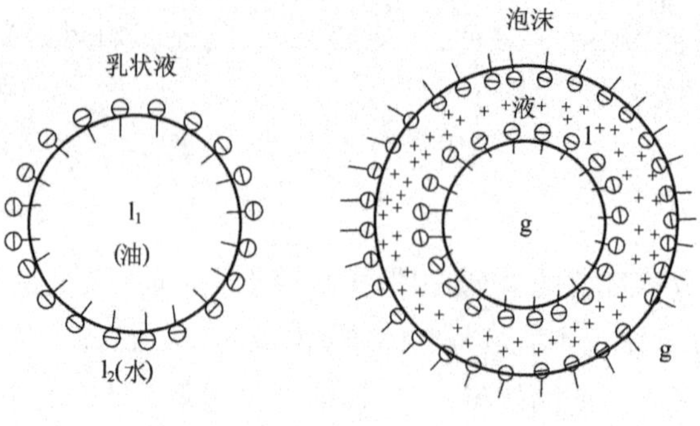

图 8－15　乳状液和泡沫稳定性的机械结构因素示意图

如图 8－16(a)所示，这些吸附分子的链段(segment)就处于介质分子的不断冲击的布朗运动中，这种稳定机理有如下几种解释：

(1) Overbeek 认为溶胶的稳定作用是被吸附分子的分子链或节的柔性区域相互排斥作用的结果。

(2)当两粒子靠近时，互相接触的大分子链不能自由伸展和做布朗运动，使大分子的构型数减少[图 8－16(b)]，从而降低了构型熵值。恒温时，$\Delta G=\Delta H-T\Delta S$，在焓不变时，$\Delta S<0$，则 $\Delta G>0$，即体系的自由能增加。其相反过程即粒子分开的过程是自由能减少的自发过程，换言之，粒子间不絮凝是能量更低的稳定状态[61]。

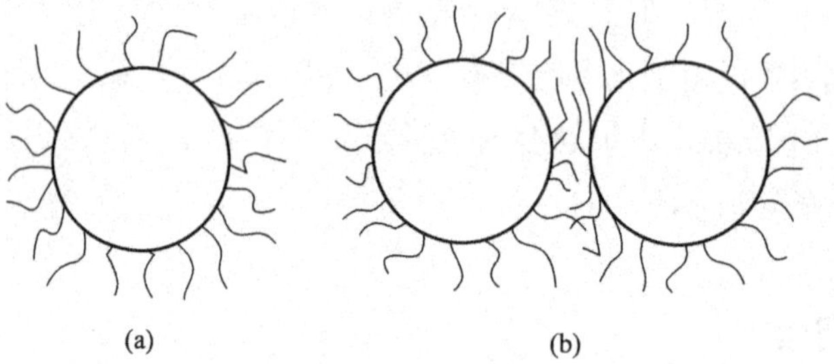

图 8－16　被吸附大分子和长链表面活性剂的空间稳定作用

(3)布朗伯格(Bromberg)指出，这种稳定作用是因为作用在吸附层中的渗透力所决定的，这种渗透力只有在大分子相互搭接时才出现。处于相互接近表面缝隙之中的大分子的熵会引起液体从溶液本体向缝隙的内部流动，这才产生了稳定体系的渗透压力。

四、物理因素

引起溶胶絮凝的物理因素包括机械作用、加热与冷却、稀释与浓缩、各种光线照射、电场作用以及长时间储存时的自发絮凝作用等。

(一)自发絮凝

在储存过程中，由于分散体系内所进行的缓慢化学反应而发生的自发絮凝作用。如 HgS

溶胶放在开口容器中，其稳定性会迅速下降，因为溶胶中作为稳定剂的 H_2S 逐渐挥发出去。若放在密封容器中，则发现其稳定性不但不会降低，反而增大。这是因为在储存中 HgS 与 H_2S 间发生化学吸附作用，使原来的胶团 $\{[HgS]_m \cdot nHS^- \cdot (n-x)H^+\}xH^+$ 变为 $\{[HgS]_m \cdot nHgS_2^{2-} \cdot 2(n-x)H^+\}2xH^+$，后者是更稳定的胶团。

（二）机械作用

强烈搅拌或在泵的驱动下使溶胶在管道中的输送过程中会发生絮凝，这是因为这些机械作用破坏了双电层结构，实验表明对机械作用越稳定的体系，对电解质作用也较稳定。

振动和超声作用也能引起絮凝。在不太强烈的作用下，大粒子不为所动，但小粒子激烈运动，并在大粒子间穿行，增大了大粒子捕获小粒子的机会。如浇灌混凝土后要用专用设备施加振动，方能形成固化后结构坚实的构件。如果没有振动作用，包括石块和粗沙在内的大颗粒会在深度极浅的第二能阱中形成絮凝体，这种絮凝体固化后结构松散脆弱。而施加振动可加强混合物的流动，防止在第二能阱絮凝，而且提供克服能峰的能量，使其顺利进入第一能阱，并在那里絮凝，此时絮凝体性态稳定，固化后的混凝土质地坚实。

（三）电场作用

在电场作用下，溶胶或其他分散体系中的粒子或其他分散相的结构发生破坏并形成粒子链结构。如混有水的原油是典型的 W/O 乳状液，在电场作用下水分子定向排列，极性分子的电荷重心不重合，异端相吸而形成水分子链与石油分离。

（四）稀释或浓缩作用

当以水为分散介质的溶胶用水稀释时偶尔也会发生絮凝，这是因为在稀释时电位决定离子在粒子表面解吸，使表面电荷量减少，表面电位 φ^0 降低；而浓缩时的絮凝一般解释为随浓缩、电解质浓度提高而发生电解质絮凝作用，有人把浓缩作用解释为浓缩后粒子浓度加大，彼此碰撞数增大而增加絮凝机会。总之，无论浓缩或稀释都是“双刃剑”，不但引起粒子表面电位变化，也会使电解质浓度改变，后者会引起对稳定性起关键作用的 ζ 电位的变化，哪一个因素起更大的作用与分散体系有密切关系。

（五）加热和冷却

一般加热溶胶甚至沸腾，对溶胶的稳定性鲜有影响，偶尔有些体系会有影响，其原因是加热会促使电位决定离子解吸，从而使 φ^0 降低，造成絮凝，另外加热也使布朗运动加大，从而增大粒子的碰撞频率，此外粒子运动加剧也有助于克服絮凝能峰，这些都使溶胶稳定性降低或破坏。

冷却过程在介质冻结之前影响不大，但伴随冻结会发生絮凝而且随冷却加深这种絮凝越完全。这是因为随介质的冻结而体积加大，对粒子施以高压，粒子被压迫，变形，相互接近而絮凝。另外，随介质的冻结，残存的未冻结体系中溶胶和电解质浓度加大而发生电解质絮凝。

（六）粒子表面电荷反号的两种溶胶的相互絮凝

前面所讲述的引力位能是指分子引力的位能，当两种表面电荷或表面电位相反的溶胶混合时，表面电性不同的粒子间会有静电引力的位能 φ_{Ae}，此时 $\varphi_N = \varphi_R + \varphi_A + \varphi_{Ae} = |\varphi_R| - |\varphi_A| - |\varphi_{Ae}|$，$\varphi_N$ 值会极大降低并引起絮凝。一个明显的例子就是农民在打来的井水或河水中加入明矾使泥沙沉降，从而得到较干净的水。这是因为河水或井水中的泥沙表面带负电，而明矾溶于

水中所产生的氧化铝水合物表面带正电，两者相混因静电作用使泥沙和氧化铝水合物共同絮凝并沉降。

第六节　絮凝过程动力学

物理化学中，研究动力学过程的一般目的：一是求任一时刻的反应速率，二是求该反应的活化能，三是探知反应机理，最后是速率常数的计算。在絮凝过程的动力学研究中同样关注絮凝速率及与絮凝过程相关的活化能。我们在讨论位能曲线时认为位能曲线的峰值 φ_{max} 相当于絮凝过程的活化能。粒子间能否絮凝取决于粒子的相对热运动动能能否大于或者说能跃过这个能垒（即排斥能垒），能跃过者才能进入深能阱即第一极小值 φ_{min1} 而形成稳定的絮凝体，否则发生碰撞的两粒子重新分开，即弹性碰撞。

按照位能曲线是否有峰值，将絮凝分为慢絮凝（slow coagulation）和快絮凝（rapid coagulation）两类。如位能曲线无峰值，则任何粒子间的碰撞均会引起絮凝；如有峰值，则只有碰撞能量高过能峰的粒子对才能絮凝。我们称前者为快絮凝，后者为慢絮凝。从絮凝速率分析，快絮凝比慢絮凝快得多。

另外，粒子要絮凝首先粒子要靠布朗运动或对流等原因而相碰。当然在通常浓度下，从粒子相遇概率上讲，两个粒子相遇的概率最大，而三个或四个粒子同时相遇的机会要少得多。由物理化学知识可以推测两个粒子的絮凝过程，很类似于化学反应中的双分子反应，或基元反应的二级反应。

一、快絮凝过程

在位能曲线的讨论中，我们知道两粒子间的净位能 φ_N 的大小与 κ 有关，而 κ 又与溶液中电解质浓度 C 有关，通常是 C 增加，φ_N 减少，当 C 增加到一定程度时，位能曲线的极大值消失，此时任何粒子对的碰撞均为有效碰撞并成为絮凝体，电解质浓度再进一步增大也不会对絮凝情况有任何影响了。因此，这种快絮凝速率就完全取决于粒子的碰撞频率或扩散速率。这一理论是 M. Smoluchowski 于 1917 年创立的，并由此导出了快絮凝的速率公式。

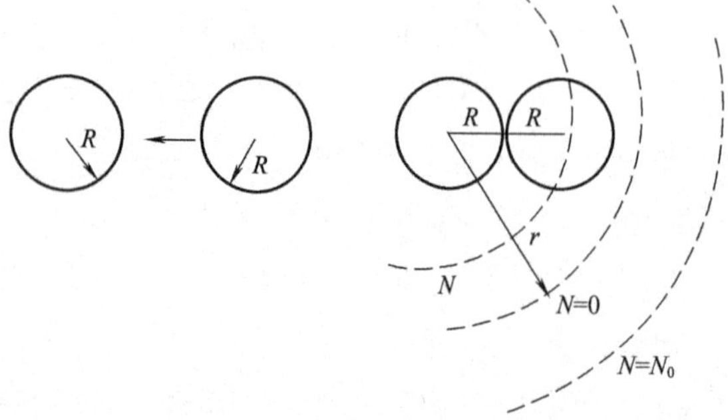

图 8－17　两等径球形粒子碰撞前和碰撞后示意图

图 8－17 示出由均匀球形粒子所组成的单分散体系。先假定一个球是不动的，即中心粒子，另一个球与其相碰，组成半径为 $2R$ 的一个单体（絮凝体），如果不计中心粒子，那么在 $2R$ 处以内 $N=0$，即凡进入 $2R$ 以内的皆组成一个絮凝体，$2R$ 处以外粒子浓度为 N，至溶液本体处为 N_0，从 N_0 至 N 形成一个粒子浓度的梯度。按照

Fick 扩散定律，由 N_0 到 0 这个范围内，单位时间通过半径为 r 的一个球面 $A=4\pi r^2$ 的扩散流过的粒子数 J_A 为：

$$J_A=-DA\frac{dN}{dr}=-4\pi r^2D\frac{dN}{dr} \tag{8-33}$$

实际上，按我们初步假定的即中心粒子是静止的，但这个粒子也在运动中，因此粒子对的扩散系数应为 $2D$，这样上式变为：

$$J_A=-8\pi r^2\cdot D\frac{dN}{dr} \tag{8-34}$$

这个方程是能积分的，积分限为：$r=2R$ 处 $N=0$，而在 $r=\infty$ 处 $N=N_0$，得到的积分结果为：

$$\text{碰撞频率}=-16\pi RDN_0 \tag{8-35}$$

上述推导结果是以一个粒子为中心粒子，对于这个中心粒子的碰撞频率，而实际上每个粒子全可以是中心，因此总的碰撞频率应等于一个粒子的碰撞频率乘以 N_0 再除以 2，这里之所以除以 2 是因为两个粒子的碰撞只能算为一次。于是就得到了如下的快絮凝速率方程：

$$\frac{dN}{dt}=-(8\pi RD)N_0^2=-k_rN_0^2 \tag{8-36}$$

式中，k_r 是快絮凝过程的二级速率常数。实际上这一方程只适用于过程初期，溶胶中粒子浓度为 N_0，随絮凝的进行 N_0 要减少，如果以 N 代表任何时刻溶胶中粒子的数量浓度，则有通用公式：

$$\frac{dN}{dt}=-k_rN^2 \tag{8-37}$$

在第二章中讲及扩散系数 D 与阻力因子 f 的关系为 $D=\frac{kT}{f}$，对于球形粒子：

$$D=\frac{kT}{6\pi\eta R}$$

则快絮凝速率常数 k_r 可表示为：

$$k_r=8\pi RD=\frac{4kT}{3\eta} \tag{8-38}$$

式(8－38)说明 k_r 正比于温度 T 而反比于黏度 η。从物理概念分析，温度上升加剧粒子的布朗运动，因此碰撞频率上升，k_r 增加；相反溶液黏度 η 增加会使粒子运动阻力加大，k_r 减少。

有一点必须说明，以上的结果仅限于单分散体系，即粒子具有相同的组成和形态。然而，对于多分散体系，实验结果表明要比单分散体系絮凝速率要快，但仍为二级动力学过程，故差别在 k_r 上。一般讲大体积粒子易于成为絮凝过程的“核心”，或者其他小粒子撞击的“靶子”，也就是大粒子有更大的能力去捕获小粒子。事实上，对于单分散体系，只要一发生絮凝，立刻变为多分散体系。其次，我们是以粒子对的碰撞为推导基础的，因为发生粒子对碰撞的概率很大，但是发生三粒子和四粒子碰撞的概率尽管很小但也存在，特别是在粒子数量浓度很大的分散体系中，故式(8－38)是建立在一系列假设基础上的快絮凝速率公式。

二、慢絮凝过程

若在位能曲线上有峰值存在，这个峰值相当于絮凝过程的活化能，只有部分粒子对的碰撞能量大于此峰值的碰撞才是有效碰撞，才能发生絮凝，而其他那些碰撞为弹性碰撞，不能发生絮凝。这种慢絮凝的动力学公式依然可以沿用式(8－36)的形式，只是速率常数换成慢絮凝速率常数 k_s：

$$\frac{dN}{dt}=-k_s\cdot N^2 \tag{8-39}$$

显然，$k_r>k_s$，故有：

$$W=\frac{k_r}{k_s}\geqslant 1 \tag{8-40}$$

W 称为稳定比率(stability ratio)，对于快絮凝 $W=1$，对慢絮凝 $W>1$。W 的表达式为：

$$W=\frac{k_r}{k_s}=2R\int_{2R}^{\infty}\exp\left(\frac{\varphi}{kT}\right)r^{-2}\mathrm{d}r \tag{8-41}$$

求解 W 值必须知道位能 φ(即 φ_N)与 r 的函数关系，因此可采取位能曲线的图解法。我们也可以通过式(8－42)近似求出 W 的值。位能曲线有峰值 φ_{max}，而且在 φ_m左右 φ 值下降极快，因此式(8－41)中的指数项基本上取决于 φ_{max}的大小，而且能峰部分的位能曲线近似为一般的分布函数关系，于是就有了如下近似公式：

$$W\approx\frac{2\sqrt{\pi}R}{r_{max}^2 p}\exp\left(-\frac{\varphi_{max}}{kT}\right)\propto\exp\left(-\frac{\varphi_{max}}{kT}\right) \tag{8-42}$$

式中，r_{max}为峰值处的 r 值，而：

$$p=\left(-\frac{\frac{\partial^2\varphi}{\partial r^2}}{2kT}\right)^{\frac{1}{2}} \tag{8-43}$$

将式(8－41)和式(8－42)结合起来有：

$$k_s\propto k_r\cdot\exp\left(-\frac{\varphi_m}{kT}\right) \tag{8-44}$$

如果将此式与物理化学中 Arrhenius 公式 $k=k^0\exp\left(-\frac{E_a}{RT}\right)$或 $k=A\exp\left(-\frac{E_a}{RT}\right)$比较可知 φ_m 的确对应了活化能 E_a 项，因此把位能曲线中的能峰 φ_m 视为絮凝过程的活化能是合理的。化学动力学认为，在反应物、中间活化络合物和产物间也可以给出位能曲线，反应物与中间活化络合物(也处于能峰处)的能量差值即为体系反应的活化能，显然絮凝过程的活化能也可以有类似的规定。

将式(8－42)与球形粒子的排斥位能式(8－11)或式(8－12)和引力位能式(8－22)结合起来就可以由 DLVO 理论推导出 W 和电解质浓度 C 间的关系式：

$$\lg W=k_1\lg C+k_2 \tag{8-45}$$

式中，C 是离子浓度(单位为 mol/L)，k_1和 k_2 为常数。25℃水溶液的表达式为：

$$\lg W=k_2-2.15\times10^9 R\frac{(\gamma^0)^2}{z^2}\lg C \tag{8-46}$$

式中，z 为离子价数；γ^0 是与 φ^0 有关的由式(7－21)定义的量；r 是粒子半径。由此式可见，随电解质浓度 C 的提高，W 要降低，就是说电解质浓度的增加降低了峰值，也降低了 k_r 与 k_s 差别；另外作 $\lg W$—$\lg C$ 图应为一直线，由直线的斜率可求 γ^0，进而求胶粒的表面电位 φ^0。

综上所述，如果溶液中电解质浓度尚不足以使能峰降至零，则发生慢絮凝过程。而一旦电

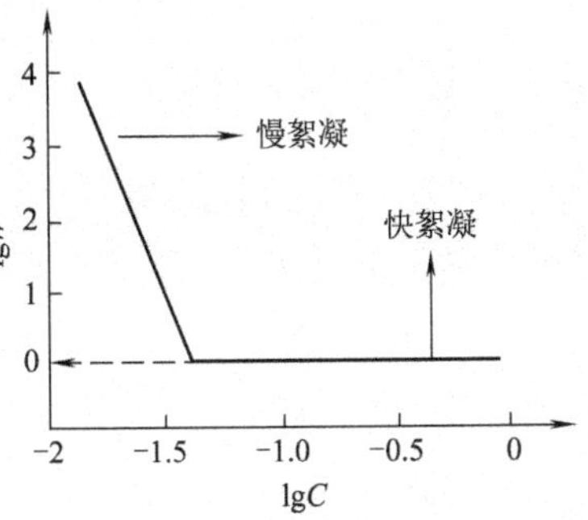

图 8-18 电解质浓度 C 与稳定比率 W 的关系

解质浓度达到临界浓度 CCC，则峰值降为零，絮凝变为快絮凝，电解质浓度再增加也不会改变 W 值，亦即由慢絮凝至快絮凝的转折点恰在电解质浓度为 CCC 时。因此，在图 8-18 所示的 $\lg W$—$\lg C$ 图中必出现一个拐点，拐点处所对应的电解质浓度即为 CCC。由图可知在慢絮凝中 $W>1$，且随电解质浓度增加，W 反而减小，在快絮凝阶段 $W=1$ 或 $\lg W=0$，且与电解质的浓度增加无关，故出现水平线段。

第七节 絮凝作用的实验方法

絮凝过程是分散体系中分散相粒子聚集成絮凝体的过程，也就是体系中作为独立动力学单体的粒子数目在逐渐减少的过程，因此，实验方法就是测出在不同时间粒子的数目。最初的实验是借助超级显微镜数出单位体积中粒子的数量，但点数过程很慢，而絮凝过程又很快，所以当粒子数目清点完毕时，已经又有絮凝发生。解决此矛盾的方法是往溶胶中加入稳定剂，使絮凝终止，这种稳定剂通常为明胶。但这毕竟干扰了絮凝的正常进行。后来人们又发明了流动超级显微方法，这种方法点数粒子数迅速，但依然存在误差。目前研究絮凝的方法是利用溶胶浊度随时间变化的方法研究，使用的仪器为光散射仪。

在上一节的讨论中知道，快絮凝和慢絮凝皆遵循二级动力学公式，只不过速度常数不同，前者为 k_r，后者 k_s。因此有：

$$\frac{\mathrm{d}N}{\mathrm{d}t}=-kN^2$$

或

$$\frac{1}{N}-\frac{1}{N_0}=kt \tag{8-47}$$

随絮凝的进行，粒子的数目和大小在变化，反映在光散射仪中的是其浊度 τ 随时间 t 的变化，因为 τ 反映了粒子的大小和数目。亦即：

$$\frac{\mathrm{d}N}{\mathrm{d}t}\propto\frac{\mathrm{d}\tau}{\mathrm{d}t} \tag{8-48}$$

按照稳定系数 W 的定义：

$$W=\frac{k_r}{k_s}=\frac{\frac{\mathrm{d}N_r}{\mathrm{d}t}}{\frac{\mathrm{d}N_s}{\mathrm{d}t}}=\frac{\frac{\mathrm{d}\tau_r}{\mathrm{d}t}}{\frac{\mathrm{d}\tau_s}{\mathrm{d}t}} \tag{8-49}$$

在光散射仪中，跟踪不同时间 t 的浊度 τ 值，即可求出 $\mathrm{d}\tau_r/\mathrm{d}t$ 或 $\mathrm{d}\tau_s/\mathrm{d}t$，进而求出在某个电解质浓度 C 时的 W 值，然后再改变电解质浓度 C 值，从而求出不同 C 值时的 W 值，以 $\lg W$—$\lg C$ 作图，即可。

一、实验目的仅在于求 CCC 及 CSC

CCC 为临界絮凝浓度，而 CSC 为临界再稳定浓度，也就是在第四节介绍的 φ^0 或 φ_δ 和 ζ 电位因加入含高价异电离子的电解质或不含电位决定离子的非惰性电解质而变号，溶胶又重新稳定时的最小电解质浓度。如果实验目的仅在于求 CCC 及 CSC，那么便没必要作 $\tau—t$ 曲线，而直接比较不同电解质浓度的分散体系在同一时刻的相对浊度或相对光散射强度即可。图 8－19 给出不同 pH 值时，柠檬酸浓度对直径为 0.1μm 的 $\alpha-Fe_2O_3$ 单分散水溶胶相光散射强度的影响[48]。

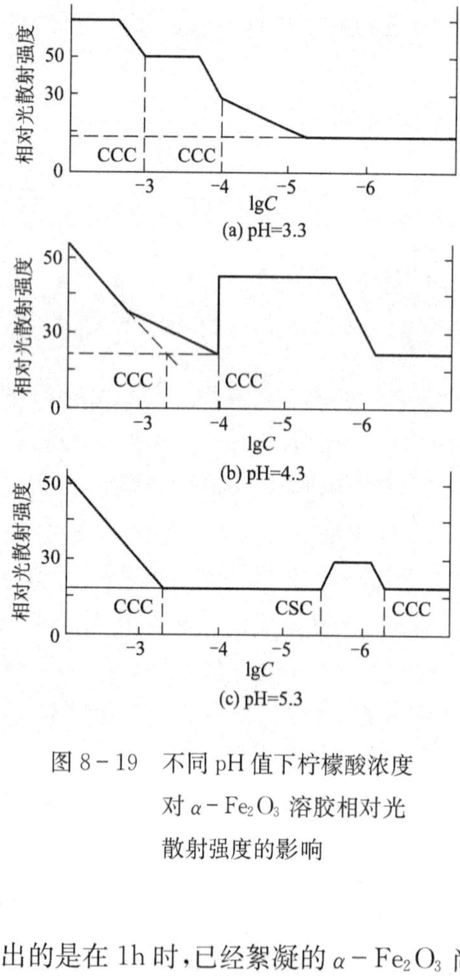

图 8－19 不同 pH 值下柠檬酸浓度对 $\alpha-Fe_2O_3$ 溶胶相对光散射强度的影响

首先，在一系列试管中注入 1mL $\alpha-Fe_2O_3$ 水溶胶(29μg)和相同浓度不同量的浓柠檬酸，再加入二次蒸馏水，使各试管内溶液体积相同。最后用内装浓 HNO_3 或 NaOH 溶液的微量移液管调试 pH 值为某定值。这样就制备出具有相同 pH 值但不同柠檬酸浓度的一系列试管。测试相对光散射之前，每只试管经摇动和超声波振动。然后放在无任何振动的地方静置，在预定的时间在光散射仪中测每一只试管内分散体系的相对光射强度，这样便可得到同 pH 值但不同柠檬酸浓度的溶胶的光散射数值。然后再重复上述操作，所改变的仅是溶胶的 pH 值。几组实验下来就可以得到不同的 pH 值，不同柠檬酸浓度下在相同时间溶胶的光散射数据，因为本实验的目的仅在于研究电解质浓度和 pH 值对 $\alpha-Fe_2O_3$ 溶胶稳定性的影响。图 8－19 给出 pH 值分别为 3.3、4.3 和 5.3 絮凝 1h 溶胶的相对光散射强度与电解质浓度对数的实验曲线。需要指出的是在 1h 时，已经絮凝的 $\alpha-Fe_2O_3$ 尚未沉淀下来，故高散射强度对应已絮凝状态。图中标出了 CSC 和 CCC 的位置。在 CSC 以上又出现第二个 CCC 那是由于浓液中存在的 Na^+ 和 H^+ 阳离子对已反号的再稳定状态的 $\alpha-Fe_2O_3$ 胶体粒子再絮凝的结果。

将不同 pH 值时的 CCC 和 CSC 绘于 lg$C$—pH 图上就可以得到图 8－9 所示的絮凝区域图。

二、实验目的在于研究絮凝动力学过程

此时需用光散射仪随时跟踪溶胶的光散射强度的变化，即作 $\tau—t$ 图，由此图求出 $d\tau/dt$，进而由 $d\tau_r/dt$ 和 $d\tau_s/dt$ 求出 W。然后再改变电解质浓度求在此浓度时的 W 值，从而可给出

lg$W$—lg$C$ 图。图 8－20 是三种不同价态阳离子对于带负电荷 AgI 的胶粒的絮凝作用的 lg$W$—lg$C$ 图[61]。由此图可以得到如下结论：

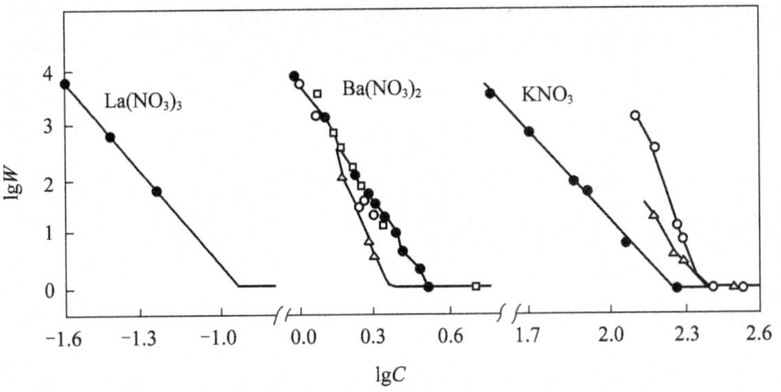

图 8－20　不同电解质对带负电 AgI 溶胶絮凝的 lg$W$—lg$C$ 曲线（浓度单位为 mmol/L）

(1) lg$W$—lg$C$ 确是直线关系，这与式(8－45)是相符的，而式(8－45)又是 DLVO 理论推出的，因此也证实 DLVO 理论的正确性。

(2) 直线的拐点，即 lg$W$＝0 起始处对应的电解质浓度为 CCC。由图可见一价(K^+)、二价(Ba^{2+})和三价(La^{3+})阳离子的 CCC 值分别为 0.199mol/L、2.82×10^{-3} mol/L 和 1.3×10^{-4} mol/L，其比率为 1：1.42×10^{-2}：0.7×10^{-3}，与按照 Schulze－Hardy 规则 $C_{ccc}\propto z^{-6}$ 的比率为 1：1.56×10^{-2}：1.37×10^{-3} 基本接近，也证明负六次方规则的近似正确性。

(3) 0＜lg$W$＜4 的絮凝为慢絮凝。对于式(8－42)，Overbeek 有近似公式：

$$W\approx\frac{1}{2\kappa r}\exp\left(-\frac{\varphi_{max}}{kT}\right) \tag{8-50}$$

由此对应粒径 $r=5.2\times10^{-8}$ m 的 AgI 溶胶所计算的 φ_{max} 约为 $15kT$，也就是说位能曲线上的能峰值高达 $15kT$ 的分散体系是相对稳定的。

(4) 由式(8－46)可知，若已知粒径、电解质浓度 C、离子价数 z，即可由 lg$W$—lg$C$ 直线的斜率求 γ^0 值，进而求出表面电位 φ^0 值，并通过 κ 值求出 Hamaker 常数 A 值。通过计算可知在 AgI 溶胶中 $\varphi^0=12\sim53$mV，而 $A=(0.2\sim10)\times10^{-13}$ J，两者的数量级还是合理的，但 φ^0 值偏低而 A 值过大。这并不难理解，因为 $C_{ccc}\propto z^{-6}$ 是近似规则，因为在 DLVO 理论中作了一些简化，故仅严格地应用于一些十分简单的体系中去。对于十分复杂的体系还要考虑如下一些因素：

①絮凝的原因除双电层的扩散层部分被压缩引起的浓度絮凝之外，还有其他絮凝例如因离子吸附引起的，如上面讨论的将柠檬酸引入 $\alpha-Fe_2O_3$ 水溶胶，由于一价、二价、三价柠檬酸根在 $\alpha-Fe_2O_3$ 表面吸附降低乃至中和 φ_δ 和 ζ 电位甚至反号现象。

②在多分散体系要比均分散体系中的粒子碰撞频率更大，絮凝速率更快，那是因为不对称的大尺寸的粒子更易被当成中心“靶子”。

③如果体系中存在速度梯度（如在对流、重力场中）则会增加絮凝速率。

第八节　含有亲液物质的分散体系的稳定性

分析代表 DLVO 理论的公式(8－26)知道，影响憎液溶胶稳定性的主要因素是胶粒和介质的本性(决定了 φ^0 与 A 值)以及电解质的浓度和异电离子的价数(决定了 n_0 值和 κ 值)。然而如果往溶胶中加入表面活性剂和聚合物，则分散体系的稳定性会发生戏剧性的变化。这里将定性地描绘亲液物质对憎液溶胶稳定性的影响。

一、保护作用

将大量大分子物质加到憎液溶胶中去，它们会吸附在胶粒的表面上形成一层保护膜而增大了溶胶的稳定性[62]，如图 8－21(a)所示。大分子在胶粒表面上的吸附可从这些现象中得到证明：首先，胶粒的电泳淌度改变很大，几乎等于大分子的电泳淌度值；其次电解质对被保护溶胶的絮凝规律不再遵守 Schulze－Hardy 规则，使溶胶絮凝所需电解质的量近乎等于聚沉大分子物质的电解质的量；能够聚沉大分子而不聚沉胶粒的絮凝剂对被保护溶胶起絮凝作用，例如单宁对溶胶不起作用，但可絮凝明胶，而单宁也可聚沉用明胶所保护的溶胶。此外，电镜检查发现被保护的溶胶中粒子粒径比干粒子增大了几十埃。

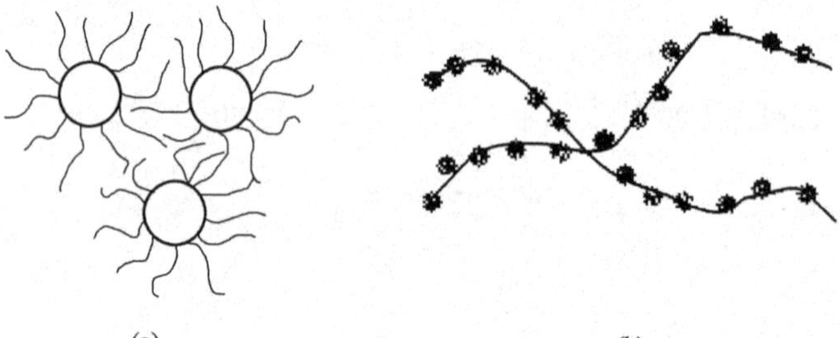

图 8－21　相对大量和少量大分子物质在溶胶粒子上吸附示意图

大分子物质对于憎液溶胶的保护机理，归纳起来有如下几种：

(1)保护剂大分子在胶粒表面吸附形成吸附保护层，降低有效 Hamaker 常数，由 A_{22} 变为 A_{212}，而 $A_{22} > A_{212}$，从而减弱胶粒间吸引位能，提高 φ_N，有利溶胶稳定。

(2)如果保护剂分子含有离子基团，则其吸附便有可能加大粒子间双电层的排斥位能，有利溶胶稳定。

(3)有了大分子吸附层的胶粒欲接近到絮凝的程度，则必须消耗更高的能量使大分子解吸、挤出表面，其结果有如提高了位能曲线的峰值，有利于溶胶稳定。

(4)在第五节中所讲到的稳定性的熵因素，即粒子靠近时夹在其间的两吸附层中大分子自由摆动的自由度和构型数降低，从而熵减少，恒温时 $\Delta G = \Delta H - T\Delta S$ 故 ΔG 增加，这也妨碍了絮凝过程。

实践证明，要实现保护作用必须满足两个条件，一是保护剂必须是聚合物（尤其是长链大分子），二是保护剂用量要大。例如，人们利用保护作用于所制备药物上，首先将药物粉碎成胶体大小，在保护剂作用下形成稳定的溶胶或悬浮体。

二、敏化作用

少量的亲液物质加到憎液溶胶中去，不但不能形成憎液粒子的起保护作用的保护层，反而会明显地降低分散体系稳定性这一现象为敏化作用。引起溶胶敏化作用的长链大分子物质称为敏化剂。敏化机理归纳起来有以下几点：

(1)敏化剂分子若含离子基团，其电性若与胶粒表面电荷相反，则敏化剂的加入会使胶粒表面电荷减少乃至中和，从而破坏了溶胶稳定性；相反若敏化剂过量，使表面电荷反号，溶胶会重新稳定，这正是大量大分子能起保护作用的原因。

(2)若敏化剂为表面活性剂，则表面活性剂分子会在胶粒表面定向吸附，憎水尾指向溶液，使溶胶憎水，从而失去水化作用而稳定性下降。相反，若表面活性剂过量，则会在第一层吸附基础上发生第二层吸附，第二层定向方式是极性头朝向溶液方，又会加大水化作用，使稳定性增强。

(3)长链大分子上吸附两个或更多个胶粒，形成所谓桥接结构[图 8－21(b)]，成为松散的絮凝体结构，然而这只能发生在敏化剂极小的浓度范围内，浓度太小不足以引起桥接，浓度太大则会发生保护作用。

工业上常用的聚合电解质絮凝剂是聚丙烯酰胺（它含有$—NH_2$和—COO，—COOH 基团），用来净化煤炭工业循环水，以及萃取黄金的废水，使黄金回收率提高，减少损失达 99.9%；用来作造纸工业填充剂，减少纸纤维损失；还可以用于土壤中（含量仅为 0.02%～0.05%）使土壤交联，减少土壤损失，并利于潮气和水分的保留。

三、溶剂化作用

溶剂化作用需从两方面分析：

(1)如果研究的对象是憎液溶胶，我们在溶剂化对于溶胶稳定性的讨论中提及溶剂化膜的形成对于憎液溶胶的稳定性有提高作用。然而，大分子物质属亲液物质，它们对水的亲和力更强，因此大分子物质的加入会破坏憎液溶胶的溶剂化层进而使其稳定性降低。

(2)如果研究的对象是亲液溶胶，也就是研究亲液溶胶的溶剂化问题。大分子物质稳定性的关键因素是因其强大的溶剂化作用，相反其双电层作用却很小。比如向亲液溶胶中加入电解质，使其双电层扩散部分变薄乃至消失（等电点时），亲液溶胶依然十分稳定，这充分说明双电层排斥因素并非大分子分散体系稳定性的关键因素。但是随电解质浓度的增加，无机离子会与大分子争夺被溶剂化的水分子，而使大分子去水化，这样就破坏了亲液溶胶的稳定性而使其聚沉。按照这个原理，电解质离子的水化能力越强烈则对高分子溶液的聚沉能力越强，故有如下感胶离子序：

阳离子：$Mg^{2+} > Ca^{2+} > Sr^{2+} > Ba^{2+} > Li^{+} > Na^{+} > K^{+} > NH_4^{+} > Rb^{+} > Cs^{+}$

阴离子：柠檬酸根$^{3-} > SO_4^{2-} > Cl^{-} > NO_3^{-} > I^{-} > SCN^{-}$

值得注意的是这个感胶离子序可能与第四节所列憎液溶胶的感胶离子序不尽相同。这是因为絮凝机理和被絮凝物质不一样：对被絮凝物质而言，前者是大分子溶液，后者是憎液溶胶；对机理而言，前者是对溶胶的去水化能力，后者是在粒子表面的特性吸附能力，两者不可混淆。

*四、聚合物对胶体分散体系稳定性理论

DLVO 理论对于憎液溶胶稳定性的解释，尤其电解质对胶体稳定性的影响所做的解释是十分成功的。然而大分子和非离子型表面活性剂对胶体分散体系的戏剧性影响却无法用 DLVO 理论解释，因此，研究聚合物对胶体分散体系的影响的理论是必要的。

大分子物质在分散体系中处于两种状态，即在分散相表面上的定向吸附状态和不被分散相所吸附的自由状态。这两种状态的高聚物对胶体分散体系的稳定性均有重要影响，并有不同的稳定机理，因而有不同的稳定理论。

1. 吸附大分子对胶体分散体系的稳定性的影响——空间稳定(steric stabilization)理论

与 DLVO 理论有所不同的是，吸附大分子对胶体分散体系的稳定性的影响不但取决于粒子间排斥位能 φ_R，引力位能 φ_A，而且还与因大分子吸附层所产生的空间斥力位能 φ_R^S 有关。

因此，两粒子间的净位能 φ_N 可表示为：

$$\varphi_N = \varphi_R + \varphi_A + \varphi_R^S \tag{8-51}$$

分子吸附层的存在加大了粒子间的斥力位能，却减小了粒子间的吸引位能 φ_A。另外，当两个有吸附层的粒子相互靠近时，最先相互作用的应当是被吸附的大分子，这种作用的自由能变化为：

$$\Delta G = \Delta H - T\Delta S \tag{8-52}$$

显然，只有在 $\Delta H<0$ 及 $\Delta S>0$，则 $\Delta G<0$，即粒子靠近而絮凝才是自发过程，否则便不会发生聚沉作用。

(1)熵稳定(entropystabilization)理论。这个理论认为吸附层靠近时不发生 ΔH 变化，但存在 ΔS 变化。当两吸附层接近时，它们不会互相穿插，而是相互压缩，这种压缩的结果是被压缩空间内的聚合物不再自由伸展和活动，因此其构型熵减少，即 $\Delta S<0$，按式(8-52)在 ΔH 不变时 $\Delta G>0$，即靠近是非自发过程。分开才是自发过程，这就是熵稳定理论[62,63]。

1951 年 Macker 计算了熵增加值以及由此所产生的斥力位能的增加值，即空间斥力位能 φ_R^S。当 A、B 两粒子尚未靠近到被吸附的大分子层相遇时，大分子 P 的可转动空间很大，其构型数为 W_∞[图 8-22(a)]，而当相遇并吸附层被压缩时，大分子 P 的可转动空间减少，构型数减少至 W_H[图 8-22(b)]。

按统计热力学将概率与熵变化联系起的公式：

$$\Delta S = S_H - S_\infty = k\ln W_H - k\ln W_\infty = k\ln\frac{W_H}{W_\infty} \tag{8-53}$$

式中，k 为 Botlzman 常数。那么空间斥力位能为：

$$\varphi_R^S = -T\Delta S = -kT\ln\frac{W_H}{W_\infty} = -kT\ln\frac{l}{H} \approx kT\left(1-\frac{H}{l}\right) \tag{8-54}$$

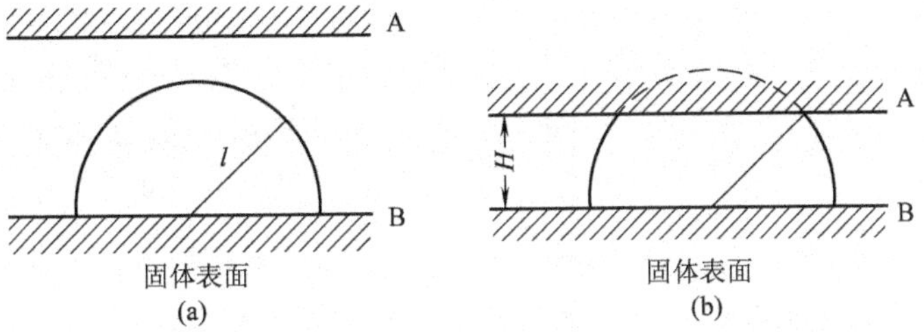

图 8－22　计算空间斥力位能的 Macker 模型

若以 N_S 为单位面积熵饱和吸附分子数，θ_∞ 为 $H=\infty$ 时表面覆盖度，那么 $N_S\cdot\theta_\infty$ 为单位面积上的分子数，则空间斥力位能可写成为：

$$\varphi_R^S=N_S\cdot kT\cdot\theta_\infty\left(1-\frac{H}{l}\right) \tag{8－55}$$

这就是计算因熵增加而引起的空间排斥位能公式。需指出，此公式推导中由于忽略相邻分子间的相互作用，因此只能应用在 θ_∞ 很小的情况，随着 θ_∞ 的增加，此公式的误差也在增加。

(2)渗透斥力(osmotic repulsion)理论。渗透斥力理论认为絮凝过程中有焓变化，因为大分子通常与介质分子间有强烈的相互作用。1985 年费歇尔(Fischer)提出，当吸附了聚合物的粒子相互靠近时不会发生聚合物分子的相互压缩和排斥，也不会发生大分子解吸，发生的是大分子互相穿插和渗透，因此在相互重叠区域内大分子的浓度必然大于非重叠区的大分子浓度，这样便产生了渗透压 π_E，进而产生渗透排斥位能 φ_R^0。这一位能的产生会加大 φ_N 值，使体系趋于更加稳定。

若 μ_1^0 和 μ_1 分别为吸附层重叠前后的化学位，则重叠过程的化学位变化为：

$$\Delta\mu=\mu_1-\mu_1^0 \tag{8－56}$$

由 $\Delta\mu$ 所引起的渗透压关系式：

$$\Delta\mu=-\pi_E n_2 \tag{8－57}$$

式中，n_2 为溶剂的摩尔分数。由大分子溶液理论知：

$$\pi_E=B\cdot RTC_2^2 \tag{8－58}$$

式中，B 为第二维里系数；C_2 为吸附层中大分子浓度。对于重叠区体积为 V 的渗透压斥力位能表示为：

$$\varphi_R^0=2\pi_E\int_0^V dV \tag{8－59}$$

式中乘以 2 是指两粒子互为影响。体积 V 与粒子形状有关。对于球形粒子，如图 8－23 所示，重叠区的体积可视为曲率半径为$(R+\delta)$，高度为$\left(\delta-\frac{H}{2}\right)$的两球的体积之和，故：

$$\int_0^V dV=\frac{2}{3}\pi_E\left(\delta-\frac{H}{2}\right)^2\cdot\left(3R+2\delta+\frac{H}{2}\right) \tag{8－60}$$

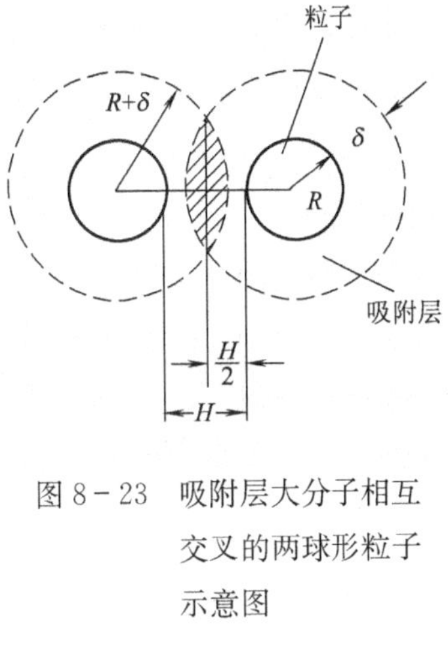

图 8－23　吸附层大分子相互交叉的两球形粒子示意图

将式(8－58)和式(8－60)代入式(8－59)得：

$$\varphi_R^0=\frac{4}{3}\pi_E RTBC_2^2\left(\delta-\frac{H}{2}\right)^2\cdot\left(3R+2\delta+\frac{H}{2}\right) \tag{8-61}$$

式(8－61)就是两球形粒子间渗透斥力位能公式，分析此式可见，吸附层厚度δ和吸附层中聚合物浓度C_2以及反映溶剂与大分子间亲和力的第二维里系数B的增加均使φ_R^0增加，均有利于体系的稳定。一般而言可使大分子充分分散的良溶剂B值为较大正值，则体系稳定性加强；相反，那些不良溶剂B值很小甚至为负，那么此时φ_R^0变负，体系稳定性变差。

2. 自由大分子对胶体分散体系稳定性的影响——空缺稳定(deplection stabilization)理论
当两粒子相距较远时，两粒子中的夹层溶液中大分子均匀分布，如图 8－24(a)所示；当粒子靠近到其距离小于大分子的端距的均方根值$(\overline{S^2})^{\frac{1}{2}}$时，大分子被挤出粒子间溶液夹层，如图 8－24(b)所示[64]，便形成了"空缺层"。这个空缺层的形成会造成两种结果：

(1)因夹层大分子浓度小于溶液中浓度，便形成负的渗透压，造成两粒子间的负的斥力位能，即引力位能增加，于是两粒子更加靠近，发生絮凝。

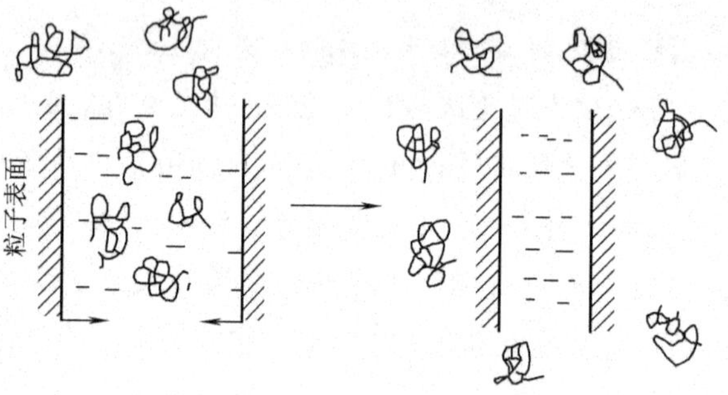

(a) 粒子间间距大时大分子均匀分布　(b) 粒子间间距小时大分子被挤出

图 8－24　自由大分子对胶体分散体系稳定性的影响

(2)使大分子在溶液中的均匀分布至不均匀分布状态，即溶液中大分子浓度增加，而夹层中浓度降为零。这是一个非自发过程，$\Delta G>0$，这就是空缺稳定理论的核心。实验表明，当聚合物处于浓度低时，引力效应为主，则为空缺絮凝；当聚合物处于高浓度时，斥力效应为主则为空缺稳定。

Feigin 和 Napper 在 1980 年通过大分子的链段密度在两粒子接近时的变化，研究了空缺絮凝和空缺稳定问题。单个粒子表面附近大分子的链段密度随距粒子表面距离H的增加而增加，当达到大分子端距的均方根值$(\overline{S^2})^{\frac{1}{2}}$时，链段密度值等于溶液本体相应值。然而，当两个粒子相互靠近时，则在粒子间的溶液层中大分子的链段密度变化就不同于单个粒子的情况了。按照两粒子间距的大小大体可分三种情况，如图 8－25 所示。

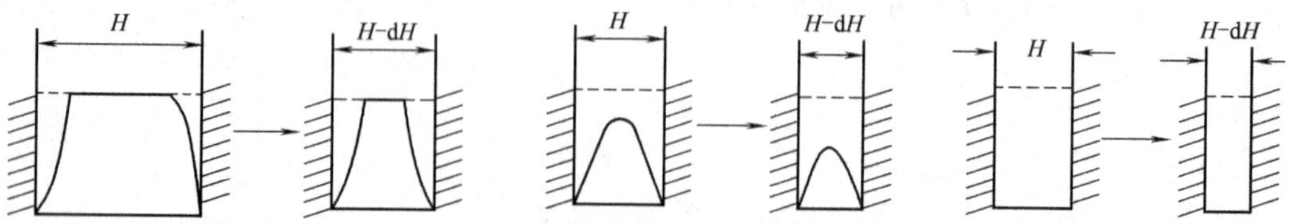

(a) $H>2(\overline{S^2})^{1/2}$　(b) $(\overline{S^2})^{1/2}\leqslant H\leqslant 2(\overline{S^2})^{1/2}$　(c) $H<(\overline{S^2})^{1/2}$

图 8－25　链段密度随粒子间距H变化示意图

①在$H>2(\overline{S^2})^{\frac{1}{2}}$时，空缺尚未重叠，每个固面附近大分子链节密度不互相干扰，如同两个单独的表面一样，如图 8－25(a)所示。在此H范围内，距离的降低，只是两粒子间溶液量的减

少，并不是产生自由能变化，$\Delta G=0$，此时两粒子间不存在空缺作用。

②在$(\overline{S^2})^{\frac{1}{2}} \leqslant H \leqslant 2(\overline{S^2})^{\frac{1}{2}}$范围内，两空缺层开始重叠，粒子间没有足够空间达到链段密度的饱和值，即溶液本体值，两分布曲线在小于或等于本体值范围内相交，或者说粒子间的大分子链段密度小于溶液中的值，且曲线有峰值，如图 8－25(b)所示。显然在$H=2(\overline{S^2})^{\frac{1}{2}}$时，峰值最高并等于本体溶液中的链段密度值，在此 H 区域内，夹层进一步减薄时，会将聚合物挤出夹层空缺区，在此过程中大分子由低浓度区向高浓度区迁移，显然是$\Delta G>0$ 的非自发过程，这相当于粒子间存在空缺斥力位能。

③在$H<2(\overline{S^2})^{\frac{1}{2}}$范围内，此时大分子完全被挤出夹层，链段密度为零，如图 8－25(c)所示。若 H 进一步减少，则只有溶剂被挤出夹层，这是溶液本体中浓度降低过程，或者说溶剂由溶剂区迁入溶剂浓度较低的区域，这是$\Delta G<0$ 的自发过程，这相当于粒子间存在空缺引力位能。

因此在全距离范围内，空缺位能曲线变化情况如图 8－26 所示的峰值出现在$H=(\overline{S^2})^{\frac{1}{2}}$的地方，这条位能曲线与 DLVO 位能曲线相似。峰值也相当于絮凝过程的活化能，其值大小随溶液中聚合物浓度增大而增大。因此在高浓聚合物中胶体分散体系更稳定。在 H 较小的地方出现极小值，这也是絮凝体最稳定的地方。在 H 极小处 φ 又急剧上升，这是 Born 静电斥力的结果。

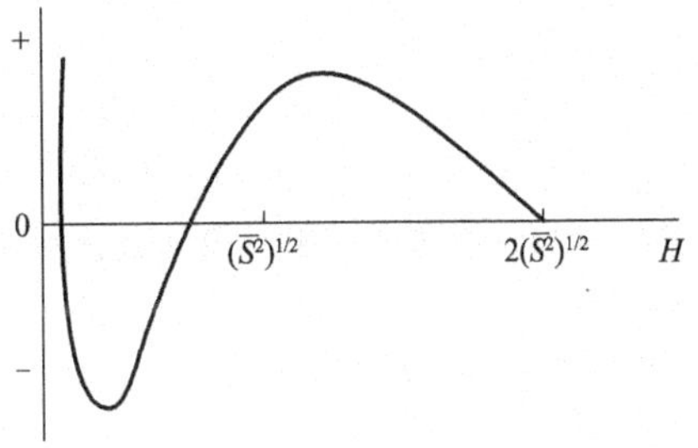

图 8－26　空缺位能随粒子间距的变化情况

复习指导

1. 胶体分散体系因其分散相粒子的巨大比表面和表面能而成为热力学不稳定体系，降低表面能量即分散相粒子的相互聚集，即絮凝是必然的自发趋势。从动力学角度分析，胶体体系又能在一定时间内保持稳定状态。所以说絮凝与稳定是统一在胶体体系中互相矛盾又统一的双胞胎。

2. DLVO 理论是描述胶体分散体系稳定性的成功理论之一，斥力位能 φ_R 与吸引位能 φ_A 绝对值之差决定了总位能 φ_N，即体系的稳定性。然而，DLVO 理论又是很局限的理论，它仅适用于随电解质溶液浓度的提高，扩散层被压缩使 ζ 电位降低而使体系失去稳定性的情况。实际上，不同电解质对体系稳定性的破坏机理，除压缩扩散层外，还有因异电离子的吸附引起的表面电位 φ^0 和 φ_δ 降低机理。除外加电解质之外，影响分散体系稳定性的因素很多，不过中心问题是引起 φ^0 和 φ_δ 的变化，但归根结底是 ζ 电位降低这个实质性问题。

3. 在化学动力学研究中，反应速率 v 与活化能 E_a 是两个核心参数。理论和实践都证明位能曲线(粒子净位能 φ_N—粒子间距 D)上的极大值 φ_{max} 对应了化学反应的活化能。

思考题

1. 25℃时，相距4.0×10^{-2} nm的两块平行金属板浸入浓度为0.001mol /L的1—1价电解质溶液中，求其斥力位能φ_R值。已知φ^0=60mV，ε_r=78.2。（答：3.25×10^{-22} J/m^2）

2. 25℃时，半径为10nm球形粒子处于浓度为0.001mol/L的1—1价电解质溶液中，求：①两粒子距离1nm时的引力位能、斥力位能和总位能；②绘出位能曲线。已知φ^0=25.7mV，A=3.0×10^{-22}J，ε_r=78.5。（答：φ_A=−1.478×10^{-22} J/m^2，φ_R=2.51×10^{-20} J/m^2，φ_N=2.506×10^{-20}J/ m^2）

3. 下列诸因素中，哪一种因素的变化将对溶胶絮凝有利：①增加范德华力；②减少双电层厚度；③减少φ_δ；④前面所有因素；⑤前面所有因素均不起作用。（答：④正确）

4. 下列电解质中，哪一个对带正电的AgI溶胶有最低聚沉性？①$CaCl_2$；②NaSCN；③Na_2SO_4；④$MgSO_4$。若AgI带负电又如何？（答：AgI带正电时为NaSCN；AgI带负电时为NaSCN）

5. 二价异电离子比一价异电离子具有较低的CCC值，原因是：①二价异电离子具有较低的动能；②二价异电离子具有较低的屏蔽作用；③二价异电离子引力较强；④上面所有答案。（答：答案③符合逻辑。）

6. 在AgI溶胶中加入电解质$NaNO_3$，对下列哪个参数影响最小，为什么？①ζ；②φ^0；③γ；④δ；⑤κ^{-1}。（答：δ和φ^0）

7. 某水溶液25℃用1—1价电解质聚沉时数量浓度随时间变化为：

时间(min)	0	2	4	7	12	20
粒子数(10^{14}/m^3)	100	14	8.2	4.6	2.8	1.7

试计算其絮凝速率常数k，并判断是快絮凝过程还是慢絮凝过程。（答：k=2.94×10^{-16}m^3/min）

第九章　胶体分散体系的流变性质

液体的重要性质就是流动和在切应力作用下的形变，即流变性质。研究液体的流动与形变的科学称为流变学(Rheology)。在自然界、日常生活以及工农业生产中，人们会经常遇到流变学所涉及的现象。例如，挤牙膏时必须用力，否则凸出于出口的牙膏在撤去外力时又会回缩，陷于沼泽地中的动物或人越挣扎越深陷，钻井泥浆必须维持一定浓度或黏度，油漆的质量标准之一就是其流平性，亦即油漆既易于刷动又在未干之前保持对所刷基体的黏附性能并不留刷痕等。所有这些现象既表现与液体流动密切相关的液体黏度，还表现出与外力相关的液体的形变。需要强调的是：这里所说的液体不仅是纯液体，还泛指那些以液体为介质的分散体系，特别是胶体分散体系。

第一节　黏度与黏度测定方法

一、牛顿(Newton)方程

在管路中流动的液体若处于稳流状态时，液体的流速曲线呈抛物线形，如图 9－1 所示，中部流速最大，越接近管壁流速越小。比如河水在河心处如万马奔腾，而河岸附近却相对平稳；电风扇风速很大，而扇叶上的灰尘却不会吹出，反而越积越多。总之，各流层间存在速度差异，或者说存在速度梯度 dv/dy。由于分子的热运动和分子间的相互作用，那么低流速层对于相邻高流速层便存在黏滞阻力，也就是内摩擦力。黏滞阻力 F 正比于两液层间的接触面积 A 和速度梯度：

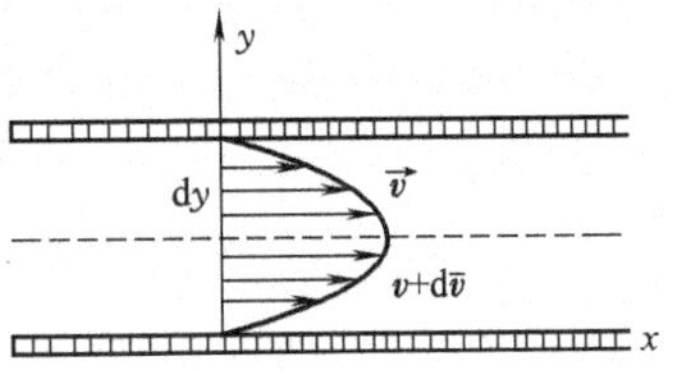

图 9－1　管路中稳流状态的液体各流层流动速度分布示意

$$F \propto A\frac{dv}{dy}$$

变成等式则：

$$F=\eta A\frac{dv}{dy} \tag{9-1}$$

或

$$\frac{F}{A}=\eta\frac{dv}{dy} \tag{9-1a}$$

这就是 Newton 方程，比例系数 η 称为液体的黏度系数或黏度(viscosity coefficient)，单位是 Pa·s。在工业界，常用的黏度单位是泊和厘泊(1 厘泊＝0.01 泊)，1 泊＝0.1 Pa·s。F/A 是施加在单位流层面积上的力，称为切应力(shearing stress)，用 τ 表示，即：

$$\tau=\frac{F}{A} \tag{9-2}$$

τ 的单位为 Pa(即 N/m^2)。速度梯度 dv/dy 又称切变速度,用 D 表示,即:

$$D=\frac{dv}{dy} \tag{9-3}$$

显然切变速度的单位是 s^{-1}。D 与切应力 τ 是流变研究中的两个基本参数。因此 Newton 方程又可以表示为:

$$\tau=\eta D \tag{9-1b}$$

关于液体的流动状态问题,有如下两点必须明确:

(1)尽管各流层的流动速度不同,但是各层的速度是不随时间变化的,亦即 $dv/dt=0$,这种状态为稳流状态。当然,管路中液体流动初期,各层的流速是随时间变化的或 $dv/dt\neq0$,随着时间的推移,流速增加的同时逆向黏滞阻力也在增加,直至两者平衡,达到稳流状态。

(2)Newton 方程仅适用于流速较低的层流,此时流体的密度和黏度不随 D 而变化,这样的流体称为 Newton 流体。然而,若流速超过某一限度时,流体中出现水漩,表明流动状态改变为湍流,这时 Newton 方程就不再适用了,这样的流体称为非 Newton 流体,此时切应力与速度梯度的比值不再是常数,而是速度梯度的函数。液体的流动状态由无因次的雷诺(Reynold)数 Re 决定:

$$Re=\frac{vr\rho}{\eta} \tag{9-4}$$

式中,v 为液体流速;r 为管路内半径;ρ 为液体的密度。由层流变为湍流的临界雷诺数约在 1400～2000。由式(9-4)可见,雷诺数不仅与流速有关,如果 r 和 ρ 越大而 η 越小,则会在较低的流速时流体就呈现湍流状态。

二、液体黏度的测定方法

测定液体黏度的方法主要有降球法、毛细管法和旋转(同心转筒与锥板)法。

1. 降球法 这种测定方法目前已经很少应用,但是它代表了一定的测定原理,而且分析其测定原理对于我们在第二章所学过的分散体系的动力性质的巩固大有裨益。

当密度为 ρ_2、体积为 V 的粒子以恒定速度 v 在密度为 ρ_1 的介质中沉降时,满足 $V(\rho_2-\rho_1)g=fv$,对球形粒子 $V=\frac{4}{3}\pi R^3$,且阻力因子 $f=6\pi\eta R$,则有:

$$\eta=\frac{2R^2(\rho_2-\rho_1)g}{9v} \tag{9-5}$$

通过测定降球速度,此公式其他参数数值为可知量,可计算出液体的黏度。需要注意的是,Stokes 公式($f=6\pi\eta R$)的推出条件之一是流体必须是层流,因此降球的沉降速度不能太大。

2. 毛细管法 毛细管黏度计有两种:奥氏(Ostwald)黏度计和乌氏(Ubbelohde)黏度计,分别示于图 9-2(a)和(b)。现以奥氏黏度计为例说明测定黏度的原理。一定量被测液体自 A 管装入,再从 B 管用洗耳球将液体吸至 a 线以上,但绝不能吸出。然后让液体自然下流,测定液面从 a 线至 b 线所需时间 t。将实验数据代入如下泊肃叶(Poiseulle)方程计算黏度:

$$\eta=\frac{\pi pR^4t}{8VL} \tag{9-6}$$

式中，R 为毛细管内半径；L 为液体流经毛细管长度；$p(=\rho gh)$ 为毛细管两端压差；V 为时间 t 内液体体积(即 a 线与 b 线间体积)。这是计算黏度的绝对方法，但是由于毛细管半径数据(刻在黏度计上)不准确，则可采用相对法，即用同一根黏度计先测定已知黏度 η_1 液流的时间 t_1，再测定未知黏度 η 的待测液体的时间 t，那么两个黏度比为：

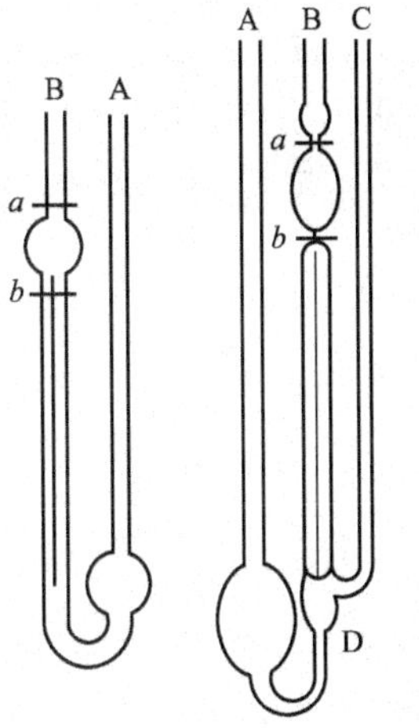

图 9-2 奥氏和乌氏黏度计

$$\frac{\eta}{\eta_1}=\frac{\dfrac{\pi(\rho gh)R^4 t}{8VL}}{\dfrac{\pi(\rho_1 gh)R^4 t_1}{8VL}}=\frac{\rho t}{\rho_1 t_1}$$

则：
$$\eta=\eta_1\frac{\rho t}{\rho_1 t_1} \tag{9-7}$$

式中，ρ 和 ρ_1 分别是待测液体和已知黏度液体的密度，由此式即可计算出待测液体的黏度。一般情况下，特别是工业界应用奥氏黏度计并由式(9-7)计算的液体黏度完全可以满足精度要求。如果对精度要求更高，尚需考虑：

(1)因压差 p 使液体动能改变，需做动能修正。

(2)液体进出毛细管段引起液体流速变化，需做毛细管末端修正。

3. 旋转黏度计 旋转黏度计(concentric viscometer)包括同心转筒黏度计和锥板黏度计，分别示于图 9-3(a)和(b)中。现以转筒黏度计为例说明测定液体黏度的原理。在半径分别为 R 和 fR，长度为 L 的外筒与内筒之间放入被测液体。令外筒以角速度 ω 旋转，在液体黏度和切应力的作用下，内筒向相反的方向扭动，直至两个大小相等方向相反时扭矩达到平衡。此时与内筒相连的扭力丝的旋转角为 θ，θ 正比于扭矩 T，而 T 正比于液体的黏度 η 和角速度 ω，故有：

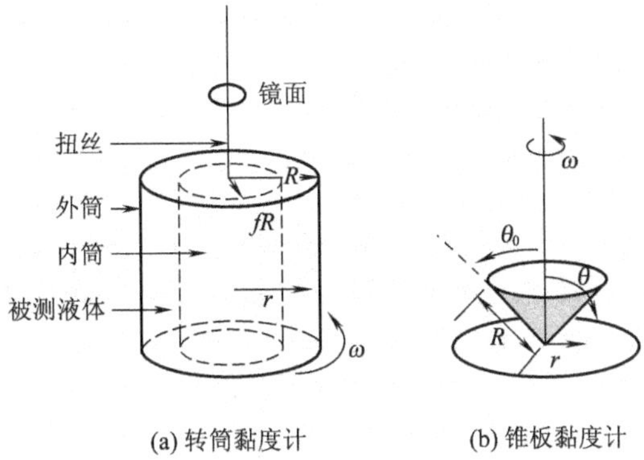

图 9-3 旋转黏度计

$$\theta=k\eta\omega \tag{9-8}$$

式中，k 是与仪器有关的常数。式(9-8)是旋转法测定液体黏度的基本公式。由于 k 值不可知，同样采取用相同仪器测量两种液体，其中一种液体(用 1 表示)的黏度为已知值，测量时两种液体的旋转角速度相同，则：

$$\frac{\theta}{\theta_1}=\frac{k\eta\omega}{k\eta_1\omega}$$

便有：
$$\eta=\eta_1\frac{\theta}{\theta_1} \tag{9-9}$$

由此式即可求出被测液体的黏度。有一个问题必须说明，在转筒黏度计的实际操作中，旋转的是内筒而非外筒，不过两者的原理是完全相同的。

以上介绍了三种测定黏度的方法及其工作原理，在具体使用仪器前必须仔细阅读说明书。说明书中会有操作说明和一些修正参数，有的是仪器参数有的是环境参数，以弥补工作原理中忽视的问题（比如毛细管法中，毛细管末端效应等影响因素），以得到更精确的结果。

第二节　稀分散体系的黏度

上面讨论的是纯溶剂和低分子溶液的黏度。对于分散体系，分散相粒子的存在会改变液体的流动方式，进而增大黏度值。图 9－4 示出固体粒子影响液体流动状态的情况：(a)是纯介质的流动，呈抛物线形；(b)中的粒子不旋转，它阻挡了流经它的液体，使这部分液体以与粒子相同的速度流动，速度梯度降低而 F 和 A 不变，按式(9－1)黏度 η 增加；(c)中的粒子旋转，这是速度梯度和粒子不对称性的必然结果，流体将部分能量传递给粒子，引起液体黏度的增加。

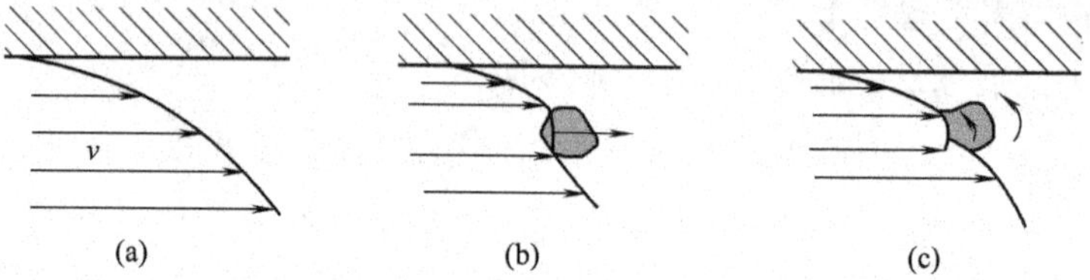

图 9－4　分散相粒子改变液体流动状态示意图

一、Einstein 黏度公式

Einstein 根据液体的流动方程和连续方程，在一系列假设的基础上，推出了将稀分散体系的黏度 η 与分散介质的黏度 η^0 和分散相的体积分数 ϕ 联系在一起的公式：

$$\eta=\eta^0(1+2.5\phi) \tag{9-10}$$

推导此公式的前提假设是：

(1)分散介质的流动状态为层流，介质的密度和黏度为常数。

(2)分散相为刚性小球且球面完全为介质润湿。

(3)硬球远大于介质分子，因此介质可视为连续相；而硬球又远小于测量仪器，故可忽略壁部效应。

(4)分散体系浓度很稀，刚性小球间不相互影响，每个刚性小球均以一定的流动形式存在。

*基于这样的假设，Einstein 给出硬球和分散体系能量的时间变化率公式：

$$\left(\frac{\mathrm{d}E}{\mathrm{d}t}\right)_1=k\eta V(1-\phi)^2 \tag{9-11}$$

$$\left(\frac{\mathrm{d}E}{\mathrm{d}t}\right)_2=k\eta^0\left(\frac{8}{3}\pi R^3+\frac{4}{3}\pi r^3\right) \tag{9-12}$$

式中，ϕ 是分散相的体积分数；η 和 η^0 分别是分散体系和分散介质的黏度；$\frac{4}{3}\pi R^3$ 是体系的体积；而 $\frac{4}{3}\pi r^3$ 是硬球的体积，于是式(9－12)变为：

$$\left(\frac{\mathrm{d}E}{\mathrm{d}t}\right)_2=k\eta^0 V\left(2+\frac{\frac{4}{3}\pi r^3}{V}\right)=k\eta^0 V(2+\phi) \tag{9－12a}$$

若 $\phi=0$，则有纯介质的能量时间变化率：

$$\left(\frac{\mathrm{d}E}{\mathrm{d}t}\right)_1=2k\eta^0 V \tag{9－13}$$

式(9－12a)与式(9－13)的差值：

$$\left(\frac{\mathrm{d}E}{\mathrm{d}t}\right)_2-\left(\frac{\mathrm{d}E}{\mathrm{d}t}\right)_1=k\eta^0 V\phi=\frac{1}{2}\left(\frac{\mathrm{d}E}{\mathrm{d}t}\right)_1\phi_i \tag{9－14}$$

式中，下标 i 表示第 i 个硬球。对于有 N 个硬球的体系的能量时间变化率为：

$$\frac{\mathrm{d}E}{\mathrm{d}t}=\left(\frac{\mathrm{d}E}{\mathrm{d}t}\right)_1+\sum\Delta\left(\frac{\mathrm{d}E}{\mathrm{d}t}\right)_i=\left(1+\frac{N\phi_i}{2}\right)\left(\frac{\mathrm{d}E}{\mathrm{d}t}\right)_1 \tag{9－15}$$

式中，$\Delta\left(\frac{\mathrm{d}E}{\mathrm{d}t}\right)_i$ 是第 i 个球与溶剂能量时间变化率之差值，即第 i 个球对能量时间变化率的贡献。由于 $N\phi_i=\phi$，并将式(9－13)代入式(9－15)得：

$$\frac{\mathrm{d}E}{\mathrm{d}t}=2k\eta^0 V(1+0.5\phi) \tag{9－16}$$

Einstein 还推出如下分散体系能量变化率公式：

$$\frac{\mathrm{d}E}{\mathrm{d}t}=2k\eta(1-\phi)^2 V \tag{9－16a}$$

式中，η 为分散体系的黏度。将此式与式(9－16)比较得：

$$k\eta V(1-\phi)^2=k\eta^0 V(1+0.5\phi)$$

$$\eta=\eta^0\frac{1+0.5\phi}{(1-\phi)^2}$$

当 ϕ 很小时，$(1-\phi)^{-2}\approx 1+\phi+\phi^2+\cdots$，代入上式得：

$$\eta=\eta^0(1+2.5\phi+\cdots) \tag{9－17}$$

若 ϕ 很小，仅保留展开式的前两项，就会得到式(9－10)。

为了便于说明某些实质性的问题，除了 η 和 η^0 以外还有其他一些黏度表达形式，比如代表分散相对体系黏度的贡献的增比黏度 η_{sp} 等。这些黏度数据的名称和内容列于表 9－1 中。

表 9－1　常用的几个表示黏度的数据名称和内容

名　称	符　号	定　义	IUPAC 名称
黏度	η	—	—
相对黏度	η_r	η/η^0	黏度比
增比黏度	η_{sp}	η_r-1	—
比浓黏度	η_{red}	η_{sp}/C	黏数
固有黏度	η_{ink}	$\ln\eta_r/C$	对数黏度
特性黏度	$[\eta]$	$\lim\eta_{red}$ 或 $\lim\eta_{ink}$	极限黏度

二、Einstein 黏度公式的偏差与偏差来源

Einstein 黏度公式是建立在极其理想化的一系列假设基础之上才推演出的形式十分简单的黏度公式。但在实际分散体系中，与理想化体系有很大出入，因此对这样的真实体系的黏度用 Einstein 黏度公式会出现偏差，就如同将理想气体方程应用于真实气体一样必须进行修正。下面讨论 Einstein 黏度公式的偏差来源。

1. 分散相的浓度 在公式的推导过程中，一个假设就是 ϕ 很小，公式才得以简化成简单形式。ϕ 很小就是分散体系很稀，另一基本假设是分散相为硬球，因此 Einstein 黏度公式仅适用于分散相为球形的稀分散体系，也可以说常数 2.5 与体系浓度和分散相粒子形态有关。对于浓体系和非球形分散相，最简单的修正方法是用某个数值常数 α 取代 2.5，则有：

$$\eta=\eta^0(1+\alpha\phi) \tag{9-18}$$

而且 $\alpha>2.5$，因为黏度是体系能量消耗速率的量度。对于纯溶剂和低分子分散体系，黏度的产生是因为流体中相邻液层间内摩擦的结果，要消耗能量；对于分散体系，分散相粒子的存在会引起液体流动的扰动。在稀分散体系中，粒子周围液体的微小扰动并不会影响粒子的流速，也不影响液体的流速。然而在浓分散体系中，这种扰动就不能忽略了，另外除了这种流体力学上的作用外，粒子的相互碰撞以及形成粒子对，所有这些因素都会改变流体流动状态并消耗能量，从而使黏度提高。浓度的提高和粒子形状的非球形同样消耗能量，故较稀体系的黏度要高，亦即 $\alpha>2.5$。

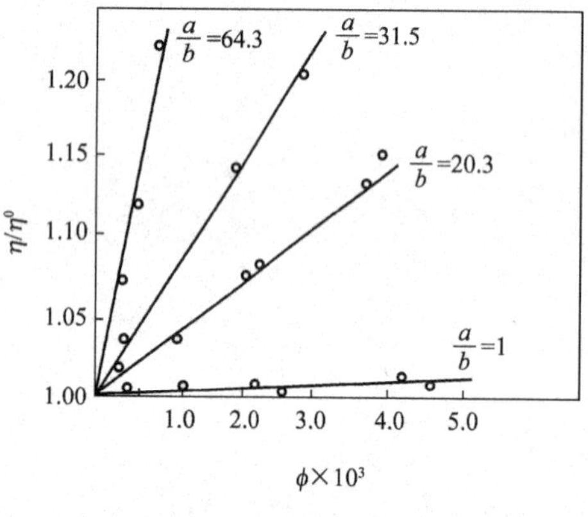

图 9－5 三种不同轴比(a/b)的烟草斑纹病毒的 η_r—ϕ 关系图

2. 分散相粒子的形状 分散相为非球形粒子的体系黏度 η_R 要大于球形粒子分散相的体系的黏度 η_R。这是因为胶体粒子在介质中处于不断旋转和布朗运动之中。非球形粒子的旋转使其表观体积为比原粒子体积更大的旋转半径的球形体积，从而 ϕ 值增加，进而黏度增加。若用两个参数 a 与 b 描述粒子形状(见第一章第三节)，图 9－5 给出三种不同轴比的烟草斑纹病毒与 Einstein 球形粒子的对比黏度 η_r 与 ϕ 的关系曲线，其中 $a/b=1$ 是理论曲线，其他为实验曲线。比较实验数据曲线与理论曲线可知：

(1)轴比越大，则偏差越大。

(2)分散相浓度越大，则偏差也越大。

(3)即使 ϕ 很小(除非 $\phi=0$，纯溶剂时)，偏差依然存在。这样的结论恰恰表明 Einstein 黏度公式是球形分散相分散体系的极限公式。

3. 分散相粒子的溶剂化 Einstein 黏度公式中的 ϕ 是干粒子体积分数。粒子的溶剂化使每个粒子的表观体积增大，从而使分散相体积增大，ϕ 值也加大，因此必须修正 Einstein 黏度公式中的 ϕ 值。如果以 ϕ_1 表示溶剂化后的分散相体积分数，则有：

对憎液溶胶：
$$\phi_1=\left(1+\frac{3\Delta R}{R}\right)\phi \tag{9-19}$$

对亲液溶胶：
$$\phi_1=\left(1+\frac{m_{1b}\rho_2}{m_2\rho_1}\right)\phi \tag{9-20}$$

式(9－19)中 ΔR 为溶胶化层厚度，R 为干粒子半径；式(9－20)中 m_{1b} 为溶剂化作用消耗溶剂的质量，m_2 为分散相的质量，ρ 为密度，1 和 2 分别代表介质和分散相。

4. 带电分散相粒子间相互作用 如果分散相粒子是带电的，会产生如下几种效应：

(1)带电粒子附近存在双电层使粒子的有效体积增大。

(2)带相同电荷的粒子在布朗运动作用下靠近到双电层相互搭接时的静电排斥作用。

(3)在电场的作用下，带电粒子连同紧密层和部分扩散层(电动单位)与离子氛向相反方向运动而产生的松弛作用。

(4)对于带电聚合物即聚合电解质，大分子链段互相排斥使大分子更加伸展，而且带电越多，伸展的程度越大(图 9－6)。

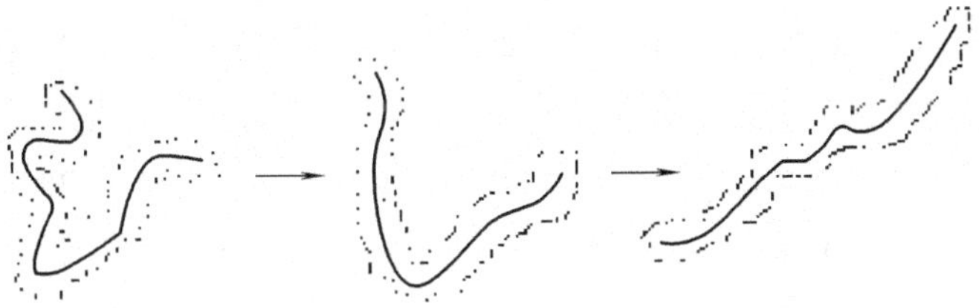

图 9－6 随带电量和水化程度的加大线性大分子在溶液中伸展程度增大

这些都使存在带电粒子的体系黏度大于不带电粒子体系黏度，这种因为粒子带电引起的黏度变化的现象称为电黏效应。Smoluckowski 研究了电黏效应并给出增比黏度公式：

$$\eta_{sp}=2.5\phi\left[1+\frac{1}{\eta^0\lambda r^2}\left(\frac{\varepsilon\xi}{2\pi}\right)^2\right] \tag{9-21}$$

式中，λ 为电导率，ε 为介电常数，r 为粒子半径，ξ 为动电电位。

5. 分散体系的多分散性 Einstein 黏度公式导自低浓度的单分散球形粒子的分散体系，对于多分散体系，不同粒径的粒子会使分散体系的黏度与 Einstein 黏度发生极大偏差，如图 9－7 所示，图中直线对应单分散体系，曲线对应多分散体系。为了求出多分散体系的黏度公式，可以做这样的数学处理：按照粒径大小将分散相分成若干级分，每个级分的体积分数 $\phi_i \leqslant 10\%$。由于 Einstein 黏度公式没有与粒度有关的参数，因此对每个级分的粒子而言依然遵从 Einstein 黏度公式。若将 $d\phi_i$ 的 i 组分加到体系中去，它使体系黏度的变化量可由 Einstein 黏度公式微分得到：

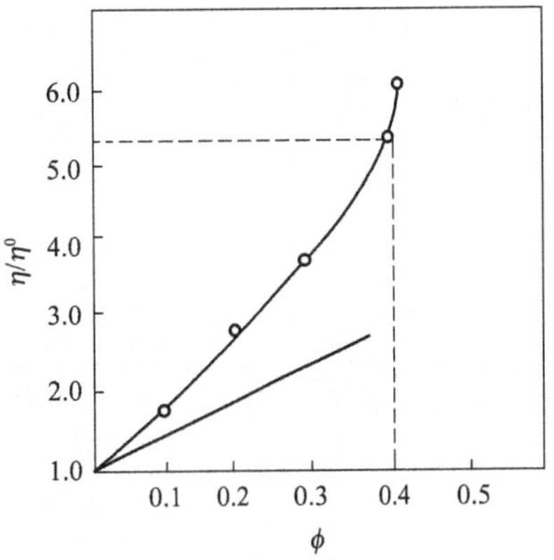

图 9－7 多分散性对黏度的影响

$$d\eta=2.5\eta d\phi_i$$

式中，η 是 $d\phi_i$ 的 i 组分加入后体系的黏度。任一级分的

体积分数 ϕ_i 与分散相的总体积分数 ϕ 的关系为：

$$d\phi_i=\frac{d\phi_i}{1-\phi}$$

则有：

$$d\eta=\frac{2.5\eta d\phi_i}{1-\phi}$$

将此式积分，积分限为：$\phi=0$ 时，$\eta=\eta^0$，积分结果为：

$$\eta=\eta^0(1-\phi)^{-2.5} \tag{9-22}$$

这就是多分散性对 Einstein 黏度公式的修正式。显然，当 ϕ 很小时，对上式右方按级数展开即可还原为 Einstein 黏度公式。

三、大分子溶液的黏度

1. 大分子伸展程度与溶液黏度的关系　长链大分子具有很大的柔韧性，在溶液中按照其伸展情况可采取多种构型方式。长链大分子在水溶液中的伸展程度取决于其水化程度和带电量，水化程度又决定于溶液中所含离子争夺水化分子的能力、带电量和溶液的 pH 值。带电量越多，水化程度越高，则大分子越伸展，卷曲的可能性越小；相反带电量越少，水化程度越低，则其伸展情况越差，卷曲的可能性越大（图 9－6）。这是因为大分子带电使大分子因链段间静电排斥而伸展，水化作用使大分子不能自由卷曲。大分子的伸展情况有两个极端：一个极端是大分子完全伸展开来，此时溶剂可以自由冲刷大分子的每个链节，称为自由伸展型大分子；另一个极端是大分子卷缩成一团，其间包裹了一些溶剂，这样的构型称为非伸展型大分子。大分子的其他构型处于这两个极端之间。如果能够求出这两个极端情况下溶液的黏度，也就找出了任意构型大分子溶液的黏度范围。总的来讲，大分子伸展程度越高，大分子有效体积越大；大分子伸展程度越高，在溶液中因其自由旋转也使其有效体积增大越多，因此溶液的黏度越大。

表 9－2　聚苯乙烯在不同溶剂和温度下的增比黏度

溶　剂	增比黏度	
	25℃	60℃
甲苯	0.370	0.350
甲苯＋10%甲醇	0.320	0.317
甲苯＋20%甲醇	0.160	0.185
甲苯＋10%戊醇	0.336	0.340
甲苯＋33%戊醇	0.170	0.210

大分子在溶剂中的伸展程度与溶剂本性有极大关系，一般而言，大分子在良溶剂中能够充分分散，分子能充分伸展，溶剂化程度较大，这些因素均使大分子有效体积增加，进而黏度增大；相反在不良溶剂中大分子难以分散，分子呈卷曲团状，溶剂化程度很低，因而大分子有效体积较小，黏度降低。表 9－2 给出的聚苯乙烯在良溶剂甲苯和不良溶剂有机醇中的增比黏度充分证明了上述论述。

值得注意的是，温度对溶液黏度也有影响，而且溶剂不同温度效应也不同：对于良溶剂（甲苯），温度升高，溶液黏度下降；对于不良溶剂（有机醇），温度升高，溶液黏度增大。温度对不同溶剂的不同作用是因为温度效应会造成两种截然相反的结果：

（1）温度升高会使分子热运动和分散相的布朗运动加剧，从而使分子间引力以及分子的伸展程度降低，结果是溶液黏度减小。

(2)温度升高会增加聚合物溶解度,分散相数目增多,结果是溶液黏度增加。

这两种温度效应在任何溶解中都存在,只不过对良溶剂前者起主导作用,对不良溶剂后者起决定性作用。

2. Mark-Houwink 公式 黏度实验表明,大分子溶液的黏度不仅与大分子的相对分子质量有关,还与大分子在溶液中的形态有关。马克(Mark)和豪温(Houwink)给出大分子黏度的经验公式:

$$[\eta]=kM^a \tag{9-23}$$

即特性黏度与大分子的相对分子质量成正比。式中 k 和 a 均为经验常数:k 值对于指定溶剂中的聚合物的同系物为常数;a 值与大分子在溶液中的形态有关,若大分子为自由伸展型则 $a=1$,若大分子为非自由伸展型则 $a=0.5$,即 $0.5\leqslant a\leqslant 1$。对式(9-23)取对数得:

$$\lg[\eta]=\lg k+a\lg M \tag{9-23a}$$

如果测出已知浓度和相对分子质量的大分子溶液黏度 η 和纯溶剂黏度 η^0,作 $\lg[\eta]$—$\lg M$ 图,直线的截距为 $\lg k$,斜率等于 a,从而求出如表 9-3 列出的一些大分子溶液的 k 和 a 值。这也是 Mark-Houwink 公式的应用之一。不过,Mark-Houwink 公式更广泛地应用于求大分子的相对分子质量,即测定溶液的黏度,再通过公式计算出大分子的相对分子质量。这种通过测黏度求相对分子质量的方法既操作简便,测量结果又十分准确。

表 9-3 一些聚合物溶液的 k 和 a 值(25℃)

聚合物	溶 剂	$k\times10^5$ (m^3/kg)	a
醋酸纤维素	丙酮	1.49	0.82
聚苯乙烯	甲苯	3.7	0.62
聚氯乙烯	环己酮	0.11	1
天然橡胶	甲苯	5.02	0.67
聚异丁烯	苯	10.7	0.5
纤维素	铜氨溶液	0.85	0.81

第三节 浓分散体系的流变性质

按照分散相浓度大小,将分散体系分成两类:

(1)自由型分散体系。在此体系中分散相的浓度很低,粒子间作用力极小,粒子会随介质一起运动,因此体系的流变性质大体遵循介质的规律,只是稀分散体系的黏度高于纯溶剂的黏度,这已经在上一节做过讨论。

(2)结合型分散体系。它们是分散相浓度很大的体系,是日常生活和工农业生产中更广泛存在的体系。由于粒子(特别是那些某一维尺寸很大的粒子)间分子间力的作用,而形成三维连续性的结构,这种结构限制了粒子的运动,使其状如晶体那样。当然粒子间力远小于化学键力,所以在外力甚至很小的外力作用下，这种结构被破坏，粒子重新获得流动的能力。因此，浓分散体系展示出特殊的流变性质。

一、浓分散体系中的结构

这样的结构分为两类，即絮凝结构和浓缩—结晶结构。

1. 絮凝结构 因一些粒子的双电层被破坏以及去溶剂化等原因而失去稳定性，在粒子的热运动中，这些粒子便有机会交联而形成三维网络，网络中含有介质(图 9－8)，这种现象称为胶凝(gelation)作用。随着分散体系的稳定性降低，粒子接触更紧密并将介质挤出网络，最后形成絮凝体。因此可以这样说，絮凝结构是浓分散体系部分失去稳定性的产物。如果分散相粒子一维尺寸过大比如棒状、长椭球状和板状，在失去稳定性的稀分散体系中也有可能形成絮凝结构。

在絮凝结构中，有两个重要现象会发生，那就是触变现象(thixotropy)和脱水收缩现象(syneresis)。有关触变现象将在后面作专题讨论，这里仅介绍脱水收缩现象。具有絮凝结构的浓分散体系，特别是大分子溶液，在没有搅动的静置过程中由于粒子的热运动使结构中粒子接触点数逐渐增加，介质被不断挤出结构体，而结构体的形状却基本维持不变，这就是脱水收缩现象，如图 9－9 所示。这是一个接触点数不断增加的不可逆过程。当将浓缩的凝胶用低温真空干燥后，会得到具有极强吸收溶剂能力的干凝胶。凝胶吸收溶剂的过程称为溶胀(swelling)现象，它是脱水收缩的反过程。大分子凝胶的溶胀能力远大于憎液溶胶粒子所形成的凝胶的溶胀能力。

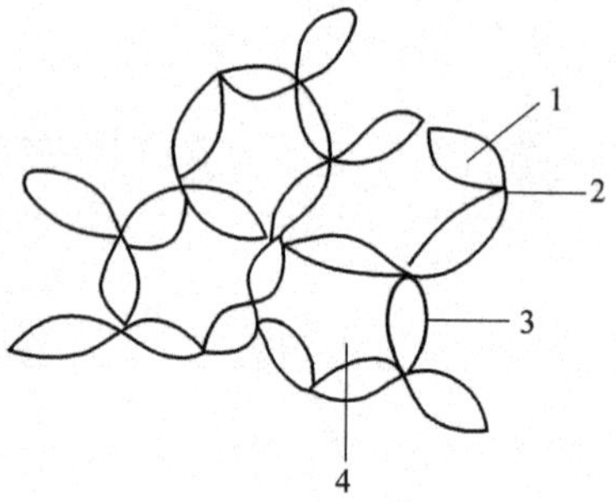

图 9－8 絮凝结构示意图

1—分散相粒子 2—失去稳定性的表面区域

3—仍保持稳定的表面 4—充满介质的“晶胞”

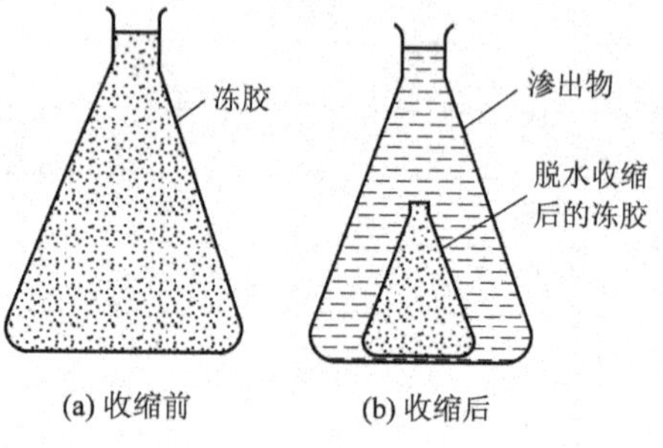

图 9－9 絮凝结构的脱水收缩现象

絮凝结构是不稳定的，强烈搅拌时，在切向力的作用下结构被破坏；然而，一旦搅拌停止，结构又会形成。

2. 浓缩—结晶结构 这是粒子靠化学键力而结合的结构，比如硅胶的制备和浓缩过程形成—Si—O—交联的网络结构，再如以水泥、石膏和石灰为基础的建筑材料固化过程形成的结晶结构。浓缩—结晶结构是不可逆的，不可能再返回到初始的浓分散体系，也不具有触变性、塑性和弹性。

关于结构问题最后还需强调两点：一是体系中结构的生成和破坏会对体系的黏度产生极大影响，故有时称体系黏度为结构黏度；二是所测体系的黏度值会因剪切力的不同而不同，如用同心转筒黏度计测量黏度时外筒的旋转速度决定了剪切应力的大小，因此在比较不同浓分散体系的黏度时必须用相同的剪切速率，所测黏度称为表观黏度（apparent viscosity）。

二、各种流型

在本章第一节曾经讲到，按照分散体系的黏度是否与切变速度有关而分成为 Newton 流体和非 Newton 流体。图 9－10 所示的 τ—D 曲线（流变曲线）给出不同流变性质的几种流型。

1. Newton 流体 图 9－10 中的曲线 a 是 Newton 型流体，其重要特征是 τ/D，即黏度为常数。流变曲线是一条过坐标原点的直线，τ/D 即是直线的斜率，它是不随切变速度 D 而变化的常数。纯溶剂、低分子溶液和稀分散体系多属这种类型的流体。

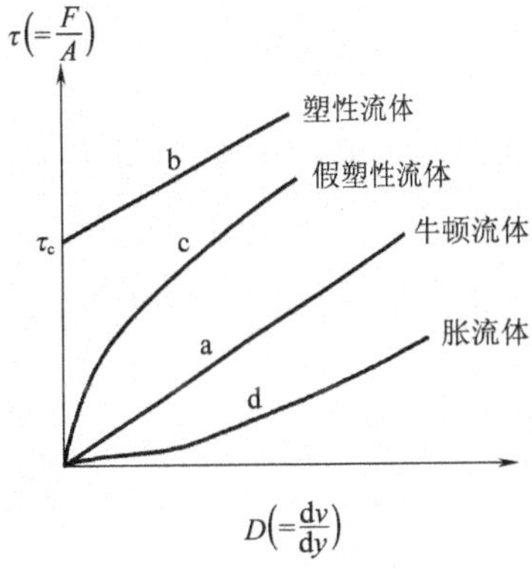

图 9－10 流变曲线

2. 塑性流体 分散相已形成结构的浓分散体系，在受到剪切应力时，有不同的表现：像泥浆这样的悬浮体，特别是分散相一维尺寸过大（如棒状和椭球形粒子），剪切力使它们的长轴按流动方向定向，网络结构迅速破坏；还有一种，只有剪切应力超过某一临界数值时体系才流动，低于这个临界值体系表现出弹性行为，这样的流体称为塑性流体（plastic）。牙膏就是一个典型的塑性流体，当挤压力较小时，不足以破坏网络结构，牙膏仅仅凸出出口，一旦挤压力去除，牙膏就会缩回。只有当剪切应力 τ 大于临界应力 τ_c 时，牙膏方能挤出。塑性流体可以用 Bingham 方程取代 Newton 方程来描述其流变行为：

$$\tau-\tau_c=\eta'\left(\frac{dv}{dy}\right)=\eta' D \qquad (9-24)$$

式中，η' 为塑性黏度，τ_c 是与分散体系有关的量。图 9－10 中曲线 b 就是塑性流体的流变曲线，它是一条截距为 τ_c 的直线，也就是说当 $\tau \geqslant \tau_c$ 时，体系的黏度不再随速度梯度变化，表观黏度为恒定值，故 τ_c 为临界切应力或屈伏值。

3. 假塑性流体 图 9－10 中曲线 c 是假塑性流体（pseudoplastic）的流变曲线，其特点是表观黏度，即曲线的斜率随速度梯度的增加反而降低，故曲线向下弯。大多数大分子溶液和乳状液均属这类流体。大分子多属不对称分子，在速度梯度作用下，大分子会采取使流动阻力更小的定位方式（即长轴方向与流动方向一致）；此外，大分子的溶剂化层也发生变形使之有利于流动。这两方面因素均随速度梯度的增加而变得更有效，所以流体黏度降低，这个现象称之为剪切稀化（shear－thinning）。当速度梯度增加到一定程度后，这两种定位方式均已完成，其后流体的黏度不再随速度梯度的增加而变化，这时流变曲线变为直线，如图 9－11 所示。也就是说在 D 很小和很大时，流变曲线为斜率不同的两条直线，即 Newton 型流体；D 值处于中间时，曲线才向下弯。因此假塑性流体的 τ 与 D 的关系可表达为：

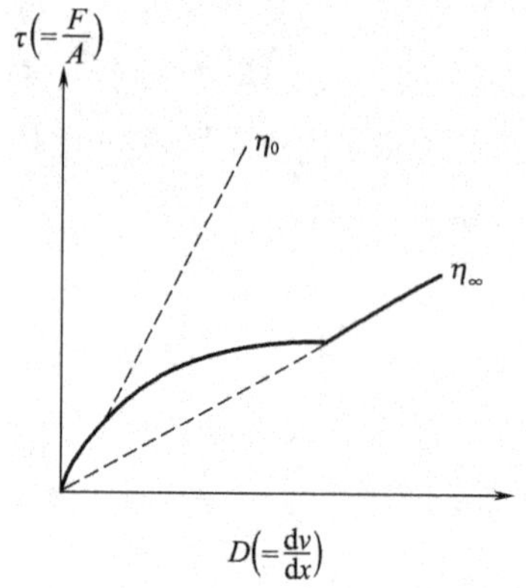

图 9－11 假塑性流体完整的流变曲线

$$\tau = kD^n \tag{9-25}$$

和

$$\frac{\tau}{D} = \eta_a = kD^{n-1} \tag{9-25a}$$

式中，k 是与分散体系有关的经验常数，它的大小标志体系表观黏度 η_a 的大小，故为体系稠度的量度。经验常数 n 不但与体系有关，而且与 D 值有关。当 D 值很大和很小时，$n=1$，流体表现出 Newton 型流体的特征，即 η_a 为定值；其他 D 值，即 $0<n<1$ 时，流体为非 Newton 型流体，而且 n 与 1 的差值越大则其非 Newton 型流体行为越强。由于 $n-1<0$，故 η_a 随 D 值增加而按负指数降低，这正符合假塑性流体的特征。

4. 胀流体 胀流体(dilatent)的特征是体系的表观黏度随切变速度 D 的增加而增大，亦即搅动得越快，体系显得越黏稠，这种现象称为剪切稠化(shear－thicking)。图 9－10 中的曲线 d 是胀流体的流变曲线，与假塑性流体相反，d 是向上弯的曲线。τ 与 D 的关系为：

$$\tau = k'D^n$$

及

$$\eta_a = kD^{n-1}$$

式中，经验常数 k 与 n 与体系有关，且 $n>1$，即表观黏度 η_a 随 D 值增加而按指数增大。形成胀流体必须满足两个必要条件：

(1)分散体系的浓度必须适当。若浓度太大，则分散相在体系中已经形成网络结构，在速度梯度的作用下结构被破坏，表观黏度 η_a 反而降低，这是假塑性流体的表现；若浓度太低，粒子相距太远即使搅动也不足以形成结构，对流体黏度没有影响，这是 Newton 型流体的特征。因此形成胀流体的分散体系的浓度需在一定范围之内，比如淀粉在水中的分散体系形成胀流体的浓度在 40％～50％。

(2)未搅动前流体中的粒子必须是孤立存在的不发生絮凝，也就不存在任何结构，此时体系的黏度最低。当搅动时，由于粒子发生碰撞的概率增加，粒子的相互接触便形成结构，体系的黏度随速度梯度的增大而增加。这一过程示于图9－12中。

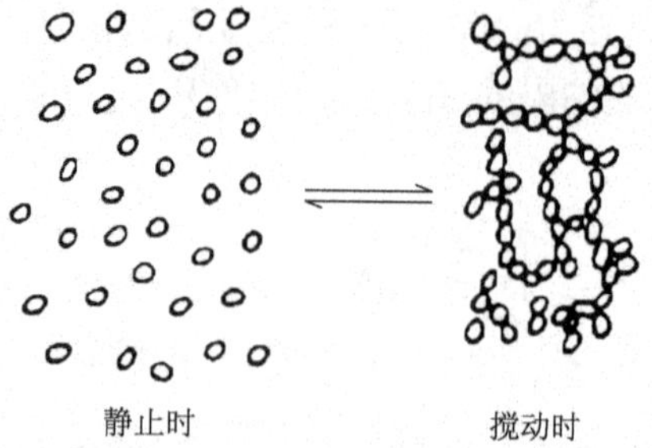

图 9－12 胀流体内的结构形成过程

三、触变性

在恒温条件下，若对具有絮凝结构的浓分散体系施加机械作用(比如搅拌)，这种结构被破坏，尤其是棒状、片状和长椭球形这一类粒子会按照液体流动的方向定向，体系的表观黏度迅速降低；一旦外力取消，由于粒子的布朗运动，粒子成功地碰撞，一段时间之后，结构重新形成，体系的黏度再度增加。这种现象就是流体的触变性(thixotropy)，而且随着外力的再次施加和撤除，触变性会反复出现。与前面介绍的流体的各种流变性质不同的是，触变性质不但与体系(包括分散相和介质)的本性以及切变速率有关,而且还是时间的函数。

决定分散体系的触变性的主要因素有:

(1)分散体系中必须有分散相粒子形成的结构,因此凡是对结构的形成起作用的因素皆影响触变性。这些因素包括:

①分散相粒子的浓度必须很高,以致粒子的碰撞频率很大,方有形成结构的可能。

②电解质的浓度。电解质的加入(但其浓度尚未达到完全絮凝沉降的地步)会压缩粒子周围双电层的扩散层,降低粒子的 ζ 电位,有助于粒子的靠近而形成结构。

③温度。温度上升会加剧粒子的布朗运动,从而使粒子易于碰撞并形成结构。

(2)分散相粒子的不对称性是影响分散体系触变性的另一重要因素。诸如棒状、长椭球形和片状粒子不但易于形成结构,而且结构破坏后当撤去外力,粒子重新形成结构的时间比其他形状的粒子要短得多。

分散体系的触变性可以用旋转黏度计测定体系黏度所出现的滞后环的面积来表示。先是不断增加转筒转数(即增大切应力 τ),测定扭动角 θ(相当于切变速度 D),测定切变速度增加时的流变曲线,如图 9－13 所示。曲线的起点 A 处的 τ 值不等于零,因为破坏体系中的结构切应力必须等于或超过一定的极限值,这一点类似塑性流体。与塑性流体不同的是,随切变速度的增大,体系的表观黏度不是恒定值而是下降(见 ABC 线),这一特性又似假塑性流体。然后再使切变速度逐渐减小,由于在这段时间内结构尚未恢复,故流体表现为塑性流体,因此 CA 线为直线。环线 $ABCA$ 就是时间滞后环。还有一种方法,就是维持 C 点的切变速度 D 不变,这时切应力由 C 降至平衡值 E,然后再测定 EA 线,于是形成 $ABCEA$ 时间滞后环线。显然,体系具有高的触变性,即恢复结构的时间越长,则滞后环线的面积越大,也就是说环线的面积大小是体系触变性的量度。

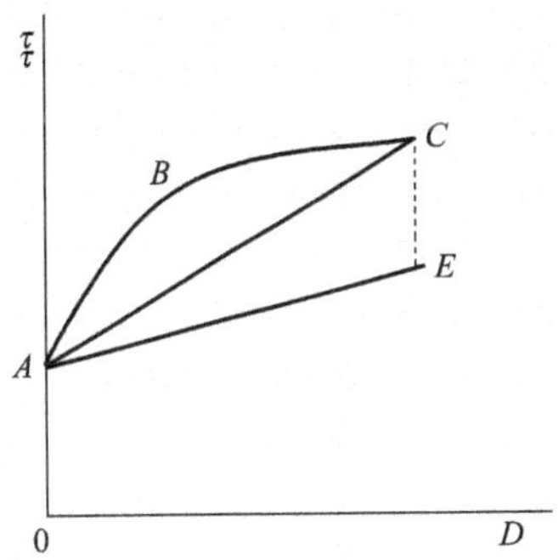

图 9－13　触变滞后环

触变性在自然界的浓分散体系中广泛存在。如沼泽地,人或动物误入其中越是挣扎,泥浆的表观黏度越低,误入者下沉的速度越快,直至遇难者完全沉入泥潭,泥浆中的结构在一段时间后又重新恢复。人们在认识并掌握流体的触变性后,不但可以避免或减少无谓的生命和财产的损失,而且还可以用来为工农业生产服务。

衡量油漆质量的重要标准之一就是黏度和黏度的时间变化率,即所谓的流平性。油漆是诸如 TiO_2、$\alpha-Fe_2O_3$、$\beta-FeOOH$ 等矿物颜料分散在油性介质中的浓分散体系,黏度很大。在刷动时,分散相粒子间的结构被破坏,体系黏度迅速下降,易于刷动;静置时,在结构重新形成的时间内,刷痕自动消失,这就是流平性。体系的触变性决定了其流平性:若结构恢复过快,或体系的黏度增加太快,必留下刷痕;相反,若结构恢复时间过长,较低黏度的油漆会垂直流下。显然触变性是指表观黏度的时间变化率 $d\eta_a/dt$,而非黏度本身。不过,黏度也是油漆质量的重要参数,它的大小与油漆的刷动和垂直下流也有关系。向油漆中加入聚酰胺等特殊添加剂的目的就是为了提高油漆的流平性。

开采石油的钻井泥浆是塑性流体，并表现出触变性。在钻井过程中，泥浆中片状粒子所形成的结构被高速旋转钻头的剪切应力破坏，此时分散体系表现出的是具有较低表观黏度值的流体，保证钻头的旋转。当停钻时，泥浆中的结构重新恢复。因此，这种结构在大于切应力 τ_c 的作用下，既保证岩削不能下沉而卡钻，停钻时又能防止井喷事故的发生。实验发现泥浆中片状粒子狭窄边部带正电而片部带负电，粒子间的静电作用使网络结构强度比单纯靠分子间力所形成的网络强度更大。

复习指导

1. 流变学是研究体系(包括固体、液体和分散体系)在外力作用下发生形变规律的科学。流变学研究基础是切应力 τ 和切变速度 D 的各种关系式，两者不同的关系决定了体系的流型。两者的比值或者说是 τ—D 曲线的斜率是体系的黏度(或表观黏度)，因此流变学的核心内容是研究各种流型和结构与黏度的关系。黏度是流体，特别是流体流变学行为的重要状态参数。Newton 黏度公式是最简单的理想公式，其中最重要的理想条件就是分散相为均匀刚性小球和分散相的体积分数 ϕ 极低。在真实分散体系中，诸如分散相本性(憎液和亲液)、浓度、大小、形状、带电情况和溶剂化以及温度等都使得 Newton 黏度公式产生偏差。

2. 分散相是聚合物的分散体系的黏度和其影响因素与憎液溶胶有很大的不同。聚合物溶液的黏度可以用 Mark－Houwink 公式 $[\eta]=kM^a$ 来描述，从公式可以看到影响黏度的主要是相对分子质量 M 和常数 a 即大分子在溶液中的伸展状况。决定大分子在溶液中的伸展状况的主要因素是大分子的溶胶化、溶剂本性(良溶剂和不良溶剂)和温度等。

3. 浓分散体系中分散相因分子间力或静电力缩形成的三维网络结构对体系的表观黏度有决定性的影响。三维网络结构的性状决定了流体的流型，具体体现在 τ—D 曲线上或者说是 τ 随 D 的变化规律上。研究 τ 和 D 的关系，即 τ—D 曲线，即可判定流体的流型。触变性是研究在三维网络结构被破坏和外力作用消失后，三维网络结构恢复时间的现象。研究和改变浓分散体系的触变行为对于工农业生产有着重要意义。

思考题

1. 溶剂的黏度为 0.0300Pa·s，当溶液浓度为 0.01(体积分数)时，黏度为 0.0301 Pa·s，而后浓度增加一倍时，黏度为 0.0302Pa·s。求该体系的特性黏度。(答：0.305)

2. 用锥板黏度计测得石英和聚苯乙烯在邻苯二甲酸二辛酯中体积分数为 0.35 时的切变速度 D 与应力 F 的关系为：

石英	$F\times10^2$(N/m)	2.2	1.4	1.0	0.50	0.25
	D(s^{-1})	500	325	235	125	60
聚苯乙烯	$F\times10^2$(N/m)	1.6	0.80	0.50	0.25	—
	D(s^{-1})	500	235	160	100	—

①使用这些数据作 D—F 图，并确定何者为牛顿流体，何者为非牛顿流体；②求出牛顿流体的黏度和流度。[答：①石英体系为牛顿流体，聚苯乙烯体系为非牛顿流体；② $\eta=0.44\times10^{-4}$ Pa·s，$A=2.27\times10^{4}(\text{Pa}\cdot\text{s})^{-1}$]

3. 具有不同直径的均匀球粒聚苯乙烯在苯甲基醇中的增比黏度与体积分数的关系为：

$d_1=0.382\times10^{-6}$m	ϕ	0.013	0.03	0.059	0.075
	η_{sp}	0.036	0.086	0.178	0.233
$d_2=0.433\times10^{-6}$m	ϕ	0.02	0.04	0.08	—
	η_{sp}	0.056	0.116	0.251	—

计算两种微小球粒的特性黏度并与 Einstein 公式比较。(答：d_1 球为 2.691，d_2 球为 2.635)

4. 测得聚甲基丙烯酸甲酯在甲苯溶液中的相对黏度与体积分数的关系为：

ϕ	0.050	0.035	0.028	0.014	0.010
η/η^0	2.15	1.61	1.41	1.18	1.12

试计算这些球形粒子的特性黏度。(答：0.933)

5. 在 25℃时用奥氏（毛细管）黏度计测得聚苯乙烯的甲苯溶液的流出时间与浓度的关系为：

浓度(kg/m)	0	4.0	8.0	12.0
流出时间(s)	31.7	38.3	45.0	51.9

①若溶液的密度恒定，求聚苯乙烯样品的相对分子质量，已知 $k=3.7\times10^{-5}\,\text{m}^3/\text{kg}$，$a=0.62$；②比较同一样品分别用黏度、渗透压和光散射数据测得相对分子质量的大小。(答：1.173×10^5)

6. 不同相对分子质量的硝化纤维级分溶在丙酮里，25℃时测知其特性黏度数据如下：

$M\times10^3$	77	89	273	360	400	640	846	1550	2551	2640
$[\eta]$(dL/g)	1.23	1.45	3.54	5.50	6.50	10.6	14.9	30.3	31.0	36.3

试用这些数据求 Staudinger 公式中的常数 k 和 a。(答：$k=3.63\times10^{-3}\,\text{m}^3/\text{kg}$，$a=0.95$)

7. 测得硝化纤维丙酮溶液的相对黏度并外延至零切速得到：

η/η^0	1.45	1.53	1.67	1.89	2.30	3.41
C(g/dL)	0.0151	0.0176	0.0212	0.0264	0.0352	0.0528

试用这些数据求出聚合物的特性黏度，并用第 6 题求出的 k 和 a 值计算其相对分子量。(答：$[\eta]=22.8$，$M=0.995\times10^4$)

8. 设半径为 20nm 且能溶剂化的粒子在体积分数为 0.25 的胶体分散体系中，测得黏度为

50.5×10^{-4} Pa·s；若在同一溶剂中不发生溶剂化的粒子组成同一体积分数的溶胶测知黏度为 36.7×10^{-4} Pa·s，问球形粒子的溶剂化层厚度为多少？设溶剂化只发生在粒子表面。（答：6.52nm）

第十章 乳状液与泡沫及其他分散体系

前九章讲述的是胶体与表面化学的原理、理论和实验方法，本章介绍在日常生活中和工农业生产中常见的乳状液、泡沫和其他实用的分散体系并应用所掌握的理论知识分析这些分散体系的性质和行为。

第一节 乳状液类型及鉴别方法

一、乳状液及类型

乳状液是一种液体分散于另一种不相混溶的液体的粗分散体系。在这两种不互溶液体中，一种液体通常是极性液体水或水溶液，称为水相，记作 W(water)；另一不互溶液体通常为非极性或弱极性的有机溶液，称为油相，记作 O(oil)。如果把连续的分散介质称为外相，而把不连续的分散相称为内相，则乳状液可分为两类：

(1)若内相是油外相是水，称为水包油型乳状液(oil in water emulsion)，记作 O/W。例如牛奶、豆浆、橡胶原液等均为 O/W 型乳状液。

(2)若内相是水外相是油，则为油包水型乳状液(water in oil emulsion)，记作为 W/O。例如原油、金属加工冷却液等。

还有一类是液态金属如 Hg、Ga 分散于 W 中或 O 中的分散体系，按定义也属乳状液，只是研究较少，应用范围也不广泛。

将两种不互溶液体混合并加以强烈搅拌、机械振动或是超声波振动，可以形成乳状液，而且是多分散的极不稳定的体系。静置以后，在布朗运动和重力场作用下，分散相会逐渐聚结，最终重新形成油和水两层。因为水和油被分散的结果使油水界面面积极大增加，从而在极高表面能的驱动下通过分散相的碰撞聚结而降低能量；另外由于界面强度很弱，也不具有阻止这种分散相互聚结的足够的机械强度。如果往体系中加入易在油水界面吸附并定向排列的物质，比如表面活性剂分子，则因吸附作用不但降低了表面能，又因形成致密的界面吸附层，增大了界面机械结构强度，则会极大地增加这种乳状液的稳定性和其形成的容易程度，我们把这种表面活性剂称为乳化剂(emulsifer)。

二、影响乳状液类型的因素[70,71]

按通常形成溶液的惯例，似乎体积量大的液体应成为外相或连续相，一般来说这种观点是成立的，但在乳状液的形成中，却不一定如此，比如，在实验室中就制备出油的体积占99%的O/W型乳状液。所以不能用以往的观点即量的观点来决定生成乳状液的类型，因为乳状液是复杂的多分散体系，影响因素很多。归纳起来这些因素包括如下几方面：

(一)相体积

在乳状液的讨论中，一个重要变量就是分散相的体积分数ϕ，其定义是：

$$\phi=\frac{\text{内相总体积}}{\text{乳状液体积}}\times 100\% \tag{10-1}$$

理论计算最大ϕ的方法是将分散相视为大小均匀的硬球，当其最紧密堆集时分散相的最大体积分数$\phi_{max}=74.02\%$，介质为25.98%。若内相体积分数$\phi>74.02\%$，则乳状液便被破坏或变型。一般规律是：

水相体积分数$\phi>74.02\%$，形成水为外相的O/W型乳状液；

水相体积分数$\phi<25.98\%$，形成水为内相的W/O型乳状液；

水相体积分数$25.98\%<\phi<74.02\%$，形成O/W型或W/O型乳状液。

上述规律是由理论模型，即均匀硬球的内相紧密堆集计算出的[图10-1(a)]，但$\phi>74.02\%$的浓乳状液的分散相液滴大小通常是不均匀的[图10-1(b)]，甚至不一定是球形的[图10-1(c)]，因此这个规律并非万能，比如前面提及的油相为苯，水相为水，乳化剂为1%油酸钠的水相只占1%的O/W型乳状液就是一个例外。

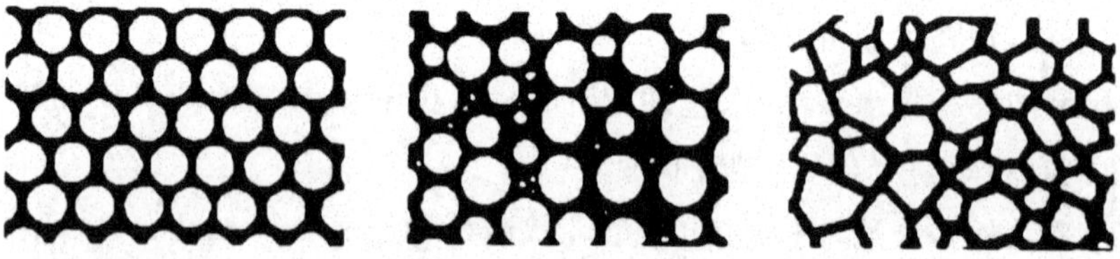

(a) 均匀球形　(b) 非均匀球形　(c) 非球形

图10-1　不同内相的乳状液

(二)乳化剂的分子形态

“定向楔”理论认为乳化剂分子在油水界面的定向排列就如大头朝向外相，而小头朝内相的“楔子”一样，这样才能加大界面强度。由于一价金属皂的极性头大于非极性尾，故形成O/W型乳状液，如图10-2(a)所示；相反，二价金属皂，如镁皂，非极性尾(双尾)大于极性头，故形成W/O型乳状液，如图10-2(b)所示。将二价金属钙皂甚至$CaCl_2$加入到由一价钠皂稳定的O/W型乳状液中，在强烈搅拌的情况下乳状液会发生转型，成为W/O型乳状液，也是定向模型理论的例证。

然而，定向楔理论作为一种假说尚存在不足之处，其中之一就是一价金属皂的极性头并不一定比非极性尾粗大，因此有许多例外情况。比如一价银皂就能形成W/O型乳状液，而非按定向楔理论预见的O/W型乳状液。

Bancroft和Clowes认为乳化剂分子在油水界面的定向吸附形成具有一定厚度的膜。这张

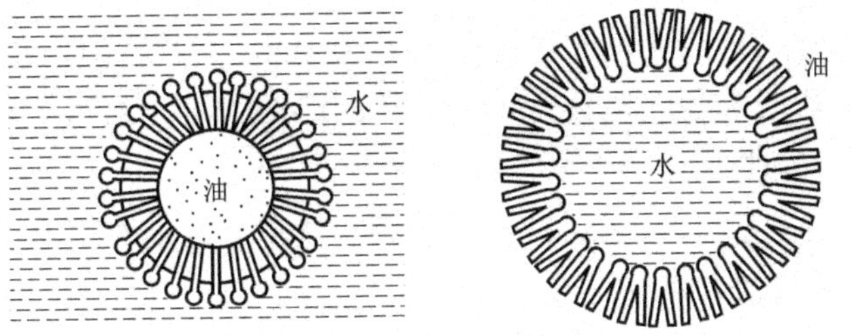

(a) 一价皂形成的O/W型乳状液　(b) 二价皂形成的W/O型乳状液

图 10－2　O/W 型及 W/O 型乳状液

膜(F)的两边分别是油和水，相应的界面张力为 γ_{FO} 和 γ_{FW}。由于界面张力是一种紧缩力，因此这两个界面张力的大小就决定了界面膜的卷曲方向，即形成何种类型的乳状液。据此，若 $\gamma_{FO}>\gamma_{FW}$ 则形成油为内相的 O/W 型乳状液；反之，若 $\gamma_{FO}<\gamma_{FW}$，则水相被卷进内相形成 W/O 型乳状液。对于一价金属皂，其水溶性大于油溶性，它在界面吸附后使 $\gamma_{FW}<\gamma_{FO}$，故形成 O/W 型乳状液；相反高价金属皂，油溶性大于水溶性，它在界面吸附后使 $\gamma_{FO}<\gamma_{FW}$，故形成 W/O 型乳状液。这一理论与定向楔模型的结论是一致的，只是从不同的角度分析同一问题，而且界面张力理论似乎比定向楔理论更接近实际一些。

(三)温度

温度对表面活性剂，特别是含聚氧乙烯基的非离子型表面活性剂的亲水性影响很大。温度上升会降低亲水基的水化度，从而降低分子的亲水性。因此低温形成的 O/W 型乳状液，升温后，可能转变为 W/O 型乳状液。此转型温度为表面活性剂亲水亲油性质达适当平衡的温度，称为相转变温度（phase inversion temperature），记作 PIT。实验表明 PIT 与乳化剂的浓度有关，对离子型表面活性剂是乳化剂浓度增加，PIT 增加。图 10－3 示出苯和水形成的乳状液的 PIT 随乳化剂硬脂酸钠和软脂酸钠的浓度变化的情况，曲线的右下方为 W/O 型乳状液区，左上方为 O/W 型乳状液区。曲线特点是在乳化剂低浓度范围内，PIT 对乳化剂浓度变化十分敏感，或者说曲线斜率很大；但在乳化剂高浓度范围内，PIT 几乎不随乳化剂的浓度变化而变化，这是因为此时 PIT 已接近表面活性剂的 Krafft 温度，表面活性剂的溶解度大增，加入的乳化剂浓度大于 CMC，胶团不断生成，而与之平衡的溶液中的表面活性剂分子浓度并无大变化，因此曲线出现水平阶段。

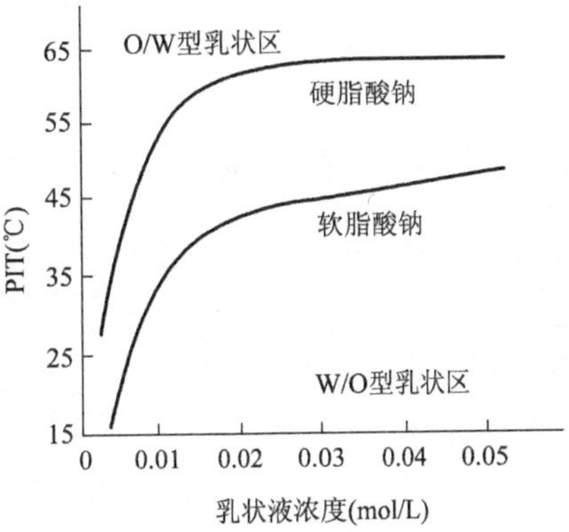

图 10－3　离子型表面活性剂硬脂酸钠和软脂酸钠浓度与相转变温度间的关系

(四)乳化剂亲水性

表面活性剂的分子是两亲分子，一端亲水，一端亲油，这种结构的矛盾性和共存性与制约性决定了其特殊的性质。衡量这种化学结构与性质的关系就是由 1949 年格里芬(Griffin)提出的亲水亲油平衡值(hydrophilic-lyophilic balance)即 HLB 值:不同的表面活性有不同的 HLB 值(这是由其化学结构所决定的),因此有不同的应用范围,表 10－1 列出了 HLB 值与其应用的大致范围,HLB 值越高亲水性越强,溶于水的能力增加。HLB 在 0～40,HLB=0 表示表面活性剂完全亲油,而不溶于水;若 HLB=40 表示表面活性剂完全亲水而不溶于油中。一般讲 HLB 值越大,越易形成 O/W 型乳状液。

表 10－1　表面活性剂的 HLB 值与应用

HLB 值	应　用
3～6	W/O 乳化剂
7～9	润湿剂
8～18	O/W 乳化剂
13～15	洗涤剂
15～18	增溶剂

目前尚缺乏严格的理论从分子结构或物质的物理化学性质来决定表面活性剂的 HLB 值。这里介绍几种半经验的方法:

(1)对于亲水基为聚氧乙烯基的非离子表面活性剂,可根据亲水基"相对分子质量"来确定 HLB 值:

$$\begin{aligned}\mathrm{HLB} &= \frac{\text{亲水基的“相对分子质量”}}{\text{表面活性剂相对分子质量}}\times 40 \\ &= \text{亲水基的质量分数}\times 40 \end{aligned} \tag{10－2}$$

(2)结构因子 HLB 数加和法。1957 年 Davies 提出,可以将乳化剂分子分解为一系列基团,每个基团全有其 HLB 数(表 10－2),而且每个基团均对分子的 HLB 值作出贡献,因此分子的 HLB 值为:

$$\mathrm{HLB} = 7 + \sum(\text{亲水基 HLB 数}) - \sum(\text{亲油基 HLB 数}) \tag{10－3}$$

例如十二烷基磺酸钠的 HLB 值,查表 10－2 并按公式(10－3)计算得:

$$\mathrm{HLB} = 7 + (11) - (0.475\times 12) = 12.3$$

表 10－2　一些基团的 HLB 数

亲水基团	HLB 数	亲油基团	HLB 数
$-SO_4Na$	38.7	$-\overset{\vert}{C}H-$ $-CH_2-$ $=CH-$ CH_3-	0.475
$-COOK$	21.1		
$-COONa$	19.1		
$-SO_3Na$	11		
$-\overset{\vert}{\underset{\vert}{N}}$ (叔胺)	9.4		
酯(失水山梨醇环)	6.8		
酯(自由)	2.4	$-\!(CH_2CH_2CH_2O)\!-$	0.15
$-COOH$	2.1		
$-OH$(自由)	1.9		
$-O-$	1.3	CF_3- $-CF_2-$	0.870
$-OH$(失水山梨醇环)	0.5		
$-\!(CH_2CH_2O)\!-$	0.33		

(3)HLB的加和性。当两种或两种以上的乳化剂共同使用,或者指定某HLB值却难以找到合适的乳化剂而不得不用两种或更多的表面活性剂复配时,就利用HLB值的加和性。若每个组分的质量分数为f_i,其HLB值为$(HLB)_i$,则复配乳化剂的HLB值为:

$$HLB = \sum f_i \, (HLB)_i \quad (10-4)$$

例如,含20%石蜡(HLB值为10)和80%芳烃矿物油(HLB值为12)的混合乳化剂的HLB计算值=0.2×10+0.8×12=11.6。

在实际操作中,为寻求指定油水体系的最佳HLB值,可以用不同比例的亲油和亲水的两种乳化剂复配,找出乳化效果最好的HLB值,这个HLB值就是这个指定的油水体系的最佳特性HLB值。所谓最佳特性HLB值是指当用其他乳化剂复配出此HLB值时,也会得到这种复配乳化剂的最佳乳化效果,尽管可能乳化效果不同于原复配液的乳化效果。表10-3给出水与某些碳氢化合物形成O/W型和W/O型乳状液时所需乳化剂的HLB值。

表10-3　水和一些有机物形成乳状液所需乳化剂的HLB值

O相	HLB		O相	HLB	
	O/W	W/O		O/W	W/O
石蜡	10	4	苯	15	—
蜂蜡	9	5	甲苯	11～12	—
石蜡油	7～8	4	油酸	17	—
芳烃矿物油	12	4	DDT	11～13	—
烷烃矿物油	10	4	DDV	14～15	—
煤油	14	—	十二醇	14	—
棉籽油	7.5	—	硬脂酸	17	—
蓖麻油	14	—	四氯化碳	16	—

另外,HLB的值的大小标志表面活性剂的亲水性大小或溶于水的能力,可以根据其溶于水的情况大致估计其HLB值的范围(表10-4)。

表10-4　由溶解情况大致估计表面活性剂的HLB值

在水中溶解情况	HLB值的范围	在水中溶解情况	HLB值的范围
不分散	1～4	稳定乳色分散体系	8～10
分散性不好	3～6	透明或半透明分散体系	10～13
强烈振荡可形成乳色分散体系	6～8	透明溶液	>13

(五)乳化器材质

两不互溶液体在乳化器中搅拌时,能润湿器壁的液体易于附着在器壁上从而形成连续相,即外相,而另一液体则形成内相。按此规律乳化器材质亲水性强则形成O/W型乳状液,否则会形成W/O型乳状液。由于玻璃是亲水的而塑料是憎水的,故前者易形成O/W型乳状液而后者易形成W/O型乳状液,这已被许多实验证实。例如油相为石油而水相为1%烷酸钠水溶液在玻璃乳化器中形成 O/W 型乳状液，在塑料乳化器就形成 W/O 型乳状液。但是，这条“规律”绝非必然。

三、乳状液类型的鉴别方法

（一）稀释法

取乳状液组成之一的液体加入到乳状液中去，如果该液体与组成乳状液的外相物质相同则易溶入并将乳状液稀释；若该液体同于乳状液的内相物质，则不易混溶。按此道理，若乳状液很易被水稀释则该乳状液为 O/W 型，若不易相混则为 W/O 型乳状液。一个明显的例子就是往作为 O/W 型乳状液的牛奶里加水稀释十分容易，而加入食油则不易相混。

（二）滤纸润湿法

一般滤纸能被水润湿而不为油润湿，因此往上滴加少量乳状液，若液体很快展开并留下散落细小油滴，则此乳状液为 O/W 型乳状液，否则为 W/O 型乳状液。但是像苯、环己烷、甲苯也能润湿滤纸，因此，以这样的液体为外相所形成的乳状液，不适于用此方法鉴别。

（三）染色法

染料有油溶性和水溶性之分，前者能溶于油使之染色，后者能溶于水使之染色。将微量的水溶性染料加于乳状液中并用搅拌棒搅拌，然后将乳状液放在显微镜下观测。如果液珠被染色，证明是 W/O 型乳状液；相反若液珠未被染色而液珠以外部分（即外相）被染色则说明是 O/W 型乳状液。如果使用油性染料，则观测结果正相反。

（四）电导法

电导法的原理基于这样的事实，即一般情况下水比油的电导值高得多。由于水为连续相的 O/W 型乳状液，较连续相为油的 W/O 型乳状液电导值高，从而将 O/W 型和 W/O 型乳状液区分开来。然而也有例外情况，如 W/O 型乳状液内相体积很大时，或油相中离子性乳化剂含量较多，即液珠带电时，此时 W/O 型乳状液也显示较高的电导值。

总之，上述介绍的四种方法各有利弊，而电导法和滤纸法又有限制条件，无疑用两种或两种以上鉴别方法对于确定乳状液最终类型的准确性是有益的。

四、乳状液的转型[72]

乳状液的转型就是一种类型乳状液在特定的环境和条件下转换成另一种类型乳状液的现象。实际上一切影响乳状液类型的因素如相体积、乳化剂分子的形态、温度和电解质浓度等条件的变化均可能使乳状液转型。转型的实质是分散相液滴聚结而变成连续相，与此同时分散介质被分散成新的分散相。如把高价阳离子（如 Ca^{2+} 和 Ba^{2+}）加到一价金属皂所稳定的 O/W 型乳状液中，它会使吸附带负电的表面活性剂的油水界面电荷中和，从而降低斥力位能，使油滴接近，并聚结成外相，原来油滴间所夹的水形成不规则水珠而成为内相，从而转型成为 W/O 型乳状液，这一过程示于图 10-4 中。实际上这一过程分两步进行，第一步是因内相液滴表面电荷减少而引起的絮凝；第二步是絮凝体内小液滴的聚结转换成外相，而原来所夹外相转换成不规则形状的内相，当然如果乳状液浓度不太大时，在表面张力的作用下，这些不规则形状液滴最终的形态应变为球形。

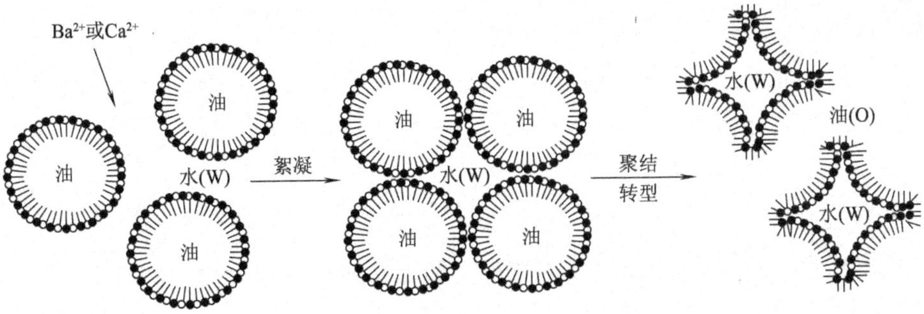

图 10－4　O/W 型乳状液转变为 W/O 型乳状液

应当指出，在机械搅拌或超声振荡并在乳化剂的作用下，将油水混合形成乳状液的过程中，O/W 型和 W/O 型乳状液都会形成，只不过适宜于所加入乳化剂的那种类型的乳状液会持续存在，而另一类型乳状液被不断破坏并转型成为能存在下去的那种类型的乳状液。

第二节　乳状液的物理性质

一、黏度性质

乳状液的黏度取决于其组成、浓度、内相与外相的黏度以及乳化剂的性质。如第九章所讲述的，若分散相浓度不大，则介质黏度决定了分散体系的黏度，随分散相浓度增大以及体系的多分散性，分散体系的黏度值也加大。

当分散相的体积分数 ϕ 小于 0.02 时，分散体系的黏度值 η 与分散介质黏度 η^0 和体积分数 ϕ 关系符合 Einstein 黏度公式：

$$\eta=\eta^0(1+2.5\phi) \tag{10-5}$$

Einstein 极限公式是由硬球模型推出的，而乳状液的内相不是硬球结构，于是 Jaylos 给出如下修正公式：

$$\eta=\eta^0\left(1+2.5\phi\frac{p+2.5}{p+1}\right) \tag{10-6}$$

式中，p 为内相黏度与外相黏度之比。

此外，式(10－5)仅适于 $\phi<0.02$ 的乳状液，对分散相浓度较大的乳状液，Becher 和 Sherman 给出如下公式：

$$\eta=\eta^0(1+a\phi+b\phi^2+c\phi^3+\cdots) \tag{10-7}$$

其中经验常数 a,b,c 等可在手册中查到。Hatschek 有如下公式：

$$\eta=\eta^0\left[1-(h\phi)^{\frac{1}{3}}\right]^{-1} \tag{10-8}$$

式中，体积因子 h 为校正系数。对于许多大小不同分散相的 O/W 型乳状液 h 接近 1.3。

二、电性质

乳状液的电导取决于分散介质即外相的电导，因此 O/W 型乳状液的电导明显高于 W/O 型乳状液的电导。此外，离子型乳化剂分子在油水界面处定向排列而使分散相液滴带电，因此在电场作用下发生电迁移即电泳行为，这也是乳状液的一种重要电性质。

三、光学性质

乳状液属于粗分散体系，由于分散相的尺寸处于胶体粒子大小的上限以上，通常为 0.1～10μm 或更大，而可见光波波长为 0.4～0.8μm，因此有较强的光反射行为，故一般的乳状液是不透明的乳白色液体。

由于乳状液分散相大小的下限 0.1μm 与一般显微镜的分辨率 0.2μm 相近，因此可以用普通光学显微镜观测其形状、大小以及分布均匀性。用 SEM 电子显微镜可提供这方面更为准确的信息。分散相浓度不大的稀乳状液，一般分散相是不均匀的球形液滴；在分散相体积分数 $\phi>74.02\%$ 浓乳状液中，分散相呈不规则形状[图 10－1(c)]。

第三节　乳状液的稳定性

将两种不互溶的液体用机械搅动或超声波振动的方法可以得到分散相颗粒极不均匀且稳定性极差的乳状液。这是一个界面面积和界面自由能急剧增加的过程，$\Delta G>0$，能量来自于搅拌或振动对体系所做的功，在常温和常压下这是非自发过程；与此相反，逆过程 $\Delta G<0$，因此是自发的，故在乳状液静置过程中，分散液滴会因布朗运动而相互碰撞并聚结，最终形成油水分开的两层。所以说这样形成的乳状液稳定性极差。整个过程如图 10－5 所示。

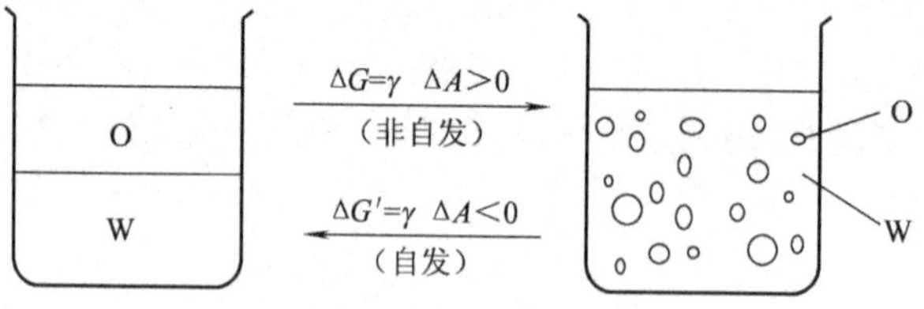

图 10－5　油水分散与分离过程能量变化

在乳状液形成的过程中，自由能变化可表示为 $dG=\gamma dA+Ad\gamma$。欲使自由能增量 dG 减少，只有从 γ 入手，加入乳化剂降低 γ 值，从而使乳状液稳定性增强。但是 dG 毕竟是正值，即形成乳状液是非自发过程，而逆过程才是自发的。因此，这里所讨论的乳状液稳定性具有相对性：从热力学上讲乳状液是不稳定体系；而从动力学上分析又能维持相当长的一段时间，这一点必须搞清，最稳定的体系仍然是油水两液层这一状态。

一、影响乳状液稳定性的因素[70,71]

(一)降低界面张力

乳状液由油水两相混合形成，是个表面积和表面能剧烈增加的过程，因此乳状液是个十分不稳定的热力学体系。乳化剂的加入之所以能使乳状液的稳定性提高是因为乳化剂能使界面张力明显降低。例如将适当的乳化剂加到煤油和水所形成的乳状液中，煤油和水的界面张力会由 40×10^{-3} N/m 降至 1×10^{-3} N/m 以下。显然加入乳化剂的乳状液较不存在乳化剂的乳状液稳定得多，尽管前者仍然是热力学不稳定体系。降低界面张力稳定理论已为无数实验所证明，如脂肪酸同系物作为乳化剂的研究表明，碳氢链的长度越长，表面活性越强，界面张力降低越多，乳化效果越好，所形成的乳状液稳定性越高。

(二)界面膜的机械结构

由于分子的热运动，分散相受介质分子的冲击而随时处于热运动当中，那么分散相液滴就有机会相遇而絮凝，进而聚结形成大液滴，这是乳状液不稳定的原因，其归宿是油水分层。为防止这一聚结现象的发生，可采取两种措施，一是防止絮凝，其中电斥力因素起重大作用，另一是使界面膜有足够大的机械强度而不破裂聚结。

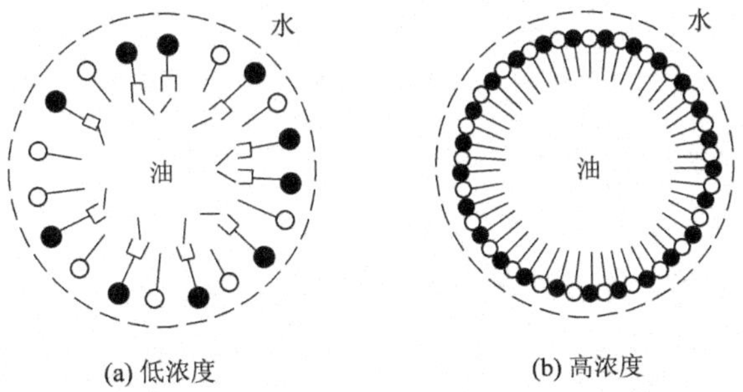

图 10－6　低浓度与高浓度乳化剂分子在油水界面定向排列示意图

乳化剂特别是表面活性剂分子的两亲特性，决定其在油水界面的定向排列，图 10－6 示出 O/W 型乳状液中表面活性剂分子在界面上的吸附和定向排列的情况，这样便增强了界面的强度和韧性。显然乳化剂浓度越高，则其在油水界面吸附越致密，那么界面膜的机械强度越大。一种观点认为这一吸附层宛如凝胶层，其黏度极大，故界面膜不易破裂。实验发现，非离子型表面活性剂的极性头越长，水化强度越高，则可形成弹性极强的界面膜。

另外，若乳化剂是离子型表面活性剂，则它们在油水界面的吸附会使界面膜带电，并在界面附近介质中形成双电层，那么当两液滴接近到双电层搭接时，会产生静电斥力，防止其进一步接近和絮凝，这就是界面膜的带电稳定性。

人们还发现，若在表面活性剂的乳化剂中混入脂肪醇或脂肪酸等油溶性的极性有机物，则比单纯的表面活性剂作为乳化剂所得到的乳状液稳定性更高。这是由于吸附于油—水界面的极性有机物与表面活性剂的相互作用形成复合物质，增强了界面膜强度的结果。这表现在以下几个方面：

(1)降低了界面张力。图 10－7(a)给出了十六烷基硫酸钠为乳化剂的甲苯—水体系中,界面张力随加入的十六烷醇含量的变化情况。

(2)由 Gibbs 公式(4－51a)可知 $\left(\frac{d\gamma}{dC}\right)_T<0$ 则 $\gamma>0$,即吸附量增大,形成如图 10－7(b)所示的十分紧密的界面膜,增强了界面膜的机械强度。

(3)若为离子型表面活性剂,吸附量增加,会使界面电位 ϕ^0 增加,有利于界面的带电稳定性。

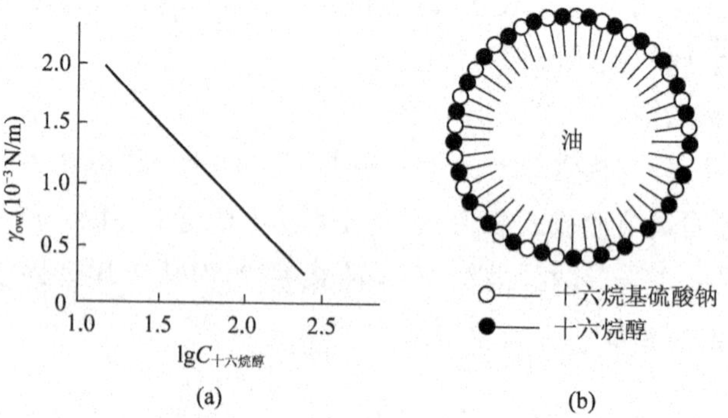

图 10－7　十六烷醇浓度与油—水界面张力的关系

(三)固体粉末乳化剂的稳定作用

将固体粉末撒于油水混合体系中会出现如图 10－8 所示的五种情况,这五种情况是按照固体粉末的水相接触角大小区分的。按照固体粉末作为乳化剂的先决条件——固体粉末必须处于油—水界面上,亦即固体粉末不但能为水润湿又为油所润湿。显然粒子 1 和 5 不能满足这个条件,因为前者接触角 $\theta=0°$,即完全为水润湿,粒子完全浸于水相中;后者的接触角 $\theta=180°$,即完全为油所润湿,粒子完全浸于油相中,自然不能作为乳化剂使用。

按照空间体积理论,只有固体颗粒大部分处于外相时,才能形成如楔子一样坚固的固体膜。因此粒子 2,$\theta<90°$,利于形成 O/W 型乳状液;粒子 4,$\theta>90°$,利于形成 W/O 型乳状液;粒子 3,$\theta=90°$,O/W 型和 W/O 型乳状液皆有可能形成。

固体粉末作为乳化剂的另一必要条件是粒子的尺寸必须合适,首先粒子尺寸自然要较液滴

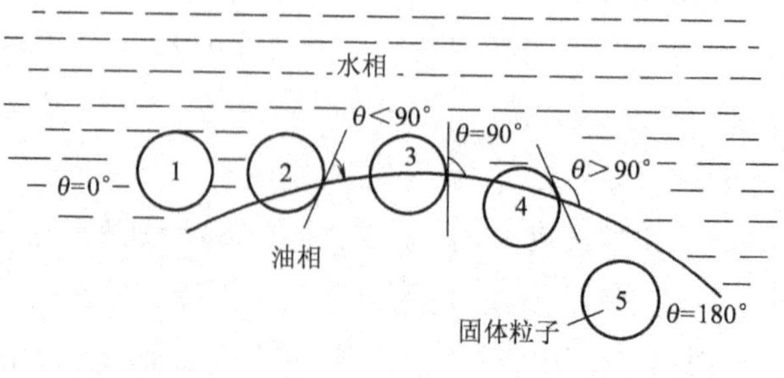

图 10－8　固体粒子在油水界面的五种状况

小很多，否则若粒子过大则因重力大于它在界面所受张力而沉降从界面脱离；粒子尺寸也不能太小，否则布朗运动使其不能稳定地处于界面中。

固体粉末作为乳化剂机理是其在油—水界面能形成坚韧的固体界面层，有人称之为“盔甲作用”。另外，如果固体粒子是带电的，那么自然还存在带电的稳定作用，电斥力防止两液滴的靠近。

需要指出，如果溶液中存在表面活性剂而使固体颗粒改性或颗粒预先经表面活性剂溶液浸泡，则粉末所形成的乳状液类型可能也会有所改变。如 $BaSO_4$ 粒子具亲水性，$\theta<90°$，应当形成 O/W 型乳状液，但是经离子型表面活性剂预先处理，由于表面活性剂分子在粒子表面的定向吸附，使其表面被憎水尾包围而使 $\theta>90°$，反而会形成 W/O 型乳状液。

Schulman 通过实验证明，当 θ 越接近 90°时，乳状液越稳定，即 θ 稍小于 90°时，会形成稳定的 O/W 型乳状液，而 θ 稍大于 90°时，会形成稳定的 W/O 型乳状液。若一个粒子从界面处拉入对它更为湿润的一相时所需的功为：

$$W=\pi R^2\gamma_{OW}(1-\cos\theta)^2 \tag{10-9}$$

显然 θ 越接近 90°，则 W 越大，自然乳状液越不易被破坏，稳定性越强。

通常，炭黑、活性炭和硅藻土可以作为 W/O 型乳状液的乳化剂，而金属氧化物、硫化物和盐，如 Al_2O_3、$BaSO_4$ 和 Fe_2O_3 可以作为 O/W 型乳状液的乳化剂。乳化剂的接触角是由其在界面所受界面张力 γ_{OW}、γ_{SO}和 γ_{SW}的相对大小而决定的，这可用 Young 方程描述：

$$\gamma_{OW}\cdot\cos\theta=\gamma_{OS}-\gamma_{WS} \tag{10-10}$$

由式(10－10)可知：

(1)若 $\gamma_{OS}>\gamma_{WS}$，则 $\cos\theta>0$，$\theta<90°$，可作为 O/W 型乳化剂；特殊情况是 $\gamma_{OS}\geqslant\gamma_{WS}+\gamma_{OW}$，则粒子完全为水润湿，不能作为乳化剂。

(2)若 $\gamma_{OS}<\gamma_{WS}$，则 $\theta>90°$，可作为 W/O 型乳状液的乳化剂。

(3)若 $\gamma_{OS}=\gamma_{WS}$，那么 $\cos\theta=0$ 或 $\theta=90°$，此时 O/W 型与 W/O 型乳状液皆可形成。

(四)其他影响因素

除上述所讲的降低界面张力和形成坚固的界面膜以及固体粉末的稳定性的主要影响因素以外，还有其他一些因素影响乳状液的稳定性。如分散介质即外相的黏度越大，则分散相在其中运动阻力越大，而不利于分散相液滴间的碰撞和聚结，乳状液的稳定性越高。再如，若内相体积越小，分散相液滴体积越小，则液滴碰撞且絮凝和聚结的概率越小，乳状液越稳定。很明显，这些因素全是从减少分散相液滴的碰撞频率这一角度考虑的。

二、乳状液稳定性的实验方法

实验方法分为两种，一是测定相分离速率，另一种是测定两相接触处液滴寿命。

(一)相分离速率的测定

此方法是测定乳状液制备后，于有限时间内，分散相或分散介质的相体积变化。如图 10－9 所示，纵坐标为分散相的聚结体积(体积分数)，相应的时间为横坐标，所画出的曲线代表乳状液的稳定性。如果使用器皿的横截面处处相等，也可以用分离液相高度为纵坐标求出相分离速率。

(二)液滴在界面处存在寿命的测定

液滴的寿命是在两液体的界面上测定的。例如,如果要测定存在乳化剂时,苯滴在水中的寿命,由于苯层在水层之上,可以用弯头移液管将一滴苯从水一边引到界面处[图 10－10(a)];若测水滴寿命,则在苯一边用移液管把水滴引到界面处[图10－10(b)]。此时,可分别记录下两液滴从在界面形成到进入相应体相的间隔时间,这个时间长短取决于乳状液的稳定性。

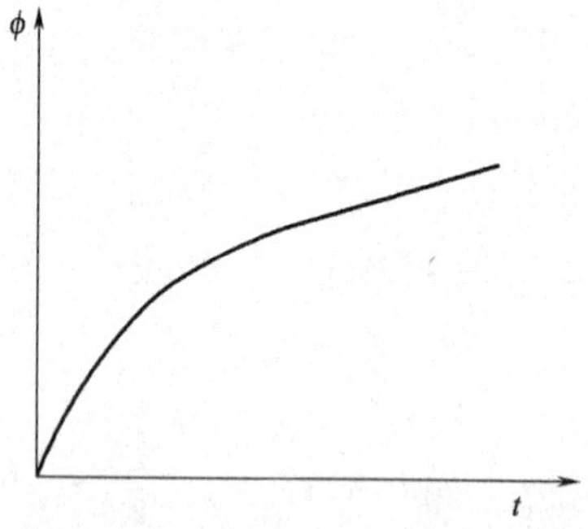

图 10－9　相分离速率示意图

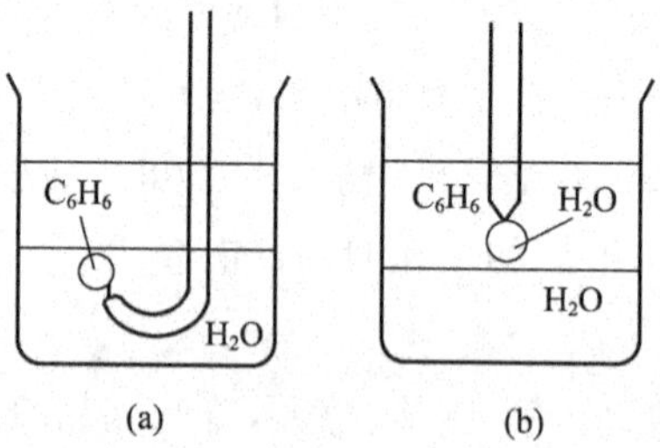

图 10－10　苯—水界面处引进苯滴和水滴

需要指出,所使用乳化剂的性质决定了乳状液的类型和液滴的寿命,如果是水溶性乳化剂,那么在界面处溶有乳化剂的水溶液层的苯滴由于形成 O/W 型乳状液,其寿命一定高于乳化剂在苯层中的寿命;相反若用油溶性乳化剂,那么苯层中的水滴寿命必然高于乳化剂在水层中的寿命。

第四节　乳状液的破坏

乳状液在日常生活和工农业生产中被广泛应用。例如,作为纺织助剂的乳状液在纺织工业中的应用、切屑冷却液和研磨料液是乳状液在机加工上的应用、将农药制成乳状液不但喷洒均匀而且节约农药使其发挥最大的效益。但有时乳状液又不是我们希望存在的,必须将其破坏,即破乳。例如在工业废水处理中必须破乳使油水分离,原油中所含水分也是以 W/O 型乳状液形式存在,在炼油之前也必须破乳,将水分分离出石油。

一、破乳过程

乳状液稳定性与憎液溶胶的稳定性一样也存在重力场(或离心场)中的稳定性和絮液稳定性。所谓重力场中的稳定性是指乳状液在长期静置的过程中,由于重力作用,分散相会上升或下降,并且分层,这种分层并非油水两相分层,而是上下两层中分散相的含量不同,或乳状液的浓度不同,并没有发生破乳现象。如牛奶分层后,一层为浓度很低的颜色很淡的稀牛奶,其中分散介质水的含量较原牛奶高,相反另一层为含水量较原来少很多的颜色更深的牛奶。絮凝稳定性是分散相液滴聚在一起但是由于液滴间的排斥能以及界面强度所致,液滴仍保持原来的性状，并没有溶成大液滴，而且絮凝体在搅拌等条件下又重新分散开，因此这种絮凝是可逆的。

乳状液的真正破坏是指絮凝体的聚结作用，即絮凝体中的小液滴聚结成大液滴，并最终促成油水彻底分离，聚结是不可逆的。但聚结过程必须先经过絮凝过程，因此说破乳过程分两步进行，第一步絮凝，第二步聚结，这是一个串联过程，因此破乳过程速率取决于这两步骤中最慢的一步，即控制性步骤。

二、破乳方法

应当指出，乳状液的转型首先要使原乳状液破坏，因此影响乳状液转型的一切因素的变化均可用于破乳。归纳起来有如下一些方法。

(一)针对乳状液中乳化剂作用的方法

乳状液的形成和稳定存在的必要条件是存在适当的乳化剂以降低界面张力并形成坚实的界面膜。如果想办法使乳化剂失去这些性能即可达到破乳目的，常见方法是：

(1)用表面活性更强，但不能形成坚实的界面膜的表面活性剂(例如异戊醇表面活性很强，但憎水基太短而无法形成坚固的界面膜)将原来的乳化剂顶替出来，由于界面膜很脆弱，内相液滴碰撞即聚结从而破乳。

(2)利用化学试剂使其与乳化剂发生化学反应，反应产物不具有乳化作用。例如将无机酸加到脂肪酸皂为乳化剂的乳状液中，产物脂肪酸不具有乳化性能，并游离出界面，使乳状液稳定性极大降低而被破坏。

(3)在以固体粉末为乳化剂的乳状液中加入表面活性剂，表面活性剂在固体粉末上吸附的结果，或使其完全亲水而完全进入水相，或使其完全亲油而完全进入油相，这样固体粉末不能在两相界面停留而失去作为乳化剂的基本条件，乳状液遂遭到破坏。

(4)加入与原乳化剂相反类型的乳化剂，即在O/W(或W/O)型乳状液中，加入可形成W/O(或O/W)型乳状液的乳化剂，乳状液在转型中被破坏。

(二)物理机械方法

1. 机械搅拌可破坏界面膜 超声波振荡即可促使乳状液形成又能使其破坏，关键在于超声波频率和强度的控制，一般情况是低频率和低强度超声波有利于破乳。

2. 过滤法 选择能使分散相优先润湿的多孔材料对O/W型或W/O型乳状液过滤则可把分散相滤去。例如选择能为水润湿的硅藻土或白土板为过滤板过滤原油，可使其中分散的水滴含量降至0.2%以下。

3. 升温法 温度升高加剧分散相运动动能和碰撞频率，升温也可降低分散介质的黏度，这些都有利于分散相的絮凝和聚结，达到破乳目的。

4. 电沉降法 此方法主要用于W/O型乳状液，如原油，在高压电场作用下，水分子极化并定向排列而聚结成大水珠沉降以与石油分离。

5. 离心法 在离心场作用下密度不同的油水两相可以高效高速分离，如奶油分离、血液分离等。

应当强调，乳状液是热力学不稳定体系，从热力学上分析，油水分离是必然的最终结果，采用上述破乳方法只是加快这一进程而已。

第五节　微乳状液与微小乳状液

乳状液中分散相液滴尺寸一般大于10^{-6} m，尽管表面活性剂可降低因油水两相形成高分散的乳状液过程引起的表面能增量，但是依然是热力学不稳定体系。20 世纪 40 年代 Schulman 发现若在不透明乳白色乳状液中加入更大量的乳化剂，并配合使用大量极性物质（通常是醇类），则可得到透明或半透明的热力学稳定体系，称之为微乳状液（microemulsion）。其中分散相是尺寸为10^{-8}～10^{-9} m 的均匀球形。20 世纪 80 年代，人们利用表面活性剂复配技术，研制出分散相粒径为 0.1～0.5μm、能在很长时期稳定存在且极有应用价值的微小乳状液。

一、微乳状液

（一）微乳状液的制备与形成机理[73]

微乳状液通常有两种制备方法，故其形成机理便有两种解释：

1. 以乳状液为基础制备微乳状液和其形成的零表面张力说　微乳状液的形成除了体系中含有油、水和大量表面活性剂之外，还需存在极性物质，这些极性物质通常为醇类，称为助表面活性剂。例如，在苯中加入 10%的油酸，并用 KOH 水溶液中和，搅拌后形成乳白色的乳状液，然后在不断搅拌中加入正己醇，至得到透明微乳状液。总之，微乳状液是由油、水、表面活性剂和助表面活性剂组成。近年的实验发现，有些非离子表面活性剂，如 AOT（Aerosol OT）就不需要助表面活性剂，也可形成微乳状液。

在讲解乳状液的稳定性时，我们知道表面活性剂在油、水界面的定向排列，可降低其界面张力，使其成为具有一定动力学稳定性的热力学不稳定体系。乳化剂用量的持续增加，在 CMC 之前，界面张力 γ 值不断下降，在 CMC 之后，γ 的下降已达极限，表面活性剂的增加，对 γ 不再有影响，增加的只是胶团的数量和大小。但此时辅以助表面活性剂，则界面张力会继续下降，如图 10－11 所示，γ—C 曲线整体下移，甚至为零。这样由油、水两相分散形成的微乳状液过程 $dG^S = Ad\gamma + \gamma dA = 0$，因此微乳状液是热力学稳定体系。

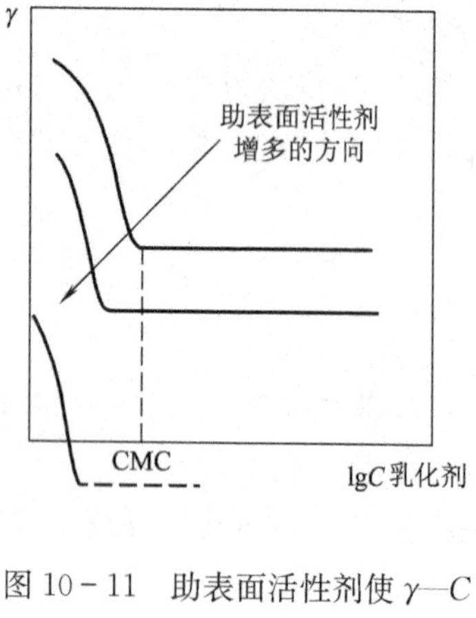

图 10－11　助表面活性剂使 γ—C 曲线整体下移示意图

零表面张力说能解释微乳状液的自发形成及其稳定性，但经不起仔细推敲。如分散相是如此之小（甚至小于大分子尺寸），以至界面存在与否尚成问题，更不要说作为宏观性质的界面张力了。又如表面活性剂 AOT 就不需助表面活性剂也能形成微乳状液。因此 γ—C 曲线在助表面活性剂作用下整体下移的假设受到置疑，而且实践证明，只要 $\gamma < 1.0 \times 10^{-5}$ N/m，通常即可形成热力学稳定的微乳状液。

2. 以胶团溶液为基础制备微乳状液和其形成的胶团增溶说　微乳状液形成的第二条途径是含正胶团溶液中增溶油，或含逆胶团的溶液增溶水，从而分别形成O/W型或W/O型微乳状液，如图10－12所示。必须指出：微乳状液的类型，除了与表面活性剂的亲水亲油值（HLB值）有关外，与决定乳状液的类型相似，还与其他因素如相体积有关。一般讲水相多则水为外相，形成O/W型微乳状液，相反则形成W/O型微乳状液。

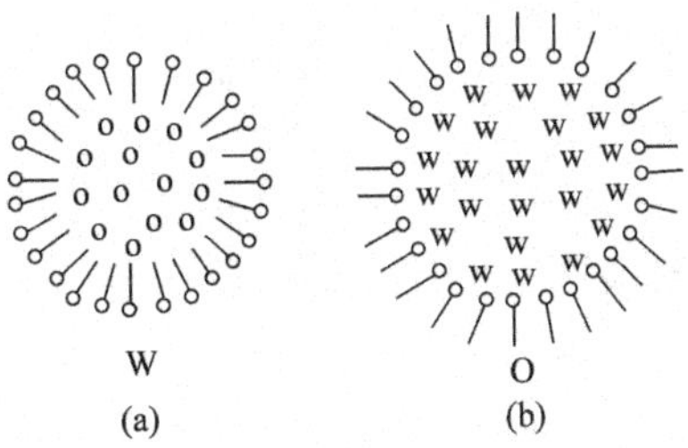

图10－12　正胶团加溶油和逆胶团加溶水

3. 混合膜说[73-75]　表面活性剂和助表面活性剂在油—水界面的定向排列形成混合膜（F），这张膜有两个界面即O/F与F/W的双重界面膜，显然 γ_{OF} 与 γ_{WF} 的大小决定膜弯曲的方向（即分散相液滴的曲率半径）。

若油—水界面处只定向排列表面活性剂，则形成表面活性剂的单分子膜，其表面压 π 等于O/W间界面张力 γ_{OW}，因表面活性剂的加入使之变成 γ' 的降低值：

$$\pi=\gamma_{OW}-\gamma' \tag{10-11}$$

若在上述体系中再加入助表面活性剂便形成混合膜，表面张力 γ_{OW} 降为 $\gamma_{(OW)a}$，表面压升为 π_G，按照表面压定义，则总的表面张力 γ_T 为：

$$\gamma_T=\gamma_{(OW)a}-\pi_G \tag{10-12}$$

而弯曲混合膜的表面压等于油与水两侧表面压的代数和，亦等于混合膜的表面张力，即：

$$\pi=\pi_O+\pi_W=\gamma_{(OW)a} \tag{10-13}$$

式中，π_O 和 π_W 分别是弯曲混合膜油侧与水侧的表面膜压。

使混合膜弯曲的是 $\pi_G-\pi$，在弯曲前，若 $\pi_G-\pi>0$，即 $\gamma_T<0$ 是微乳状液形成并在热力学上稳定存在的必要条件；而 $\gamma_{OF}\neq\gamma_{WF}$ 是微乳状液形成及决定其类型的充分条件。

（二）微乳状液的性质

从微乳状液的形成途径可以看出，微乳状液可以通过在乳状液中加入过量乳化剂并辅以助表面活性剂而生成；又可以由相应类型的胶团溶液中增溶油或水而生成，因此微乳状液是介于乳状液和胶团溶液之间的热力学上相当稳定的分散体系，或者说它是在性质上有相当大差别的乳状液和胶团溶液之间的过渡物质。表10－5给出了这三种溶液的各种性质比较。

表10－5　乳状液、微乳状液和胶团溶液的性质比较

性　质	乳状液	微乳状液	胶团溶液
分散相尺寸	$>10^{-6}$m	$10^{-8}\sim10^{-7}$m或更小	$10^{-9}\sim10^{-6}$m
分散相形状	不均匀球	均匀小球	球、棒或层状
透光性	不透明乳白色	半透明或透明	透明
稳定性	不稳定，离心分层	稳定，不分层	稳定，不分层
表面活性剂用量	少	多且加助表面活性剂	>CMC
与O或W混溶性	O/W不溶O W/O不溶W	与O、W在一定范围内混溶	增溶量饱和前可增溶W或O

(三)微乳状液的一些应用

尽管人们认识微乳状液很晚，但是应用微乳状液却很早，如机械切削冷却油、醇酸树脂涂料、地板上光蜡等。因乳状液是热力学不稳定体系，分层是其必然结果，若想保证其长期稳定性必须制成微乳状液。上光蜡就是大量表面活性剂和助表面活性剂作用下将石蜡分散于水中的O/W型微乳状液。

1. 微乳状液在石油工业中的应用[74]　一般采油率仅为30%，尚有70%的油还留在地下油层中。尽管注水驱油(二次采油)可提高采油率，但是由于油黏附在油砂之上不为水润湿而达驱油极限。通过注入表面活性剂等化学试剂的水溶液可增加水的润湿性并达洗油目的，这就是三次采油。然而表面活性剂溶液的驱油速度太慢，而且随表面活性剂分子在油砂上的吸附使溶液浓度降低，从而降低驱油效果。而用微乳状液驱油效果更佳。微乳状液的驱油原理是其对油和水的可溶性以及其接近于零的表面张力。先加入微乳状液，在推动力的作用下微乳状液将残留油溶解。然后注入缓冲液，缓冲液的作用是在黏度很大的微乳状液和黏度很小的水之间有一缓冲过渡过程，缓冲液通常为部分水解的聚丙烯酰胺水溶液，最后注入水。实验发现，在多孔的油砂层中，油滴一般为球形，在驱油过程中油滴流过细孔时必然变形，表面积增大，表面过剩自由能也增加，因此便需提供能量或很大的额外压差，除非γ为零，而微乳状液恰好满足这一要求。

目前，尽管因为技术和经济原因，微乳状液驱油还未能在油田普及应用，但是由于石油的储量有限，而世界上石油制品的消耗量与日俱增，使得微乳状液驱油有很大的发展前景。

2. 利用微乳状液制备纳米粒子　由于纳米粒子的尺寸效应，其物理和化学性质与大晶体有极大差异，应用纳米级粒子的所谓纳米材料，有着天然材料所无法实现的性能，例如在硬度、强度、导电性、光学性质等方面。有人甚至称“纳米材料是21世纪最有前途的材料”，“21世纪是纳米科学的世纪”。

由于纳米粒子尺寸微小，难以用物理方法使大颗粒粉碎而获得，而在凝聚法中，由于溶液过饱和度难以控制，因此粒子的成长也难于控制，一般溶液法所获得粒子尺寸在10^{-7} m以上。而微乳液状中的分散相尺寸恰在10^{-9}～10^{-7} m，利用分散相这个“微小反应器”(即水池效应[76])中的化学反应便可制备纳米级的粒子。如利用W/O型微乳状液中，微小水滴内$Cd(NO_3)_3$和Na_2S反应可制备CdS纳米粒子。利用相同的原理人们制备出了许多种金属氧化物、硫化物、碳酸盐纳米粒子。同样利用O/W型微乳状液可制备聚合物纳米粒子。

二、微小乳状液[77]

乳状液是分散相液滴尺寸大于10^{-6} m的热力学不稳定体系，在较长时间放置过程中会发生絮凝和聚结甚至因两液相密度不同而造成两相分层，此时乳状液会完全破坏；微乳状液是分散相液滴尺寸小于10^{-7} m的热力学稳定体系。在两者之间存在一种分散相液滴尺寸在0.1～0.5μm的称为微小乳状液的分散体系。这种分散体系虽然不像微乳状液那样是热力学稳定的分散体系，但是从动力学角度分析，它可以保存相当长一段时间而不分层破坏，而且所使用的表面活性剂和助表面活性剂量也不如制备微乳状液那么大，是极有应用价值的液—液分散体系。

微小乳状液是20世纪80年代初才为人们所关注的分散体系，对其形成机理目前尚在探索中，但有一点是公认的：为了解决乳状液分散相的絮凝，聚结甚至分层破坏问题，人们采用复配的乳化剂，如离子型表面活性剂与高级醇复配，亲水型与亲油型表面活性剂复配，这样在油—水界面形成十分坚固的界面膜，使其不易絮凝和聚结，另外由于分散相液滴尺寸小于 0.5μm，因此扩散作用增强，而沉降作用减弱，从而防止微小液滴的沉降破坏。

按照目前复配表面活性剂的类型，微小乳状液有两种制备方法：

(1)复配表面活性剂为离子型表面活性剂和高级醇。将离子型表面活性剂和高级醇（碳原子数为 12～18）按 1∶1～1∶3（物质的量比）混合并溶于水，在温度高于高级醇熔点下强烈搅动 30～60min 后将油加入体系中去，从而形成 O/W 型微小乳状液。也可以将混合表面活性剂溶于油中（因此要求两表面活性剂均能溶于油又溶于水，但复合物的亲水性大于亲油性），然后将水滴加到体系中去，也能自发形成 O/W 型微小乳状液。

(2)亲水型表面活性剂［如吐温（TWEEN）型］与亲油型表面活性剂［如斯盘（SPAN）型］组成复配表面活性剂。将两类表面活性剂按一定比例混合，加入油相中，然后将水逐滴加到体系中去，并稍加搅拌，在水的加入过程中，大致经如下几个阶段：加水之前体系为油相中的表面活性剂逆胶团；水的加入即为逆胶团增溶水过程，形成 W/O 型微乳状液、黏稠的液晶（层状增溶水的胶团溶液）、O/W 型微小乳状液。此法的关键是控制配方和乳化温度，否则形成不均匀的热力学不稳定的一般乳状液。

第六节　泡沫的形成和结构

泡沫是人们极为熟悉的气体分散于液体中的分散体系。按常识，用一般的机械方法，如往液体中鼓气或强烈搅动液体所形成的气泡和气泡聚集体——泡沫是极不稳定的，若往液体中加入肥皂液或洗衣粉等物质，鼓气后就会得到相对稳定的泡沫，这几乎是每个人从孩童时代就有过的经验。我们将肥皂等表面活性剂称为起泡剂（foaming agent）。还有一些高分子物质，如蛋白质是良好的泡沫稳定剂，例如鸡蛋白经强烈搅动，会形成极其稳定的泡沫，如搅动时间很长，泡沫的强度和刚性很大，视觉上如固体一般，能够支撑筷子直立。

我们可以把泡沫视为内相为气体的乳状液，因此，其稳定性以及破泡（即泡沫失去稳定性而破坏）等许多地方与乳状液相似。

一、泡沫的形成

与其他分散体系形成一样，泡沫可以通过化学凝聚法和物理分散法两种方法制备。最典型的化学凝聚法的例子是早期应用的泡沫灭火器中的灭火剂，它是由明矾［$KAl(SO_4)_2 \cdot 12H_2O$］和 Na_2CO_3 两种溶液混合所产生的气体 CO_2 分散在水中并以反应产物 $Al(OH)_3$ 为稳定剂的泡沫。物理分散法是让空气通过毛细管或多孔塞的毛细孔板进入液相，从而生成气泡及其聚集体。单个气泡形成时，要受到两种力的作用，一种是半径为 R、密度为 ρ_g 的气泡在密度为 ρ_l 的液体中所受的浮力：

$$F_1=\frac{4}{3}\pi R^3\ (\rho_1-\rho_g)\,g\approx\frac{4}{3}\pi R^3\rho_1 g$$

另一种是气泡在毛细管端因表面张力所受的力：

$$F_2=2\pi r\gamma$$

式中，r 为毛细管半径；γ 为界面张力。气泡能离开毛细管端进入液相的条件是：

$$F_1\geqslant F_2$$

即：

$$\frac{4}{3}\pi R^3\rho_1 g\geqslant 2\pi r\gamma$$

$$R\geqslant\left(\frac{3r\gamma}{2\rho_1 g}\right)^{\frac{1}{3}}=R_c \tag{10-14}$$

R_c 为气泡离开毛细管的最小半径或临界半径。式(10－14)未考虑气流速度或气压差，如果将气流速度因素考虑进去，则 R_c 会有所变化。气流速度 v 对 R_c 有两种相反作用：一是在气流冲击下，气泡半径 R 尚未达 R_c 即离开，或者说使 R_c 值降低；二是气泡离开前要先收缩，这需要时间 t，而且 t 随液体黏度 η 增加而增加，因此在这段时间气泡长得越大，或者说 R_c 值增加，称为黏度效应。图 10－13 示出黏度分别为 0.95Pa·s、0.084Pa·s 和 0.0035Pa·s 的蓖麻油、橄榄油和 CS_2 液体中，气泡直径 d 与气体流速的关系曲线[81]。由此曲线可得到两点结论：

(1)气体流速越大，气泡越大，而且液体的黏度越大这种效应越明显。

(2)在同一气体流速下，液体黏度越大气泡越大。

当气泡离开毛细管后，失去界面张力作用，在浮力作用下，气泡上升至液面，形成少量液膜包围的孤立气泡，如图 10－14 所示。如果细心观测这个气泡存在的全过程，会发现在重力场作用下液膜中的液体会逐渐往气泡下端流动，液膜逐渐变薄，直至破裂。

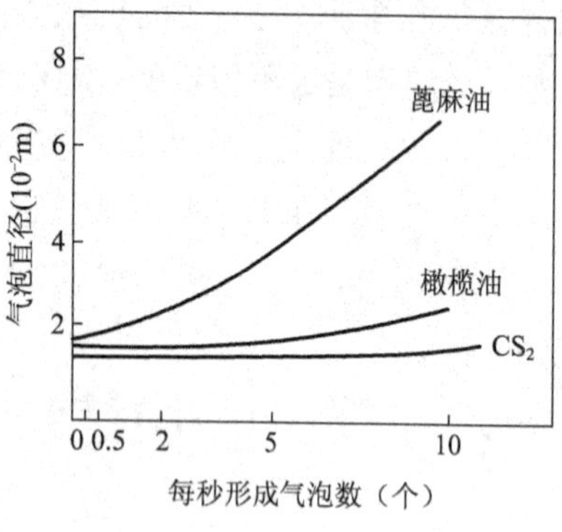

图 10－13　在不同液体中气泡直径 d 与气体流速的关系

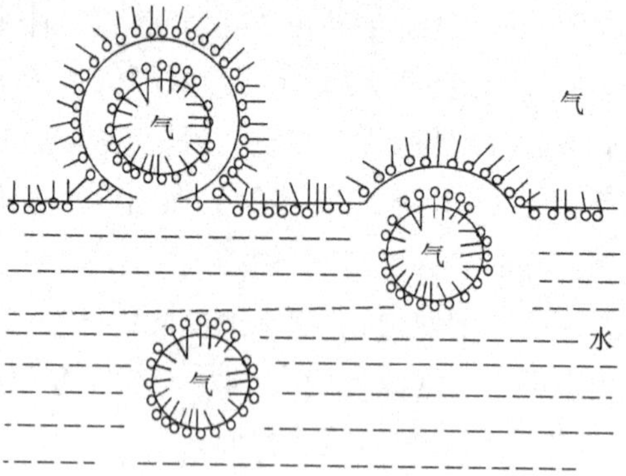

图 10－14　气泡的形成过程与液膜排液

二、泡沫的结构与液膜排液

单个气泡为球形外包有一薄层液膜，气泡在液体中或表面若不相连，称为稀泡沫。若气泡在液面上不断聚集则组成泡沫，亦称浓泡沫。浓泡沫中气泡不再是球形。按照两气泡曲率半径的大小，气泡间液膜的形状如图 10－15 所示。考虑到每个气泡有两个界面，按照 Laplace 方程，弯曲界面压力差 $\Delta p=4\gamma/R$。因此当半径为 R_1 和 R_2 的气泡相连时两气泡间压力差为：

$$\Delta p=\frac{4\gamma}{R_1}-\frac{4\gamma}{R_2}=4\gamma\left(\frac{1}{R_1}-\frac{1}{R_2}\right) \tag{10-15}$$

若两气泡交汇处液膜的曲率半径为 R，则：

$$\Delta p=\frac{4\gamma}{R}=4\gamma\left(\frac{1}{R_1}-\frac{1}{R_2}\right)$$

$$\frac{1}{R}=\frac{1}{R_1}-\frac{1}{R_2} \tag{10-16}$$

显然若 $R_1=R_2$，则 $R=\infty$，即相接液面为平面，如图 10－15(a)所示。若 $R_1<R_2$，则 $R>0$，即小气泡内压力更大，液膜凹面向着小气泡，如图 10－15(b)所示。

Plateau 通过热力学计算得知，浓泡沫中三气泡相汇液膜夹角为 120°时，体系的自由能最小，因此也最稳定，如图 10－16(a)所示[35]。浓泡沫是稀泡沫浓缩或液膜排液减薄而形成的。液膜排液有两种形式，即重力排液和 Plateau 排液。在开始阶段，由于液膜较厚，液体在重力场作用下，沿垂直方向向下流动，称为重力排液。重力排液的排液速率可以这样计算：像任何沿管路流动的液体一样，液体的流速成抛物线分布，即存在速度梯度，按照 Fick 定律：

$$\frac{F}{A}=\eta\frac{\mathrm{d}v}{\mathrm{d}x}=\eta\frac{2v_{\max}}{\delta}=\eta\frac{4\bar{v}}{\delta} \tag{10-17}$$

式中，$v_{\max}$ 为流速曲线中的最大流速；δ 为液膜厚度；$\bar{v}$ 为平均流速。而：

$$\frac{F}{A}=\rho g\frac{\delta}{2} \tag{10-18}$$

将式(10－17)和式(10－18)联立起来解出：

$$\bar{v}=\frac{\rho g\delta^2}{8\eta} \tag{10-19}$$

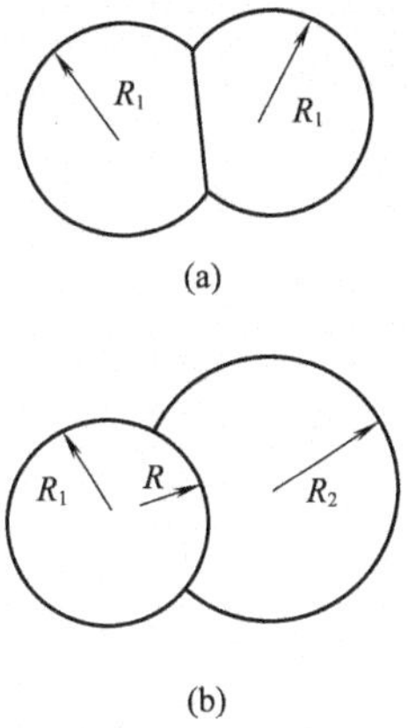

图 10－15　两气泡交汇示意图

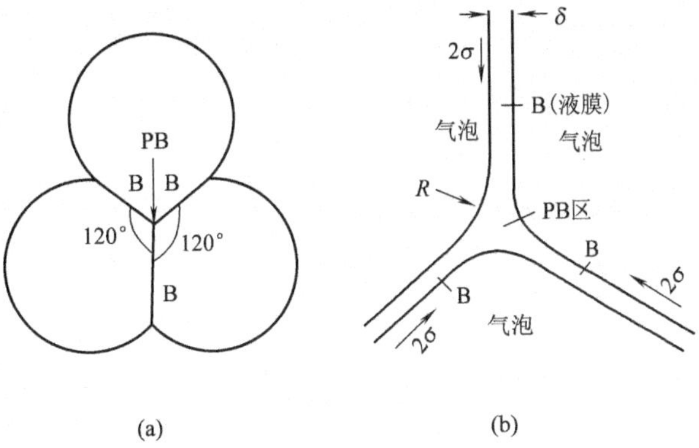

图 10－16　三气泡交汇示意图

这就是重力排液平均速率公式。显然，液膜越厚即 δ 越大，液体密度 ρ 越大，而液体黏度 η 越小，则重力排液速率越大。

当因重力排液而使液膜逐渐减薄至微米数量级时，通过式(10－19)可大致算出 $\bar{v}$ 约为 10^{-6} m/s，即重力排液速度已经极低了，因此第二种排液方式即 Plateau 排液占主导地位。

由图 10－16(b)可知，三通管路交界处，称为 Plateau 交界区 PB，其曲率半径 R 远小于平面薄液膜通路 B 处的曲率半径(为∞)，这两处的压力差为：

$$p_B - p_{PB} = \frac{2\gamma}{R_\infty} - \frac{2\gamma}{R} = -\frac{2\gamma}{R} \quad (10-20)$$

由于凹液面 $R<0$，故 $p_B > p_{PB}$，液体会沿管路由 B 向 PB 处流动，这种因液膜处与交汇处的压力差造成液体排液的方式称为 Plateau 排液(或压差排液)。实验表明压差排液速率正比于 p_B 与 p_{PB} 的差值，反比于液体黏度，即：

$$\bar{v}_p \propto \frac{p_B - p_{PB}}{\eta} \quad (10-20a)$$

无论是重力排液或 Plateau 排液均使液膜变得越来越薄，直至液膜破裂，泡沫破坏。泡沫破坏方式分两类：一类是因排液，上部的气泡因液膜变薄而率先破裂并依次向下，其特点是泡沫的总体积和气泡总数逐渐减少；另一类是由于小气泡内压力大于大气泡内压力，泡沫中小气泡内气体压入邻近的大气泡直至小气泡消失，此时的特点是泡沫总体积不变而其中所含气泡数量逐渐减少。在气泡破坏的过程中，这两种方式同时存在。

气泡破裂之前，在排液过程中，液膜在逐渐变薄，气泡的颜色也在变化，整个泡沫处于五颜六色之中，这是薄膜的两边反射光的干涉的结果。当膜厚度小于 0.01μm 时干涉减弱，当不反射光时膜变得黑暗而破裂。由于排液过程是由上往下，故彩色谱带逐渐下移，J. Perriis 最早研究了"黑膜"，发现当膜的厚度达 0.01μm 时，膜变成白色，当膜进一步减薄时，膜反射光极弱，膜成灰色，最后的颜色是黑色，已达破裂的前沿。我们说只有存在起泡剂时，泡沫才能保持一段稍长的寿命，或者说才能得到稍稳定的泡沫。例如肥皂和洗衣粉就是纯水的起泡剂。但是起泡剂这个词不是很确切，例如往水中倒入洗衣粉并无泡沫产生，而加入机械搅动或冲击方有泡沫产生，并维持泡沫的相对稳定性，起泡剂的作用是起到使泡沫稳定的作用，故称稳泡剂似乎更合适些。在商用洗涤剂中，通常含有有机助洗剂，如月桂酰单乙醇胺、月桂醇等，会使气泡的稳定性得到进一步的加强，这类物质就是稳泡剂。在洗衣粉中传统意义的起泡剂是十二烷基苯磺酸钠。

每张液膜都存在两个表面，表面活性剂分子会在这两个面上定向吸附，其定位方式如图 10－17(a)所示，亲水基在液膜中，憎水尾甩于气相。随着排液过程，液膜变薄，两表面吸附的表

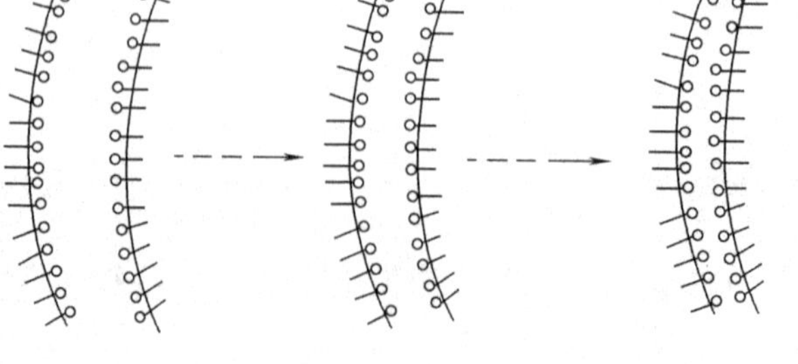

图 10－17　排液使液膜变薄过程示意图

面活性剂分子的极性头距离逐渐减小。如果是离子型表面活性剂，则会在液膜内接近界面处分别产生双电层，当双电层交盖时便产生斥力，液膜便不至于变得很薄。而当电解质浓度很大，双电层被充分压缩，斥力降低，液膜厚度也会变得很薄。若起泡剂是非离子表面活性剂，则液膜会减至最薄的程度，即只剩下两个表面活性剂厚度的黑膜状态，如图 10－17(c)所示。实验发现，不同的表面活性剂和不同的电解质含量，破裂前的膜厚度是不一样的，如当电解质浓度足够大时(即双电层完全被压缩状态)，OP—20、OP—7 和油酸钠最薄膜的厚度分别为 10nm、8.5nm 和 4nm，这恰好对应了表面活性剂分子长度的两倍。

第七节　泡沫的稳定性和消泡

一、泡沫的稳定机理

泡沫与乳状液一样因其巨大的比表面积和表面能而是热力学不稳定体系，泡沫总有自发减少其表面积的趋势。因此热力学最终的稳定状态是泡沫被破坏，气液完全分离的两相状态，故所谓稳定性只是动力学意义上的。然而泡沫的稳定性又有其特殊性，因为气泡的破裂原因是液膜的排液使液膜变薄引起液膜强度的降低而破坏，因此可以说任何影响液膜排液速率和液膜强度的因素均影响泡沫的相对稳定性。由于液膜排液的最终结果仍是导致液膜强度的破坏，故归根结底液膜的强度是泡沫稳定性的关键因素。

(一)表面张力因素

起泡剂的存在会使液体的表面张力降低，表面张力的降低可引起两种结果：一种是使表面能增量($\Delta G=\gamma\Delta A$)降低，另一种是降低 Plateau 排液速率，由式(10－20)可知 γ 的降低会使 p_B 与 p_{PB}差值降低，即 Plateau 排液的驱动力下降，因此排液速率降低。这两个结果都有利于提高泡沫的稳定性。然而并非一切能降低 γ 的物质都是起泡剂，例如丁醇水溶液的表面张力为 25×10^{-3} N/m 而十二烷基硫酸钠水溶液的表面张力为 38×10^{-3} N/m，尽管前者的表面活性高于后者，或前者比后者使表面能降低更多，但丁醇并不能作为起泡剂使用，原因是丁醇的憎水基太短，不能形成坚固的液膜。综上分析可知表面张力因素并非决定因素，决定因素仍是液膜的强度。

(二)液膜强度因素

1. 表面电荷的影响　如果起泡剂为离子型表面活性剂，那么它们在液膜两表面的吸附和定向排列就形成了如图 10－18 所示的两个带相同电性电荷的表面以及由异电离子在表面附近有规律分布的双电层。随液膜的排液，液膜变薄，当薄到两双电层相互交盖时，产生了静电斥力，从而避免了液膜继续变薄而破裂。由于双电层的厚度是受电解质浓度支配的，如果溶液中电解质的浓度很高，则双电层厚度减小，那么双电层交盖时液膜的厚度也减小，这

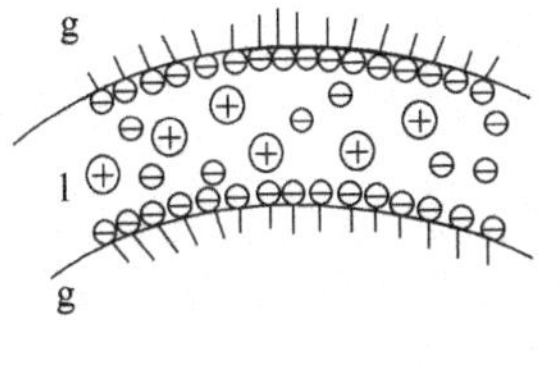

图 10－18　液膜表面带电和双电层示意图

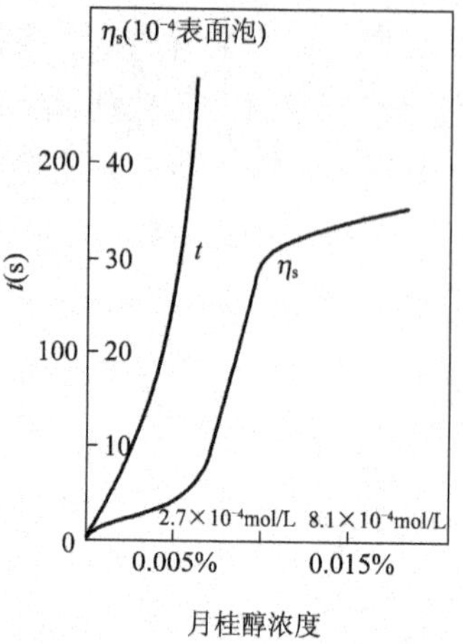

图 10-19　月桂醇浓度对月桂酸钠水溶液泡沫表面黏度 η_s 和寿命 t 的影响

显然对液膜的强度或泡沫寿命是不利的。很明显，表面电荷因素只发生在稳泡剂是离子型表面活性剂时才存在，对非离子型表面活性剂由于不存在双电层就不存在静电斥力保护作用。

2. 液膜黏度的影响　液膜黏度对泡沫稳定性或液膜强度的影响可以从两方面考虑：一方面是黏度增加可以降低重力排液和 Plateau 排液的速率[式(10-19)和式(10-20a)]，从而减缓了液膜变薄的速率，增强了泡沫的稳定性；另一方面黏度加大，可延缓气体从小气泡向大气泡渗透的速度，也有利于泡沫稳定性。

3. 起泡剂和稳泡剂分子在液膜表面的定向吸附和紧密排列以及其间的相互作用而形成坚实的界面膜　表面活性剂分子在液膜两面吸附量越大，排列越紧密，相互作用越强烈，则液膜越坚实，这种坚实性用表面黏度衡量。实验表明，表面黏度越大，泡沫稳定性越强，泡沫的寿命越长。图 10-19 示出以 0.1%的月桂酸钠为起泡剂的水溶液所形成的泡沫，稳泡剂月桂醇浓度对表面黏度 η_s 和泡沫寿命 t 的影响。稳泡剂月桂醇的作用是加大了混合吸附膜的吸附分子密度，另外也加大了混合膜分子间的相互作用。若不存在月桂醇时，由于月桂酸钠极性头之间静电斥力使其距离不能靠近，亦即吸附分子密度较低，憎水基密度自然也小，不能形成坚固的界面膜；当加入月桂醇后，它们不但增大了憎水基团的密度，有利于界面膜强度提高，而且膜中极性头间可能存在氢键作用使分子间作用力加大，同样增强膜的强度。

实验表明，当阳离子与阴离子表面活性剂组成混合起泡剂时，由于两种分子极性头的相互吸引，使膜上吸附分子密度更大，表面黏度更高，膜强度也更大[79]。

与液膜的表面黏度有关的另一现象是气体透过液膜的渗透速率，显然液膜上吸附表面活性剂分子越致密，即表面黏度越高，这种气体从小气泡进入相邻大气泡透过速率越低，泡沫稳定性越高。

4. 固体粉末稳泡剂在液膜中吸附的影响　固体粉末在界面膜中的吸附使液膜机械强度的增加，要比表面活性剂在界面膜中吸附而增加液膜的强度还要强。其稳定机理与固体粉末对乳状液的稳定机理相同，即“盔甲作用”。固体粉末作为泡沫稳定剂要满足两个条件：首先，必须有适宜的接触角。接触角太大，即水对其润湿性太差，则粒子在水膜中部分太小，形成的液膜太薄；相反，接触角太小，粒子会浸在水中，则液膜排液时会将粒子带走，这就不能达到稳定泡沫的目的。其次，要求粒子有适宜的尺寸。太大则因重力而沿液膜沉降；太小则形成的液膜太薄，这也不利于泡沫的稳定。图 10-20 示出几种处于界面膜中固体粒子的情况：固体粒子 1 的大小及接触角均适宜，粒子 2 接触角过大形成的液膜太薄，粒子 3 接触角过小而处于液膜内，粒子 4 尺寸过小，尽管接触角合适，但形成的液膜过薄。

（三）液膜的表面弹性

所谓表面弹性是指液膜受到外界作用发生局部变形而变薄时，其自行修复重新增厚的能力。如图 10－21 所示，液膜受力外凸使局部表面积增大，液膜变薄，变形部分的表面活性剂分子的表面浓度降低，因此此处表面张力 γ_2 高于正常液膜的表面张力 γ_1。于是Ⅰ处的表面活性剂分子向Ⅱ处迁移，以使Ⅱ处表面张力重新降低，另外在表面活性剂分子迁移的同时会带动临近液体随之迁移，从而使变形区域Ⅱ处的表面活性剂分子浓度或表面张力以及液膜厚度得到修复。没有表面活性剂分子的迁移也就没有水的迁移，也就不会有水分的补充。对于纯液体所形成的气泡液膜发生局部变形，由于不存在表面活性剂分子迁移，也就没有液体的迁移，变形的液膜就不会修复，或者说表面没有弹性。

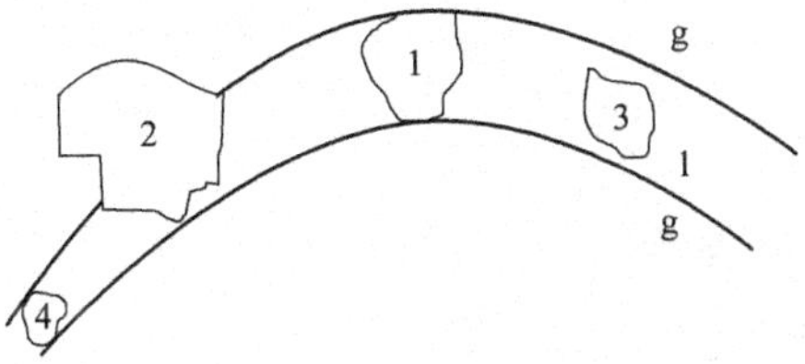

图 10－20　液膜中不同大小和接触角的固体粉末粒子

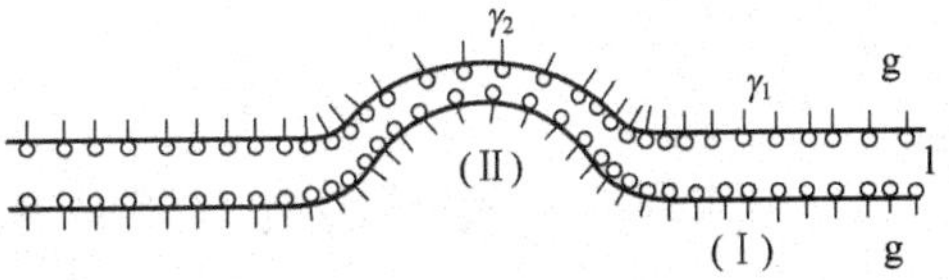

图 10－21　液膜局部变形引起表面张力变化图

Gibbs 给出了表面弹性 E 的公式：

$$E=4\,(\Gamma_2)^2\,\frac{d\mu_2}{dm_2} \tag{10－21}$$

式中，Γ_2 是组分 2 在液面上的过剩吸附量；μ_2 是其化学位；m_2 是其在单位液膜上的质量。显然 Γ_2 越大，E 越大，液膜越稳定。对于纯液体，由于 $\Gamma=0$，故 $E=0$，即纯液体膜不存在表面弹性，泡沫稳定性极差。

需要指出，液膜中的表面活性剂分子迁移会有两种情况：一种是上述的从Ⅰ区迁往Ⅱ区，此时的迁移对于液膜的修复是有效的，因为同时有液体从Ⅰ区迁往Ⅱ区，使液体得到补充；另一种情况，若表面活性剂的浓度大于 CMC，液膜中含有胶团，由于表面吸附速率很快，则Ⅱ区内胶团中的表面活性剂分子迁往Ⅱ区表面，尽管此时Ⅱ区表面活性剂的表面浓度得以恢复，表面张力降下来，但由于没有液体的补充，液膜仍然不能复原，此时液膜的稳定性仍然很差。

二、消泡

泡沫在日常生活及工农业生产中有广泛的应用，例如洗涤、矿物浮选、泡沫灭火和各种饮料中的泡沫等。然而，有时泡沫的存在又会给生产带来不方便，甚至破坏产品质量，比如泡沫的存在会降低电镀镀层质量，染液中的泡沫会使纺织品局部出现白斑等。为此必须进行消泡，所谓消泡是指防止泡沫产生和将已形成的泡沫破坏的过程。

针对泡沫的稳定作用主要取决于液膜的强度以及起泡剂和稳泡剂对泡沫强度的影响，通常加入诸如聚硅氧烷、高级醇、脂肪酸和醚这样的消泡剂。不同的消泡剂有不同的消泡机理，一般有如下几个方面：

(1)降低溶液的黏度,使相连气体在气泡间液膜中液体的渗透速度和排液速度加快,则泡沫寿命降低,如磷酸三丁酯消泡剂。

(2)加入一种消泡剂,其表面张力值很低,如丁醇,它能将原起泡剂顶替出来,而它本身由于碳氢链太短而不能形成坚实的表面膜,从而使泡沫稳定性极大降低。通常消泡剂很易在液面铺展,这不但会使 γ 下降,取代原起泡剂,而且在铺展时,又会带走邻近表面的一层溶液而使液膜减薄,乃至破裂。

(3)消泡剂与泡沫中的起泡剂发生化学反应,破坏起泡剂。如向肥皂所起的稳定泡沫中加入无机酸或钙镁盐时会使原起泡剂形成失去稳定作用的硬脂酸或沉淀。

(4)其他方面。诸如加入电解质使吸附在液面上的离子型表面活性剂分子附近的双电层压缩,而失去带电稳定性;将高级醇加到蛋白质的泡沫中,使蛋白质液膜发生絮凝而破坏以及机械搅动破坏泡沫等。

三、泡沫寿命试验及影响泡沫稳定性的实验因素

(一)泡沫寿命实验

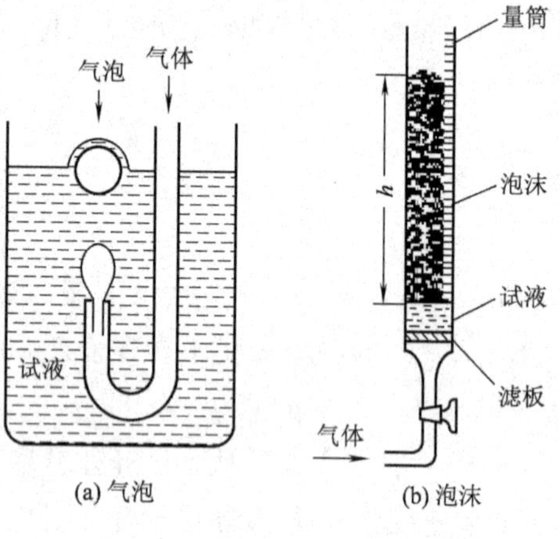

图 10－22　泡沫寿命实验装置图

泡沫的稳定性可以用泡沫的寿命表示,所谓寿命是泡沫从形成至其完全破坏所用的时间。如图 10－22(a)所示,用带弯头的毛细管迫使气体进入液体中形成气泡,气泡浮起并在界面处停留,测其从浮出液面到破裂的时间即为泡沫的寿命。泡沫寿命的另一种测量方式是将空气以固定速率通入含起泡剂的液体中形成泡沫,如图 10－22(b)所示,测量的是泡沫柱的平衡高度,这个高度的数值表征了泡沫的寿命。所谓平衡泡沫柱高度就是泡沫形成速率等于其消灭速率时泡沫在容器柱中的高度,显然当气流速度一定时,高度的大小代表了泡沫寿命的长短。

(二)影响泡沫寿命的实验因素

1. 起泡剂的种类　起泡剂的作用在于延缓气泡液膜的排液速率,并增强液膜强度。实验发现如下泡沫寿命的顺序:有机醇、酸<表面活性剂<高分子物质。

一般有机醇、酸的泡沫寿命小于 20s,而且同系物中碳数处于中间的泡沫的寿命最长;对于表面活性剂一般规律是碳氢链长度越长稳泡效果越好;高分子物质稳泡效果最好,一般寿命可达几百至几千秒,且寿命随链长和浓度增加而增加。

2. 起泡剂的浓度　对于表面活性剂和大分子物质,一般随浓度增加其稳泡效果越好。但对有机醇和酸则有一个最适宜的浓度,在此浓度下泡沫有最大寿命。

3. 起泡剂的分子结构　对于表面活性剂和大分子起泡剂,一般随碳氢基团长度增加或链长加大会增大液膜强度,从而使泡沫寿命也增加。

4. 其他条件

(1)温度增加，由于起泡剂分子解吸，介质蒸发速度增高，以及介质黏度下降均使泡沫寿命降低。

(2)介质黏度降低，使排液速率增加，寿命降低。

(3)电解质浓度增加会压缩双电层，使斥力降低，泡沫易于破坏。

第八节　悬浮液与固溶胶

一、悬浮液

悬浮液(suspension)是以液体为分散介质，分散相固体粒子大于10^{-6} m 的粗分散体系。这种分散体系在自然界、日常生活和工农业生产中，较胶体分散体系更常见。如潮湿的土壤、泥水、水泥浆、油漆、颜料浆液、陶瓷原料、城市雨水以及挟裹有泥沙的河水等。

悬浮液与液溶胶一样均为固体分散相分散于液体中的分散体系，所不同的是悬浮液的分散相要大得多。因此悬浮液的某些性质与溶胶是相似的，而有些性质又有很大不同。有关悬浮液与液溶胶的一些性质比较列于表 10－6 中。与溶胶一样，悬浮液中的分散相粒子表面也带电，在表面附近溶液中异电离子形成双电层，并展示出电泳等动电行为，其动电电位十分接近相应溶胶的 ζ 电位。另外两者分散相表面也存在溶剂化壳，这些均是其能得到暂时絮凝稳定性的原因。正因为存在双电层，故电解质的加入会引发和促进絮凝，生成聚集体。两者的差别源于悬浮液的分散相粒子更大，故其沉降稳定性差得多，粒子的布朗运动和扩散作用弱得多。也正是因为粒子较大故其展示弱散射和反射光的光学行为。除了表中所列性质外，还有沉降与浮选问题，以及在陶瓷工业中遇到的悬浮液过滤问题，这里就不详细论述了。

表 10－6　悬浮液与液溶胶的一些性质比较

性　质	液溶胶	悬浮液
沉降稳定性	强	差
布朗运动、扩散	强	差
光学行为	散射光	弱散射或反射
双电层	存在	存在
电解质影响稳定性	强烈	强烈

悬浮液在自然界的天然存在以及对于国计民生的重要作用是有目共睹的。如为防止锅炉垢的产生，常在锅炉内放置石墨炭粒的悬浮液作为沉淀物的结晶中心；油漆就是颜料在有机溶剂中的悬浮液；我国长江、黄河、珠江等入海口所形成的大面积沉积平原以及世界其他国家如埃及的尼罗河三角洲就是由携带大量泥沙的河水这一典型的悬浮液，在入海口处与海水中所含大量电解质相遇发生絮凝沉降的结果；所谓悬浮燃料就是固体燃料粒子在液体燃料中分散的悬浮体；石油工业中的钻井泥浆是浓度很高的悬浮液，它的触变性和流变性可保证钻头高速旋转的低黏性和停钻时高黏性，从而防止泥沙下沉事故，又可压住高压气流防止井喷。

二、固溶胶

分散介质为固体的胶体分散体系称为固溶胶，其中的分散相可以是气体、液体和固体。日常生活中所见到的许多物质是固溶胶:彩色玻璃、合金、珐琅、矿物和岩石是分散相为固体的固溶胶;分散相为气体的固溶胶又称固体泡沫,如天然浮石,还有人工合成泡沫塑料、泡沫玻璃和泡沫水泥等;以液体为分散相的固溶胶比较罕见,如汞分散于熔融磷中固化后所形成的黑磷以及蚌类为阻止外来物质侵害所分泌液体固化形成的珍珠是典型的例子。

固溶胶在我们周围尽管举目可见,但对其性质的研究却不多,这大约与其分散介质为固体,体系性质比较稳定有关。由于固体介质的强大阻力,分散相粒子不可能相互接触,在这样的体系中不可能发生沉降和絮凝现象,因此体系是十分稳定的。除非处于熔融状态会观测到真正的沉降和絮凝现象,但熔融态的体系已非固溶胶了。

固溶胶的光散射行为是十分强烈的。事实上,乳白光的英文 opalescence 就是从作为固溶胶的蛋白石 opal 一词衍生出来的。蛋白石对光的散射行为十分明显。应该说,所有的分散相尺寸在胶体尺寸范围的固溶胶均有明显的光散射行为,只不过可能因固体介质并非透明而观测不到罢了。

固溶胶通常由混有气、液或固态分散相的熔融介质冷凝而得到。天然火山岩岩石也是通过这种途径形成的。而以聚合物如橡胶和塑料为介质的固体泡沫的制备方法则不同:将起泡剂和单体以及促聚剂用加热等方法使其发生聚合反应,起泡剂放出气体以气泡的形式分散在其中,或是以弯曲的相通的内孔形式存在。

以下是几种常见的固溶胶[72]。

(1)红宝石玻璃是分散度极高的(4～30nm)金颗粒为分散相(含量为 0.01%～0.1%)、玻璃为介质的固溶胶。若用银、硒和铜颗粒代替金颗粒也可以得到同样的红宝石玻璃,但价格相对低廉。用不同的其他物质作为分散相可以制备出不同颜色的彩色玻璃。

(2)蓝色的岩盐是 NaCl 晶体中含有痕量(0.0001%)的胶体分散金属钠的固溶胶。人们对其结构早有认识,因为将其放于水中会分解放出氢气。将 NaCl 晶体放置于钠蒸气中加热可人工合成这种蓝色晶体。

(3)岩石也是固溶胶。火山岩的形成是火山岩岩浆冷却时有的组分率先结晶形成分散相,随后岩浆凝固而成分散介质。沉积岩是细小的 SiO_2、黏土、腐殖物、Fe_2O_3、硅藻类等物质沉积而形成的固/固分散体系。

(4)珐琅是硅玻璃,其中含有使其显色发光的分散相物质如 SiO_2、TiO_2 以及 $Ca_3(PO_4)_2$ 等。将熔融的珐琅沉积于金属或陶瓷表面,待冷却后赋予基体以漂亮的外观和化学稳定性。

(5)固溶胶作为合金的一种已为人所知。合金中包括分子溶液、胶体分散体系和粗分散体系的结构。如钢中的奥氏体是固体分子溶液,马氏体是胶体溶液,而作为粗分散体系的是珠光体。

第九节　气溶胶

气溶胶是分散介质为气体的分散体系,分散相或为液体或为固体,因此我们可以这样认为,气溶胶是分散介质为气体的乳状液或溶胶。正是由于分散介质为气体而非液体，因此便自成体系，有其特殊的性质。首先气体的密度和黏度远小于液体，因此分散相因分散介质的热运动所形成的布朗运动以及因布朗运动所造成的扩散速度要低得多，另外，尽管气溶胶中分散相有可能带电，但电量要少得多，而且也不会在分散相粒子表面周围形成双电层，进而当粒子互相靠近时，也不会存在静电斥力问题，故其絮凝稳定性也很差。

人们生活在被大气包围的环境中，而大气中充满液体和固体颗粒，因而可以说人类生活在宏大的气溶胶环境之中，故研究气溶胶对于人类的健康和国计民生是十分必要的。

一、气溶胶的分类

气溶胶既可以按照分散相的相态分类，也可以按分散相的尺寸分类。

(一)按分散相的相态分类

如分散相为液体，称为雾；如果分散相为固体粒子则为烟，若粒子尺寸很大($>10^{-5}$ m)则为尘，统称为烟尘。沙尘暴是以极高速度运行的高浓度烟尘。现实生活中，如烟道气中不但含有固体颗粒，而且往往含有水汽及水汽所凝结的水珠，故常常遇到的分散相是黏附水汽的固体分散相，有时称之为“烟雾”。

(二)按分散相的尺寸分类

固体分散相的尺寸在$10^{-9}\sim10^{-5}$ m 者称为烟，尺寸$>10^{-5}$ m 者称为尘；液体分散相的雾滴大小在$10^{-7}\sim10^{-5}$ m。

还有一种常规的分类法，即按分散相的均匀程度划分为均匀分散的气溶胶和多分散的气溶胶，这多半取决于气溶胶的制备方法。与溶胶的制备方法相似，用化学方法等凝聚法形成的气溶胶(如用过饱和法形成的雾)就较均匀；相反用分散法(如用高压气体喷射出的液体雾或喷射固体使之粉碎所形成的粉尘)所得到的气溶胶内分散相就极为不均匀。

在液体分散相的气溶胶中，液滴为大小不同的球形，而固体分散相的形状一般是不规则的。正因为分散相尺寸是不均匀的，故也存在尺寸分布问题，表 10－7 给出了一些典型的气溶胶中粒子的尺寸。

表 10－7　典型气溶胶分散相尺寸

分散相	尺寸(m)	分散相	尺寸(m)
雾(H_2O)	5×10^{-7}	烟(ZnO)	5×10^{-8}
叠层云	$10^{-6}\sim10^{-5}$	烟(烟草)	$10^{-7}\sim10^{-6}$
雨云	$10^{-5}\sim10^{-4}$	烟道气	$10^{-7}\sim10^{-4}$
硫酸雾	$10^{-6}\sim10^{-5}$	P_2O_5(烟)	$10^{-6}\sim5\times10^{-6}$

二、气溶胶的性质

气溶胶的性质有些很像液溶胶，有些却出入很大，这是因为两者的分散相一样，但分散介质不同,故有的性质差别很大,如粒子表面层附近不存在双电层和絮凝稳定性很差等。

(一)光学性质

气溶胶的光学性质类似于液溶胶,只不过气溶胶的分散相与介质间不但密度差大,而且折射率差更大,由 Rayleigh 公式可知,气溶胶的光散射更强烈,光学性质更突出。清晨透过窗帘缝隙的光路中剧烈运动的光点就是明显的例证。

(二)动力学性质

1. 沉降 在液溶胶中半径为 R 的球形粒子的沉降阻力满足 Stokes 公式:

$$F_v = fv = 6\pi\eta Rv \tag{10-22}$$

对气溶胶仍可沿用此公式,但仅限于半径 R 大于粒子运动自由程 $\overline{\Delta}$(约等于10^{-7} m),即$R \geqslant 10^{-7}$ m 的分散相。

对于 $R < 10^{-8}$ m 的分散相,满足公式:

$$F_v = 6\pi\eta R^2 v(0.3502 \times 4.5\overline{\Delta})^{-1} \tag{10-23}$$

对于 $10^{-8}\text{ m} < R < 10^{-7}$ m 的粒子有通用公式:

$$F_v = 6\pi\eta Rv\left(1 + A\frac{\overline{\Delta}}{R}\right)^{-1} \tag{10-24}$$

若 $\overline{\Delta}/R \gg 1$,则式(10-24)可还原为式(10-23),若 $\overline{\Delta}/R \ll 1$,则式(10-24)可还原为式(10-22)。

按照第二章所述的沉降过程,当阻力与粒子沉降力相等时,粒子沉降速度达固定值,由式(2-3)可知:

$$v = \frac{V(\rho_2 - \rho_1)g}{6\pi\eta R} \tag{10-25}$$

由于气溶胶中气体介质密度 ρ_1 远小于溶胶中液体密度 ρ_2,故气溶胶中等同 R 的分散相比液溶胶中沉降速度大得多。由式(10-22)至式(10-25)可知,由于气体黏度 η 很小,气溶胶中运动阻力 F_v 要小得多,也可以得到同样结论。

2. 布朗运动与扩散 尽管气溶胶中介质气体的密度和黏度均小于溶胶中液体介质的相应值,气体分子的热运动引起的分散相粒子的布朗运动弱,但是由于粒子运动阻力也小,故总的结果是布朗运动和扩散更激烈。粒子的运动方向主要取决于粒子的沉降,但是沉降速度因布朗运动而有所变化。

3. 沉降平衡 研究气溶胶中分散相沉降平衡的方法不同于研究液溶胶沉降平衡的方法,后者在足够长容器中,当沉降量与扩散量达平衡时,此时粒子宏观运动速度为零。而对气溶胶的研究方法是在固定半径 r 的球形容器中进行的。在此容器中,分散相因重力作用而沉降于底部,另一个是因为布朗运动,横向运动达器壁。因此可测的量有两个:

(1)因扩散达容器壁的时间:

$$t_d = \frac{R^2}{2D} = \frac{R^2 f}{2kT} \tag{10-26}$$

(2)因沉降达容器底的时间:

$$t_s = \frac{2Rf}{mg} \tag{10-27}$$

两个时间与粒径 R 的关系为[对于小粒子见式(10－26)]：

$$t_d \propto f \propto R^2$$

$$t_s \propto \frac{f}{m} \propto \frac{R^2}{R^3} = R^{-1}$$

这样便可以得到如下结论：

对于较小粒子，$t_d \ll t_s$，即气溶胶破坏于扩散。

对于较大粒子，$t_d \gg t_s$，即气溶胶破坏于沉降。

对于适中粒子，当 $t_d = t_s$ 时，停留时间最长。将式(10－27)和式(10－26)代入这个等式即可求出气溶胶中寿命最长的粒子质量和尺寸：

$$\frac{R_0^2 f}{2kT} = \frac{2R_0 f}{m_0 g}$$

则：

$$m_0 = \frac{4kT}{gR_0} \tag{10-28}$$

$$R_0 = \frac{4kT}{gm_0} \tag{10-28a}$$

矿山中采矿工人的一种严重的职业病就是矽肺病，即坚硬的石英粒子被吸入肺中并沉积于肺壁使肺硬化。测量表明吸入肺中的石英粒子质量大多在 m_0 或当量半径在 R_0 附近。因为过大的粒子早已沉于地面，而过小的粒子尽管被吸入，但靠扩散作用早就停留在气管和支气管壁处不可能达到肺部，只有一些寿命最长的粒子 R_0 才可能达到肺部引起矽肺病。

4. 热泳　气溶胶中的分散相粒子沿温度梯度向温度降低的方向运动称为热泳。这是因为粒子两边温度不等，高温一边气体分子热运动激烈，粒子频繁碰撞，相反低温边碰撞频率低，最终粒子向低温方向运动。在大气中当冷热空气相遇时，云层上方冷下方接受地面热空气热量而热，云中的水滴在此温度梯度作用下有一向上的热泳趋势，从而降低了水滴下降趋势，云彩才作为一个整体在天空浮动，只有当小水滴聚结成大液滴时，在重力作用下降落才成为可能，这就是雨滴。

5. 光泳　气溶胶中分散相粒子的一个方向受光照引起粒子的运动称为光泳。如运动方向与光照方向相同称为正光泳，相反称为负光泳。

对于不透明小粒子，被照射一边温度升高引起热泳，这时运动方向与光照方向相同，产生正光泳；对于半透明小粒子，由于光的透射，不被直接照射一面反而被加热，造成热泳，此时热泳方向与光照方向相反，为负光泳；对于大粒子，由于光强度在粒子中减弱，总是被照得更热，此时热泳方向与光照方向相同，故出现正光泳。

6. 热沉降　气溶胶中粒子易于黏附在温度较低的器壁上这一现象，称为热沉降。暖气片与火炉附近的墙壁总是比别处灰尘更多就是明显的例子，显然它是热泳的必然结果。

(三)电性质

与液溶胶的分散相不同，一般气溶胶中粒子是不带电的，即使是带电其电量也极低，而且带电具有偶然性。另外，即使气溶胶中粒子带电，但与液溶胶不同，其周围是气体而非液体，故不存在异电离子双电层。气溶胶中粒子带电的原因是：

(1)粒子在形成过程中(如粉碎法或凝聚法)带上电荷。

(2)粒子之间相互摩擦碰撞产生电荷。

(3)粒子与器壁的摩擦和碰撞中产生电荷。

(4)大气受外界影响(如闪电、雷击)而使空气分子电离，产生气体离子，气体离子在粒子上吸附而使粒子表面带极少量电荷。

如工业生产中常遇到 NaCl 粉和煤粉带正电，而面粉带负电。气溶胶中分散相粒子所带电荷电性的规律是:金属及其氧化物，如 Fe_2O_3、MgO、Zn、ZnO 带负电荷;非金属及其氧化物，如 SiO_2、P_2O_5 带正电荷。

我们可以用粒子带电现象解释云层中闪电是如何形成的:大气中的液滴的尺寸分布是由上至下越来越大，而且液滴带电量随粒径加大而增多，于是电荷分布由上至下越来越多，且为正电荷，这样云层由上至下显出电位梯度，其值约为 100V/cm。如果有外界作用(如风、冷空气)，便因对流而产生闪电。

气溶胶中粒子的平均电荷量 Q 是可求的[72]。先测量不存在电场时粒子的自由沉降速率 v_s，再测量加上电场强度 H 时的沉降速率 v_e，则粒子迁移速率 v 可用下式求出:

$$v=v_s\pm v_e=f^{-1}(mg\pm QH) \tag{10-29}$$

式中，m 为所研究颗粒的质量，这里用“±”是因电场力使粒子运动方向可能与沉降方向相同也可能相反。如果 f 已知，则可由此式计算分散相颗粒带电量 Q。如果 f 不知，则加一个可调电场 H，并使其抵消粒子沉降速率，从而使 $v=0$，那么:

$$v=f^{-1}(mg\pm QH)=0$$

则:

$$Q=\frac{m\cdot g}{H} \tag{10-30}$$

三、气溶胶的聚集稳定性

首先应当肯定气溶胶是热力学不稳定体系，因此云雾总是要散去，烟尘总是要沉降。但是气溶胶也能存在一段时间，也就是说在一定时间内，它还存在相对稳定状态。那么是什么原因使其能存在一定的时间呢?

最早的研究认为:在气溶胶颗粒表面有多分子层吸附气体，这层气体使粉末能存在很长时间而不凝聚，这层气体才使烟尘不被水润湿，一个明显的例子就是吸水烟袋，烟通过水层，滞留的仅是尼古丁和烟碱而烟气仍能通过水层。后来的研究否定了颗粒被气体分子包围的说法，认为颗粒被一层液体膜包围，这层水膜对其稳定性影响很大，我们知道气—液界面张力很大，当颗粒黏在一起时体系自由能降低，故絮凝是自发过程。

应当说气溶胶较液溶胶絮凝速率快得多，这是因为气体分散介质中粒子的布朗运动激烈，加之气溶胶粒子基本不带电或带电也极少，故絮凝很快，而且随其浓度增加而加速絮凝。表 10－8列出初始粒子浓度与浓度降低两个数量级所需时间的关系。从此表所列数据可见，气溶胶从其制备或产生之时起几分钟浓度就降低至 10^{10}个/cm^3 以下，而此时的液溶胶浓度仍在 $10^{10}\sim10^{14}$个/cm^3，所以说气溶胶絮凝速度快得多。一般工业生产中或天然产生的气溶胶均为浓度很低的。

表 10－8 初始浓度 C_0 与浓度降低两个数量级所需时间

C_0(个/cm^3)	10^{12}	10^{10}	10^8	10^6
t	几分之一秒	15～30s	30min	几天

除了上述碰撞频率造成气溶胶絮凝外，还有其他一些影响因素，如气溶胶粒子的多分散性和不对称性均会加速絮凝；大气中分散相粒子如带不同电荷也因静电引力会加速絮凝；气体的对流和搅动等均会加速絮凝。

四、气溶胶的制备与破坏

气溶胶在自然界及工农业生产中是客观存在和不断产生的，气溶胶对于国计民生有着不可小视的影响，其中有利也有弊。如在工业生产中的喷洒就是用压缩空气将涂料、油漆喷射成气溶胶；液体和固体燃料用气体喷射成分散相分别为液相和固相的气溶胶进入燃烧室；在农业方面，杀虫剂和除草剂也是以气溶胶形式喷洒于植物之上，植物的花粉和微小的植物种子也是以气溶胶的形式漂浮于大气中传播的。此外应用于战争的烟雾弹，舞台上使用的人造云雾，喷射型药品，均系人类利用气溶胶的例证。科研人员还利用气溶胶液体分散相的液滴作为微小反应器制备均匀胶体粒子[80,81]。

气溶胶的弊端也是显而易见的，如工业化城市中携带大量有害气体和有害物质的雾和烟尘对人类健康是十分有害的，是重要污染源。工厂的烟囱中冒出的烟雾不但污染环境而且浪费大量有用的材料，有人研究过在炼钢厂，每冶炼 10000t 矿石，在烟气中带出的物质列于表 10－9 中。在采矿业中，坚硬锐利的石英粉尘进入矿工的肺部会引起致命的矽肺病。另外在面粉厂及煤矿中，气体中的粉尘的浓度必须维持在一个极限值以下，否则会引起较气体爆炸更强烈、强度更大的爆炸。表 10－10 列出一些粉尘的爆炸下限（即发生爆炸的最低浓度），一般讲下限越低，能够引起爆炸的温度也越低，引发爆炸的可能性越大。

表 10－9 每冶炼 10000t 矿石从烟道流出物的质量

矿　石	流出的量(kg)	矿　石	流出的量(kg)
Al_2S_3	26900	Zn	2785
Sb_2S_3	1906	Fe+Al	8100
Cu	1907	Bi	400
Pb	2170	Mn	80

表 10－10 一些粉尘的爆炸下限

粉　末	爆炸下限(10^3kg/m^3)	粉　末	爆炸下限(10^3kg/m^3)
铝粉	58.0	硫矿粉	13.9
煤粉	114.0	页岩粉	58.0
沥青粉	15.0	泥炭粉	10.1

续表

粉　末	爆炸下限($10^3 kg/m^3$)	粉　末	爆炸下限($10^3 kg/m^3$)
虫胶	15.0	棉花	25.2
木屑	65.0	硬橡胶粉	7.6
樟脑	10.1	面粉	30.2
松香	5.0	奶粉	7.6
燃料	270.0	茶叶末	32.6
茶	2.5	烟草末	68.0

(一)气溶胶的制备与产生

与液溶胶一样,气溶胶的产生与人工制备也按照分散相粒子的特殊尺寸范围,由大颗粒粉碎和极小的分子、原子、离子凝聚而成。

1. 凝聚法　液体分散相的气溶胶—雾是通过凝聚法而产生的一个典型的例子。当潮湿的空气进入低温区域或者与经过热辐射早已将热量散发出去而在夜间迅速冷却的地球表面时,潮湿空气中水蒸气达饱和状态而凝聚成具有一定尺寸的水滴,这便形成了雾。按照第四章所讲的 Kelvin 公式(4－5),液滴总是以极小的半径 R 开始,所需蒸汽压 p_r 有极高的过饱和度,因此在十分干净的环境中雾是极难形成的。但是,在城市空气中存在大量的当量半径为 r_0 的悬浮粒子,它们便成为新相种子,水蒸气在这些种子上凝聚,对应的饱和蒸汽压为 p_{r_0} 且 $p_{r_0} \ll p_r$。空气越污浊,雾越易形成,因此雾的多少似乎可以成为城市空气污染的标志。20 世纪 50 年代英国伦敦浓雾数月不散,造成千人因呼吸道疾病而死亡的罪魁祸首就是工业化造成的空气污染。

污染城市空气的固体分散相气溶胶的形成是通过化学反应凝聚法而产生气溶胶的另一典型例子。在冶金和化学工业中金属氧化所产生 ZnO、MgO 等组成的烟尘、磷燃烧产生 P_2O_5 粒子、Cl_2 发生光化学反应生成 HCl 酸粒、燃料燃烧的氧化反应产物烟尘,当与冷空气接触而形成烟道气等。我国近几年频发扬沙和沙尘暴,强烈的西北风裹胁大西北裸露的黄土高原上的黄沙一路肆虐,不但造成人员伤亡,而且造成空气污染,严重恶化人类的生存环境。

2. 分散法　利用气嘴喷射将液体分散成雾状滴是人们经常用来制造液体分散相气溶胶的方法,如喷洒杀虫剂、农药,喷涂油漆和涂料等。瀑布的周围布满气溶胶是瀑布从高处跌下撞击地面或水面将水分散在空气中的结果。

分散相为固体颗粒的气溶胶,颗粒通常用研磨方法制备。近年来,人们用高压气流通入气流粉碎机,高速气流让喷射出的大颗粒撞击器壁或相互碰撞而粉碎成小至微米级的固体粉末。

(二)气溶胶的破坏

为了工农业生产的需要和环境保护及保障人类生存环境的需要,破坏气溶胶是十分必要的。

利用飞机或霰弹将 AgI 固体颗粒散播于富水云层中,使阴云中水蒸气在较低过饱和度下于作为“结晶种子”的 AgI 固体颗粒表面上凝结成液滴并逐渐变大而降落,这种人工降雨、降雪技术用于破坏气溶胶并使之为农林业服务。

固体分散相的气溶胶的破坏方法，可以通过改变气溶胶流动方向、过滤或引入电场等方法使分散相与分散介质气体分离，这种技术多用于工业废气或烟道气的除尘（气溶胶的破坏），并可从分离的固体中回收有价值的稀贵金属。以下介绍两种常用的除尘设备，即旋风分离器和静电除尘器。

1. 旋风分离器　如图 10－23 所示，含固体分散相的气溶胶由进口 1 进入分离器，气溶胶的流向和速度改变了，气溶胶不得不沿圆形柱器壁向下作螺旋运动，并因固体粒子不断碰撞器壁而被截流、下降，从收集粉末口 3 回收。解脱了固体粒子的气体改变方向沿管中心上升，从废气出口 2 流出。此装置只适于粗分散相的气溶胶破坏，即直径应大于 3μm 沉降能力强的较大颗粒。

2. 静电除尘器　静电除尘器是由 F. Cottrell 完成的故又称 Cottrell 除尘器，如图 10－24 所示。静电除尘器的原理是，在阴极 3 和金属壁 2 间加上高达 70～100kV 的高压直流电源，在此高压下产生电晕放电现象，阴极 3 起辉并放出大量电子，使两电极间空气电离而产生大量负离子，这些负离子被不带电或带弱电的固体粒子捕获而使其带上负电，带负电粒子靠静电吸引向带正电的管壁移迁，碰壁后失去电荷并沿壁落下，从固体粉末出口 5 处回收，这样从进口 1 进入的气溶胶失去固体分散相后，从出口 4 排空。

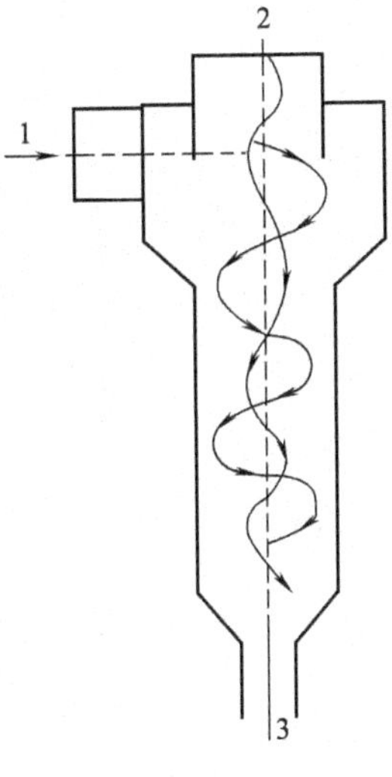

图 10－23　旋风分离器示意图

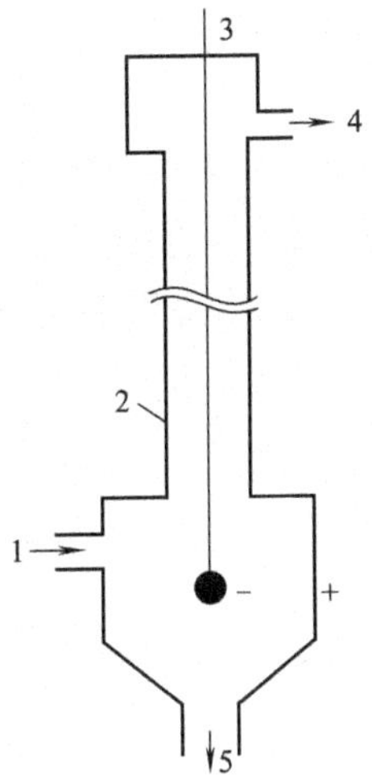

图 10－24　高压静电除尘器示意图

第十节　凝　胶

第九章第三节曾介绍将电解质加到较低浓度的分散相粒子为棒状、板状和长椭球状的分散体系因去溶剂化作用或电解质作用而失稳，发生完全絮凝作用之前生成的三维网状絮凝结构的凝胶(gel)，结构中不规则形状粒子靠 van der Waals 力结合，结构中包裹有大量分散介质。凝胶陈化过程中，结构中的介质部分析出，即脱水收缩作用(图9－9)。当电解质浓度达到临界絮凝浓度 CCC 时，絮凝体沉降。线型大分子浓溶液在外界条件发生变化时，产生这种网状结构的凝胶(过程称为胶凝作用)更为普遍。如日常生活中常见的一些现象：经慢火长时间炖煮的猪皮汤、鱼头汁和琼脂溶液，冷却之后都成为胶冻(jelly)，也就是凝胶。与原来的溶液比较：它们失去流动性，反而具备弹性和强度等一些固体的力学性质。然而凝胶又不是固体，而是介于固体与液体之间的一种状态，因为体系中包含大量溶剂；凝胶在长期静置过程中，溶剂会逐渐从网络结构中渗出，即脱水收缩或离浆作用(syneresis)，网络结构更加紧凑，强制完全脱水后变为干凝胶，它的反过程称为溶胀作用(swelling)；与此过程相反，倘若使凝胶升温，随着网络结构的破坏体系又恢复流体状态；再有，由于它是由固液两相组成，液相中的低分子离子迁移与在纯介质中的迁移几乎没有区别。

一、凝胶的形成

凝胶既可以通过干凝胶吸收亲和性液体使其进入网状结构中的溶胀作用使其体积膨胀形成，例如琼脂在热水中，硫化橡胶在苯中；也可以通过化学反应制取，如酸与水玻璃反应生成硅酸凝胶；还可以通过低分子物质溶胶和大分子溶液得到。按照分散相是低分子物质还是大分子物质，将凝胶分为两类：刚性凝胶(rigid gel)和弹性凝胶(elastic gel)，它们的网状结构形成的机理不同。

(一)刚性凝胶

溶胶中加入电解质时，分散相粒子或因双电层的扩散层被压缩，或因表面电位降低，或 δ 电位降低而引起 ζ 电位下降，使溶胶稳定性逐渐降低。粒子因布朗运动而碰撞，在完全失去稳定性之前，粒子间靠 van der Waals 力相互连接而形成三维网络絮凝结构(图 9－8)，结构中充满介质，体系"固化"成为刚性凝胶(或非弹性凝胶)。如果电解质浓度进一步增加达到临界絮凝浓度时，溶胶聚沉，絮凝体沉降于容器底部与介质完全分离。刚性凝胶干燥后的分散相与介质混合加热，一般不会发生溶胀作用再返回原来的凝胶状态，也不会重新形成原来的溶胶状态，故这种凝胶又称为不可逆凝胶。

有一个问题必须明确，并非一切絮凝过程必然经过凝胶形成这一步骤，絮凝是胶凝作用的必要条件：分散物质以独立状态游离出溶胶，为絮凝网络结构的形成提供原料。但絮凝不是充分条件：游离粒子必须互相连接形成三维絮凝结构。能否形成网络结构取决于粒子本性：诸如 CdS、As_2S_3、PbS 等憎水性极强的溶胶添加电解质时，只能发生絮凝沉降，过程中无凝胶产生；那些亲水性较强的分散相粒子，特别是形状不对称(棒状、板状和长椭球形)粒子，电解质使其发生絮凝过程中会有凝胶生成。通常生成凝胶时的电解质浓度约为 CCC 的一半，例如 KCl 使 3.2%的 $Fe(OH)_3$ 溶胶发生胶凝作用的浓度是 22×10^{-3} mol/L，临界絮凝浓度为 46×10^{-3} mol/L。

(二)弹性凝胶

线型大分子溶液在改变温度、浓缩溶液、加入少量电解质，甚至在静置过程中，大分子间会形成网络结构，所形成的凝胶称为弹性凝胶。这种凝胶的特点是，诸如明胶和琼脂这样的干凝胶在水中加热溶解所得到的溶液，在冷却过程中发生胶凝作用成为胶冻状的凝胶，而凝胶经脱水收缩再干燥重新变为干凝胶，这一操作可以反复进行，故这类凝胶又称可逆凝胶。

大分子所形成的结构无论从形成机理和结构形态上与憎液溶胶靠分散粒子的分子间力形成的结构有所不同。弹性凝胶中的大分子间不但有纯粹物理概念上的力，还有化学键力，如平行排列的带相反电荷的离子基团相互吸引或大分子极性基团的相互作用形成永久性的键或化学键(橡胶硫化即如此)。更重要的是，大分子间会发生局部结晶过程，产生微晶区域。尽管柔性的线型大分子在溶液中可以自由伸展，但是在各种分子间力甚至化学键的作用下，在形成凝胶过程中它们不能完全伸展，发生弯曲和缠绕，只能在局部区域内定向有序地排列，就如同结晶一般。大分子的定向程度与大分子本性和胶凝条件(如温度、浓度、胶凝速率和陈化等)有关。凝胶中，一个分子可能不只参与一个微晶区，而且各微晶区的大小和有序程度也不同。图 10－25[72]示出各种凝胶中局部大分子有序排列(即微晶区域)的类型，图中由 1～6 微晶区的大小和数目逐渐增加或者说微晶化的程度逐渐增加。弹性凝胶内微晶区的存在已经被 X 射线衍射实验所证实。明胶凝胶的衍射图谱上就有晶体衍射线，而一经加热熔化则衍射线消失，因为后者已非凝胶。

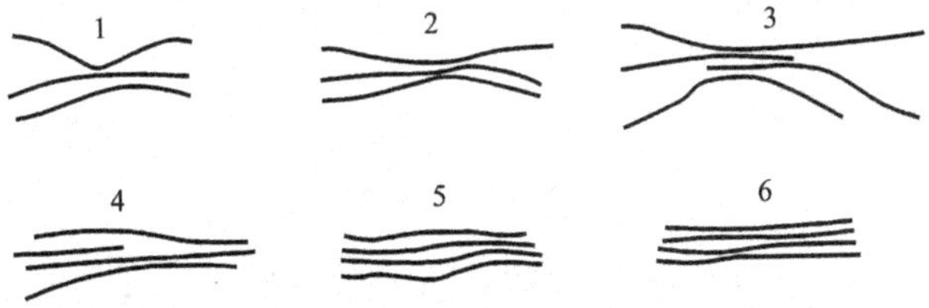

图 10－25　弹性凝胶中大分子有序排列类型

大分子结构的形成，即胶凝过程与胶凝条件有很大关系，其中最重要的是：溶液浓度、温度和电解质的种类。

(1)一般而言浓度增加分子间距缩小，易于形成网络结构，而且胶凝速率加大。如室温时明胶胶凝的最低浓度为 0.7%～0.9%，琼脂为 0.2%，低于这个最低浓度的大分子溶液不会发生胶凝作用。

(2)温度的增大，因分子运动加剧不利于胶凝，通常由大分子热溶液经冷却才能产生凝胶，例如琼脂或明胶加热溶于水中，在冷却过程中大分子才能逐渐聚集并局部有序排列形成网络结构。凝胶结构的温度效应还体现在由溶液至凝胶以及由凝胶至溶液的转变温度上。一般液体和其相应的固体间的转变温度是个恒定值(如水与冰的熔点与冰点同为 0℃)，但凝胶与溶液的转变温度却不是定值。转变温度不仅与凝胶浓度、老化时间有关，而且即便是这两个因素固定，胶凝温度(凝点)比凝胶液化温度(熔点)要低 10～20℃，有的甚至更多，如 0.5%的琼脂溶液的凝点为 35℃，而凝胶的熔点却大于 90℃。其原因归咎于这两个相反过程的转变温度所对应不同大小的微晶区和数目。大分子溶液冷却到一定温度微晶结构开始形成，凝胶生成，胶凝后的凝胶中微晶区还在不断增多和扩大，而凝点的大小取决于微晶区的大小和数目，所以大的和多的微晶区对应了更高的熔点。同样道理,老化时间越长的凝胶的液化温度越高,凝胶越浓的液化温度也越高。

(3)电解质中的阴离子的盐析作用也影响胶凝作用,Hofmeister 感胶离子序如下:

$$SO_4^{2-} > C_4H_4O_6^{2-} > CH_3COO^- > Cl^- > NO_3^- > ClO_3^- > Br^- > I^- > SCN^-$$

Cl^-前面的阴离子会加速胶凝过程,它后面的阴离子却有减缓作用。人们之所以在高浓度的 KI 或 KSCN 溶液中制备大分子浓溶液而不会出现胶凝现象,就是利用高浓度的 KI 或 KSCN 会阻止胶凝作用的性质。

二、凝胶的溶胀与脱水收缩作用

(一)溶胀作用

弹性凝胶的一个重要性质是在吸收液体或蒸气后,其体积显著增大,即溶胀作用。溶胀作用在自然界和各种生产工艺中扮演了重要角色,如淀粉的胶凝、纺织工艺中的丝光、鞣革工艺中的去毛和造纸生产中的打浆等,其基础就是溶胀,甚至动物和植物的某些现象(如身体被蚊虫叮咬后的肿块)也与溶胀有关。凝胶的溶胀分两个阶段进行:第一阶段时间很短,溶剂分子迅速进入凝胶中并与大分子作用形成溶剂化层。这一阶段的特征是:

(1)液体的蒸气压很低,由于溶剂分子被大分子溶剂化,结合紧密,故凝胶的体积增加量低于所吸收液体的体积,称之为体积收缩。

(2)伴随溶胀过程释放出溶胀热。测量这个热量的结果说明,凝胶的微分溶胀热的最大值与大分子的溶解热十分近似,这也进一步证明这个阶段是溶剂使大分子溶剂化的过程。

第二阶段是溶剂分子渗透到凝胶中的过程,这一阶段的特点是几乎没有热效应,体系的体积增加量与吸收液体的体积一致。溶剂的渗透时间和渗透量与组成体系的物质本性和外部条件有关。有的体系,如橡胶与苯、硝化纤维与丙酮,可以无限溶胀下去,直至成为溶液,称为无限溶胀;有的体系,如明胶与冷水、硫化橡胶与苯,溶胀有一定限度,则为有限溶胀,原因是大分子在该液体中的溶解度有限。外部条件如温度和介质成分的改变通常能使有限溶胀变为无限溶胀,如明胶在 40℃的水中或者介质改变为对胶凝作用起阻滞作用的高浓度的含 I^- 和 SCN^- 的电解质都可以实现从有限溶胀到无限溶胀的转变。不过,明胶升温使溶胀程度增加仅是个例外,通常升温一方面加速溶胀,另一方面溶胀是放热过程,升温不利于平衡(这里是有限溶胀的平衡),因此会使溶胀程度减少。表示溶胀程度的量是溶胀度 Q,即单位质量(或体积)的凝胶在溶胀过程中进入凝胶中介质的质量(或体积):

$$Q=\frac{m}{m_1} \tag{10-31}$$

或

$$Q=\frac{V}{V_1} \tag{10-31a}$$

式中,m 和 V 分别是溶胀中进入凝胶的介质质量和体积;m_1 和 V_1 分别是溶胀前凝胶的质量和体积。单位时间的溶胀量为凝胶的溶胀速率:

$$\frac{dQ}{dt}=k_s(Q_{max}-Q) \tag{10-32}$$

式中，k_s 为溶胀速率常数；Q_{max} 是平衡状态时的吸收液体的最大量；Q 为即时的溶胀度。由此式可见，溶胀速率正比于 Q_{max} 与 Q 的差值，随着溶胀的进行，Q 逐渐增大，差值减小，溶胀速率也在降低。

（二）脱水收缩作用

与凝胶的溶胀相反的过程，即在凝胶的长期陈化过程中介质从凝胶中逐渐自发分离出来的过程，称为脱水收缩作用，或离浆作用。脱水收缩既可出现在弹性凝胶中，也可发生在刚性凝胶中。离浆时随着介质的逸出，刚性凝胶中粒子间距逐渐缩小，相互作用力加大，弹性凝胶中微晶区逐渐加大，这些都使三维网络结构更加紧凑和稳定，是自由能减少的过程，所以是自发的过程。它的一个特点是脱水收缩之后凝胶的体积大为缩小，但是形状却基本维持不变（图 9－9）。离浆速率可以表示为单位时间析出的液体量：

$$\frac{dV}{dt}=k_0(V_{max}-V) \tag{10-33}$$

式中，V 为即时析出的液体体积；V_{max} 为最大析出液体体积。离浆速率也符合一级反应动力学公式，这已为实验所证实。实验还表明，离浆速率常数 k_0 与许多因素有关：

（1）温度升高，促进离浆，但是升温要适度，否则凝胶有可能变成溶液。

（2）加入电解质会加速离浆。

（3）凝胶浓度增加，离浆速率增大。

（4）对凝胶施压可促进离浆过程。

弹性凝胶的离浆与其溶胀过程互为逆过程，理论上脱水收缩过程所析出的液体量等于溶胀过程所吸收的液体量；但是刚性凝胶却不是，随着脱水收缩和三维结构的紧凑使之变为致密的沉淀物与介质完全分离，完成电解质絮凝的整个聚沉过程，沉淀物再也不会溶胀成凝胶。然而，无论是弹性凝胶还是刚性凝胶的离浆与其溶胀都不是完全的可逆过程，刚性凝胶自不待言，弹性凝胶的不完全可逆性归因于凝胶物质的不均匀，相对分子质量不一致以及易于发生某些副反应等。

在化工、生物、医药和食品工业中必须对脱水收缩作用给予高度重视。奶酪的生成基于脱水收缩，人工合成树脂工艺中脱水收缩也是有益的；相反，果酱等糊状食品必须避免出现脱水收缩，食物的腐败甚至人体衰老都与脱水收缩有关。

三、凝胶中的扩散与化学反应

凝胶虽呈现固体的某些性质，但又不是固体，它是由固体和液体两相组成的。凝胶是特殊的分散体系，液体是连续相，分散相颗粒因构成三维网络结构也可视为连续相。因此，物质在凝胶的液相中可以进行扩散也可以发生化学反应，包括物质与凝胶物质间以及两种外来物质在凝胶中的化学反应。

（一）凝胶中的扩散作用

凝胶中液体的连续性为分子在其间的扩散提供了一定的扩散空间，然而扩散速率却与凝胶的浓度（即空间大小）、结构（即三维各方向的距离大小）和扩散物质本性有关：

(1)低分子物质在低浓度的凝胶中的扩散速率与在纯液体中几乎一样,实验表明两者的扩散系数相同。

(2)随着凝胶浓度的提高,物质的扩散速率逐渐降低。造成这种降低的原因是迁移空间变得狭小和弯曲,特别是在交联度很大的浓凝胶中,使得物质扩散系数变小。

(3)扩散物质越大,则其扩散速率越低,这是凝胶结构内的空间对扩散物质分子大小筛分作用的结果。实验发现对一般凝胶,溶胶中的分散相粒子若大于 20nm,则在凝胶内的扩散速率几乎为零。凝胶色谱的工作原理就是利用扩散物质大小不同其扩散速率不同的性质。

(4)物质分子在凝胶中的扩散常常伴随其在凝胶表面的吸附,吸附也使其扩散速率降低。

如果扩散物质分子是可离解性的,那么在电场的作用下,离子向电性相反的电极方向迁移,在浓度较低的凝胶中其迁移速率和电导值与在纯水中无甚区别。如果凝胶浓度很大或扩散物质分子很大,则迁移速率和电导值明显降低。人们正是利用这个特点,用浓凝胶代替纸电泳(见第七章第五节)的载体滤纸成为凝胶电泳将被分析物质的各个组分分离开来。

(二)凝胶中的化学反应

当把一种反应物 1 滴加到含有已经均匀分布的另一种反应物 2 的凝胶中时,发现与一般化学反应条件不同,凝胶中的反应不存在因为搅拌或温差引起的对流。近处的两反应物反应终了留下不溶性产物,反应物 2 浓度变得极低,其后变成一个空白区。在凝胶的更深处两反应物分子扩散相遇再行反应,又留下产物,并再次出现空白区。总之,无论是反应还是不溶性产物的分布出现周期性的特点。最早研究并发现这一现象的是 Liesegang,他在装有含 $K_2Cr_2O_7$ 的明胶凝胶的表面皿中央滴加几滴稀 $AgNO_3$ 溶液,几天后发现橙红色沉淀产物 $Ag_2Cr_2O_7$ 呈同心圆环状分布,被称为 Liesegang 环,如图 10－26(a)所示。后来人们发现诸如 $CuCr_2O_7$、PbI_2 等这样的发生在凝胶中反应的不溶性的沉淀产物,都会形成 Liesegang 环。当然如果凝胶装在试管中,则产物在试管内由上至下呈现出间隔距离越来越长的带状分布,如图 10－26(b)所示。Liesegang 现象与凝胶和沉淀种类关系极大,实验发现:银盐和亚铜盐在明胶凝胶中周期性出现,但在琼脂凝胶中没有 Liesegang 环或带状分布。

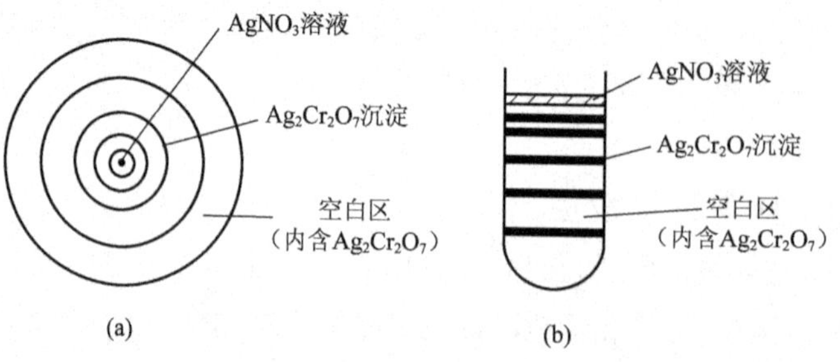

图 10－26 Liesegang 环

这种周期反应现象不仅发生在凝胶中,也出现在毛细管和多孔固体等这样的不存在对流的反应环境中,这也证明凝胶中化学反应的进行和沉淀产物分布的周期性确是因在无对流环境中反应物的扩散速率远远小于其化学反应消耗速率所引起的。在自然界,树木的年轮、玛瑙和玉石上的层状和环状纹路乃至动物体内的结石等都是 Liesegang 现象的具体体现。

复习指导

1. 本章所介绍的分散体系均属于粗分散体系，分散相颗粒粒径大于 10^{-6}m。它们的许多性质和行为，如稳定性、沉降、吸附和润湿等，同样遵循前九章所讲述的胶体与表面化学理论；也有不少性质和行为却与胶体分散体系大相径庭，例如它们反射光而非散射光，沉降远大于扩散以致扩散可以忽略不计和不能透过半透膜等。

2. 乳状液和泡沫都是两种流体组成的分散体系，它们的性质和行为极其相似。巨大的比表面积和表面能决定它们同为热力学不稳定体系，乳化剂和起泡剂是它们动力学稳定性的根本。乳化剂和起泡剂固然降低表面张力从而降低表面能，但是更重要的原因是增强表面强度，抗拒因布朗运动分散相颗粒撞击而发生凝聚这一任何分散体系失去稳定性的根本的原因。同理，破乳与消泡的基本手段也正是以此有针对性而采取的。

3. 凝胶是体系内部存在三维网络结构的分散体系。凝胶中的液体和构架都可以视为连续相，网络结构的强度和构造决定了它所特有的溶胀、离浆以及在凝胶中所发生的扩散和化学反应的特殊性，使它无论在科学研究和工农业生产以及医药卫生、医疗等事项中扮演了重要角色。

思考题

1. 试证明等径钢球最紧密堆集的相对体积分数 $\phi=0.741$。

2. 试举例说明两不相混溶液体不能形成稳定乳状液的原因。

3. 假设在油—水表面活性剂体系中，不管形成 O/W 型或 W/O 型乳状液，液滴直径均为 10^{-6}m。当乳状液发生转型时，自由能变化为 8.36×10^{5}kJ。求水膜与油膜界面张力之差。设相体积分数为 0.5。（答：0.289×10^{-3}N/m）

4. 按定向楔理论，油酸钠是 O/W 型乳化剂，若由它组成的乳状液乳滴直径为 10^{-6}m，且油酸钠的极性基截面积为 0.45nm^2。求其烃链分子的截面积为多少。（答：0.432nm^2）

5. 在固体粉末作乳化剂的 O/W 型乳状液中，每个油滴的直径为 10^{-5}m，外面被 10000 个紧靠的固体小颗粒包围。O—W 界面张力为 4.0×10^{-3}N/m，S—O 和 S—W 的界面张力差即 $\gamma_{SO}-\gamma_{SW}=3.5\times10^{-3}$N/m。求：①均匀固体球形粒子的直径；②O—W—S 的接触角 θ_{OWS}；③将粒子从油滴中分离出来得到被水包围的油滴和被水包围的固体粒子所需的功。（答：① 1.0×10^{-7}m；② 28.96°；③$1.57\times10^{-13}$J）

6. 对于某 O—W 体系，60%的 TWEEN 60（HLB=14.9）与 40% SPAN（HLB=4.7）组成的混合乳化剂效果最好。若现仅存 SPAN 80（HLB=1.8）与 RENEX（HLB=13.0）两者应以何比例混合？（答：19.5%SPAN 80 与 80.5%RENEX）

7. 具有 HLB 值为 6 的某表面活性剂能形成很好的 W/O 型乳状液，现用两种乳化剂混合使用，其一为 10%的十六醇（HLB=1.3）。则必须选择 HLB 值为多少的另一种表面活性剂。（答：90%的 HLB 值为 6.25 的表面活性剂）

8. 使用70%TWEEN(HLB=14.9)和30%SPAN 65(HLB=2.1)作混合乳化剂对某乳状液起最好的乳化效果。现改用十二烷基硫酸钠和十六醇作混合乳化剂，求：①作混合乳化十二烷基硫酸钠和十六醇的HLB值各为多少？②要使乳状液得到最好的乳化效果，它们各占有的百分数为多少？（答：①十二烷基硫酸钠HLB=40，十六醇HLB=13；②十二烷基硫酸钠为74.8%，十六醇为25.2%）

9. 在Plateau边界区，若三相交界处曲率半径与液膜厚度相近(≈4.5nm)，液—气界面张力为20×10^{-3} N/m。试估算Plateau边界中B与PB两位置的压力差为多少。（答：$\Delta p=$ 8889kPa）

10. 当两个直径分别为1.25×10^{-3}m和4.1×10^{-3}m的肥皂泡相互接触形成共同边界，求这个边界的凹向及其曲率半径。（答：凹向小泡；$R=0.90\times10^{-3}$m）

附录

表 1　环法的校正因子 F 与 R/r 和 R^3/V 关系

R^3/V	R/r=30	32	34	36	38	40	42	44	46	48	50	52	54	56	58	60	65	70	75	80
0.30	1.012	1.018	1.024	1.029	1.034	1.033	1.042	1.046	1.049	1.052	1.054									
0.31	1.006	1.013	1.018	1.024	1.028	1.033	1.039	1.041	1.044	1.046	1.049									
0.32	1.001	1.008	1.012	1.019	1.023	1.028	1.033	1.035	1.039	1.041	1.045									
0.33	0.9959	1.003	1.008	1.014	1.018	1.029	1.028	1.030	1.035	1.036	1.040									
0.34	0.9913	0.998	1.003	1.010	1.014	1.019	1.023	1.026	1.031	1.032	1.036									
0.35	0.9865	0.993	0.999	1.006	1.008	1.015	1.019	1.022	1.026	1.027	1.031									
0.36	0.9824	0.989	0.995	1.002	1.005	1.010	1.015	1.018	1.022	1.024	1.027									
0.37	0.9781	0.985	0.991	0.998	1.001	1.006	1.011	1.014	1.018	1.020	1.024									
0.38	0.9743	0.981	0.987	0.995	0.998	1.003	1.007	1.010	1.015	1.017	1.020									
0.39	0.9707	0.977	0.983	0.991	0.994	0.9988	1.004	1.007	1.011	1.013	1.017									
0.40	0.9672	0.974	0.980	0.986	0.991	0.9959	1.000	1.004	1.008	1.010	1.013	1.016	1.018	1.020	1.021	1.022				
0.41	0.9636	0.970	0.996	0.983	0.987	0.9922	0.997	1.001	1.005	1.007	1.010	1.013	1.015	1.017	1.019	1.019				
0.42	0.9605	0.968	0.973	0.980	0.984	0.9892	0.994	0.998	1.002	1.004	1.007	1.010	1.013	1.014	1.016	1.017				
0.43	0.9577	0.964	0.970	0.977	0.981	0.9863	0.991	0.995	0.999	1.001	1.005	1.007	1.010	1.011	1.014	1.014				
0.44	0.9546	0.961	0.967	0.974	0.979	0.9833	0.988	0.992	0.997	0.998	1.002	1.005	1.007	1.009	1.011	1.011				
0.45	0.9521	0.959	0.965	0.971	0.976	0.9809	0.986	0.990	0.993	0.996	0.9993	1.002	1.004	1.006	1.009	1.009				
0.46	0.9491	0.956	0.962	0.969	0.973	0.9779	0.983	0.987	0.991	0.994	0.9968	1.000	1.002	1.004	1.006	1.007				
0.47	0.9467	0.954	0.960	0.966	0.971	0.9757	0.980	0.985	0.988	0.992	0.9945	0.998	1.000	1.002	1.004	1.005				
0.48	0.9443	0.951	0.957	0.963	0.968	0.9732	0.978	0.983	0.986	0.989	0.9922	0.995	0.997	0.999	1.002	1.003				
0.49	0.9419	0.949	0.955	0.961	0.966	0.9710	0.976	0.981	0.984	0.987	0.9899	0.993	0.995	0.997	1.000	1.001				
0.50	0.9402	0.946	0.952	0.959	0.964	0.9687	0.973	0.978	0.981	0.985	0.9876	0.991	0.993	0.995	0.997	0.9984				
0.51	0.9378	0.944	0.950	0.956	0.961	0.9665	0.971	0.976	0.979	0.983	0.9856	0.989	0.991	0.993	0.995	0.9965				
0.52	0.9354	0.942	0.948	0.954	0.959	0.9645	0.969	0.974	0.977	0.981	0.9836	0.987	0.989	0.991	0.994	0.9945				
0.53	0.9337	0.940	0.946	0.952	0.957	0.9625	0.967	0.972	0.975	0.979	0.9815	0.985	0.987	0.990	0.992	0.9929				
0.54	0.9315	0.938	0.944	0.950	0.955	0.9603	0.965	0.970	0.974	0.977	0.9797	0.983	0.986	0.988	0.990	0.9909				
0.55	0.9298	0.936	0.942	0.948	0.953	0.9585	0.964	0.968	0.972	0.975	0.9779	0.981	0.984	0.986	0.988	0.9892				

续表

R^3/V	R/r=30	32	34	36	38	40	42	44	46	48	50	52	54	56	58	60	65	70	75	80
0.56	0.9281	0.934	0.940	0.946	0.951	0.9567	0.962	0.966	0.970	0.974	0.9763	0.980	0.982	0.984	0.986	0.9878				
0.57	0.9262	0.932	0.939	0.944	0.949	0.9550	0.960	0.964	0.968	0.972	0.9745	0.978	0.980	0.983	0.984	0.9861				
0.58	0.9247	0.930	0.938	0.942	0.947	0.9532	0.958	0.963	0.966	0.970	0.9730	0.976	0.979	0.981	0.982	0.9842				
0.59	0.9230	0.929	0.935	0.940	0.946	0.9515	0.956	0.961	0.965	0.968	0.9714	0.975	0.977	0.979	0.981	0.9827				
0.60	0.9215	0.927	0.933	0.939	0.944	0.9497	0.954	0.959	0.963	0.967	0.9701	0.973	0.976	0.978	0.979	0.9813				
0.62	0.9184	0.924	0.930	0.936	0.941	0.9467	0.951	0.956	0.960	0.964	0.9669	0.970	0.973	0.975	0.976	0.9784				
0.64	0.9150	0.921	0.927	0.932	0.938	0.9439	0.948	0.953	0.957	0.961	0.9643	0.968	0.970	0.972	0.973	0.9754				
0.66	0.9121	0.918	0.925	0.930	0.925	0.9408	0.946	0.950	0.954	0.959	0.9614	0.965	0.967	0.969	0.971	0.9728				
0.68	0.9093	0.915	0.921	0.927	0.932	0.9382	0.943	0.948	0.951	0.956	0.9590	0.963	0.965	0.967	0.968	0.9703				
0.70	0.9064	0.912	0.919	0.924	0.929	0.9352	0.940	0.945	0.949	0.953	0.9563	0.960	0.962	0.964	0.966	0.9678				
0.72	0.9037	0.910	0.916	0.921	0.927	0.9328	0.937	0.943	0.946	0.951	0.9542	0.957	0.960	0.962	0.964	0.9656				
0.74	0.9012	0.907	0.913	0.919	0.924	0.9303	0.935	0.940	0.944	0.949	0.9519	0.955	0.958	0.960	0.962	0.9636				
0.76	0.8987	0.905	0.911	0.916	0.922	0.9277	0.933	0.938	0.942	0.947	0.9459	0.953	0.956	0.958	0.960	0.9616				
0.78	0.8964	0.902	0.908	0.914	0.920	0.9258	0.930	0.936	0.939	0.944	0.9475	0.951	0.954	0.956	0.958	0.9598				
0.80	0.8937	0.900	0.906	0.912	0.918	0.9230	0.928	0.933	0.937	0.942	0.9454	0.949	0.952	0.954	0.956	0.9581				
0.82	0.8917	0.898	0.904	0.909	0.915	0.9211	0.926	0.931	0.935	0.940	0.9436	0.947	0.950	0.952	0.954	0.9563				
0.84	0.8894	0.895	0.902	0.907	0.913	0.9190	0.924	0.929	0.933	0.938	0.9419	0.946	0.949	0.951	0.953	0.9548				
0.86	0.8874	0.893	0.900	0.905	0.911	0.9171	0.922	0.927	0.932	0.936	0.9402	0.944	0.947	0.949	0.951	0.9534				
0.88	0.8858	0.891	0.898	0.903	0.909	0.9152	0.921	0.926	0.930	0.934	0.9384	0.942	0.945	0.947	0.950	0.9517				
0.90	0.8831	0.889	0.896	0.902	0.907	0.9131	0.919	0.924	0.928	0.933	0.9367	0.940	0.943	0.946	0.948	0.9504				
0.92	0.8809	0.887	0.894	0.900	0.905	0.9114	0.917	0.922	0.926	0.931	0.9350	0.939	0.942	0.945	0.947	0.9489				
0.94	0.8791	0.885	0.892	0.898	0.904	0.9097	0.915	0.920	0.925	0.929	0.9333	0.937	0.940	0.943	0.945	0.9476				
0.96	0.8770	0.883	0.890	0.896	0.902	0.9074	0.914	0.919	0.923	0.928	0.9320	0.936	0.939	0.942	0.944	0.9462				
0.98	0.8751	0.882	0.888	0.894	0.900	0.9064	0.912	0.917	0.922	0.926	0.9305	0.934	0.937	0.940	0.943	0.9452				
1.00	0.8731	0.880	0.886	0.892	0.899	0.9047	0.910	0.916	0.920	0.925	0.9290	0.933	0.936	0.939	0.941	0.9438				
1.05	0.8688	0.875	0.882	0.888	0.895	0.9007	0.906	0.912	0.916	0.921	0.9253	0.929	0.932	0.936	0.938	0.9408				

续表

R^3/V	R/r=30	32	34	36	38	40	42	44	46	48	50	52	54	56	58	60	65	70	75	80
1.10	0.8611	0.871	0.878	0.885	0.891	0.8970	0.903	0.908	0.913	0.917	0.9217	0.925	0.929	0.933	0.935	0.9378				
1.15	0.8602	0.867	0.875	0.881	0.888	0.8937	0.900	0.905	0.910	0.914	0.9183	0.922	0.926	0.930	0.933	0.9352				
1.20	0.8561	0.861	0.871	0.878	0.885	0.8904	0.897	0.902	0.907	0.911	0.9154	0.920	0.923	0.927	0.930	0.9324				
1.25	0.8521	0.860	0.868	0.875	0.882	0.8874	0.893	0.899	0.904	0.908	0.9125	0.916	0.920	0.924	0.927	0.9300				
1.30	0.8481	0.856	0.861	0.871	0.879	0.8845	0.891	0.896	0.901	0.905	0.9007	0.914	0.917	0.921	0.925	0.9277				
1.35	0.8451	0.853	0.861	0.869	0.876	0.8819	0.888	0.893	0.898	0.903	0.9008	0.911	0.915	0.919	0.922	0.9253				
1.40	0.8420	0.850	0.858	0.866	0.873	0.8794	0.885	0.891	0.896	0.900	0.9043	0.909	0.913	0.916	0.920	0.9232				
1.45	0.8387	0.817	0.855	0.863	0.871	0.8764	0.883	0.888	0.893	0.889	0.9014	0.906	0.910	0.914	0.918	0.9207				
1.50	0.8356	0.811	0.853	0.861	0.868	0.8741	0.881	0.886	0.891	0.895	0.8995	0.904	0.908	0.912	0.916	0.9190				
1.55	0.8327	0.811	0.850	0.858	0.866	0.8722	0.878	0.883	0.888	0.893	0.8970	0.901	0.906	0.910	0.914	0.9171				
1.60	0.8297	0.839	0.848	0.856	0.863	0.8700	0.876	0.881	0.886	0.891	0.8947	0.899	0.904	0.908	0.912	0.9152				
1.65	0.8272	0.836	0.845	0.853	0.861	0.8673	0.874	0.879	0.884	0.889	0.8927	0.897	0.902	0.906	0.910	0.9133				0.9354
1.70	0.8245	0.834	0.843	0.851	0.859	0.8658	0.872	0.877	0.882	0.886	0.8906	0.895	0.900	0.904	0.909	0.9116	0.919	0.925	0.930	0.9341
1.75	0.8217	0.831	0.840	0.849	0.857	0.8638	0.870	0.875	0.880	0.884	0.8886	0.893	0.898	0.902	0.907	0.9097	0.918	0.924	0.929	0.9328
1.80	0.8194	0.829	0.838	0.847	0.855	0.8618	0.868	0.873	0.878	0.882	0.8867	0.891	0.896	0.900	0.905	0.9080	0.916	0.922	0.927	0.9317
1.85	0.8168	0.827	0.836	0.845	0.853	0.8596	0.866	0.871	0.876	0.881	0.8849	0.889	0.895	0.899	0.903	0.9066	0.915	0.921	0.926	0.9303
1.90	0.8143	0.824	0.834	0.843	0.851	0.8578	0.864	0.869	0.874	0.879	0.8831	0.888	0.893	0.897	0.902	0.9047	0.913	0.919	0.925	0.9291
1.95	0.8119	0.822	0.832	0.841	0.849	0.8559	0.862	0.867	0.872	0.877	0.8815	0.886	0.891	0.895	0.900	0.9034	0.912	0.918	0.923	0.9281
2.00	0.8098	0.820	0.832	0.839	0.847	0.8539	0.860	0.865	0.870	0.875	0.8798	0.884	0.890	0.893	0.899	0.9016	0.910	0.917	0.922	0.9270
2.10	0.8056	0.816	0.826	0.835	0.843	0.8502	0.856	0.862	0.867	0.872	0.8768	0.881	0.886	0.890	0.895	0.8991	0.908	0.914	0.920	0.9247
2.20	0.8015	0.812	0.822	0.831	0.839	0.8464	0.853	0.858	0.864	0.869	0.8738	0.879	0.883	0.887	0.892	0.8962	0.905	0.911	0.917	0.9226
2.30	0.7976	0.808	0.818	0.828	0.835	0.8428	0.849	0.855	0.861	0.865	0.8710	0.876	0.880	0.884	0.890	0.8935	0.903	0.909	0.915	0.9206
2.40	0.7936	0.801	0.814	0.824	0.832	0.8393	0.846	0.852	0.857	0.863	0.8680	0.873	0.878	0.882	0.887	0.8910	0.900	0.907	0.913	0.9185
2.50	0.7898	0.800	0.811	0.820	0.828	0.8360	0.843	0.849	0.854	0.860	0.8651	0.870	0.875	0.879	0.884	0.8884	0.898	0.904	0.910	0.9166
2.60	0.7861	0.797	0.807	0.817	0.825	0.8325	0.840	0.846	0.851	0.857	0.8624	0.868	0.872	0.877	0.882	0.8859	0.895	0.902	0.908	0.9145
2.70	0.7824	0.793	0.803	0.813	0.822	0.8291	0.836	0.843	0.848	0.854	0.8598	0.865	0.870	0.874	0.880	0.8837	0.893	0.900	0.906	0.9126

续表

R^3/V	R/r=30	32	34	36	38	40	42	44	46	48	50	52	54	56	58	60	65	70	75	80
2.80	0.7788	0.790	0.800	0.810	0.818	0.8260	0.834	0.840	0.846	0.842	0.8570	0.862	0.867	0.872	0.877	0.8813	0.891	0.898	0.904	0.9107
2.90	0.7752	0.786	0.796	0.806	0.815	0.8230	0.831	0.837	0.843	0.849	0.8545	0.860	0.865	0.870	0.875	0.8790	0.889	0.896	0.902	0.9089
3.00	0.7716	0.783	0.793	0.803	0.812	0.8200	0.828	0.834	0.841	0.846	0.8521	0.858	0.863	0.868	0.873	0.8770	0.887	0.894	0.900	0.9068
3.10	0.7677	0.779	0.790	0.800	0.809	0.8170	0.825	0.832	0.838	0.844	0.8494	0.855	0.860	0.866	0.871	0.8750	0.885	0.892	0.899	0.9049
3.20	0.7641	0.776	0.787	0.797	0.806	0.8140	0.822	0.829	0.835	0.842	0.8472	0.853	0.858	0.864	0.869	0.8730	0.883	0.890	0.897	0.9030
3.30	0.7610	0.772	0.783	0.793	0.803	0.8113	0.820	0.827	0.833	0.840	0.8440	0.851	0.856	0.862	0.866	0.8710	0.881	0.888	0.895	0.9012
3.40	0.7572	0.769	0.780	0.790	0.800	0.8083	0.817	0.824	0.831	0.837	0.8424	0.849	0.854	0.850	0.864	0.8668	0.879	0.886	0.893	0.8993
3.50	0.7542	0.766	0.777	0.788	0.798	0.8057	0.814	0.822	0.829	0.835	0.8404	0.847	0.852	0.858	0.862	0.8668	0.877	0.884	0.892	0.8974
3.50						0.8063					0.8407	0.847	0.852	0.858	0.863	0.8672				
3.75						0.8002					0.8357	0.842	0.848	0.853	0.858	0.8629				
4.00						0.7945					0.8311	0.837	0.843	0.849	0.854	0.8590				
4.25						0.7890					0.8267	0.833	0.839	0.845	0.850	0.8553				
4.50						0.7787					0.8225	0.829	0.835	0.841	0.847	0.8518				
4.75						0.7738					0.8185	0.825	0.832	0.838	0.843	0.8483				
5.00						0.7691					0.8147	0.822	0.828	0.834	0.840	0.8451				
5.25						0.7645					0.8109	0.818	0.825	0.831	0.837	0.8420				
5.50						0.7599					0.8073	0.815	0.821	0.828	0.834	0.8389				
5.75						0.7555					0.8038	0.811	0.818	0.825	0.830	0.8359				
6.00						0.7511					0.8003	0.808	0.815	0.821	0.827	0.8330				
6.25						0.7468					0.7969	0.805	0.812	0.818	0.825	0.8302				
6.50						0.7426					0.7936	0.801	0.808	0.815	0.822	0.8274				
6.75						0.7384					0.7903	0.798	0.806	0.813	0.819	0.8246				
7.00						0.7384					0.7871	0.795	0.803	0.810	0.816	0.8220				
7.25						0.7343					0.7839	0.792	0.800	0.807	0.813	0.8194				
7.50						0.7302					0.7807	0.789	0.797	0.804	0.811	0.8168				

注 表中 R^3/V=0.30～3.50 部分参见 W. D. Harkins and H. F. Jordan, J. Am. Chem. Soc., 52, 1751(1930)；

R^3/V=3.50～7.50 部分参见 H. W. Fox and C. H. Chrisman, Jr., J. Phys. Chem., 56, 284(1952)。

表 2 滴体积法中 F 与 V/R^3 关系

V/R^3	F	V/R^3	F	V/R^3	F	V/R^3	F
37.04	0.2198	17.52	0.2307	9.63	0.2413	5.850	0.2505
36.32	0.2220	17.25	0.2309	9.51	0.2415	5.787	0.2507
35.25	0.2203	16.86	0.2313	9.33	0.2419	5.694	0.2510
34.56	0.2206	16.60	0.2316	9.21	0.2422	5.634	0.2512
33.57	0.2210	16.23	0.2320	9.04	0.2425	5.544	0.2515
32.93	0.2212	15.98	0.2323	8.93	0.2427	5.486	0.2517
31.99	0.2216	15.63	0.2326	8.77	0.2431	5.400	0.2519
31.39	0.2218	15.39	0.2329	8.66	0.2433	5.343	0.2521
30.53	0.2222	15.05	0.2333	8.50	0.2436	5.260	0.2524
29.95	0.2225	14.83	0.2336	8.40	0.2439	5.026	0.2526
29.13	0.2229	14.51	0.2339	8.25	0.2442	5.125	0.2529
28.60	0.2231	14.30	0.2342	8.15	0.2444	5.073	0.2530
27.83	0.2236	13.99	0.2346	8.00	0.2447	4.995	0.2533
27.33	0.2238	13.79	0.2348	7.905	0.2449	4.944	0.2535
26.60	0.2242	13.50	0.2352	7.765	0.2453	4.869	0.2538
26.13	0.2244	13.31	0.2354	7.673	0.2455	4.820	0.2539
25.44	0.2248	13.03	0.2358	7.539	0.2458	4.747	0.2541
25.00	0.2250	12.84	0.2361	7.451	0.2460	4.700	0.2542
24.35	0.2254	12.58	0.2364	7.330	0.2464	4.630	0.2545
23.93	0.2257	12.40	0.2367	7.236	0.2466	4.584	0.2546
23.32	0.2261	12.15	0.2371	7.112	0.2469	4.516	0.2549
22.93	0.2263	11.98	0.2373	7.031	0.2471	4.471	0.2550
22.35	0.2267	11.74	0.2377	6.911	0.2474	4.406	0.2553
21.98	0.2270	11.58	0.2379	6.832	0.2476	4.363	0.2554
21.43	0.2274	11.35	0.2383	6.717	0.2480	4.299	0.2556
21.08	0.2276	11.20	0.2385	6.641	0.2482	4.257	0.2557
20.56	0.2280	10.97	0.2389	6.530	0.2485	4.196	0.2560
20.23	0.2283	10.83	0.2391	6.458	0.2487	4.156	0.2561
19.74	0.2287	10.62	0.2395	6.351	0.2490	4.096	0.2564
19.43	0.2290	10.48	0.2398	6.281	0.2492	4.057	0.2566
18.96	0.2294	10.27	0.2401	6.177	0.2495	4.00	0.2568
18.66	0.2296	10.14	0.2403	6.110	0.2497	3.961	0.2569
18.22	0.2300	9.95	0.2407	6.010	0.2500	3.906	0.2571
17.94	0.2303	9.82	0.2410	5.945	0.2502	3.869	0.2573

续表

V/R^3	F	V/R^3	F	V/R^3	F	V/R^3	F
3.805	0.2575	2.498	0.2632	⋮	⋮	1.009	0.2608
3.779	0.2576	2.468	0.2633	1.705	0.2657	1.000	0.2606
3.727	0.2578	2.448	0.2634	1.768	0.2658	0.994	0.2604
3.692	0.2579	2.418	0.2635	⋮	⋮	0.9852	0.2602
3.641	0.2581	2.339	0.2636	1.534	0.2658	0.9793	0.2601
3.608	0.2583	2.370	0.2637	1.519	0.2657	0.9706	0.2599
3.559	0.2585	2.352	0.2638	⋮	⋮	0.9648	0.2597
3.526	0.2586	2.324	0.2639	1.457	0.2657	0.9564	0.2595
3.478	0.2588	2.305	0.2640	1.443	0.2656	0.9507	0.2594
3.447	0.2589	2.278	0.2641	1.433	0.2656	0.9423	0.2592
3.400	0.2591	2.260	0.2642	1.418	0.2655	0.9368	0.2591
3.370	0.2592	2.234	0.2643	1.395	0.2654	0.9286	0.2589
3.325	0.2594	2.216	0.2644	1.380	0.2652	0.9232	0.2587
3.295	0.2595	2.190	0.2645	1.372	0.2649	0.9151	0.2585
3.252	0.2597	2.173	0.2645	1.349	0.2648	0.9098	0.2584
3.223	0.2598	2.148	0.2646	1.327	0.2647	0.9019	0.2582
3.180	0.2600	2.132	0.2647	1.305	0.2646	0.8967	0.2580
3.152	0.2601	2.107	0.2648	1.284	0.2645	0.8890	0.2578
3.111	0.2603	2.091	0.2648	1.255	0.2644	0.8839	0.2577
3.084	0.2604	2.067	0.2649	1.243	0.2643	0.8763	0.2575
3.044	0.2606	2.052	0.2649	1.223	0.2642	0.8713	0.2573
3.018	0.2607	2.028	0.2650	1.216	0.2641	0.8638	0.2571
2.979	0.2609	2.013	0.2651	1.204	0.2640	0.8589	0.2569
2.953	0.2611	1.990	0.2652	1.180	0.2639	0.8516	0.2567
2.915	0.2612	1.975	0.2652	1.177	0.2638	0.8468	0.2565
2.891	0.2613	1.953	0.2652	1.167	0.2637	0.8395	0.2563
2.854	0.2615	1.939	0.2652	1.148	0.2635	0.8349	0.2562
2.830	0.2616	1.917	0.2654	1.130	0.2632	0.8275	0.2559
2.794	0.2618	1.903	0.2654	1.113	0.2629	0.8232	0.2557
2.771	0.2619	1.882	0.2655	1.096	0.2625	0.8163	0.2555
2.736	0.2621	1.868	0.2655	1.079	0.2622	0.8117	0.2553
2.713	0.2622	1.847	0.2655	1.072	0.2621	0.8056	0.2551
2.680	0.2623	1.834	0.2656	1.062	0.2619	0.8005	0.2549
2.657	0.2624	1.813	0.2656	1.056	0.2618	0.7940	0.2547
2.624	0.2626	1.800	0.2656	1.046	0.2616	0.7894	0.2545
2.603	0.2627	1.781	0.2657	1.040	0.2614	0.7836	0.2543
2.571	0.2628	1.768	0.2657	1.306	0.2613	0.7786	0.2541
2.550	0.2629	1.758	0.2657	1.024	0.2611	0.7720	0.2538
2.518	0.2631	1.749	0.2657	1.015	0.2609	0.7679	0.2536

续表

V/R^3	F	V/R^3	F	V/R^3	F	V/R^3	F
0.7611	0.2534	0.6986	0.2504	0.6401	0.2470	0.5904	0.2435
0.7575	0.2532	0.6931	0.2501	0.6374	0.2468	0.5864	0.2431
0.7513	0.2529	0.6894	0.2499	0.6336	0.2465	0.5831	0.2429
0.7472	0.2527	0.6842	0.2496	0.6292	0.2463	0.5787	0.2426
0.7412	0.2525	0.6803	0.2495	0.6924	0.2460	0.5440	0.2428
0.7372	0.2523	0.6750	0.2491	0.6212	0.2457	0.5120	0.2440
0.7311	0.2520	0.6714	0.2489	0.6165	0.2454	0.4552	0.2485
0.7273	0.2518	0.6662	0.2486	0.6133	0.2453	0.4064	0.2555
0.7214	0.2516	0.6627	0.2484	0.6086	0.2449	0.3644	0.2638
0.7175	0.2514	0.6575	0.2481	0.6055	0.2446	0.3280	0.2722
0.7116	0.2511	0.6541	0.2479	0.6016	0.2443	0.2963	0.2806
0.7080	0.2509	0.6488	0.2476	0.5979	0.2440	0.2685	0.2888
0.7020	0.2506	0.6457	0.2474	0.5934	0.2437	0.2441	0.2974

参考文献

[1]Vold R D, Vold M J. Colloid Interface Chemistry[M]. Addison－Wesley Publishing Company, Inc., 1983.

[2]Matijevic E. Chemistry of Materials, 1993, 5: 4 , 412.

[3]Ozaki M, Kratohvil S, Matijevic E J. Colloid Interface Sci., 1984,102:146.

[4]Matijevic E. Langmuir, 1986,2:12.

[5]McRae D, Matijevic E. Colloid Interface Sci., 1975,53:411.

[6]张玉亭,于洺. 均匀球形 $\alpha-Fe_2O_3$ 胶体粒子的形成机理[J]. 物理化学学报, 1992,8:814.

[7]Nagy A. Colloid and Surface, 1989,15:201.

[8]Nielson A. Precipitation,Croatica Chemica Acta, 1970,42:319.

[9]Matijevic E, Wilhelmy D. Preparation and Properties of Monodispersed Spherical Colloid Particles of Cadium Sulfide[J]. J. Colloid Interface Sci., 1982,86:476.

[10]Shaw D J. Introduction to Colloid and Surface[J]. Chemistry Butterworths, 1970.

[11]Hiemeny P C. Principles of Colloid and Surface Chemistry[M]. Maecel Dekker Inc.,1977.

[12]Oncley L. Ann N Y. Acad. Sci., 1941,41:121.

[13]Bartovics A J Am. Chem. Soc., 1943,65:1901.

[14]Dobry A J. Chem. Phys.,1935,35:50.

[15]Holliday(editor)L. Ionic Polymers[G]. Applied Science Publishers LTD ,London,1978.

[16]Hwang S T, Kammerauyer K. Membrane in Seperation ,vol. 8[G]Technique of Chemistry, Malaber. Fla. :Robert E. Kneigher, 1984:25.

[17]Zeltner W A, Anderson M A. Chemical Control over ceramic membrane processing : Promises,Problem and prospects. paper read at the FirsyInternational Conference on Inoganic Memberane[G]. 3－6 June at Montpellier , France, 1989.

[18]Leenaor A F M, Keizer K, Burggrauf A J. Structure, Permeability and Seperation Characteristics of porous alumina membrane[G]. In Revers osmosis and altrafiltration,ACS Symposium Series 281, edited by S. Sourijan and T. Matsuura. Washington D. C. : American Chemical Society,1985:57－68.

[19]Kerker M. The Scattering of Light and Other Electricmagnetic Radiation[M]. Academic Press., N. Y.,1967.

[20]Penndorf R B. J. Opt. Soc. Am, 1962,52: 896.

[21]Brice B A. M. Halmer, Speiser R. J. Opt. Soc. Am., 1950,40: 768.

[22]Stacey K A. Light Scattering in Physical Chemistry [M]. Butterworth,London,1956.

[23]Van der Hulst H C. Light Scattering by Small Particles[M]. Wiley, N. Y., 1957.

[24] Deryagin B, Krotova N. Adgeziya (Adhesion), 1zd. Akad. Nauk SSSR [J]. Moscow－

Leningrad,1949.
[25]Voyutsky S. Colloid Chemistry[M]. translated from the Russian by Nicholas Bobrov, Mir Publisher. Moscow, 1978.
[26]Attwood D,Florence A T. Surfactant Systems[M]. Chapman and Hall,NewYork,1983.
[27]Huisman F. Proc. Konninkl,Ned. Akad. Wetenschap[G]. Ser. B, 1964,67:368.
[28]Wennerstrom H,lindman B. Phys. Rep., 1979,1:1.
[29]Mukerjee P ,Mysels K J. Critical Micelle Concentration of Aqueous Surfactant Solution[M]. National Bureau of Standards,Washington D. C.,1970.
[30]Philipo J N. Trans. Faraday Soc., 1955,51:561.
[31]Riegelman S,Allawala N A,Hrenoff M E ,et. al. J. Colloid Sci., 1958 ,13:208.
[32]LaMer(ed) V K . Retardation of Evaperation by Monolayer[M]. Academic Press, New York ,1962.
[33]Adm N K ,Jessop G. Proc. Roy. Soc., 1926,A112:364.
[34]赵国玺. 表面活性剂物理化学[M]. 北京:北京大学出版社,1984.
[35]Adamson R W . Physical Chemistry of Surface[M]. A Wiley Publishing, John Wiley & Sons, N. Y., 1976.
[36]Zulauf M,Eicke H F. J. Phys. Chem., 1979,83:480.
[37]扬华明,邱冠周,王淀佐. 超细粉碎过程粉体的机械化学变化[J]. 金属矿山,2000(11):24-27.
[38]Brunauer S. The Adsorption of Gas and Vapors[M]. Vol. 1,Princeton University Press,Princeton,N. J., 1945.
[39]Langmuir I J. Amer. Chem. Soc., 1918,40:1361.
[40]Brunauer S, Emmett P H,Teller E. J. Amer. Chem. Soc., 1938,60:329.
[41]Brunauer S, Copeland L E,Kantro D L. Langmuir and BET Theories,in Solid-Gas Interface [G]. Vol. 1(E. A. Flood ed.) Marcel Dekker Inc. N. Y., 1967.
[42]Yuting Z, Matijevic E. Langmuir, 1985,1(2):201.
[43]Kautro D L,Burnauer S,Copeland LE. bet Surface Area-Methods and Interpretations, in the Solid-Gas Interface[G]. Vol. 1(E. A. Flood ed.) Marcel Dekker Inc. N. Y.,1976.
[44]Bartall F E,Smith J T. J. Phys. Chem., 1953,57:165.
[45]Ellison A H,Zieman W A. J. Phys. Chem., 1954,58: 503.
[46]Johnson R E,Dettree R H. in Surface and Colloid Science[G]. Vol2(E. Matijevic ed.) , Wiley-Interscience,N. Y., 1969.
[47]陆妙婷. 织物拒水拒油整理综述 [J]. 上海丝绸 ,2001(3):14-19.
[48]Yuting Z, Matijevic E. Colloid & Polymer Sci., 1984,262:723.
[49]Gasser C G,Kipling J J. J. Phys. Chem., 1960,64:710.
[50]Batell F E,Sloan C K. J. Am. Chem. Soc., 1929,51: 1643.
[51]Giles C H,MaCenan T H. Proc. Inter. Congr. Surface Activity [G]. 2nd,Vol. 3,Lonalan,1957.
[52]Chang H C,Matijevic E. J. Colloid Interface Sci., 1983,92:479.
[53]Barlow C A. The Electrical Double Layer, in Physical Chemistry [G]. Vol. 9A (H. Eyring,D. Henerson and W. Jest,ed.), Academic Press,N. Y., 1970.
[54]Haydon D A. Electrical Doubla Layer and Electrokinetics, in Recent Progress in Surface Sci. [G],

Vol. 1(J. F. Denielli etc. ed.) Academic Press, N. Y., 1964.
[55]Matijevic E. Surface of Colloid Science[G]. Vol. 7 and Vol. 11.
[56]Hunter R J. Zeta Potential in Colloid Science, Principle and Application, Academic Press, N. Y., 1981.
[57]Shaw D J. Electrophoresis[M]. Academic Press, N. Y., 1969.
[58]Loeb A L, Overbeek J T G, Wiersema P H. The Electrical Double Layer around a Apherical Particle [M]. MIT Press, Cambridge, MS, 1960.
[59]Overbeek J T G. in Colloid Science [G]. Vol. 1, (H. R. Kruyt ed.) Elsevier Publishing Company, Amsterdam, 1952.
[60]Verway E W, Overbeek J G. Theory of the Stability of Lyophobic Colloids[M]. Elsevier , Amsterdam, 1948.
[61]Reerink H, Overbeek J G. Discuss Farady Soc., 1954, 18: 74.
[62]Mackor E L. J. Colloid Interface Sci., 1951, 6:492.
[63]Suto T , Ruch R. Stabilitation of Colloidal Dispersions by Polymer Adsorption[M]. Marcel Dekker Inc. N. Y., 1980.
[64]Feigin R I, Napper D H. J. Colloid Interface Sci., 1980, 74:5677, 1980, 75:525.
[65]Adam N K. Physical Chemistry of Surface[M]. Dover, N. Y., 1968.
[66]Hiemenz P C. Polymer Chemistry[M]. Marcel Dekker Inc., N. Y., 1984.
[67]Mill C C. Rhealogy of Disperse System [M]. Pergaman Press, N. Y., 1959.
[68]Eirich F R. Rhealogy and Application[G]. Vol. 3, Academic Press, 1960.
[69]祖康,顾惕人,马季铭. 胶体化学基础[M]. 北京:北京大学出版社,1987.
[70]Beelcer P. Emulsion: Theory and Practice[M]. Academic Press Inc., 1965.
[71]Sherman P (editor). Emulsion Science[G]. Academic Press Inc., N. Y., 1968.
[72]Voyutsky S. Colloid Chemistry[M](translated from the Russian by Nicholas Borov) Mir Publishers, Moscow, 1978.
[73]Prince L M. Micro-emulsion: Theory and Practice[M]. Academic Press Inc., 1977.
[74]沈钟,王果庭. 胶体与表面化学[M]. 北京:化学工业出版社,1977.
[75]郭荣,等. 日用化学工业,1989(6).
[76]Nagy A. J. Coll. Inter. Sci., 1989, 15:20.
[77]李外郎,林钢. 精细化工,1992,9:12.
[78]Bikerman(ed.) J J. Foam, Reinhold[M]. N. Y., 1953.
[79]赵国玺,等. 化学学报,1980,38:409.
[80]McRae D, Matijevic E. J. Coll. Inter. Sci., 1875, 53:411.
[81]Visca M, Matijevic E. J. Coll. Inter. Sci., 1979, 68:308.